KB090617

스타 토크

STAR TALK

스타 토크

천체 물리학자
닐 타이슨의
과학 토크 쇼

닐 디그래스 타이슨
찰스 리우
제프리 리 시몬스

김다히 옮김

NATIONAL
GEOGRAPHIC

사이언스
SCIENCE
BOOKS 북스

스타 토크를 응원해 주신 모든 분께 감사드립니다.
과학을 향한 여러분의 무한한 갈망 덕분에
이 책의 바탕이 된 풍성한 밥상이 차려졌습니다.

차례

"우리가 사는 우주는 신비롭고, 비밀스러우며, 미지로 가득한 공간입니다. 우주 공간, 과학의 영역, 인간 사회가 수렴하는 바로 이곳에서 우리는 우주에 대한 수많은 수수께끼를 풀어 나가게 될 것입니다. 자, 이제 여러분은 인류 최초로 우주, 과학, 사회가 충돌하는 현장을 보시게 될 겁니다."

— 「스타 토크」 라디오 오프닝 멘트

들어가는 글

2007년 오프닝 멘트를 시작으로, 미국 국립 과학 재단[1]의 지원을 받은 「스타 토크」 라디오 방송이 세계 전역의 시공간으로 송출되기 시작했다. 이내 라디오뿐만 아니라 인터넷, 내셔널 지오그래픽 채널 등에서도 과학과 대중 문화를 흡수해 만들어 낸 지식의 총아를 다시 우리가 사는 우주 공간으로 방출하는 활동이 널리 퍼져 나가게 되었다.

「스타 토크」에 대해 처음 알게 된 이들은 아마도 다음과 같은 궁금증을 갖고 있을 것이다. 「스타 토크」는 무엇에 대한 이야기일까? 수백만 팬들이 「스타 토크」가 무엇인지에 대해 근사한 답변을 해 주었다. 실제로 팬들이 남긴 말을 통해 「스타 토크」의 정체가 무엇인지 한 번 살펴보자. 다음은 세 청취자들이 남긴 말이다.

지적이면서도 재미있는 과학 프로그램이다.
과학적인 시선으로 대중 문화를 바라본다.
과학적이지 않은 것들을 통해 과학에 대해 더 많이 배울 수 있었다.
그리고 재미있다!

「스타 토크」는 어떤 프로그램일까? 이름에서 드러나듯이 '스타'에 대한 이야기를 하는 프로그램이다. 영화계 스타, 텔레비전 스타, 스타 코미디언 등 다양한 '별'에 대해 이야기하는 프로그램인 셈이다. 「스타 토크」는 스타 예술인, 스타 사회 운동가, 스타 작가, 스타 언론인, 스타 국회의원, 스타 과학자와 함께한다. 중심부에서 핵융합이 발생하고 그 빛이 우리 지구의 대기권을 통과하면 반짝이는 빛을 내는 밤하늘의 별들에 대해서도 대화를 나눈다. 물론 대개 하늘의 별 아래에 있는 모든 것에 대해 이야기한다. 「스타 토크」는 인터뷰도 언론 보도 자료도 아닌, 대화로 이루어진 프로그램이다. 유명인, 코미디언, 그리고 헤어스타일이 괴상한 과학자 등이 초대 손님으로 등장한다. 고도의 분업화가 사회의 표준이 되어 가고 있는 요즘, 이처럼 다양한 사람들의 이야기가 어떻게 하나의 프로그램 안에 합쳐질 수 있는지 궁금증을 갖는 이들도 있으리라 생각한다. 「스타 토크」를 통해 우리는 이처럼 제각각인 듯한 이야기들이 실제로는 별개가 아니라는 사실을 다시금 깨닫게 된다. 다양한 이야기들이 멋지게 어

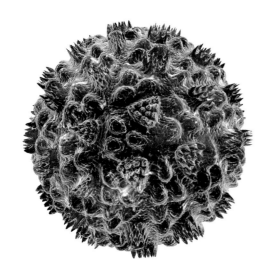

「스타 토크」에서는 인간 면역 결핍 바이러스(HIV) 등의 바이러스와 의학 발전에 대해서도 이야기해 볼 수 있다.

「스타 토크」 라디오와 텔레비전
프로그램은 천체 물리학자
닐 디그래스 타이슨 박사가 진행한다.

「스타 토크」에서는 닐 디그래스 타이슨과 게스트들이 우주의 모든 것에 대해 이야기한다.

우러지고, 작은 이야기들이 자연스럽게 더 큰 이야기의 일부가 된다. 마치 콩깍지 안에 들어 있는 콩알들처럼 말이다. 과학과 사회가 팔짱을 끼고 서로의 주변을 빙글빙글 돌며 흥겨운 웃음과 신나는 발견의 세계를 춤추며 누비는 광경을 보여 줄 것이다. 「스타 토크」에서 모든 사람들은 예술, 음악, 시, 정치, 공학, 과학, 수학 등을 전부 한꺼번에 사랑하며 즐길 수 있다. 과학에 대한 궁금증을 지닌 코미디언과 코미디에 대한 궁금증을 지닌 과학자가 이야기를 나누는 장이자, 우주의 신비에 대해 고민하며 느끼게 되는 충격에 영감을 받은 모든 이들이 모여 이야기를 나누는 장이다. 알베르트 아인슈타인이 "진정한 예술과 과학의 근원"이라 칭했던 바로 그 감정을 느끼게 될 것이다. 「스타 토크」와 함께 우리는 탐구하는 마음과 다양한 사고 방식이 즐거움과 융합하는 경험을 누리게 될 것이다.

사실 여러분이 지금 손에 들고 있는 이 책 『스타 토크』 역시 디지털 세계와 출판 세계의 충돌로 인한 융합의 결과물이다. 숙련된 전문가들이 광자[2]의 세계에서부터 출판물의 세계까지를 넘나드는 데 많은 도움을 주었다. 이들 덕분에 배터리가 방전되거나 무선 인터넷이 없는 상황에서도 즐길 수 있는 책이라는 매체에 섬광과도 같은 이 프로그램의 영혼과 성격을 고스란히 담을 수 있었다. 이 책에서는 라디오, 팟캐스트, 텔레비전 프로그램에서와 같이 스타들이 이야기를 한다. 하지만 뉴스 프로그램, 잡지, 타블로이드지에서처럼 스타들의 이야기가 단순히 전달만 되거나, 인터뷰되거나, 노출되지는 않는다. 우리는 스타들이 무엇이라고 말하는지 알게 되고, 어떻게 그 말을 했는지까지 상상하게 된다. 스티븐 콜베어[3]가 자신이 진행하는 프로그램에 과

북극의 오로라가 어떻게 하늘에서 영롱한 빛을 내는지를 알고 싶다면 105쪽으로.

소유즈 호 [5]를 비롯해 우주선은 늘 흥미진진한 이야깃거리다. 우주 비행사들을 초대해 우주선에 대한 생생한 이야기를 들어 보았다.

학자 초대 손님이 오는 것을 왜 좋아할까? 마이엄 비얼릭[4]은 「빅뱅 이론」의 세계에 대해 어떻게 생각할까? 닐 디그래스 타이슨 박사는 시간 여행, 화성 여행, 또는 슈퍼맨의 생식 능력에 대해 어떻게 생각할까? 이 책에서 이 질문들에 대해 스타들이 어떤 생각을 하고 어떤 이야기를 했는지 찾아볼 수 있을 것이다. '다른 사람들'의 이야기가 아닌 '우리' 이야기를 할 수 있으면 좋겠다. 당당하고 자신 있게, 편견이나 속단 없이 자유롭게 이야기를 나눌 준비가 된 모든 사람들을 환영한다. 우리가 생각하거나 상상한 바에 대해서 사실에 근거해 우주, 우리가 사는 세상, 그리고 우리 자신에 대해 이해한 바를 이야기하며 과학에 한발 다가가 보는 것은 어떨까?

　자, 이제 페이지를 넘기고 『스타 토크』의 세계를 탐험하기 바란다. 시작해 보자! 그리고 닐이 프로그램 끝인사에서 항상 말하듯, 계속 한번 알아보자. ■

인공 위성은 우주 공간에서 행성 주변을 돌며 지구에 있는 위성 수신기로 신호를 보낸다. 인공 위성이 「스타 토크」에 대한 신호도 보내고 있다는 것을 알고 있었는가?

이 책에 대해서

「스타 토크」 방송 중 최고의 콘텐츠만을 선별해 책에 담았다. 독자들은 팟캐스트와 텔레비전 프로그램에 등장한 초대 손님들의 목소리를 생생하게 감상할 수 있을 것이다. 배우, 코미디언, 정치인, 우주 비행사, 기업인, 백만장자, 물리학자, 신경 과학자, 생물학자 등 여러 초대 손님들의 목소리 말이다. 이 책에서는 지난 몇 년간 「스타 토크」에서 방송된 주제들 중 가장 멋진 토론을 이끌어 냈으며, 우리로 하여금 우주의 면면에 존재하는 과학으로 깊이 빠져들 수 있게 한 의문들에 대해 살펴볼 것이다. 게다가 우리 우주는 광대하며 셀 수 없을 만큼 많은 질문거리를 품고 있다.

이 책은 「스타 토크」의 세계를 탐색하기 좋도록 총 4부로 구성되어 있다. 각 부의 제목은 '우주', '우리 별 지구', '인류', '상상 속 미래'이다. 독자들은 블랙홀을 둘러싼 미스터리, 기후 변화에 대처하기 위해 실제로 제안되었던 아이디어, 간단히는 인류를 자극하고 동기를 유발하는 것들에서부터 SF 소설이나 영화의 이면에 존재하는 놀라운 과학에 대해서까지 새롭게 알 수 있게 될 것이다. 게다가 이 책에는 아주 많은 즐길거리도 있다. 먼저 이 책이 어떤 것들을 알려 줄 수 있는지에 대해 한번 살펴보자.

이 책의 내용이 마음에 들거나, 우주에 대해 좀 더 알고 싶다면? 독자들을 위해 우주에 대한 더 많은 정보를 손쉽게 얻을 수 있는 방법을 준비했다. 소제목 위 주황색 표제는 본문에서 다룬 내용이 등장한 방송의 제목을 의미한다. 웹사이트(Startalkradio.net)에서 해당 방송을 검색하면 더 많은 이야기를 들을 수 있다. 주제에 대한 깊이 있는 이해를 보여 주는 초록색 인용문도 놓치지 말자.

매 쪽에서는 각 세부 주제를 심도 있게 다룬다. 하지만 「스타 토크」 최고의 순간들은 지난 몇 년간 방송에 출연한 초대 손님들로부터 나온 것이다. 통찰력과 재미가 넘치는 초대 손님들의 명언을 주황색 인용문을 통해 살펴볼 수 있다. '한 토막의 과학 상식'에 소개된 내용으로 상식 게임에서 친구들을 깜짝 놀라게 해 보자. '생각해 보자'에서는 지면에 등장한 질문에 대해 다른 각도에서 생각한다면 어떤 해답을 얻을 수 있을지 알아본다.

전부 방송에 등장한 것은 아니지만 지식 확장을 도모하기 위한 시각 자료 모음을 구성해 각 장 타임라인에 소개한다. 우주에서 우주 비행사들이 먹는 우주식의 변천사, 지구 종말론의 변천사, SF 드라마의 패션 센스 변천사 등에 대해 알아보자.

뚜렷한 개성을 지닌 다채로운 일곱 가지 사이드바에 다양한 정보를 담았다. 각 사이드바의 유형은 아이콘으로 표시, 독자들이 책의 내용을 살펴보기 쉽게 구성했다. 아래의 표에서 각 아이콘이 뜻하는 바를 살펴보자.

ㅋㅋㅋㅋㅋ
정말 재미있는 초대 손님들이 방송에서 남긴 말 중에서도 가장 재치 있는 명언만을 엄선해 소개한다.

여행 가이드
필수 우주 상식을 소개한다. 우주 정거장에서 볼일을 보고 싶다면? 우주에서 최고의 섹스를 즐기는 이들은 과연 누구일까?

기본으로 돌아가기
과학에 대한 조예가 깊은 독자들일지라도 과학의 모든 것을 알고 있지는 않을 것이다. 접근하기 어려운 개념들을 상세히 설명한다.

대화
「스타 토크」의 백미 중 하나는 스튜디오에서 닐과 게스트가 주고받은 재치 있는 이야기이다. 재치 넘치는 생생한 대화를 함께 즐겨 보자.

과학자 전기
인류의 세계관을 변화시키는 데 일조한 위대한 과학자들을 소개한다.

저녁의 한잔
스타 토크 라이브! 쇼에서 닐은 바텐더들과 함께 칵테일 레시피를 개발해 왔다. 저녁의 한잔에서 칵테일을 즐길 수 있다.

닐의 트위터
닐은 열혈 트위터리안이다. 닐의 트위터에서 가장 멋진 트윗만을 모아서 소셜 미디어 피드를 구성했다.

1부

우주

화창하고 밝은 낮에도, 칠흑같이 깜깜한 밤에도, 우리는 모두 다음과 같은 상상에

빠지고는 한다. 보이지 않는 저 먼 곳에는 대체 무엇이 있는 것일까?

익숙한 지구의 경계를 넘어선 곳에 온 우주가 우리의 탐사를 기다리고 있다.

하지만 잠깐만 기다리자! 우주로 떠나기 전 단단히 채비해야만 한다.

인간의 몸과 마음이 우주 여행을 어떻게 받아들일지, 우주에 도착하는 순간

어떤 일을 겪을지 미리 생각해야만 한다. 그리고 우주 여행을 즐길 수도 있어야 하지 않을까?

우리의 목표는 단순히 우주에서 살아남는 것이 아니라 근사한

우주 여행을 즐기는 것이어야 한다. 우주 여행 중에 누군가를 만나게 될지도 모를 일이니까.

"화성은 지질학자에게 꿈의 장소입니다. 일반 여행자에게도 화성은 무척 매력적인 장소라고 생각되는데요. 화성에 가게 되면 무엇을 할 것이냐고요? 저는 땅바닥을 보지 않을 겁니다. 대신 하늘을 바라볼 거예요. 그리고 화성의 하늘에서 바라본 지구의 모습을 사진으로 찍을 겁니다."

— 닐 디그래스 타이슨 박사, 천체 물리학자

1장

화성에 갈 때는 무엇을 가져가나요?

3년 동안 답답하고 좁은 우주선 안에서 버텨야 한다니! 보통 사람에게는 자동차에 앉아서 3시간을 버티는 것도 만만치 않은 일이다. 하지만 우주 공간에서 지구의 옆집쯤에 해당하는 붉은 행성 화성에 가 보려면 우주선 안에서 3년이라는 시간을 버텨 내야만 한다.

화성에 빈손으로 갈 수는 없다. 화성에 가려면 챙겨야 할 것들이 이만저만이 아니다. 다행히도 인류에게 필요한 몇몇 요소들이 화성에 존재할 가능성도 있다. 예컨대 화성 지하의 얼어붙은 해양은 인간이 화성을 여행하는 데 필요한 물을 공급해 줄 수도 있다. 화성의 광물 자원이 건물을 짓거나 작물을 재배하는 데 필요한 물질을 제공할 수도 있다. 그렇다면 인간에게 필요한 것 중 화성에 없는 것은 무엇일까? 한번 살펴보자.

인류가 방문하고자 하는 우주 공간이 단지 화성뿐인 것은 아니다. 우주 여행을 하기 위해서는 어떤 것들이 필요할까? 사실상 우리는 화성 여행을 위한 채비라기보다는 수 대에 걸친 인류의 우주 여행을 위한 채비를 하고 있다. 친숙한 지구 저궤도[1]라는 경계를 훨씬 넘어선 우주 공간에서도 인류가 살아남을 수 있도록 말이다. 인류는 우주 공간에서 생존할 수 있을까? 사실 현재 인류는 우주 공간에서 생존하고 있다. 단적인 예로 우주 비행사들은 계속 우주에서 살아가고 있다. 특히 현 세대에는 지구 저궤도에 위치한 국제 우주 정거장[2] 등의 우주선에서 사람들이 살아가고 있다. 우주 비행사들의 노력과 희생 덕분에 인류는 우주에 대한 많은 사실들, 우주에서 살아가기란 어떤 일이며, 우주에서 살아남기 위해서는 무엇을 가지고 우주에 가야 하는가 등을 알 수 있게 되었다.

붉은 행성 화성의 지면에는 어떠한 생명체도 살고 있지 않다.
화성은 인간이 삶을 영위하기에 적절한 공간은 아닌 것으로
보인다. 적어도 현재로서는 말이다.

우주 비행사들의 탈출복은 위급한 상황에서 눈에 잘 띌 수 있는 주황색이다. 오랫동안 변함없이 주황색 탈출복이 사용되어 왔다.

우주를 향해

우주 비행을 하면 키가 자란다?

2011년 7월 21일은 인류의 우주 비행 역사에 있어 한 시대가 종료된 역사적인 날이었습니다. 바로 이 날, 최후의 우주 왕복선 임무(STS-135[3])가 종료되었으며, 탐사 대원 전원(크리스토퍼 퍼거슨[4] 대령, 더글러스 헐리[5] 대위, 렉스 월하임[6] 대위, 샌드라 홀 매그너스[7])이 미국 플로리다 주에 있는 케네디 우주 센터[8]에 착륙했습니다.

애틀랜티스 우주 왕복선이 착륙하기까지 탐사 대원 모두 우주 비행 횟수는 총 11회에 이르며, 우주 공간에서 262일 이상을 생존한 기록을 남겼습니다. 탐사 대원들이 우주 공간에서 보낸 시간과 경험을 모두 합산한다고 할지라도, 262일이라는 시간은 단 한 명의 인간이 화성으로 가는 데 걸리는 시간의 4분의 1보다도 더 짧은 시간입니다.

우주 비행사들이 우주 공간에 있는 동안 그들의 신체에는 어떤 변화가 생겼을까요? 우선 키가 자랐다고 합니다. 총 20센티미터 정도 키가 커졌다고 하네요.

▶ **늘어난다!** 우주 공간에서는 중력이 우주 비행사의 뼈를 아래쪽으로 잡아당기지 않기 때문에, 키가 3퍼센트 정도 자란다고 합니다. 1인당 평균 5센티미터 정도가 자란다고 하네요. 혈액의 흐름에도 변화가 생깁니다. 무중력 상태에서는 발끝부터 정수리까지 혈액이 도달하기가 좀 더 쉬워집니다. 그 결과 무중력 상태에 있는 우주인들의 얼굴은 포동포동해진다고 하네요.

▶ **키는 자라지만** 키가 자란다고 해서 딱히 좋은 점만 있는 것도 아닙니다. 자라난 키의 이면에는 좋지 않은 점이 도사리고 있습니다. 무중력 상태에 있는 우주 비행사의 골밀도는 지구에 사는 90대 골다공증 환자의 골밀도보다도 10배 정도 더 빠른 속도로 감소한다고 합니다. 우주 공간을 여행하며 수 개월을 보내는 우주 비행사들의 경우 살짝 넘어지기만 해도 뼈가 부러질 수 있습니다. 근육의 강도가 급격히 줄어들 가능성도 존재합니다. ■

"중력의 영향권에 들어오자마자 급속히 무언가에 짓눌려서 쪼그라드는 느낌이 들어요. 일어서는 즉시 푸쉬쉬 바람이 빠지는 느낌이죠. 중력이 어느 곳에나 있는, 널리 퍼져 있는 힘이라는 것을 비로소 느끼게 됩니다."
— 샌드라 홀 매그너스 박사, STS-135 우주 왕복선 임무의 전문 연구원

화성에 갈 여행 짐 싸기

화성에 누가 갈까?

우주 탐사 임무에 참여하는 모든 사람들은 아주 귀중한 인적 자원입니다. 게다가 탐사 대원들이 갖고 있는 기술과 관심 분야의 폭이 넓으면 넓을수록 임무를 성공적으로 수행할 가능성이 높아집니다. 우주에 예술인이나 시인을 보내 보는 것은 어떨까요? 사실 이미 예술인과 시인을 우주에 보낸 적이 있습니다. 우연히도 그 예술인들이 고도로 훈련된 과학자, 공학자, 조종사, 기술자였던 것뿐이지요. 그리고 말입니다. 우주에 간 사람들은 글재주도 뛰어나고 말주변도 좋은데다, 심지어 자신의 다재다능함에 대해서 꽤나 겸손한 태도를 갖고 있기까지 합니다. 그리 멀지 않은 미래에 조시 그로번[9]처럼 우주에 대한 풍성한 상상력을 지닌 음악인이 이 지구 밖으로 여행을 떠나는 날이 올 수도 있겠네요.

유이 기미야,[12] 일본인 우주 비행사.

> "어릴 때 제가 제일 좋아한 옷은 우주복이었어요. 종일, 매일같이 우주복을 입고 싶어했지요. 상상 속에서 저는 지구인 조시 그로번이 아니었어요. '나는 다른 별에서 온 조시 그로번이다.'라고 말하고 싶었어요."
>
> ─ 조시 그로번, 음악인

어떤 자질을 지닌 사람이 훌륭한 우주 비행사가 될 수 있을까요? 늘 마주치는 사람들과 아주 좁은 공간에서 아주 긴 시간 동안 같이 살아가면서도 별 큰 문제 없이 잘 지낼 수 있는 사람이야말로 훌륭한 우주 비행사가 되기 위한 자질을 갖춘 사람이 아닐까요? 『우주 다큐』[10]의 저자 메리 로치[11]는 문화에 대한 고정 관념에 기대어 다음과 같이 말합니다. "일반화하자면 말이죠, 일본인이야말로 훌륭한 우주 비행사가 되기에 딱 좋은 여러 조건을 갖추고 있는 것 같습니다. 체중이 적게 나가서 우주선의 탑재량을 맞추기에도 유리하고 비좁은 공간에 익숙한데다 사생활에 대해 너무 민감하지도 않을뿐더러, 다시 한번 지나친 일반화의 오류를 범해 보자면, 다른 사람들과 대립각을 세우거나 타인을 공격적으로 대하지 않도록 교육을 받았으니까요." ▪

한 토막의 과학 상식
우주 비행사이자 음악인인 크리스 해드필드[13]는 국제 우주 정거장에서 녹음한 음반 「우주 세션: 깡통에서부터의 노래」를 발표했다. 이 음반은 2015년 캐나다 음악 차트 10위에 올랐다.

ㅋㅋㅋㅋㅋㅋ ▶ **코미디언 척 나이스[14]와 함께**

있잖아요. 갑자기 생각난 건데, 스트레스며 음식이며, 이것저것 생각해 보니 자메이카 사람들이 우주 비행사가 되면 잘 할 것 같아요. 루주 비행사[15]라고 부르면 되겠지요. 자메이카 우주 비행사는 이렇게 말하겠죠. "이바. 갠차네.[16] 숨 들이 쉬고. 됐으. 글구 이거 먹어봐. 맛 좋아." 우주 비행사가 견뎌야 하는 모든 것, 그러니까 스트레스나 음식 문제는 라스타[17] 스타일 약[18] 한 개피면 해결될 일이죠. 만일 동료 우주 비행사가 자메이카 우주 비행사에게 불평을 하며 성질을 부린다면 자메이카 우주 비행사는 이렇게 말할 겁니다. "이바. 가서 이거나 피우라고."

수백 명이 이미 가 본 그곳에 언제 가 볼 수 있을까?

우주 탐사에 있어서 우리 인류는 1970년 이래 약간 후퇴한 것으로 보입니다. 지난 40여 년간 우리, 실제로는 수백 명의 인류가 지구 저궤도에 다다랐을 뿐이고, 이것은 지구에서 달까지의 거리와 비교하면 겨우 100분의 1이 될까 말까 하는 무척 짧은 거리에 불과합니다. 그리고 오늘날 인류는 빨리 화성에 가 보고 싶어서 안달을 내고 있는 상황이지만 잘 생각해 보면 화성은 달보다도 수백 배나 먼 곳에 있습니다. 화성으로 가는 대부분의 시간 동안 사람들은 지구 저궤도에 머무는 것과 거의 비슷한 경험을 할 것으로 예상됩니다. 우주선에 타고 있는 인간의 몸과 마음은 고독함, 폐쇄된 좁은 공간에 갇힌 상태, 방사선, 미소 중력[19] 상태 등 수많은 어려움을 겪을

> "표준적 화성 탐사 임무 기간에 준하는 2년 반이라는 시간 동안 인류가 우주 공간에서 어떻게 생존할 수 있는지에 대한 알아내기 위해서, 인류는 국제 우주 정거장에서 수많은 것들을 배워 나가고 있습니다. 오늘 우리가 국제 우주 정거장에서 축적하고 있는 지식은 미래에 화성 탐사 임무를 가능하도록 해 줄 것입니다."
> — STS-135 임무 대원

수밖에 없습니다. 그러므로 화성을 향해 출발하는 데 필요한 자금과 충분히 축적된 기술을 갖게 되는 그날까지, 국제 우주 정거장에 머무는 우주인들의 경험이야말로 우리에게 화성 여행이 어떤 것인지에 대한 정보를 제공하는 가장 가치 있는 자료가 아닐까요?

현재와 비슷한 속도로 과학 기술이 계속 발전한다면 25년 이내에 인류는 마침내 화성을 향해 출발할 수 있게 된다고 합니다. 만일 그날이 온다면 25년 후 인류의 첫 화성 탐사 임무를 수행할 사람들은 아마 지금 고등학교도 채 졸업하지 않은 세대가 아닐까요? 자, 어린이 여러분. 지금부터 화성 탐사 준비를 시작해 보세요! ■

미국인 우주 비행사 브루스 맥캔들리스 ®는 우주 공간을 걸어가며 이와 같은 놀라운 광경을 보았다.

머큐리 프로젝트[21]에 사용된 우주복.

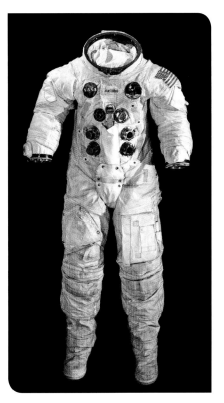

아폴로 미션[22]에 사용된 우주복.

국제 우주 정거장의 선외 우주복.[23]

태양계 탐사용 의상

"그냥 여기, 지구에 딱 붙어 계세요.
인간은 지구에서
제일 오래 살 수 있습니다."
— 닐 디그래스 타이슨 박사

그런데 닐의 충고를 무시하고 지구를 떠나 태양계를 탐사하려고 한다면 일단 우주에서 살아 있어야만 하고, 그것도 건강하게 살아 있어야만 한다는 것을 꼭 기억하시기 바랍니다. 그리고 태양계를 탐사하는 동안 되도록 근사한 옷을 입고 싶으시겠죠. 지구의 위성 달, 지구 가까운 곳의 소행성들, 화성의 두 위성의 탐사를 목표로 하고 있는 미국 항공 우주국(NASA)의 태양계 탐사 가상 연구소가 여러분의 태양계 탐사에 도움을 드릴 수도 있겠네요.

달, 소행성, 화성의 위성 등 다양한 목적지들은 각기 고유한 도전 과제를 지니고 있습니다. 예컨대 소행성은 중력이 너무 약해서 표면에서부터 몸이 로켓처럼 튀어나올 수도 있습니다. 따라서 소행성 탐사를 위해서는 신체를 바닥에 고정하는 장치가 있는 우주복을 입어야 합니다! 또 소행성이 방출하는 플라스마[25]에 취약한 인류를 보호해 줄 두꺼운 금속 방어막도 필요합니다. 그래야만 소행성의 번개로부터 여러분을 안전하게 보호할 수 있습니다. ■

우주복 장갑은 우주인이 손을 자유롭게 움직일 수 있도록 만들어졌다.

「스타 트렉」에서 우후라 대위 역할을 맡은 니셸 니콜스.

NASA와 니셸 니콜스

니셸 니콜스, NASA의 얼굴을 바꾸다

「스타 트렉」에 등장하는 우주선 엔터프라이즈 호.

「스타 트렉」에서 우후라 대위를 연기한 배우 니셸 니콜스[26]는 텔레비전에서의 인종 차별 철폐에 큰 역할을 한 배우입니다. 흑인인 우후라 대위는 우주선 엔터프라이즈 호에서 통신을 담당하는 장교로 그려지고 있습니다. NASA로부터 우주 비행사 후보 모집을 위한 홍보를 의뢰받았을 때 니콜스는 우주 비행단에 반드시 모든 인종과 모든 성별이 포함될 것을 요구하며 다음과 같이 말했습니다. "도와드리겠습니다. 여태껏 NASA에 지원한 우주인 후보 중 가장 뛰어난 사람들이 지원할 수 있도록 도와드릴게요. 그렇기 때문에 어떠한 설명도, 어떤 핑계도 절대 받아들일 수 없습니다. 아주 굉장한 사람들이 엄청나게 들이닥칠 예정이니까요. 우주인으로 선발된 인원 중 최소 1명의 여성과 최소 1명의 유색 인종이 있어야만 합니다. 만일 이 조건들이 충족되지 않을 시, 제가 반드시 문제로 삼을 것입니다."

잘 알려지지 않은 사실을 하나 소개하도록 하지요. 우후라 대위의 이름은 단 한 번도 「스타 트렉」 텔레비전 판에서 공개된 바가 없습니다. 2009년 프랜차이즈 리부트 판 영화에서 스팍이 우후라를 '니요타'라고 부르는 것 같습니다만, 커크가 우후라의 이름이 '니요타'임을 공식적으로 발표하려 하자 스팍은 말했습니다. "저는 이 사안에 대해서는 어떠한 언급도 하지 않도록 하겠습니다." ■

방사선과 대변

창의력은 항상 차이를 만들어 냅니다. 가끔은 창의력이 생과 사를 가르는 역할을 할 때도 있습니다. 바로 지금, 고정 관념에서 벗어난 자유로운 상상력이 인류의 우주 비행에 미친 영향을 생생히 보여 주는 예시를 하나 소개하겠습니다. 우주 공간에서 여행하고 생활하기 위해서는 우주라는 특수한 환경에 도사리고 있는 온갖 종류의 위험으로부터 스스로를 철저히 보호해야만 합니다. 그 와중에 개인의 위생 상태도 청결하게 유지해야 하지요. 두 과제를 어떻게 한꺼번에, 환경 친화적으로, 그리고 주변에 존재하는 물질들을 사용해서 손쉽게 해결할 수 있을지 창의력을 발휘해 보시기 바랍니다.

메리 로치는 말합니다. "NASA에는 어떤 도구가 있어요. 간편한 오븐 같은 장치인데요. (인간이나 동물의) 배설물을 딱딱한 플라스틱 타일처럼 만드는 장치입니다. 결과물은 썩 괜찮은 방사선 보호막 역할을 할 수 있답니다." "뭐라고요?"라고요? 네. 엄연히 사실에 기반한 이야기입니다. 이 해결책이 얼마나 간단한지 생각해 보세요. 화성을 향해 이동하고 있는 우주선을 강타할 법한 인체에 해로운 일부 방사선은 납이나 유사한 금속으로 막을 수 있습니다. 특히 수소가 풍부한 물질 층은 훨씬 더 효율적으로 우주인들을 방사선으로부터 보호할 수 있지요. 수소가 풍부한 물질은 대개 우주 공간에서 구하기가 무척 어렵지만, 대변에 포함된 일부 성분은 '수소가 풍부한 물질 층'이라는 묘사에 딱 맞아 떨어집니다. 게다가 건강한 성인 1명은 1년에 대변 약 45킬로그램을 생산할 수 있습니다. 그렇다면 우주인의 대변을 타일이나 벽돌 형태로 재처리해 우주선 주변을 둘러싸서 방사선 침투를 방지하지 못할 이유가 전혀 없다고 봅니다. 아껴 쓰고, 나눠 쓰고, 바꿔 쓰고, 다시 쓰는 최상의 사례 아닐까요? ■

화성에는 대재앙으로부터 복구해 낼 수 있는 수백만 킬로미터의 땅과, 수십억 리터의 얼어붙은 물이 존재합니다. 우주선에서는 단 한 번의 참사로도 수많은 이들이 이 세상에 작별을 고하기도 합니다. 인류여, 부디 안녕히. 임무는 종료되었습니다.

여행 가이드

누가 미소 유성체[27]를 두려워하랴?

유성진 충돌이 드문 것은 자연계에 존재하는 고체 물질이 우주 공간에 거의 존재하지 않기 때문이다. 하지만 고체 물질이 우주 공간에 존재하는 상황에서는 아주 조심해야만 한다. 우주인 샌드라 홀 매그너스는 말한다. "먼지 크기만 한 파편도 시속 4000킬로미터급 상해를 끼칠 수 있습니다. 작은 충돌은 대개 이 정도 규모이지만 50원이나 500원짜리 동전 크기 파편이 떠다닌다면, 실로 심각한 문제가 발생할 수 있습니다." 지구뿐만 아니라 우주에서도 인간은 어마어마한 환경 문제를 일으키고 있다. 2007년 중국 정부가 미사일 방어 시스템 시험을 위해 낡은 기상 위성을 고의로 격추한 결과 잔해와 파편 수천 개가 수십 년간 지구 저궤도에 머무르게 되었다.

생각해 보자 ▶ 우주 공간에서도 폐소 공포를 느낄까?

우주인 마이크 마시미노[28]는 다음과 같이 말한다. "대부분의 경우 폐소 공포는 심리적 원인 때문에 생기는 것 같습니다." 아니면 코미디언 척 나이스가 생각했듯이 폐소 공포는 산 속에 고립되어 있는 호텔에 갇혀 있는 것과 비슷한 느낌일 것이다. 나이스는 마시미노에게 물어보았다. "망치로 다 때려 부수고 뛰쳐나가 버리고 싶었던 적은 없었어요? '자니 왔다!'[29]라고 소리치면서요." 마시미노는 다음과 같이 대답했다. "아뇨. 그런 일이 생기지 말라고 우주인들에게 망치를 주지 않는 것 같은데요." 뭐니 뭐니 해도 우주선에서는 안전이 제일이다.

인간은 깡통을 타고 우주를 떠다니고 있는가?

과학자들과 공학자들은 거의 한 세기에 가까운 오랜 시간 동안 우주 정거장을 상상하고 설계하는 작업에 몰두해 왔다.
가상 우주 정거장 링월드[30]나 데스스타[31] 같은 우주 정거장뿐만 아니라 인류는 우주 공간에서 실제로 작동하는
우주 정거장을 상상하고, 어떻게 구현해야 하는지 오래도록 고민해 온 것이다. 실제로 우주 정거장이 존재하고 작동한 지는
그것을 상상하고 구상하는 데 쓰인 시간의 불과 절반 정도에 불과한 50년 정도가 지났을 뿐이다.

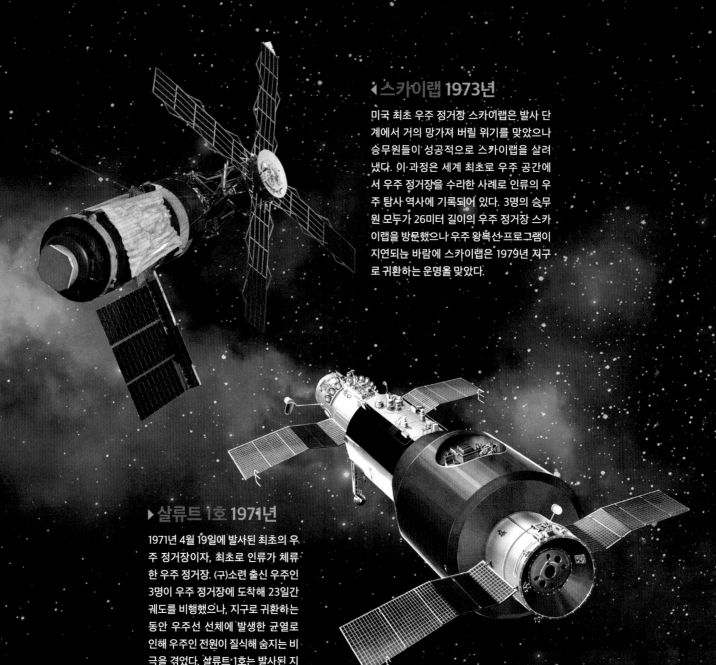

◄ 스카이랩 1973년

미국 최초 우주 정거장 스카이랩은 발사 단계에서 거의 망가져 버릴 위기를 맞았으나 승무원들이 성공적으로 스카이랩을 살려냈다. 이 과정은 세계 최초로 우주 공간에서 우주 정거장을 수리한 사례로 인류의 우주 탐사 역사에 기록되어 있다. 3명의 승무원 모두가 26미터 길이의 우주 정거장 스카이랩을 방문했으나 우주 왕복선 프로그램이 지연되는 바람에 스카이랩은 1979년 지구로 귀환하는 운명을 맞았다.

▶ 살류트 1호 1971년

1971년 4월 19일에 발사된 최초의 우주 정거장이자, 최초로 인류가 체류한 우주 정거장. (구)소련 출신 우주인 3명이 우주 정거장에 도착해 23일간 궤도를 비행했으나, 지구로 귀환하는 동안 우주선 선체에 발생한 균열로 인해 우주인 전원이 질식해 숨지는 비극을 겪었다. 살류트 1호는 발사된 지 6개월 후 궤도를 이탈했다.

▶미르 1986년

(구)소련은 1986년, 스카이랩과 비슷한 크기의 우주 정거장을 가동시켰다. 이 우주 정거장에는 적절하게도 미르(러시아 어로 '평화'를 뜻한다.)라는 이름이 붙여졌다. 미르 우주 정거장은 (구)소련의 몰락에도 불구하고 계속해서 임무를 수행했다. 미르가 사용된 15년간 125명이 미르를 거쳐 갔고, 마침내 2001년 3월 23일 궤도를 벗어났다.

◀텐궁 1호 2011년

중국에서 최초로 제작된 우주 정거장. 2012년과 2013년에 2명의 승무원이 며칠간 텐궁 1호에 방문, 체류했다. 텐궁 1호는 앞으로 만들어질 많은 우주 정거장 중 초기 단계에 해당하며, 2020년 발사 예정인 대규모 우주 정거장의 일부가 될 것으로 알려져 있다. 이 대규모 우주 정거장은 국제 우주 정거장처럼 다수의 모듈로 구성될 예정이다.

▶국제 우주 정거장 1998년

국제 우주 정거장은 우주 탐사를 위한 범국가적 협업 도모와 우주 관련 예산의 감축이라는 목표 아래 탄생했다. 5개의 우주 관련 기관이 협업을 통해 국제 우주 정거장을 운영하고 있다. 다수의 우주인들이 2000년 11월 이래로 꾸준히 국제 우주 정거장에 방문, 체류했다. 세계 최초 상업적 우주 여행자 역시 국제 우주 정거장에 방문, 체류했다.

과학자들이 유타 주에서 화성의 환경에 대한 모의 실험을 하고 있다.

화성에 갈 여행 짐 싸기

남극 대륙이 화성에 대해 알려 주는 것들

남극점에 있는 구조물에 반사되어 보이는 극지 탐험대.

화성에 도착하면 광활하고 척박하기 그지없는 얼어붙은 사막이라는 풍경과 마주할 것입니다. 우연의 일치일지도 모르겠지만 화성은 남극과 거의 다를 바 없습니다. 잔인하게 느껴질 만큼의 고립 상태에 있는 약 1300만 제곱킬로미터의 남극 대륙은 장기 우주 탐사 임무가 건강과 심리 상태에 미치는 영향에 대해 연구하기에 완벽한 환경입니다.

남극 대륙에 위치한 유럽의 과학 기지 콩코르디아에서는 12명의 용감한 사람들이 문명과 멀리 떨어진 곳에서 (심지어 지구와 국제 우주 정거장 간 거리보다도 더 먼 거리를 사이에 둔 채![33]) 영원히 계속될 것만 같은 어둠 속에서 수 개월이라는 오랜 시간을 함께 지내고 있습니다.

남극이나 우주처럼 고립된 상황에 오랫동안 처한 사람들에게는 어떤 일들이 벌어질까요? 로치의 말입니다. "6주 정도 지나면 비이성적인 적개심이 마음 한구석에 자리잡습니다. 처음에는 사랑해 마지않던 동료들 때문에 미쳐 버릴 것 같은 상태가 시작되지요."

이런 문제들이 단지 기분이나 태도 때문에 생겨나는 것은 결코 아닙니다. 사실 신체적 이유 때문에 생겨나는 것입니다. 면역 체계가 약해지고 호르몬은 비정상적으로 요동칩니다. 잠을 이루기도 힘들고 먹는 것마저 어려워지지요. 평생 시차 적응이 안 된 채 사는 느낌 아닐까요? 우주 공간에서의 신체적 변화 극복이야말로 성공적인 화성 탐사에 반드시 필요한 요건입니다. ∎

"우주 왕복선에 탑승한 우주 비행사 몇 명이 섹스 체위 열 종류를 시도해 보았다는 소문이 파다했습니다. NASA는 우주 공간에서 우주 비행사들이 섹스 체위를 연구했다는 이야기는 근거 없는 뜬소문일 뿐이라고 일축했습니다."

— 닐 디그래스 타이슨 박사, 천체 '거시기 만지기 없음' 학자

화성에 갈 여행 짐 싸기

우주에서의 최종 한계

혹시 자녀들이 어깨 너머로 이 책을 엿보고 있는 것은 아닌지 다시 한번 확인하시기 바랍니다. 정기적 사회적 상호 작용에는 성인에게만 적합한 모종의 활동이 포함되는 법입니다.

아서 클라크[34]의 1993년 작 소설 『신의 망치』[35]에는 다음과 같은 설정이 등장합니다. 화성의 중력은 인간이 육체적 사랑을 통해 극상의 즐거움을 느끼기에 딱 좋다는 것입니다. 이 가설을 증명하기 위한 실험은 한 번도 행해진 바가 없다고 알고 있습니다. 다만 미르 우주 정거장의 미소 중력 환경에서는 비교 대상이 될 만한 자료가 좀 수집되어 있기는 합니다.

로치는 말합니다. "우주에서의 섹스에 대해 우주 비행사 몇 사람에게 물어본 적이 있어요. 우주인들은 대개 자신의 경험에 대해 기꺼이 이야기하는 편인데, 특히 위스키를 한 잔 하고 나면 더욱 대담해지죠. 어떤 우주인은 말했어요. '그럼요, 메리. 사람들은 매번 저에게 우주에서의 섹스에 대해 물어보는 걸요. 이런 얘길 들은 적이 있는데요. 어떤 사람이 '사샤(별명이겠죠?), 우주에서 섹스는 어떻게 하나요?'라고 물어봤더니 사샤가 '당연히 손으로 하지요!'라고 대답했대요.'"

섹스 말고도 우주에서 해결해야 하는 지극히 개인적인 활동은 또 있습니다. 섹스보다 훨씬 로맨틱하지 못한 활동이자 완전히 다른 새로운 것입니다. '체위 훈련사'라는 말을 들어 본 적 있나요? 우주 비행사들은 미소 중력 상태에서 볼일을 보기 위해 체위 훈련을 받습니다. 변기 테두리 아래에 카메라가 있고, 우주인들은 카메라가 찍고 있는 영상이 나오는 텔레비전 모니터를 관찰하면서 언제 딱 좋은 각도가 나오는지를 연습합니다. 로치는 이렇게 설명하네요. "무중력 상태에서는 변기에 앉을 수 없어요. 인간은 변기 위에 떠다니지요." ■

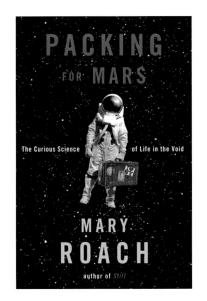

2010년에 출판된 메리 로치의 베스트셀러 『우주 다큐』.

여행 가이드

화성 관광을 위한 닐의 팁

"저는 화성이 미국 남서부와 비슷하다고 생각해요. 일몰 때 특히 근사한 풍경을 선사하는 다양한 자연물들이 있지요. 화성은 다양한 매력을 선보이는 지형지물들로 가득한 곳입니다."

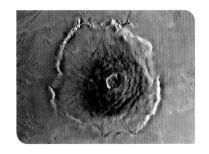

"화성에는 태양계 최대의 화산 올림푸스 산[36]이 있습니다."

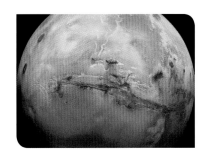

"계곡이나 강바닥을 좋아하는 분들에게는 매리너스 협곡[37]을 추천합니다."

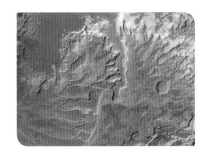

"화성에는 범람원도 있습니다. 한때 물이 흘렀던 곳이지요. 삼각주도 있어요."

어떻게 닐을 화성에 보낼까?

화성으로의 이주가 점점 현실에 가까워지고 있습니다. 어떤 사람들은 벌써부터 적극적으로 화성 이주를 고려하기도 하고, 어떤 사람들은 화성 이주가 '말도 안 되는' 일이라고 말하기도 합니다. 닐은 어떻게 생각할까요? 가족 전부가 모험을 함께한다는 조건에서 닐은 화성 이주라는 도전을 받아들일 만반의 준비가 되어 있다고 하네요.

"가족과 함께 갈 수만 있다면, 그리고 괜찮은 (이름을 밝힐 수 없는 온라인 콘텐츠 구독 서비스) 계정이랑 책 몇 권만 있다면 못 갈 이유가 없지요!" 천체 '정착' 학자 닐은 다음과 같이 제안하기도 합니다. "제 아내는 공부를 많이 한 사람이에요. 잘하면 저희 부부 둘이서 애들을 홈스쿨링, 아니 우주스쿨링, 우주선스쿨링을 할 수도 있겠고요. 가족 여행이랑 다를 바가 거의 없겠네요. 괜찮을 것 같아요. 저는 화성에 갈 의향이 있어요."

> "부디 우리에게 다시 한번 알려 주세요
> 이 지구가 얼마나 위대한 곳인지를"
> —존 올리버,[38] 배우 겸 코미디언

생각이 있나 봅니다. 하지만 코미디언 유진 머먼[41]의 생각은 다른 것 같습니다. "알았어요. 그렇지만 화성으로 이사를 가자고 하면 자녀분들이 화를 정말 많이 내실 텐데요?"

아, 화성으로 이주하는 것이 『초원의 집』[42]과 같은 이상향에 대한 환상을 만족시켜 드리지는 못하는 모양이군요. 유럽에서 미국으로 이주한 이들이나 서부 개척자들의 경험도 마냥 낭만적이지는 않았을 것입니다. 낭만적인 개척 시대의 이면에는 엄청난 어려움과 가슴 아픔, 위험함에 대한 이야기들이 숨어 있으니까요. 새로운 정착지로 떠나는 일이나 도착 후 새로운 환경에 적응하는 모든 일은 퍽 어려운 일이었을 것이 분명합니다. 특히 어린 아이들에게 말이지요. ■

국경을 넘어 머나먼 미지의 신대륙으로 이주한 개척자들처럼, 닐 또한 지구의 친절한 품을 떠나 식구들을 모두 화성용 뚜껑을 씌운 마차에 태우고 화성을 개척하러 갈

닐은 『코스모스』[43]에서 미래에 화성을 지배하는 것에 대해 논한 바 있다. 닐도 화성 개척자가 되는 것일까?

달 위를 걸어 본 사람이자 화성을 위한 활동가인
버즈 올드린, 영국의 스톤 헨지 앞에서.

화성 정복자
버즈 올드린

화성의 대기에는 얼음
구름이 떠다니고 있다.

버즈 올드린 박사는 우주 여행에 대한 수많은 저서를 남겼습니다. 창작물도 있고, 실화를 바탕으로 한 작품도 있습니다. 『화성 탐험』[45]에서 올드린은 우주 여행, 우주 탐사는 물론 화성 정복에 대해 다룬 바 있습니다. 그가 제안하는 화성 정복 계획은 다음과 같습니다. 지구와 화성 주변의 궤도를 앞뒤로 끊임없이 이동하는 우주선을 사용해서 20~30년 동안 사람들과 필수 생존 물품을 화성으로 꾸준히 실어 나른다면 화성에 인간을 위한 거주지를 구축할 수 있다고 합니다. 이와 같은 거주지 이동을 가능하게 하기 위해서는 우선 포보스(화성의 두 위성 중 큰 위성)를 거점으로 한 자동 기계 장치가 필요하다고 하네요. 충분한 자원만 투입된다면 이 계획은 기술적으로 충분히 실현 가능하다고 올드린은 주장합니다.

어쩌면 화성을 정복하는 구체적인 방법보다 더 중요한 것은 그가 인류의 화성 지배를 원하는 이유 아닐까요? 아마 그가 1969년 달에 간 이유와 같지 않을까 싶습니다. 화성 정복은 바로 인류에게 또 하나의 위대한 도약일테니까요. ■

"수많은 사람들이 그들을 기억할 것입니다. 수많은 사람들이 그들에 대해 이야기할 것입니다.
지구상에 존재했던 그 누구에 대한 이야기도 그들에 대한 이야기만큼 회자되지 못할 정도로 말입니다.
이것은 그들이 다른 어떤 사람도 해 보지 않은 일에 도전했고, 끝끝내 그 일을 해냈기 때문입니다."
—버즈 올드린 박사, 우주 비행사

1966년에 우주인들이 아폴로 우주선 모형이 있는 수영장에서 훈련하고 있다.

우주 비행사가
된 이유

"정신 나간 짓과, 인간에게 진정한 감화와 감동을 불러일으키는
일의 경계선상에 존재하는 어떤 일을 해낸다는 것은 특별한 의미를
지닙니다. 달에 간다는 것은 말 그대로 미친 짓입니다.
미친 짓이기 때문에 믿기 어려울 정도로 굉장한 의미를 지니지요.
화성은 고사하고서라도, 화성 언저리 정도에 가 본다는 것 역시
말도 안 되는 미친 짓입니다. 그래서인지도 모르겠습니다만,
화성에 간다는 것 자체에 인류를 고무시키는 어떤 요소가 있는 것도
같습니다. 사실 미국이라는 나라도 마찬가지입니다.
미국은 당대를 살아가던 사람들에게는 전혀 말도 안 되는 일들로
느껴질 법한 일들을 해내는 과정을 거치며 건국된 나라이니까요."

— 존 올리버, 배우, 코미디언

암스트롱과 올드린은 군 조종사 출신의 우주 비행사입니다. 이 두 사람의 후배 세대에 속하는 크리스 해드필드 대령과 마이크 마시미노 박사는 각기 다른 진로를 거쳐 우주인이 되었습니다.

해드필드 대령은 어린 나이에 우주인이 되기로 마음먹었다고 합니다. "암스트롱, 올드린, 콜린스는 제게 영웅과도 같은 사람들이었습니다. 우주 비행사들은 하늘을 나니까 저도 하늘을 나는 방법을 배웠습니다. 우주인이 될 확률이 정말로 희박하다는 것을 알고 있었기 때문에, 어쨌든 제가 지속적으로 갖고 있는 관심사와 연관이 있는 다른 일들도 계속 해나가고 싶었어요."

"제 꿈은 우주인이 되는 것이었습니다. 암스트롱과 올드린이 달 위를 걸어가는 것을 보았기 때문입니다." 마시미노 박사는 말했습니다. "대학을 졸업한 후 우주 비행이야말로 내가 해 보고 싶은 일이라는 확신이 생겼습니다. 대학원에 진학해 박사 학위를 받고 우주 비행사에 지원하기 시작했습니다. 대학원 시절부터요."

우주인들은 수 년간의 신체 및 심리 훈련 과정을 거쳐 양성됩니다. 우주에 가 보고 말겠다는 강렬한 염원과, 우주 비행사가 되기 위한 조건을 만족시키려는 끊임없는 노력과 시련이야말로 우주로 떠난 이들을 다양하고 유능하고 강인하게 만들어 주었습니다. ▪

우주 시대의 대성당, 국제 우주 정거장

국제 우주 정거장에
머문다는 것

"우주에 첫발을 내딛으면 이상한 느낌이 듭니다. 정말 특이하면서도 흔치 않은 상황에 처하는 것이지요. 하지만 어떤 사람들의 경우, 내이[46]가 아주 빨리 우주에 적응하기도 합니다. 제 경우 우주에 도착하자마자 귀가 잘 적응을 한 덕분에 무중력 상태에서도 별다른 고생을 하지 않았어요."

우주인 섀넌 워커[47] 박사는 익스페디션 25 임무를 위해 국제 우주 정거장에 간 경험에 대해 다음과 같이 말했습니다.

"중력이 없는 상태에서는 정말 많은 것들을 경험할 수 있습니다. 음식을 가지고 놀거나 기포를 만들어서 이리저리 이동시키는 등 재미있는 장난도 잔뜩 칠 수 있답니다. 물론 저희가 직접 어질러 놓은 것들을 치워야 합니다. 우주 정거장을 깨끗이 유지해야만 하는 현실 때문에라도 들뜬 마음을 좀 가라앉히는 수밖에 없습니다. 저는 시간이 날 때마다 최대한 창문 밖을 자주 내다보려고 합니다. 지상 팀에서 오는 지시가 많아서 꽤 바쁘기 때문에 창문 밖을 내다볼 시간이 아주 많지는 않지만요." ■

여행 가이드

우주에서 볼일 보기

우주에서는 지극히 일상적인 일조차 굉장한 모험이 되기도 한다. 아폴로 시대에 우주인들은 다리 사이에 끼워 놓은 비닐봉지와 엉덩이에 붙여 놓은 비닐봉지에 볼일을 보았다. 지금은 변을 당겨서 버리는, 흡입력의 원리를 이용한 변기를 사용 중이라고 한다. 국제 우주 정거장에서는 소변을 정화해서 식수로 사용한다. 대변은 전용 용기에 모아 두었다가 충분한 양이 모이면 정거장 밖으로 내보내, 지구 대기권에서 연소시켜 폐기한다. (혹시 어제 밤하늘을 장식했던 아름다운 별똥별이 사실 우주선에서 내다 버린 별처럼 빛나는 똥이었을지도!)

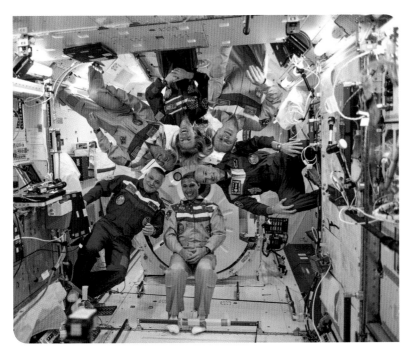

국제 우주 정거장에서 무중력 상태에 있는 우주인들.

"우주의 화장실에
접근하는 각도는 중요합니다.
도킹처럼 말이죠."

— 메리 로치, 『우주 다큐』 저자

아폴로 11호의 유산

여러분의 가족 중 누군가가 20세기의 신문에서 오려 낸 단 하나의 기사만을 보관하고 있다면 그 기사는 1969년 7월 21일 《뉴욕 타임스》 1면에 실린 역사적 기사일 가능성이 높다. 그 기사의 헤드라인은 다음과 같다. "인간, 달 위를 걷다."

그보다 하루 앞선 1969년 7월 20일, 추정컨대 5억 명에 이르는 세계인들이 텔레비전을 통해 암스트롱이 "어느 한 사람에게는 작은 한 발자국이지만 인류에게는 큰 도약"이라 표현한, 달 위에서 첫발을 떼는 장면을 지켜보았다. 인류가 달

> "지금으로부터 500년 후, 후대의 인류가 20세기에 일어난 오직 하나의 사건만을 기억한다면 그것은 바로 인류 최초의 달 착륙일 것입니다."
> ― R. 월터 커닝햄[48] 대령, 아폴로 7호의 달 착륙선 조종사

에 도착했다는 소식은 심지어 냉전 시대에 미국의 적국이었던 (구)소련의 대표 일간지 《프라우다》에도 보도되었다. 비록 유력 일간지의 1면 기사치고는 자그마하게 실렸고 5면에 가서야 기사가 계속되었지만 말이다. 인류가 미래에 여행하게 될 목적지가 어디가 될 것인지와는 상관없이, 인간이 최초로 달에 도착한 날은 인류 역사 속에서 중요한 시점으로 영원히 기억 속에 남을 것이다. 1969년 7월 20일 인류는 인류의 것이 아닌 세계에서의 첫 발자국을 뗐다. ■

"가장 생생히 남아 있는 기억은 달 그림자를 뚫고 달에 점점 가까워졌던 순간입니다. 달은 태양을 가리고 있었고, 달 주변을 둘러싸고 있는 코로나[49]가 보였지요. 크레이터[50], 골짜기, 평원이 푸른빛과 회색빛이 도는 3차원의 전망 안에 들어왔습니다. 엄청나고도 놀라운 광경이었어요. 이 굉장함을 카메라로는 담을 수 없었지만, 우리 눈에 담긴 이 장면은 경이로움 그 자체였습니다."
― 닐 암스트롱, 아폴로 11호 사령관

"인간이 달에 착륙하는 장면이며 닐 암스트롱이 달 위를 걷는 장면을 볼 수 있도록 가족들은 식탁을 거실로 옮겨다 놓았어요. 이 날 나는 난생 처음으로 이탈리아 남부 출신 이민자인 우리 아버지가 눈물을 흘리는 것을 보았습니다."
― 캐롤린 포르코[51] 박사, 행성 과학자

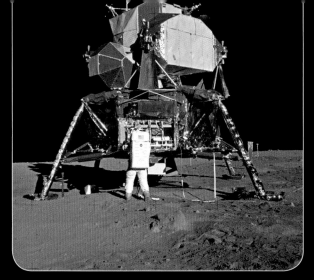

"접촉등 점등. 엔진 정지." 우리는 그곳에 도착했습니다. 바로 그때 그 순간 이후로도 계속될 탐사의 모든 면면으로 통하는 문이 열렸습니다. 달 착륙이라는 과업을 달성하지 못했더라면 인류는 달 착륙 이후에 이루어진 모든 일들도 해내지 못했을 겁니다."

— 버즈 올드린 박사, 아폴로 11호의 달 착륙선 조종사

"나는 발사대에 있었습니다. 세 젊은이가 관제 건물에서 나와서 달을 향해 떠나기 위해 내 옆을 지나갔던 어느 이른 아침의 광경을 내 두 눈으로 직접 본 것보다 내게 더 강렬한 기억으로 남아 있는 장면은 없습니다. 마치 콜럼버스가 신대륙을 탐사하기 위해 출항하는 것을 보는 듯한 느낌이었습니다."

— 존 록즈던[52] 박사, 조지 워싱턴 대학교 우주 정책 연구소 설립자

"아직도 아폴로 11호의 착륙 장면이 생생히 기억납니다. 달에 착륙하려고 했을 때 연료가 거의 바닥났어요. 그들이 마침내 달에 착륙했을 때 남아 있던 연료량은 간당간당했지요. 마지막 순간까지도 착륙에 성공할지, 아니면 이대로 모든 것이 끝나 버릴지 확신할 수 없었습니다."

— 존 글렌[53] 상원의원, 프렌드십 7호와 STS-95 임무에 참여한 우주인

"닐 암스트롱이 달에 첫 발을 디뎠을 때 나는 자동차 후드 위에 앉아서 차에서 흘러나오는 라디오 방송을 듣고 있었어요. 옆에는 어떤 여자아이가 앉아 있었고, 그래서 달에서 무슨 일어나고 있는지에만 온 신경을 집중하고 있지는 않았죠. 그런데 지금 돌이켜 생각해 보면 달에서 일어난 일은 아주 생생히 기억이 나지만 자동차 후드 위에서 일어난 일은 기억이 잘 안 나는군요."

— 로저 로니어스[54] 박사, 전 NASA 선임 역사가

"화성에 다녀오는 데는 꼬박 3~4년의 시간이 걸립니다. 그렇다면 화성 여행자에게 정말로 필요한 것은 다름 아닌 화성에 있는 밭 아닐까요? 거주를 위한 모듈을 만든 다음 고기를 좋아하신다면 돼지나 소를, 채소를 좋아하신다면 셀러리나 당근을 기르셔서, 네, 아주 마음껏 즐기시면 되겠습니다."

— 닐 디그래스 타이슨, 천체 '농부' 학자

2장

우주에서는 무엇을 먹나요?

인간은 지구상에서 수백만 년의 시간에 걸쳐, 원시 인류로부터 현생 인류에 이르기까지 진화에 진화를 거듭해 왔다. 지구상에서 인간이 먹는 음식 또한 마찬가지다. 다시 말해 인간과 같은 음식을 먹는 모든 생물도, 인간의 음식을 먹는다는 이유로 인간에게 잡아먹히는 모든 생물도 진화해 왔다. 사실 우주선에 타고 있는 모든 우주 비행사들은 무수한 미생물들이 생활하는 삶의 터전이기도 하다. 우주 비행사들의 몸속에 살고 있는 미생물들은 제각기 먹고 마시고 번식한다. 인간의 소화 기관은 지구 환경에서 작동하게끔 만들어져 있다. 그런데 인간이 이 소화 기관을 가지고 우주로 간다면 소화 기관은 우주 공간에서 어떻게 작동할까?

크고 작은 수많은 요인들을 고려해야만 이 질문에 대한 합당한 답을 찾을 수 있을 것이다. 예를 들어 우주 공간에서 탄산 음료를 한 잔 마셨다고 생각해 보자. 위장 안에는 중력이 없을 테고, 중력이 없다면 어떻게 가스와 수분이 분리될까? (힌트를 하나 주자면 우주에서 나오는 트림은 별로 건조하지 않다고 한다.)

우주의 미식가라면 일단 압력솥은 저 멀리 치워 놓고 여압복[1]을 입어 보자. 애피타이저부터 디저트까지, 이 세상 밖으로의 여행을 함께할 최고의 메뉴를 함께 찾아보는 것은 어떨까?

우주에서 우주 비행사들이 식사를 할 수 있도록 하기 위해서는 상당한
창의력을 발휘해 요리를 해야만 한다. 아직 어떻게 멋진 상을 차릴 수 있을지
고민할 수준까지는 못 되지만 말이다.

우주의 요리

우주에서 풀드 포크 샌드위치를 먹을 수 없는 이유는?

우주 비행사들은 좋아하는 음식을 미리 요청할 수 있습니다만, 우주로 가는 모든 음식은 NASA에서 해당 메뉴가 우주 환경에 적합한지를 사전에 검증하는 과정을 통과해야 합니다. 가령 소니 카터[2] 대령은 조지아에서 가져 온 풀드 포크[3]를 먹고 싶어했지만, NASA의 검증을 통과하지 못했습니다. 닐은 우려의 목소리를 냅니다. "바비큐 중에 NASA의 시험을 통과할 음식은 하나도 없을 텐데요. 풀드 포크를 먹으면 어마어마한 양의 미생물도 같이 먹게 된다는 것을 카터 씨께 알려 드렸나요?" NASA의 식품 과학자인 찰스 벌랜드는 다음과 같이 회고합니다. "음, 미생물 때문에 걱정하시는 것 같지는 않았는데요. 평생 드시던 음식이기도 하고요."

똑똑한 사람이 꼭 최고의 우주 비행사가 되는 것은 아닙니다. 늘 같은 공간에 있는 사람들과 오랫동안 잘 지내는 능력을 지닌 사람이야말로 훌륭한 우주인이 될 자질을 갖춘 사람입니다. 좁은 공간에 오랜 시간 동안 갇혀서 지내야만 하므로 화를 잘 내지 않고 친화력이 좋은 사람들이 최고의 우주인이 될 수 있습니다.

우주식은 매우 청결해야 합니다. 완전히 조리된 상태라 하더라도 대부분의 음식(특히 육류)에는 미생물이 죽지 않고 살아 있습니다. 지구에서는 별다른 문제를 일으키지 않지만 우주선이라는 특수한 공간에서 미생물은 달갑지 않은 존재일 뿐만 아니라 위험을 초래하기도 합니다.

드디어 고기 요리도 우주선에 실릴 수 있게 되었습니다! 1965년에 우주 비행사 존 영은 콘드 비프[4] 샌드위치를 우주선 제미니 3호에 몰래 실었습니다. 1989년에 이르러서는 동결 건조한 돼지고기 바비큐 요리가 우주 왕복선의 메뉴에 포함되었습니다.

최고의 우주식은 사실 물기 있는 음식입니다. 접시와 포크에 음식이 달라붙어야만 음식을 쏟지 않고 먹을 수 있으니까요. "음식에 물기가 있으면 표면 장력 때문에 음식과 식기류가 달라붙어 먹기 쉬워집니다. 우주에서는 물기 있는 음식이 먹기 좋습니다. 우주선에서 땅콩이 들어 있는 봉지를 열면 땅콩이 둥둥 떠다니게 된답니다." 벌랜드 박사는 설명합니다. ■

바비큐를 좋아하는 사람은 동결 건조 고기 우주식에 만족하지 못할 수도 있다.

메리 로치
제조 후 7년 동안 보관이 가능하다는 해시브라운[5]을 먹어 봤어요.

닐
맛이 어떻던가요?

메리 로치
으윽.

생각해 보자▶ 핫소스를 기억하자!

우주선처럼 주변 기압이 낮고 건조한 환경에서는 인간의 미각과 후각이 약해진다. 그 결과 음식 맛이 싱겁게 느껴질 수 있다. 셰프이자 텔레비전 진행자인 앤서니 보뎅[6]은 이러한 상황에 대해 잘 알고 있다. "핫소스를 갖고 가세요. 우주에 가면 주변 분들이 핫소스를 찾으실 겁니다. 양념맛이 강한 음식이 엄청 당기게 되거든요." 딱 한 가지, 매운 음식에 세균이 없어야 한다는 점은 반드시 기억하자. 대부분의 핫소스는 발효된 음식이라 미생물로 가득 차 있다. 우주 공간에서 미생물이라니, 절대 안 된다.

한 토막의 과학 상식

우주인 이소연 박사가 국제 우주 정거장에 갈 때 갖고
갈 수 있는 김치를 개발하기 위해 한국의 식품 과학자들은
막대한 연구비를 투입해 장기적인 연구를 수행했다.

우주 탐구 생활: 우주 여행

구토 혜성 탈 사람?

우주에서 식사를 맛있게 하기 바랍니다. 하지만 먹은 것을 소화시키는 데 있어서는
행운을 빕니다. 그냥 닐에게 한번 물어보세요. "원심 분리기 안에 들어가 봤는데요.
점심 먹은 것을 죄다 토해 버리고 말았습니다." 우주에서 먹은 것들을 소화하는 데 일
가견이 있는 마시미노 박사는 어떻게 생각할까요? "저는 원심 분리기에서 한 번도 토
한 적이 없는데요. 토를 하다니, 너무 약해 빠진 사람처럼 보이잖아요. 아, 우주선에
서 토하는 거 말이에요."

　　무중력 상태는 인간의 소화계에 혼돈을 초래합니다. 롤러코스터에서 자유 낙하
에 가깝게 뚝 떨어지는 순간, 어떤 느낌이 들었는지 한번 생각해 보세요. 몸속에 있던
무언가가 실제로 출구를 통해 나와 버리는 경우도 종종 있지 않던가요?

　　우주 비행을 위한 훈련 과정에서 NASA는 KC-135[7] 터보 제트기를 개조한 훈련
장치를 사용했습니다. 이 훈련 장치는 20~30초 동안 무중력 환경을 지속하게 해 주
는 장치입니다. 실제 우주 임무에서는 30~40번 정도 중력이 0에 도달한다고 합니다.
1995년부터 2004년까지 NASA가 KC-135에서 치워 낸 토사물은 적어도 34킬로그램
이상이었다고 합니다. 승무원들은 KC-135에게 '구토 혜성'이라는 별명을 붙여 주었
습니다. ■

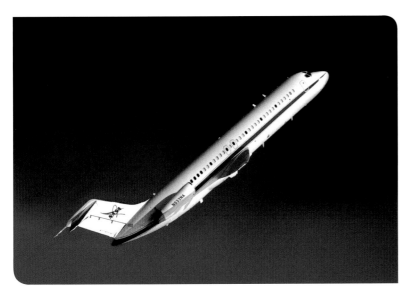

NASA의 C-9[8] 항공기가 가파른 각도로 상승 비행하고 있다.

여행 가이드

닐이 우주에서
멀미를 피하는 법

"인간은 중력 1의 환경에서 살고 있습니다. 만일
지구 중력에 변화가 생겨 중력 1의 상태가 깨지면
신체는 즉각 반응합니다. 외이도[9]가 반응하고, 뇌는
외부 환경의 변화에 적응하려 합니다. 신체가 환
경 변화에 적응하기 위해 노력하는 과정에서, 메
스껍거나 소화가 잘 되지 않는 느낌을 받는 경우
도 있습니다. 멀미가 나는 것이지요. 반면 일단 무
중력 상태에 들어가면 중력이 변하는 것은 아니기
때문에 인간은 천천히 무중력 상태에 적응하게 됩
니다. 멀미의 초기 증상에는 졸음도 있는데요. 멀
미가 너무 심하지만 않다면 그냥 주무시는 것이
낫습니다. 우주 공간에서 다른 장소로 이동하려고
할 때 멀미 초기 증상이 온다면 그냥 쭉 자면서 이
동해도 되는지 가능성을 한번 타진해 보세요."

"구토 행성을 타기 6시간 전, 8시간 전,
또는 12시간 전에 아무것도 먹지 않아서 속에서
내보낼 것이 없는 상태를 유지하도록 합니다.
이렇게 해서 구토할 가능성을 줄여 나가는
셈이지요. 피할 수 없다고요?
그럼, 그냥 즐기세요."

— 닐 디그래스 타이슨 박사, 천체 '우웩' 학자

우주 공간에서의 물과 우리의 고향 지구에서의
물을 똑같은 물이라고 보기는 좀 어렵다.

우주의 요리

연료 전지 물은
어떤 맛일까?

국제 우주 정거장에서 물은 기계 장치를 통한 지속적 순환과 재활용 과정을 거쳐 공급됩니다. 국제 우주 정거장의 물은 공기나 사람들로부터 공급되지요. 네. 여러분이 상상하시는, 입에 담기에는 조금 곤란한…… 사람이 배출하는 그것으로부터도 물이 공급된다고 합니다. 천체 '쉰' 학자 닐 디그래스 타이슨 박사는 말합니다. "심지어 국제 우주 정거장에서 기르는 실험 동물의 소변조차도 전부 다 모아서 재활용합니다." "사실 국제 우주 정거장의 식수는 여러분이 지구에서 마실 수 있는 어떤 물보다도 순수합니다. 비록 국제 우주 정거장의 식수가 실험 쥐의 소변으로부터 추출한 것일지라도 말이지요."

국제 우주 정거장에 실려 있는 폐수 중 약 90퍼센트는 음수용, 목욕용 등 다양한 용도의 깨끗한 물로 재탄생합니다. 국제 우주 정거장에 있는 전기 장치들에 전력을 공급하는 연료 전지로부터 배출되는 물 역시 국제 우주 정거장의 물 공급량 중 상당히 높은 비율을 차지하는데요. 국제 우주 정거장에서 물 공급용으로도 쓰이는 연료 전지의 원리는 다음과 같습니다. 수소와 산소 기체의 화학적 결합 과정을 통해 전기가 만들어지고, 전기 발생의 폐기물로 물이 배출되는 것이지요.

연료 전지에서 전기가 발생되고 나서 나온 물맛이 어떤지 궁금하시나요? 그냥 맹물맛 같다고나 할까요. 지구에서 평소에 먹는 물맛과 상당히 비슷한 맛이 납니다. ■

우주의 요리

우주 수플레 만들기

무중력 상태의 부엌에서 맛있는 음식을 만들어 내는 일은 상당히 어려운 일일 것 같습니다. 어떻게 해야 냄비를 불 위에 놓을 수 있을까요? 어떻게 해야 오븐에 베이킹 디시를 올려놓을 수 있을까요? 어떻게 해야 물을 면 삶는 냄비 안에 넣을 수 있을까요? 뜨거운 기름방울이 프라이팬에서 튀어 오르면 어떻게 해야 하나요? 하지만 무중력 상태에서 요리하기가 무조건 어렵지만은 않습니다. 무중력 환경에서 만들기 더 쉬운 음식도 있습니다. 특히 부풀려서 만드는 음식 종류는 지구보다 무중력 환경에서 만들기 훨씬 쉽습니다. 잘 저어서 꼭대기가 예쁘게 부풀어 오른 휘핑 크림, 겹겹이 잘 부푼 퍼프 페이스트리[10]를 한번 상상해 보세요. 가벼운 식감의 머랭[11]도요. 집에서 만들 때마다 푹 꺼져 버리는 골칫덩어리 수플레[12]도 무중력의 도움만 있다면 멋지게 부풀어 오를 겁니다. 우주에서 생기는 또 다른 변화들에 대해서도 생각해 볼까요? ■

저녁의 한잔

화성의 일출

제조: 닐 디그래스 타이슨,
벨 하우스[13] 바텐더들

재료
럼 45밀리리터
크랜베리 주스 120밀리리터
오렌지 주스 30밀리리터
장식을 위한 레몬 조각

하이볼 잔[14]을 얼음으로 채우고,
재료를 잔에서 섞는다.
레몬 조각을 잔 둘레에 꽂아서
태양을 표현한다.

"양념통을 흔들면 공기 중에 소금이나 후춧가루가 둥둥 떠다닐 것입니다. 결국 우주에서는 모든 양념을 액체 상태로 만들어서 사용해야만 합니다."

"우주에서 수플레를 구우면 수플레가 무게 때문에 꺼져 버리는 일은 생기지 않을 것입니다. 무중력 상태에서는 무게가 없으니까요."

"우주에서 바비큐 립(돼지 갈비)을 구워 보고 싶으신 분은 한 번만 더 고민해 보세요. 바비큐 립을 제대로 구우려면 36시간 동안 훈제를 해야 하는데, 그 연기가 다 어디로 가겠습니까?"

"모든 양념을 액체 상태로 만들어야만 음식에 붙어 있습니다. 음식과 양념이 서로를 깊이 사랑하게 되어서, 시키지 않아도 알아서 자기들끼리 꼭 붙어 있어야 한다는 뜻입니다."
— 닐 디그래스 타이슨 박사

생각해 보자 ▶ 마사 스튜어트의 우주 부엌
억만장자 찰스 시모니[15]는 여행을 목적으로 10일간 국제 우주 정거장에서 머무는 우주 방문을 한 적이 있다. 시모니가 우주 여행 중에 한 식사의 일부는 당시 여자 친구였던 살림의 여왕 마사 스튜어트[16]가 제작 과정에 참여한 것으로 알려져 있다. 메뉴로는 귤로 만든 포도주가 들어간 양념으로 구운 메추라기 요리를 동결 건조한 것, 케이퍼[17]를 곁들인 오리 콩피,[18] 치킨 파망티에,[19] 사과 퐁당,[20] 쌀 푸딩,[21] 말린 살구를 넣은 세몰리나[22] 케이크 등이었다.

오늘의 저녁 식사 메뉴는 무엇인가?

우주식은 생존에 필요한 영양소 공급을 위한 먹거리로부터 진정한 요리에 가까운 단계로 진화해 왔다. 하지만 우주식에 대한 묘사만 보고 정확히 어떤 음식일지 알아내기란 쉽지만은 않다. 우주인 마시미노 박사는 NASA가 특정 상표명을 광고하는 것을 그리 탐탁지 않게 여긴다고 한다. "사람들이 '손에서 녹지 않는 초콜릿'이라고 부르는 초콜릿이 상당히 인기가 좋습니다. 조그만데다 공중에 띄우면서 놀기도 좋기 때문이죠."

1962년

◀ 우주 공간에서 식사를 한 최초의 미국 우주인 존 글렌은 프렌드십 7호에서 알루미늄 튜브에 담긴 애플 소스,[23] 쇠고기 퓌레,[24] 채소를 먹었다.

1969년

◀ 이 조그만 스테인리스 스틸 숟가락은 아폴로 11호 임무에서 사령선 모듈의 조종을 맡은 마이클 콜린스가 사용했던 것이다. 이 숟가락은 콜린스의 개인 소지품 중 우주에 갖고 가서 사용할 수 있도록 허가된 물품[27]에 포함되었던 것이다.

1973년

▶ 스카이랩 프로그램 시대에는 냉장 보관 식품과 우주선 내의 주방이 도입되어 있다. 마침내 우주인들이 아이스크림을 먹을 수 있게 되었다!

1992년

▲ 공식적으로 '손에서 녹지 않는 초콜릿'이라고 알려져 있는 M&M 초콜릿은 우주 비행사들이 좋아하는 간식이다.

2007년

◀ 텔레비전에서 요리 프로그램을 진행하는 마사 스튜어트는 국제 우주 정거장으로 우주 여행을 떠나는 당시 남자친구를 위해서 동결 건조한 고급 우주식을 고안하기도 했다. 프렌치 셰프인 알랭 뒤카스[28]가 ADF 컨설팅 센터에서 이 우주식을 조리했다.

1965년

▶ 제미니 프로젝트에서는 동결 건조한 음식이 최초로 도입되었다. 쇠고기를 넣은 샌드위치, 사각 포장된 딸기 시리얼, 복숭아, 쇠고기 그레이비[25] 등이 동결 건조되어 우주식으로 도입되었다. 이 시기에 모 우주 비행사는 델리 샌드위치를 숨겨서 우주로 갔으나 우주에서 샌드위치가 분리되는 바람에 먹을 수는 없었다고 한다.

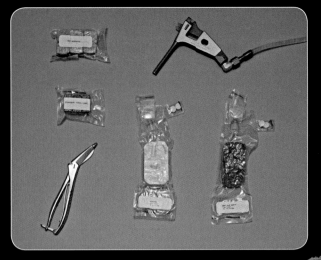

1968년

▼ 크리스마스를 기념하며 우주 비행사들은 우주 공간에서 열가공 처리[26]된 그레이비와 크랜베리 소스를 곁들인 칠면조 요리를 즐겼다.

1975년

◀ 합동 임무에 참여한 러시아 우주 비행사들이 튜브에 든 보르시[29]를 나누어 먹고 있다.

정말 NASA가 탱을 발명했을까?

간단히 대답하면, 그렇지 않다. "NASA가 생기기 전부터 탱[31]은 시중에 판매되고 있었습니다."라고 NASA 소속의 식품 과학자 벌랜드는 말한다. 탱은 1957년에 개발되었고 1959년에 판매가 시작되었다. 1962년 탱은 우주인 글렌과 함께 우주 비행을 한 이후 NASA가 탱을 발명했다는 소문이 떠돌게 된 것으로 보인다.

탱은 유명한 가루 음료로 물만 넣으면 진짜 음료수처럼 마실 수 있다. 탱을 개발한 식품 화학자인 빌 미첼[32]은 대단한 경력의 소유자로, 상당한 수의 특허 보유자이기도 하다. 그가 발명한 식품으로는 인공 타피오카[33] 푸딩, 달걀 흰자 가루, 팝 락스[34] 인스턴트 젤-오 젤라틴,[35] 쿨윕[36] 등이 있다. ■

2015년

◀ 우주 비행사들은 2015년 국제 우주 정거장에서 새 역사를 창조했다. 우주인들은 먹을 수 있는 식물(로메인 상추[30])을 우주에서 길러 내는 데 성공했다.

우주 비행사 테리 W. 벌츠　는 우주식 아침 식사용
브리토의 사진을 트위터에 올렸다.

토르티야에 그걸
올려서 먹어도 될까?

국제 우주 정거장의 우주 비행사 전원에게는 개인당 약간의 탑재량이 할당되어 있습니다. 제한된 탑재량의 범위 내에서 모든 우주 비행사는 궤도를 비행하는 동안 먹고 싶은 음식을 선택해서 우주로 가져갈 수 있습니다. 물론 본인이 선택한 음식을 우주에서 먹어도 되는지는 NASA의 심사 결과에 따라 정해집니다. 우주 비행사들이 선택한 음식의 종류는 무척 다양했는데, 예를 들어 우주 비행사 해드필드는 땅콩 버터와 꿀을 토르티야에 발라서 먹었습니다. 닐은 말합니다. "모든 우주 비행사들은 자신만의 컴포트 푸드[38]를 가지고 우주에 갑니다. 미트 로프,[39] 라이스 앤 빈스,[40] 토르티야 등이 우주로 갔습니다. 토르티야는 우주에서 먹기 참 좋습니다. 먹을 때 부스러기가 날리지 않기 때문이지요." ■

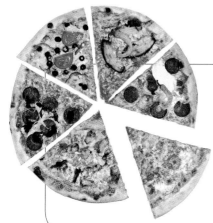

▶ 금성에서 피자를 굽는 데는
시간이 얼마나 걸릴까?
창 턱에 두면 지름 40센티미터
피자는 9초만에 다 익을
것이다.

9초

▶ 우주에서 커피가 어는 데는
시간이 얼마나 걸릴까?
밀폐용 뚜껑을 덮고 우주
방사선으로 커피 한잔을 식혀서
딱딱해질 때까지 얼리는
데까지는 몇 시간은 족히 걸린다.

**2+
시간**

화성에 갈 여행 짐 싸기

저녁 메뉴가 또
쥐고기 스튜라니!

화성에서의 농사는 지구에서의 농사와 사뭇 다를 것입니다. 고기를 먹기 위해 가축을 기르고자 한다면 지구의 식료품점에서 흔히 볼 수 있는 고기와 전혀 다른 종류의 고기에 익숙해져야만 할지도 모릅니다. 지구에서 가장 흔히 고기로 소비되는 네 발 달린 동물 양, 돼지, 소 등은 대개 덩치가 크고 지저분한데다 돌보기도 어렵습니다. 다른 행성으로 데려가기 거추장스러울뿐더러 말이지요. 닭이나 오리라면 어떨까요? 덩치는 조금 작지만 깃털 때문에 다른 동물들보다도 더 지저분할지도 모릅니다. 해물이요? 아이고, 지표면에 충분한 물이 존재하는 상황이 아니라면 화성에서 양식이나 상업적인 조업을 하는 것 또한 그다지 가능할 것 같지는 않네요. 앞에서 논한 가능성을 모두 제하고 나서도 남아 있는 선택지에는 무엇이 있을까요? 메리 로치는 회상합니다. "1964년 '우주에서의 영양 및 폐기물 관련 쟁점들' 학회가 열린 적이 있었습니다. 이 학회에서 발표된 근사한 논문에 따르면 화성에서의 목축업을 위해 고려해야 할 점은 다음과 같다고 합니다. 농장을 시작하는 데 필요한 비용과 농장에서 기른 고기로 섭취할 수 있는 열량을 잘 따져 보아야 하는데요. 이 계산의 최종 승자는 쥐였습니다. 쥐고기 스튜[41]요." 자, 그렇다고 합니다. 붉은 행성 화성에서 여러분이 즐기실 최고의 밥상에 함께할 메뉴, 바로 쥐고기 스튜입니다. ∎

> "당연히 우주에 다양한 음식을 가지고 가고 싶겠지요. 하지만 평생 가도 못 먹을 정도로 여러 가지 음식을 가져갈 필요까지는 없지 않을까요? 사실 대부분의 사람들이 평생토록 먹는 음식의 종류를 따져 보면 그다지 다양한 편도 아니랍니다. 짐작건대 지금껏 한두 가지, 많아 봤자 세 가지 종류의 시리얼을 아침 식사로 먹지 않았나요?"
>
> — 닐 디그래스 타이슨 박사, 우주 비행사의 식단에 대해 이야기하며

> "정말 헷갈릴 때가 있어요. 약을 먹으려고 하는데 약에 상표가 하나도 없어서 아무 약이나 먹을 수밖에 없을 때가 있거든요."
>
> — 마이크 마시미노 박사

화성의 건조한 환경은 가축을 기르기에 적합하지 않다.

한 토막의 과학 상식

보통 크기 집쥐 한 마리의 질량은 약 20그램이라고 한다. 굽기 전의 맥도널드 햄버거 패티 무게와 비교하면 절반 정도가 나가는 셈이다.

ㅋㅋㅋㅋㅋㅋ ▶ **코미디언 척 나이스와 함께**

중요한 질문 하나를 드리고 싶습니다. 화성에 고양이를 데려가도 될까요? 닐은 말합니다. "괜찮을 것도 같은데요. 반려 동물은 많은 사람들에게 어느 정도의 평온함을 선사합니다. 반려 동물은 동료 인간이 결코 제공할 수 없는 아주 중요한 정서적 위로를 제공하니까요. 그러니까 아마 괜찮지 않을까요?" 하지만 척은 오직 생존에 대해서만 고민하는 것 같군요. "아, 그렇게 생각하신다고요. 그럼 고양이를 데려가셔도 되겠네요. 하지만 결국은 당신이 그 고양이를 잡아먹고 말 텐데요."

스타 토크 라이브!: BAM[42] 에서 만난 똑똑이들

화성으로 소를 보내자

천체 '쇠고기' 학자 닐 디그래스 타이슨 박사의 말에 따르면 "소는 풀을 스테이크로 바꾸어 주는 기계입니다." 소가 풀을 스테이크로 바꾸어 준다는 점이 화성에 갖는 의미는 무엇일까요? 코미디언 머먼은 소가 화성에게 무척 중요하다고 생각하는 것 같습니다. 적어도 그렇게 생각하는 것 같습니다. "소 1마리만 보내면 화성은 사람이 꽤 살 만한 곳이 될 것만 같은데요."

소를 화성에 보내야 하는 이유가 오직 스테이크 때문만은 아닙니다. 지구와 달리 화성의 대기에는 표면을 지속적으로 따뜻하게 유지해 줄 온실 기체의 양이 적은 편입니다. 그리고 소는 강력한 온실 기체인 메테인을 생산하는 것으로 잘 알려져 있습니다. "사람 1명당 소 10마리쯤은 끌고 가야 됩니다. 그래야 말이 되죠."라고 신경 과학자이자 배우이며 엄격한 채식주의자[43]인 비얼릭은 말합니다.

소 떼가 정말 화성을 사람이 살 만한 땅으로 바꾸어 놓는 데 일조할 수 있을까요? 배우 폴 러드[44]는 그렇다고 확신합니다. "제가 어떤 기사를 읽은 적이 있는데요. 《라이프》[45]에 실린 기사였던 것 같은데, 한 20년 전쯤인 것 같아요. 그 기사에서 화성을 사람이 살 수 있는 땅으로 바꾸는 과정에 대해 다루었어요. 암석으로부터 다량의 산소를 만들어 내는 것 등에 대해 이야기했던 것 같네요. 인류는 이런 식으로 해비트레일[46]이나 식물을 길러서 먹을 온실 등을 갖게 될 것이고, 결국은 소도 기르게 되겠지요."

맞습니다. 화성의 현재 환경이 획기적으로 변해야만 사람이나 소가 살 수 있게 될 것입니다. "그런데 화성을 사람이 살 수 있는 곳으로 만들기 위해서는 결국 화성의 환경을 파괴해야만 하는 것 아닌가요? 바로 그게 핵심 아닌가요?"라고 배우 마이클 이언 블랙[47]은 질문합니다. ■

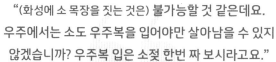

"(화성에 소 목장을 짓는 것은) 불가능할 것 같은데요.
우주에서는 소도 우주복을 입어야만 살아남을 수 있지
않겠습니까? 우주복 입은 소젖 한번 짜 보시라고요."

— 버즈 올드린 박사, 우주 비행사

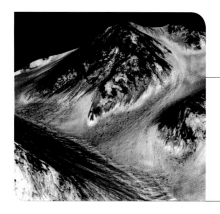

생각해 보자 ▶ 화성에 있는 물의 양은 농사를 짓기에 충분할까?

그렇다! 화성의 지하수 매장층 딱 한 군데에서만도 녹으면 정말 어마어마한 양의 물로 변할 얼음 덩어리가 발견된다. 과학자들이 발견한 바에 따르면 화성 지하에 있는 어떤 얼음 덩어리는 뉴잉글랜드 주의 면적[48]보다 6배 이상 넓고, 깊이는 30미터 이상 깊다고 한다. 문제는 이 얼음 덩어리를 어떻게 녹여서 물로 만들 것이며, 이 물을 어떻게 정화할 것이며, 정화된 물을 어떻게 물이 필요한 곳까지 이동시켜서 사용할 것인지이다. 물론 이 모든 절차에는 엄청난 동력 자원과 노력이 필요할 것이다.

화성에 갈 짐 싸기

그냥 라자냐나 먹어 볼까?

물론 우주 비행사들은 정말로 강인한 사람들입니다. 살아남기 위해서라면 무엇이든 먹어치울 만반의 준비가 되어 있을 듯한 정도로 강인한 사람들이지요. 하지만 우주식의 핵심은 건강 유지뿐만 아니라 먹는 이에게 행복감을 줄 수 있는 음식을 만드는 것입니다. 먹으면서 행복감을 느낄 만한 음식이라면 아이스크림이 떠오를 법도 한데, 식품 과학자 벌랜드 박사의 생각은 좀 다른 것 같습니다. "우주인용 아이스크림에 대한 재미있는 이야기를 해 드리겠습니다. 아폴로 8호에서 딱 한 번 우주인용 아이스크림을 제공한 적이 있었는데, 우주인들이 두 번 다시는 먹지 않겠다고 하더군요. 그냥 지레 겁을 먹어서 그런 건지, 아니면 우주인들 취향에 맞지 않았던 건지는 잘 모르겠어요. 나중에 다른 우주 비행사들에게 한번 먹어 보고 어떤지 알려 달라고 했는데, 먹고 나서 다들 싫어했습니다. 이에 너무 달라붙는다더군요."

1970년대 NASA의 우주 정거장이었던 스카이랩에는 주방이 있었고, 그 주방에는 실제로 냉장고가 있었습니다. 국제 우주 정거장의 경우 냉장고는 없지만 우주 비행사들은 200가지 이상의 메뉴 중에서 먹고 싶은 것을 골라서 먹을 수 있습니다. 우주인 마시미노 박사는 말합니다. "우주에서 먹는 음식은 맛도 꽤 괜찮고 조리하기도 간편합니다. 그냥 물만 부어서 먹을 수 있는 음식도 있고 오븐에 넣기만 하면 조리가 끝나는 음식도 있습니다. 제가 제일 좋아하는 메뉴는 라자냐[49]입니다. 엄마가 만들어 주시던 라자냐 맛에는 못 미치지만 꽤 맛있어요. 라자냐도 먹을 수 있고, 라비올리[50]도 먹을 수 있고. 라자냐는 저를 기분 좋게 해 주는 음식이기도 합니다. 일요일에 주로 라자냐를 먹는데요. 물론 다른 요일에도요." ■

자, 다음 화성 임무에서는 우주 이름을 지닌 먹거리를 모아서 우주로 떠나 보자! 천왕성[51]이라는 이름의 음식은 설마 없겠지? 우주와 관련된 음식 이름을 한 번 살펴보자.

이클립스[52] 민트[53]

밀키 웨이[54] 바[55]

문[56] 파이[57]

선키스트[58]

생각해 보자 ▶ 우주 비행용 아이스크림은 어떻게 만들까?

"동결 건조해서 만듭니다. 식품 과학에 대해 제가 아는 바를 최대한 기억해 보자면, 언 상태의 음식에다가 공기를 불어넣어서 얼어 있는 물기를 증발시키거나 기화시켜서 제거해 버리는 거죠. 물기는 빼내되 물을 제외한 아이스크림의 요소인 맛 등은 그대로 유지하고요."
— 닐 디그래스 타이슨, 천체 '크림' 학자

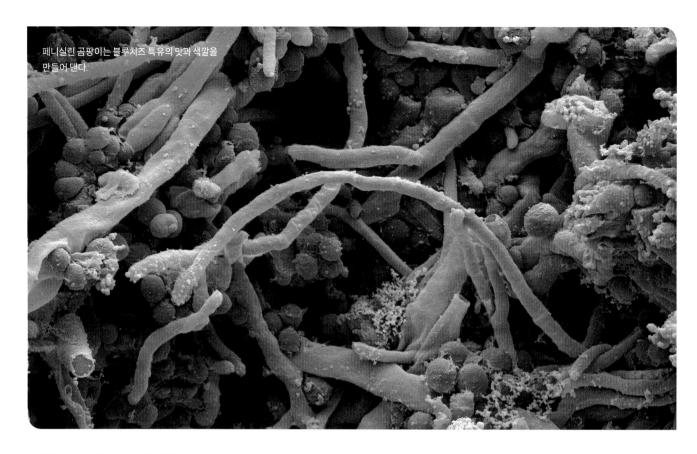

페니실린 곰팡이는 블루치즈 특유의 맛과 색깔을 만들어 낸다.

미생물을 챙겨 가 볼까?

채소절임은
소화기 건강에 좋다.

지구에서 부패는 너무나도 자연스러운 현상입니다. 심지어 냉장고 안에서도 부패는 당연히 일어날뿐더러 무척 자연스러운 현상입니다. 닐은 부패가 일어나는 까닭에 대해 다음과 같이 설명합니다. "왜 음식이 썩냐고요? 미생물이 있기 때문입니다. 사람이 음식에 입을 대기조차 전부터 미생물이 음식을 먹고 있는 중이거든요."

세균 혐오증은 잠시 접어 두고서라도 음식이 아주 약간 상했다고 해서 무조건 나쁜 것은 절대 아닙니다. 사실 아주 비싼 축에 드는 스테이크 중에는 실온에서 길게는 3주에 걸쳐 건조 숙성하는 스테이크도 있습니다. 실온에서 고기를 건조 숙성하면 균 때문에 겉면에 딱딱한 껍데기가 생깁니다. 조리 전에 딱딱한 겉면을 깎아 내면 안쪽에 있는 엄청나게 부드럽고, 어마어마하게 근사한 풍미를 지닌 핑크빛 속살이 드러난답니다.

채소절임, 사우어크라프트,[59] 된장, 치즈 등도 영양학자들이 인정하는, 건강에 좋은 발효 음식입니다. ■

"휴스턴 소재 존슨 우주 센터에는 NASA의 '우주 부엌'이 있어요. 저도 그곳에 가 본 적이 있는데요. '우주 부엌'에서 냉장하지 않은 상태로 봉지에 넣은 채, 선반에 5년 동안 보관해 두었다는 스테이크를 먹어 보았습니다. 방사능만 적당히 잘 쬐어 주면 음식을 상하지 않게 보관할 수도 있더군요."

— 닐 디그래스 타이슨, 천체 '음식' 학자

화성에 갈 여행 짐 싸기

휴스턴, 음식 문제가 생겼다

초기 우주 비행 시대 NASA 우주 비행사들은 네모난 건조 고형식을 먹거나 튜브에 들어 있는 유동식을 짜 먹었습니다. 당시 우주의 주방에서 근무하던 식품 과학자들은 우주식의 맛에 대해 많은 고려를 하지는 않았습니다. 대신 그들은 맛보다 영양소에 집중했고 우주 비행사들이 임무 기간 동안 충분한 비타민, 단백질, 미네랄 등을 섭취하고 있는지를 철저히 고려해서 식단을 구성했습니다. 그 결과 우주식의 맛은 좋다고는 할 수 없는 수준이었고, 식사를 하는 과정 역시 딱히 즐거울 만한 일은 아니었던 것 같습니다. (잘게 다져서 거의 이유식 수준으로 만든 햄버거를 치약같이 생긴 튜브에 넣은 다음, 튜브에서 음식을 짜서 입 속에 밀어넣어 먹는 것을 한번 상상해 보세요!) 당연히 우주인들은 심한 불만을 표출했습니다. 우주 비행사 짐 러블[60]은 제미니 7호[61] 승무원으로 근무하던 시기, NASA 소속 식품 과학자들의 식품 개발 능력에 대해 심각하게 비판한 적이 있습니다. 짐 러블은 NASA의 치킨 아 라 킹[62]에 대해 아주 부정적으로 평가했고, 그 맛 평가는 공식 연락망을 통해 NASA로 전달되었습니다.

　제미니 시대가 끝날 무렵부터 상황은 조금씩 호전되기 시작했습니다. 튜브에서 음식을 짜 먹는 대신, 동결 건조한 음식을 비닐 봉지에 포장한 후 물을 부어서 조리해 먹는 방식이 도입되었습니다. 한입 크기로 잘라서 네모나게 만든 음식류는 플라스틱 그릇에 담아서 우주인들에게 제공되었기에 음식을 바로 먹을 수 있도록 조리하는 일은 더욱 손쉬워졌습니다. 포장 방법이 새로워진 덕분에 식단도 훨씬 다양하게 구성될 수 있었습니다. 제미니 계획의 후기 단계에 참여한 우주인들은 우주에서 새우 칵테일[63]이며 야채를 곁들인 닭고기 요리, 버터 스카치 푸딩[64] 등을 먹을 수 있었습니다. 아폴로 시대에 이르러서는 우주에서의 식사 문화에도 상당한 변화가 생겨서, 숟가락과 포크로 식사를 하는 것이 일반적인 식사법으로 받아들여질 정도가 되었습니다. 뜨거운 물을 사용해서 음식에 수분을 재공급해 먹을 수 있도록 조리하는 과정 역시 간편해졌습니다. 스카이랩의 도입 또한 우주식의 역사에 중요한 서막을 열었습니다. 스카이랩에는 식탁을 놓을 수 있는 식사 공간이 따로 마련되어 있었으며 우주인들은 무려 72가지 선택지 중 원하는 음식을 골라 식사를 즐길 수 있게 되었습니다. ■

그릴드 폭찹[65]은 우주식 메뉴에 포함되어 있지 않다.

> "제미니 7호에 승선했던 짐 러블은 우주식을 개발한 영양사들에게 직접 음식 문제를 알린 것으로 알려져 있습니다. (임무 중 주고받은 대화의 녹취 중에서) '듣고 계십니까, 챈스 박사님? 치킨 아 라 킹, 시리얼 넘버 654. 이 음식은 짜서 삼키는 것조차 불가능합니다.'"
> — 메리 로치, 『우주 다큐』 저자

한 토막의 과학 상식

머큐리 미션과 제미니 미션 시대에는 우주식을 고안할 때 우주 비행사들이 화장실에 가는 횟수를 최소화할 수 있는 음식이 무엇인지도 고려했다. 당시 우주선 안에는 화장실이 단 하나도 없었기 때문이다.

생각해 보자 ▶ 뚱뚱한 사람들을 우주로 보내면 되잖아?
NASA가 비대한 사람들을 우주인으로 선발하는 것이 어떻겠냐는 극단적인 제안을 하는 분들도 있었습니다. 그중 한 분을 직접 만나 보았는데, 꽤 진지한 것 같았습니다. 그의 계산식에 따르면 정상 체중보다 22킬로그램 정도 더 나가는 사람은 약 18만 4000칼로리의 열량을 비축하고 있는 셈이라고 합니다. 임무 수행 기간 동안 우주 비행사를 굶기는 것이 제일 간단하지 않겠냐는 발상이지요."

> "우리 우주의 3차원을 우리 우주와 별개인 다른 우주 공간에 갖다 놓는다고 생각해 봅시다. 이로써 더 고차원의 공간이 형성되는 셈이지요. 여러분은 여러분이 속한 차원에서 벗어날 테고, 그러면 여러분을 둘러싼 벽은 더 이상 여러분이 속한 공간을 표시하지 못하게 될 것입니다."
>
> — 닐 디그래스 타이슨 박사, 천체 물리학자

3장

웜홀을 통해 우주를 여행할 수 있나요?

사흘이면 달에 갔다가 지구로 돌아올 수 있다. 화성에 다녀오는 데는 3년 정도 걸린다고 한다. 하지만 태양계에서부터 가장 가까운 항성계이자 태양계로부터 4.4광년 정도 떨어져 있는 곳에 있는 항성계인 센타우루스자리 알파별까지라면 어느 정도의 시간이 걸릴까? 지구에서 센타우루스자리 알파별까지 가는 데는 편도로만 300세기 정도가 걸린다고 한다. 한 사람이 살아 있는 동안 다녀오는 것이 생물학적으로 불가능한 거리인 셈이다. 그렇다면 우주 여행 시간을 단축하기 위해 우리는 어떤 방법들을 사용할 수 있는가?

우주 여행에 걸리는 시간이나 우주 여행을 하는 방법에 대한 논의는 항상 다음과 같은 질문으로 이어진다. 현재의 우주에 대해 우리가 아직 알지 못하는 것들 중 무엇이 우리를 미래의 물리학, 미래의 패러다임, 궁극적으로는 미래의 과학 기술로 인도하게 될 것인가? 우주의 95퍼센트를 차지하는 것으로 알려진 암흑 물질이나 암흑 에너지인가, 아니면 블랙홀인가?

우선 웜홀에 대해서부터 생각해 보자. 웜홀은 뒤틀린 시공간을 통과하는 지름길 역할을 하는 이동 통로를 의미한다. 웜홀이 실제로 있으리라는 생각은 오래전부터 존재해 왔지만, 주로 SF 소설이나 영화에 등장하고는 했다. 하지만 가상과 실제를 연결하는 고도의 정신 노동을 통해 지난 반세기간 인류는 블랙홀이 우주에 실제로 존재하는지를 검증해 왔다.

언젠가 웜홀을 통해서 차원을 건너는
일이 가능해질까?

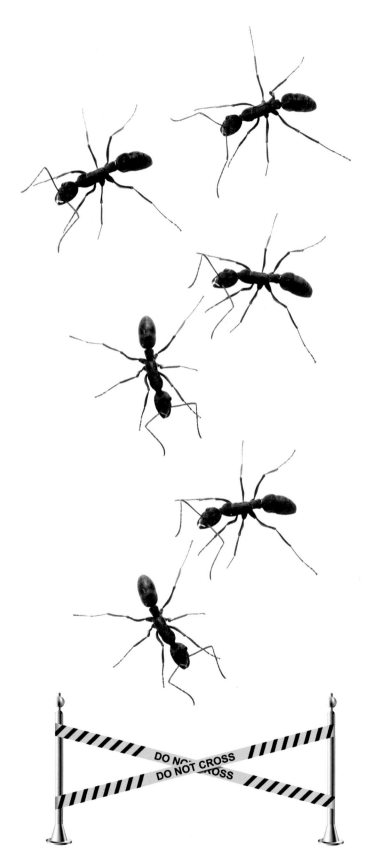

우주 탐구 생활: 우주에 관한 어두운 미스터리

개미와 종이 한 장으로 다중 우주의 물리학을 설명할 수 있을까?

음, 할 수 없습니다, 아니, 어쩌면 가능할지도 모르겠습니다. 종이접기를 굉장히, 아주, 썩 잘한다면 말이지요.

그런데 개념적으로는 가능하다고 봅니다. 우선 아주 작은 개미 한 마리가 아주 큰 종이 위를 기어다니고 있다고 생각해 봅시다. 그런데 갑자기 그 암개미(일개미라고 칩시다.) 앞에 끝도 없이, 좌우로 늘어날 수 있는 벽이 하나 생겨났다고 합시다. 이제 개미는 벽에 막혀서 앞으로는 더 이상 갈 수 없는 상태가 되겠지요? 정말 개미는 벽에 막혀서 앞으로 갈 수 없게 될까요?

정답은 다음과 같습니다. 벽을 기어 올라간다면 개미는 이동할 수 있습니다! 벽을 타고 기어 올라갈 수만 있다면 개미는 전후좌우 방향만을 지닌, 종이라는 2차원의 공간을 벗어나게 됩니다. 벽의 꼭대기에서 우리의 개미는 주변을 돌아봅니다. 그리고 자신이 떠나온 2차원의 공간을 난생 처음으로 마주하게 되지요.

자, 이제 우리 인류가 우주에서 어떻게 이동하는지에 대해 함께 상상해 봅시다. 우리 앞에 상하좌우로 끝없이 펼쳐져 있는 벽이 있다고 가정해 봅시다. 그렇다면 어떻게 해야 우리는 이 벽을 넘어서 새로운 공간으로 갈 수 있을까요? 제4의 공간적 차원으로 올라갈 수만 있다면 우리는 장애물에 갇히지 않을 것입니다. 그리고 다중 우주[1]의 관점에서 우리가 속했던 우주를 보게 될 것입니다. ■

> "우리가 현재 속한 차원에서 빠져나오면 우리는 완전히 새로운 시각으로 사물을 보게 됩니다. 어쩌면 전혀 새로운 시각으로 다중 우주를 보게 될 수 있을지도 모르지요!"
>
> ─ 닐 디그래스 타이슨 박사, 천체 '심오' 학자

벨 하우스 현장에서

스파게티요,
아니면 저요?

우주를 여행하게 된다면 가능한 한 최선을 다해 블랙홀을 피해 다니시기를 권해 드립니다. 배우이자 코미디언인 크리스틴 샬[2]은 반문합니다. "하지만 만약에 말이죠, 블랙홀 너머에 아주 근사한 것이 있다면 어떻게 해야 하죠?"

알았어요, 크리스틴. 일단 마음의 준비부터 하세요. 지금부터 블랙홀에 너무 가까이 다가가면 어떤 일이 생기는지 자세히 알려 드리도록 하겠습니다.

▶ 1단계

블랙홀을 향해 다가가면 당신이 경험하는 중력이 증가합니다. 중력의 엄청난 증가폭으로 인해 발 쪽 중력은 머리 쪽 중력보다 훨씬 더 강해집니다. 그 결과 키가 점점 자라게 되실 것입니다.

▶ 2단계

중력이 증가하는 정도가 심하게 커지다 보면, 우리를 한 덩어리의 몸통으로 엮고 있는 세포 사이의 결합력보다도 강한 힘이 우리를 반대 방향으로 잡아당기게 될 겁니다. 결국 몸이 반토막으로 찢어지고 말겠지요. 아마도 허리쯤이나 엉치쯤에서요.

▶ 3단계

그 와중에 기조력[3]이 계속되면, 토막 난 몸 두 동강이 또다시 각각 길어지게 될 겁니다. 위쪽 반토막이 또다시 반토막이 날 거고, 아래쪽 반토막도 또다시 반토막이 나겠지요. 자, 이제 몸이 네 토막이 났네요. 계속해서 조각난 몸의 일부가 또 조각날 겁니다. 네 토막이 여덟 토막이 되고, 16토막이 되고, 32토막이 되고. 언젠가는 2^{10}토막까지 날 것이고, 하여간 끊임없이 반으로 토막 날 것입니다.

▶ 4단계

블랙홀 한가운데에 다다르면 당신의 몸은 점점 더 좁은 공간으로 들어갈 겁니다. 토막 난 몸통들이 위에서 아래가 아니라 왼쪽에서 오른쪽으로 붙게 되겠네요. 치약 튜브에서 치약이 짜여서 나오듯이 우주 공간에서 몸이 압출되어 나올 겁니다. ■

코미디언 크리스틴 샬.

한 토막의 과학 상식
거대한 블랙홀과 작은 블랙홀 중
거대한 블랙홀이 인간을 덜 잔인하게
해체할 것이라는 사실을 알고 있는가?
두 지점 사이에서 발생하는 중력의 차이인
'기조력'의 정도가 작은 블랙홀보다
거대한 블랙홀에서 덜하기 때문에 그렇다.

웜홀은 바깥쪽보다 안쪽이 더 클까?

웜홀은 사실상 뒤틀림, 통로, 또는 시공간을 가로지르는 거품을 뜻합니다. 웜홀은 SF 소설이나 영화에 아주 많이 등장하지요. 웜홀을 통제할 수만 있다면 이를 통해 순식간에 아주 먼 곳으로 이동할 수 있을 것이라고 하네요.

　최근에 과학자들은 웜홀 같은 신비한 통로가 실제로 우주에 존재할 가능성이 있다고 생각합니다. 웜홀의 수학적 원리는 상당히 추상적이지만, 인류는 웜홀에 대해 점점 더 많이 알아 가고 있습니다. 천체 물리학자이자 작가인 재나 레빈[5] 박사는 다음과 같이 말했습니다. "웜홀은 이론적으로는 가능하리라 추정되지만, 현재까지의 과학적 지식에 따르면 물리적으로는 불가능할 것 같습니다. 웜홀은 바깥쪽보다 안쪽이 훨씬 클 수 있습니다. 웜홀의 깊숙한 곳까지 속속들이 이해하기 위해서는 지금껏 한 번도 접하지 못한 물질과 에너지의 형태를 상정해야만 합니다. 현재 지식으로는 어떻게 해야 웜홀을 열린 채로 유지해서, 내부를 탐구해 볼 수 있는지조차 확실히 알 수 없는 상황입니다. 웜홀은 아마도 계속 닫히려고 할 것입니다. 무척 불안정하니까요."

　따라서 웜홀이 수학적으로 가능한가의 여부보다 웜홀을 통제하기 위해 충족되어야만 하는 에너지 조건이야말로 웜홀의 존재 및 기작에 대한 이해를 난해하게 만드는 요인이라고 볼 수 있습니다. 10간[6] 와트 정도의 힘, 즉 우리 은하에 있는 모든 별의 출력을 합산한 정도의 힘이라면 웜홀을 통제할 수 있을지도 모릅니다. 하지만 아직은 웜홀이 통제 가능한지조차 검증하기가 어려운 상황입니다. 더군다나 웜홀 통제에 관해서는 연구실에서 연구하기조차 쉽지 않다고 합니다. ■

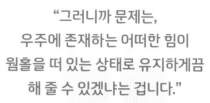

> "그러니까 문제는,
> 우주에 존재하는 어떠한 힘이
> 웜홀을 떠 있는 상태로 유지하게끔
> 해 줄 수 있겠냐는 겁니다."
>
> — 재나 레빈 박사, 우주론 연구자

컴퓨터 그래픽으로 모사한 우주를 통과하는 웜홀의 개념도.

한 토막의 과학 상식

「닥터 후」[7]에 나오는 타디스[8]는 단순히
웜홀 기술을 활용한 기계 장치가 아니다.
타디스는 지각과 지능도 지니고 있다.

생각해 보자 ▶ 영화에서처럼 웜홀을 통제할 수 있을까?

비록 영화 리뷰에서 논의되지는 않은 것 같습니다만, 제가 영화 「몬스터 주식 회사」에서 가장 좋아했던 점 중 하나는, 이 영화 곳곳에 웜홀이 등장한다는 겁니다. 「몬스터 주식 회사」에 나오는 문은 웜홀과 다를 바 없습니다. 공장과 모든 사람들의 옷장을 연결하고 있는 웜홀 같은 거죠. —닐 디그래스 타이슨 박사, 천체 '웜' 학자

우주 탐구 생활: 암흑 물질과 암흑 에너지

암흑 물질의 발견자

비록 아직까지도 수수께끼로 남아 있지만 인류는 약 1세기 전부터도 암흑 물질에 대해 어렴풋하게나마 알고 있었습니다. "1930년대에 프리츠 츠비키[9]라는 이름의 사나이가 암흑 물질을 발견했습니다. 그 시절에는 암흑 물질을 소위 '잃어버린 질량 문제'[10]라고 부르기도 했지요. 이 문제는 현대 천체 물리학에서 가장 오래된 미해결 문제이기도 합니다."라고 닐은 설명합니다.

츠비키는 스스로 암흑 물질 문제에 대한 해법을 제시하지는 못했습니다. 그는 머리털자리 은하단[11]이라 불리는 우주의 특정 공간에서 은하가 은하단에 묶인 채 아주 빠르게 움직이고 있음을 관측했습니다. 이동 속도가 너무도 빨랐기 때문에, 속도만 보면 은하가 아주 오래전에 흩어져 버렸을 것이라는 예상이 가능할 정도였습니다. 하지만 실제로 은하는 은하단에 묶인 상태로 아주 빠르게 이동하고 있었습니다. 츠비키는 이 현상의 원인을 설명하기 위해 머리털자리 은하단에는 관측상으로는 나타나지 않으나 중력을 행사하는 물질이 존재할 가능성이 있다는 가설을 제시했습니다.

> "우리는 암흑 물질이 어디에나 존재한다고 알고 있습니다. 그러니까 우주에서 물체들이 우주의 특정 부분으로 이끌려 간다는 사실에 충격을 받는 시대는 이미 지나가 버렸습니다. 관측되는 것이 없다고 해서 아무것도 없는 것은 아니니까요."
> —닐 디그래스 타이슨 박사, 천체 '인력체' 학자

처음에 학자들은 츠비키의 가설이 너무 괴상해서 받아들이기 힘들다고 생각했습니다. (츠비키의 괴짜 기질 내지 약간 부족한 사회성도 한몫한 듯하네요.) 하지만 시간이 지나면서 점차 잃어버린 질량 문제가 우주의 여러 곳에서 관측되기 시작했다고 합니다. 그 결과 오늘날에는 질량을 지니고 있으나 관측되지는 않는 무엇인가가 우주 공간에 분명히 존재한다고 믿는 학자들이 많아졌습니다.

한때 이상하다고 생각되었던 것들이 지금은 멀쩡하다고 여겨지는 경우는 꽤나 흔한 일입니다. 거대 인력체 역시 예전에 과학자들이 이상하다고 생각하던 것 중 하나이지요. 거대 인력체는 우주 공간 안에 있는 특정한 지점으로, 우리 은하를 포함해 엄청난 질량을 지닌 천체들이 집중되고 있는 영역입니다. 암흑 물질 또한 마찬가지입니다. 한때는 황당무계한 생각으로 여겨졌을지 몰라도 지금은 암흑 물질의 존재를 믿고 있는 사람들이 아주 많아졌습니다. ▪

과학자 전기

베라 루빈

베라 루빈은 젊은 시절부터 우주 이해의 장을 넓혀 가는 데 지대한 공을 세운 학자이다. 우주 거대 구조[12]가 밝혀진 시기보다도 20년도 더 전인 1954년, 루빈은 박사 논문에서 은하들이 우주에 고르지 않게 분포하고 있다는 것을 보인 바 있다. 나선 은하 외곽의 회전 운동에 대한 연구에서 루빈은 은하를 둘러싼 거대한 암흑 물질의 헤일로[13]가 은하에 있는 별들보다도 훨씬 더 무겁다는 것을 발견했다. 루빈은 캘리포니아 주 팔로마 천문대[14]의 공식 초빙 연구자로 실제 천체 관측을 한 최초의 여성이자, 미국 국립 과학원[15]의 두 번째 여성 회원으로 선출된 과학자이다.

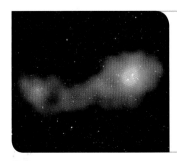

생각해 보자 ▶ 그냥 '프레드'라고 부르면 안 되나?

닐은 말한다. "암흑 물질이라는 이름이 딱히 좋은 이름은 아닌 것 같아요. 그냥 '프레드'라고 부르는 게 차라리 나을 것도 같은데요. 일단 우리는 암흑 물질이 물질인지 아닌지조차 모르기 때문이죠. 암흑 물질을 암흑 물질이라고 부르는 순간 암흑 물질이 어떤 것일지에 대한 일종의 편견에 사로잡히게 되고, 그러다 보면 좋은 과학을 하기가 어려워집니다." 사실 플래시[16](DC 코믹스[17]의 만화에 나오는 영웅)에게는 '다크 매터(dark matter)', 즉 암흑 물질이라는 적이 있는데, 다크 매터의 본명이 프레드 플레밍이다. 우연의 일치나 만화에 대한 이야기는 차치하고서라도 그냥 프레드, 아니, '프리츠'라고 부르면 되지 않을까? 아니면 '베라'라고 부르는 것은 어떨까?

현대 천체 물리학
최고의 난제

2개의 난제를 하나의 커다란 난제로 한번 만들어 봅시다. 우주 내의 물질 중 약 95퍼센트는 과학계에서 전혀 알려지지 않은 물질과 에너지로 만들어져 있다고 합니다.

현재 인류는 지구와 우주에서 가시광선, 적외선, 마이크로파 천체 망원경을 통해 관측한 바를 바탕으로 우주가 어떻게 생겼는지를 상당히 정확하게 그려 낼 수 있습니다. 우주 그림의 5퍼센트조차 되지 않는 공간만이 인류가 이해하고 통제할 수 있는 물질인 양성자, 중성자, 전자, 중성미자 등으로 채워져 있습니다.

나머지 미지의 공간 중 25퍼센트는 중력은 미치지만 이외의 측정 가능한 영향은 미치지 않는 소위 암흑 물질로 구성되어 있습니다. 나머지 70퍼센트는 우주 공간 자체에 압력을 미쳐 우주 공간이 팽창하도록 하지만 다른 측정 가능한 영향은 미치지 않는 소위 암흑 에너지로 구성되어 있습니다.

혹시 우리의 물리 법칙에 대한 이해가 근본적으로 잘못된 것은 아닐까요? ■

기본으로 돌아가기

화이트홀도 있는가?

화이트홀, 좀 더 정확히 말하자면, 물질과 에너지가 아무 이유 없이 방출되어 나오는 지점인 '반(反) 블랙홀'이 존재할 수도 있다는 생각은 어찌 보면 당연하기 그지없는 발상이다. 블랙홀은 물질이 우주의 통로로 들어가는 입구이므로 다른 어떤 지점에 블랙홀로 빨려들어간 물질이 방출되는 출구가 있을 수 있다는 상상을 해 볼 수 있다. 만약 웜홀이 실제로 존재한다면 화이트홀의 존재 가능성 역시 충분하다. 하지만 실제 관측에 따르면 우주 공간에는 약 수십억 개의 블랙홀이 존재하는 반면 여태껏 단 1개의 화이트홀도 관측된 바가 없다고 한다. 즉 웜홀의 한쪽 끝에 블랙홀이, 반대쪽 끝에 화이트홀이 있다는 생각에는 약간의 무리가 있다. 어쩌면 블랙홀은 출입구가 단 하나뿐인, 부풀어 오르고 있는 물풍선 같은 것일지도 모른다. 출구는 곧 내용물이 들어간 입구이다.

펄서[18]가 우주 공간으로 전자기파 광선을 방출하고 있다.

"제가 한 표 행사할 수 있다면 MOND,
즉 수정된 뉴턴 역학이 곧 등장할 것이라고
생각합니다. 게다가 아직 인류의 과학 수준은
암흑 물질의 정체를 온전히 이해하는 단계에
이르지 못했습니다. 암흑 물질을 완벽히
이해하게 되는 그날까지 인류는
위대한 투쟁을 계속해 나갈 것입니다.
과학의 정점에 닿을 바로 그날까지요."

— 닐 디그래스 타이슨 박사

우주 탐구 생활: 새로운 발견

블랙홀도 파괴되나?

물리학자 스티븐 호킹이 최초로 고안해 낸 수학 공식이 증명한 바에 따르면, 사건의 지평선[19]에서 일어나는 다른 모든 사건과 마찬가지로, 블랙홀 또한 양자 역학의 과정에 따라 시간이 흐를수록 질량을 잃거나 쪼그라들 수도 있다고 합니다. 이처럼 블랙홀이 줄어드는 과정에는 얼마나 오랜 시간이 걸릴까요? 블랙홀이 줄어드는 과정에는 너무나 너무나 너무나 너무나 오랜 시간이 걸린다고 합니다. 닐은 다음과 같이 말합니다. "우리는 블랙홀이 '호킹 복사'라는 과정에 따라 소멸한다고 보고 있습니다. 블랙홀 안으로 들어가는 물질들이 서서히 증발해서 블랙홀 밖으로 나오게 되는 겁니다. 그러다가 결국 어느 시점에 블랙홀이 완전히 사라지게 되는 것인데요. 이 과정은 무척 느립니다. 초거대 블랙홀[20] 하나가 완전히 소멸하는 데 10^{100}년이 걸린다고 합니다. 말 그대로 1구골 년이 걸리는 거죠."

호킹 복사 말고 다른 방법으로도 블랙홀을 파괴할 수 있을까요? 사실 블랙홀 2개가 서로 충돌할 수도 있습니다. 2015년 지구로부터 약 10억 광년 떨어진 장소에서 블랙홀이 충돌한 적이 있습니다. 블랙홀이 충돌했을 때 중력파 복사가 급격히 방출되었기 때문에 블랙홀 충돌을 감지할 수 있었다고 합니다. 하지만 블랙홀이 파괴되지는 않았습니다. 두 블랙홀이 충돌해 하나의 더 큰 블랙홀이 되었다고 하네요. ■

> "블랙홀은 어떤 핵융합보다도 강력합니다. 그렇기 때문에 애초에 블랙홀이 있었던 것입니다. 블랙홀이 한때 별이었던 시절이 있었지요. 별이 폭발하려고 하다가 만 것입니다. 블랙홀은 말했습니다. '안 돼. 폭발하지 마!'"
> — 닐 디그래스 타이슨 박사, 천체 '융합' 학자

우주 공간의 뒤틀림인 블랙홀.

한 토막의 과학 상식

대폭발(big bang)[21] 이래로 증발할 수 있는 가장 거대한 블랙홀의 크기는 심지어 원자핵의 크기[22]보다도 작다.

생각해 보자 ▶ 핵융합으로 블랙홀을 파괴할 수 있을까?

수소 폭탄의 원리이기도 한 핵융합은 현재까지 인간이 손에 넣고 활용해 온 힘 중 가장 강력한 힘이다. 진화해서 블랙홀이 되기도 하는, 질량이 큰 별들은 1조분의 1초라는 짧은 시간 동안의 핵융합만으로도 지구상의 모든 수소 폭탄이 낼 수 있는 에너지보다도 훨씬 높은 에너지를 방출할 수 있다. 그러나 이 폭발적인 에너지조차도 블랙홀에는 어떠한 영향도 미치지 못한다고 한다.

우주에 있는 기이한 물질들

우주적 관점에서 생각해 보자면 우리가 '기이한 물질'이라고 부르는 것들을 딱히 아주 기괴하다고 볼 수는 없다.
다만 이 물질들이 지구의 정상적인 환경(아주 한정된 범위의 온도, 압력, 밀도)에서 찾아볼 수 없다는 사실 때문에
기이한 물질로 불리는 것뿐이다. 그리고 우리의 평안과 안녕을 위해 이 기이한 물질들이 우리 주변에 존재하지 않는다는 것은
어쩌면 퍽 다행스러운 일이 아닐 수 없다! 하지만 우주에는 다음과 같은 기이한 물질들이 도처에 존재하고 있다.

◀ 전자 축퇴 물질

태양 정도의 질량을 가진 별의 잔해인 백색 왜성
내부에서는 원자가 극심하게 압축된다. 그 결과
전자 축퇴 물질 한 숟가락의 질량이 거의 몇 톤 정
도에 이른다. 현재 태양 한가운데에는 전자 축퇴
물질이 존재한다.

▶ 중성자 축퇴 물질

태양보다 10배 정도 큰 질량을 가진 별인 중성
자별은 강력한 중력 때문에 내부 원자가 거의
파괴되기에 이른다. 그 결과 핵 물질이 높은 밀
도로 압축된다. 한 숟가락 정도의 중성자 축퇴
물질의 질량은 수십억 톤 정도이다.

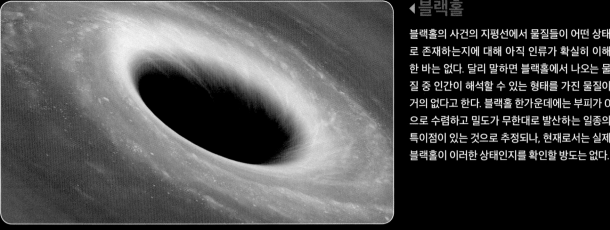

◀블랙홀

블랙홀의 사건의 지평선에서 물질들이 어떤 상태로 존재하는지에 대해 아직 인류가 확실히 이해한 바는 없다. 달리 말하면 블랙홀에서 나오는 물질 중 인간이 해석할 수 있는 형태를 가진 물질이 거의 없다고 한다. 블랙홀 한가운데에는 부피가 0으로 수렴하고 밀도가 무한대로 발산하는 일종의 특이점이 있는 것으로 추정되나, 현재로서는 실제 블랙홀이 이러한 상태인지를 확인할 방도는 없다.

▶기묘 물질

대부분의 경우 원자의 양성자와 중성자는 위 쿼크와 아래 쿼크라는 두 종류의 쿼크로 구성되어 있다. 하지만 중성자별의 중심부처럼 밀도가 극심하게 높은 환경에서는 '기묘 쿼크'라는 제3의 쿼크가 위 쿼크나 아래 쿼크와 결합해 우리가 알고 있는 기본 입자(원자를 구성하는 입자)와 흡사하지만 몹시 불안정한 물질을 구성할 수 있다는 가설이 존재한다.

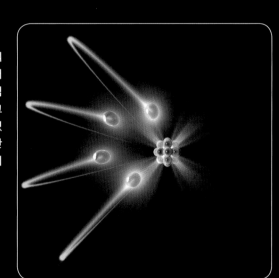

◀암흑 물질

기묘체,[23] 액시온,[24] 윔프,[25] 또는 윔프와 비슷한 거대한 입자인 윔프질라 등은 현재까지 단 한 번도 관측된 적이 없다. 그러나 이 입자들은 우주 공간의 80퍼센트 이상의 질량을 차지하는 암흑 물질을 구성하는 입자의 후보가 될 이론적 조건을 충족할 가능성을 지니고 있다.

우주에 존재하는 기본 힘

우주에는 네 가지 기본 힘이 존재합니다. 강한 힘에서 약한 힘 순서로 나열하자면 강한 핵력, 전자기력, 약한 핵력, 중력이 있습니다. 양자 이론에서 각각의 힘은 힘을 운반하는 아원자 입자에 의해 전달됩니다. 각각의 힘을 매개하는 아원자 입자에는 글루온, 광자, W^+입자, W^-입자, Z^0입자, 중력자 등이 있습니다.

약한 힘

우리는 아직 왜 중력이 다른 힘들에 비해 훨씬 약한지 잘 알지 못합니다. 닐은 다음과 같이 설명합니다. "중력은 단순히 가장 약한 힘이 아닙니다. 중력은 바보스럽다는 생각이 들 지경으로 약해 빠진 힘입니다." 한번 생각해 보세요. 풍선을 머리에 갖다 댈 때 머리카락에서 일어나는 정전기로부터 발생하는 아주 약하디 약한 전자기력 조차 온 지구가 생성하는 중력을 거스를 수 있다는 사실에 대해서요.

그나마 다행이라면

약한 중력의 이면에는 두 가지 면모가 있습니다. 핵력과 달리 중력은 아주 먼 거리를 두고도 영향을 미칠 수 있습니다. 전자기력과 달리 '양중력'이나 '음중력'을 띤 입자가 서로의 힘을 상쇄하는 것도 아닙니다. 즉 우주가 얼마나 엄청난 규모를 지니고 있는지를 고려한다면 이에 걸맞은 거리를 사이에 두고도 작용할 수 있는 중력이야말로 우주를 좌우하기에 적당한 힘임에 분명합니다. 중력보다 우주 규모에 적합하게 작용할 만한 다른 힘은 거의 없는 셈이지요.

퀘이사

우주의 중력 엔진의 예로 퀘이사를 들 수 있습니다. 퀘이사는 은하 중심에 위치하는 초거대 블랙홀로, 주변 물질들은 모조리 블랙홀로 빨려들게 됩니다. 퀘이사는 단 1초 동안에 태양이 1000만 년 동안 생성해 내는 에너지를 생성해 낼 수 있습니다! ■

별이 블랙홀이 되려면 얼마나 커야 할까?

별은 블랙홀을 생성합니다. 삶의 만년기에, 별 안쪽 방향으로 중력이 당기는 힘이 별 바깥쪽 방향으로 에너지를 방출하는 힘을 압도하게 되면 블랙홀이 만들어집니다. 별의 질량과 크기 사이에 항상 상관 관계가 있는 것은 아닙니다. 태양은 절대 블랙홀이 되지 못할 것입니다. 하지만 100억 년에 걸친 일생 동안 태양이 장래 블랙홀이 될 별보다도 더 커지는 날이 올 것입니다.

머먼이 질문합니다. "그러면 태양을 고래 100만 마리 정도로 생각하면 되는 건가요?" 물론이지요. 별을 이해하기 위해 고래에 비유해 보는 것은 괜찮은 접근법이라고 생각해요. 참고로 태양은 다 자란 어른 대왕고래[33] 10자[34] 마리만큼의 질량을 지니고 있습니다. 엄청나게 크죠. 하지만 블랙홀이 될 수 있을 만큼 큰 것은 아닙니다. 질량이 태양의 8배 이상이 아니라면 아마도 그 별은 블랙홀이 되지는 못할 것 같군요. 태양 질량의 20배 이상을 가진 별이라면 아마도 블랙홀이 될 것도 같네요. 블랙홀이 될 수도 있고, 못 될 수도 있을 거예요. ■

과학자 전기
👓
에드윈 허블

에드윈 허블은 우주에 대한 인간의 이해를 완전히 바꾸어 놓은 과학자이다. 장신의 미남이었던 허블은 시카고 대학교에서 운동 선수로 활약했고 로즈 장학금을 받으면서 옥스퍼드 법과 대학에서 수학했으며 결국 천문학에 대한 사랑을 좇아 남캘리포니아로 이주했다. 높은 사회적 지위를 얻고자 노력했던 허블은 순수한 미국인이었지만 영국 상류층의 고상함을 갖추기 위해 부단히 노력했는데 허블 부부는 종종 인종 차별적인 언사를 하고는 했다고 한다. 반면 천문대에서의 허블은 당대 최고의 천문학자였다. 허블은 우리 은하 밖에 있는 은하의 존재를 증명해 냈고, 우주가 대폭발의 결과로 팽창 중이라는 것 또한 밝혀냈다.

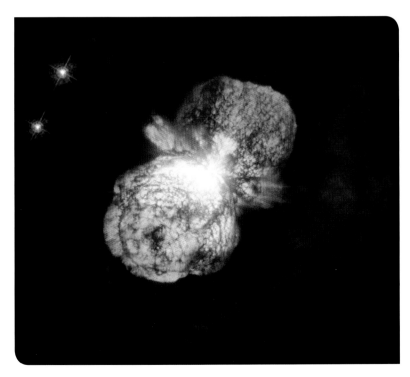

허블 우주 망원경이 초거대별에서 피어오르는 기체와 먼지를 포착했다.

"들여다볼 수 있는 모든 은하의 내부를 관찰한 결과 은하 중심에는 블랙홀이 있었습니다. 그리고 블랙홀을 보면서 아마 '짐작건대 당신도 한창 때는 퀘이사였겠군요.'라고 말하겠지요."

— 닐 디그래스 타이슨 박사

빛이 임하기를

우주의 배경 복사가
알려 주는 것들

빛은 정해진 속도로 이동합니다. 멀리서 온 엽서가 과거의 기록이듯, 멀리 있는 물체의 모습은 빛이 그 물체를 떠난 시점에 어떻게 보였는지에 대한 기록입니다. 빛이 과거의 모습을 보여 주는 것을 '룩백 타임(look-back time)'이라고 부릅니다.

천문학자들은 룩백 타임을 사용해서 관측 가능한 우주의 역사를 측정합니다. 천문학자인 카터 에마트는 다음과 같이 우주 관측의 원리를 설명합니다. "아주 먼 곳을 볼 수 있다면, 우리가 실제로 보게 될 것은 식어 가고 있는 우주의 모습일 것입니다. 또는 우주가 플라스마였을 때로부터 불투명하던 시기를 거쳐 투명해지는 과정이겠지요. 바로 그것이 우리가 보게 될 마이크로파 배경 복사입니다." ■

기본으로 돌아가기

빅뱅 수프

"대폭발이 일어났을 때 세상의 모든 에너지는 부피가 극히 작고 무척 뜨거웠습니다. 질량-에너지 등가식에 따라 에너지로부터 물질이 형성될 만큼 에너지가 엄청났습니다. 그 결과 현재 우리는 물질-반물질의 에너지 수프를 갖고 있습니다. 그 후 물질-반물질 수프는 팽창해 차게 식고 모든 물질 입자와 반물질 입자가 서로 충돌해서 완전히 파괴되었고 빛이 생겨났습니다. 이 과정에서 10억분의 1가량의 입자가 남게 되었는데 바로 이 입자들이 인간의 구성 성분입니다. 나머지 물질과 반물질 입자는 충돌해서 우주의 빛을 만들어 냈고 우주의 빛은 현재 우주에서 가장 먼 곳에서 방출된 마이크로파로 보입니다."

— 닐 디그래스 타이슨 박사

우주는 태초부터 지금까지 아주 천천히 식어 가고 있다.

"만일 지구로부터 충분히 멀리 떨어진 곳에 가게 된다면 당신은 시간상 옛날로 가는 셈입니다. 당신이 보게 되는 모든 것들의 모습은 과거에 있던 것입니다. 2배 멀리 떨어져 있는 별은 본질적으로는 2배 옛날에 있던 별이지요."

— 카터 에마트, 천문학자 겸 예술인

"그러니까 문제는, 어떻게 그렇게 빨리 갈 수 있는지를
우리가 전혀 모르고 있다는 것입니다."

— 필 플레이트 박사, 천체 물리학자이자 『나쁜 천문학』의 저자

여행 가이드

우주로 나간 사이
지구에서는 어떤 일이 벌어질까?

아인슈타인의 상대성 이론 덕택에 우리는 시간 지연이라는 매력적인 결과물을 얻었다. 인류는 시간이 누구에게나, 어느 사물에 있어서나 동일한 속도로 흐르는 것처럼 느낀다. 그러나 사실 시간이 흐르는 속도는 물체의 움직임에 따라 달라진다고 한다. 특히 아주 빠른 속도로 움직이는 물체는 시간이 흐르는 속도에 큰 변화를 초래할 수 있다.

플레이트 박사는 설명한다. "우주선을 타고 광속에 근접한 속도로 이동한다면, 문자 그대로 은하를 넘어서 여행할 수 있을 겁니다. 지구에 있는 사람이 10만 년의 세월을 보내는 동안, 우주 여행을 다녀온 사람은 고작 수개월의 시간만을 겪게 되지요. 광속으로 우주를 여행하는 일은 미래로의 시간 여행이기도 합니다. 별에 가서 곳곳을 돌아다니며 탐사를 하고 깃발을 꽂고 돌아서서 지구로 돌아오는 동안 지구에서는 20만 년이라는 시간이 지나갔을 수도 있으니까요. 하지만 당신이 우주 여행을 하며 경험한 시간은 20만 년이라는 세월에 비하면 지극히 짧은 시간에 불과할 것입니다."

광자는 영원하다?

네. 약간 다르게 표현하자면 광자는 세월이 흘러도 변함이 없다고 말할 수도 있겠네요. 닐에게 설명을 해 달라고 부탁해 봅시다. "우리의 이동 속도가 점점 더 빨라져서 광속에 가까워지면 우리가 나이드는 속도는 점점 더 느려집니다. 시간이 천천히 흐르게 되는 것이지요. 만일 이동 속도가 광속과 같아진다고 가정해 봅시다. 아직 인류는 그때 어떤 일이 생기는지 알지 못합니다만, 광속으로 이동한다면 시간은 멈출 것입니다. 빛을 운반하는 입자인 광자는 광속으로 전파됩니다. 광자의 속도가 0에서 시작해 광속만큼 빨라지는 데 2.4초가 걸리는 것이 아닙니다. 광자는 항상 광속으로 존재합니다. 광자가 운반하는 시계바늘은 결코 움직이지 않게 되지요. 만일 당신이 광자고 우주 건너편에서 방출되었다면, 당신은 흡수되고 무엇인가에 충돌할 것입니다. 이 모든 과정은 당신 기준에서는 순간적으로 일어나는 일일 것입니다. 단 1초의 시간도 흐르지 않겠지요. ■

생각해 보자 ▶ 빠르게 움직이면 시간이 느리게 가는 이유는?

'빠르게 움직이면 시간이 느리게 간다고 생각하게 된다.'라는 설명은 충분치 못합니다. 그냥 시간이 늦게 가는 것처럼 느껴지는 정도가 아니라 시계바늘이 물리적으로 움직이는 속도가 시계마다 달라지는 것입니다. 아원자 입자들은 붕괴하거나 닫힌 문 뒤에서 매일같이 하는 무엇인가를 계속 하고 있을 테지요. 하지만 아원자 입자들이 활동하는 속도가 변화합니다. — 필 플레이트 박사

"인간은 로봇을 사용해서 태양계와 우주의 다양한 장소들을 탐사할 수 있습니다. 로봇이 우리의 눈과 귀 역할을 해 주는 것이죠. 덕분에 저는 편안하게 소파에 앉아서 우주를 탐사할 수 있게 되었습니다. 정말 좋아요. 우주를 탐사하면서 도넛도 먹을 수 있어요. 세상 살기 참 편해졌습니다."

— 에이미 마인저 박사, 천체 물리학자

4장

누가 우주에 가나요?

이제 인류는 자신의 행성을 넘어 첫 발을 내딛었다. 인류가 보내는 것은 무엇이며, 어디로 가며, 어떻게 가는가?

오늘날 인류는 자동 기계 장치가 탑재된 우주선을 우주로 보낸다. 우주선 안에는 수많은 감지기와 통신 장비가 마련되어 있다. 자동화된 기계와 로봇을 사용해 우주를 탐사하는 작업은 인류에게 우주에 관해 무엇을 알려 주는가? 자동화된 우주 탐사는 궁극적으로 인류에 대한 어떤 정보를 우주로 보내게 될까? 어떻게 보면 우주 탐사 로봇은 인류의 확장판과도 같다. 로봇은 원격 시각 기관이자 청각 기관 역할을 수행한다. 그런데 만약에 로봇에게 두뇌가 있다면 두뇌가 있는 로봇은 '우리' 인류의 구성원일까, 아니면 여전히 '타인'의 범주에 들까?

로봇이든 인간이든 두려움을 모르는 우주 탐사자들은 어느 누구도 상상조차 해 보지 못한 기적을 쫓고 있다. 그나마 가장 쉽게 상상할 수 있는 기적을 꼽아 보자면 아마도 외계 생명체의 발견이 아닐까! 우주에서 아주 단순한 형태의 생명체를 발견할 가능성은 높을 것으로 예상된다. 이를테면 단세포 미생물, 해조류, 원시 식물, 원시 동물 같은 생물을 지구 밖의 우주 공간에서 발견할 수 있을지도 모른다. 지능이 있는 외계 생명체를 발견할 가능성도 있다. 우리가 우주를 염탐하며 우주 공간을 왔다 갔다 하는 것을 지켜보고 있을 지적 외계 생명체 말이다. 외계 생명체를 실제로 만나게 된다면 그들은 우리에게 다음과 같은 질문을 던질 수도 있을 것 같다. "여기 온 것은 무엇이냐?"

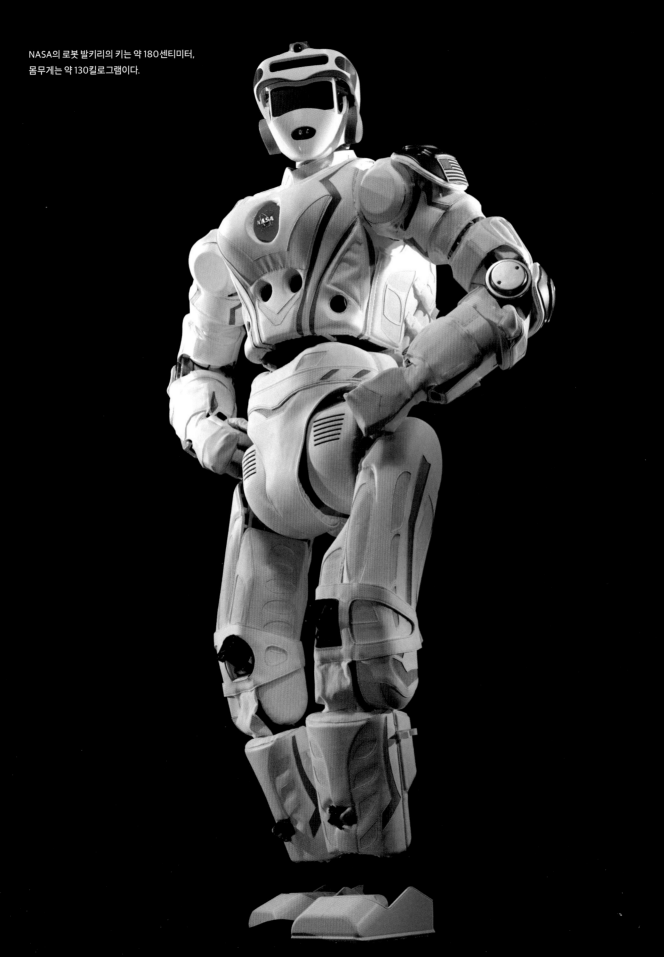

NASA의 로봇 발키리의 키는 약 180센티미터,
몸무게는 약 130킬로그램이다.

과학자들은 정말 자신이 만든 우주선과 비슷하게 생겼을까?

모든 우주 탐사선은 수백 명에서, 많게는 수천 명에 이르는 사람들이 함께 흘린 피, 땀, 눈물, 그리고 그들의 수고로 만들어진 작품이다. 메리 셸리[1]의 고전 소설 속 프랑켄슈타인 박사처럼, 이 과학자들과 그들의 면면이 과연 그들의 피조물에 어떤 형태로 드러나고 있는지 알아보자.

◀광역 적외선 탐사 망원경 와이즈
에이미 마인저 박사

4채널 과냉각 적외선 망원경인 와이즈(WISE)는 2009년 12월에 우주로 발사되었다. 와이즈는 이전의 적외선 탐사 망원경 임무보다 1000배 향상된 감도로 천체 전체를 조사하는 임무를 수행했다.

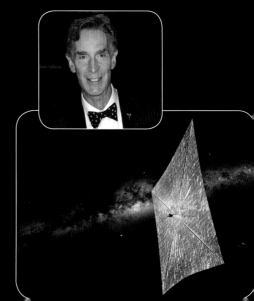

▶태양광 돛단배 라이트세일
빌 나이

빛을 반사하는 돛이 달려 있는 우주선 라이트세일(Lightsail) 1호는 2015년 6월 시험 비행을 마치고 2019년 라이트세일 2호 비행이 계획되어 있다. 행성 협회[2]에서 주관하고 시민의 기금으로 개발된 라이트세일은 태양 에너지를 추진력으로 사용하며 빛으로 날아가는 우주선이다.

◀ 스피릿과 오퍼튜니티
스티브 스콰이어스[3] 박사

화성 탐사 로버(탐사차) 임무의 일환으로 스피릿은 2004년부터 2010년까지 화성 표면에서 약 7.7킬로미터를 여행했다. 스피릿의 쌍둥이 탐사차인 오퍼튜니티는 2004년부터 현재까지 40킬로미터 이상의 거리를 여행했다.

◀ 카시니
캐롤린 포르코 박사

1997년에 발사된 카시니는 2004년 토성의 궤도에 진입했다. 토성의 고리, 대기, 위성을 연구하는 등 다양한 임무를 수행한다.

▲ 큐리오시티
데이비드 그린스푼[4] 박사

큐리오시티는 2012년 8월 6일에 화성의 게일 분화구[5] 근처에 상륙했다. 2019년에도 큐리오시티 탐사선은 운행 중이다.

"그러니까 문자 그대로 외계인이 지구를
찾아와 55개국 언어로 인사를 하고서는 사람들을
죽여 버릴 수도 있다는 거죠. 그럼 문자 그대로 55개국,
또는 더 많은 나라들이 무기를 내려놓게 되겠군요."

— 유진 머먼, 코미디언

스타 토크 라이브!: 나, 로봇

보이저 1호는 왜 특별한가?

2012년 무인 우주 탐사선인 보이저 1호가 성간 공간[6]으로 진입했습니다. 인류가 만들어 낸 창작물 중에서는 최초로 성간 공간에 진입한 것입니다. 보이저 1호의 계측 기관에서는 주변 환경의 변화를 측정해 기록으로 남겼습니다. 보이저 1호가 남긴 기록을 분석한 결과 보이저 1호는 태양의 전자기적 영향이 미치는 한계선을 넘어 성간 공간으로 이동했다는 것이 밝혀졌습니다. 현재 보이저 1호가 탐사하고 있는 성간 공간과 지구의 거리는 193억 킬로미터 이상으로, 광속으로도 거의 20시간이 소요되는 거리입니다.

닐은 말합니다. "보이저 1호는 목성과 토성 주변까지 정신없이 내달릴 수 있을 정도의 강력한 에너지로 발사되었다는 점에서 무척 특별합니다. 태양계를 빠져나간 바로 그 순간까지도 보이저 1호는 태양계를 완전히 벗어나기에 충분한 속도로 이동하고 있었으며, 아주 최근에 우리 태양계와 태양계 바깥을 구분하는 경계를 실제로 넘어섰습니다. 보이저 1호는 지금껏 인류가 우주 공간으로 내보낸 물체 중 인류에게서 가장 멀리 떨어져 있는 물체입니다."

게다가 보이저 1호는 지금도 별 문제 없이 잘 작동하고 있습니다! 현재 NASA의 계획은 보이저 탐사선을 적어도 2020년까지는 계속 사용해서, 행성과 행성, 항성과 항성 사이에 존재하는 장, 입자, 파동 등에 대한 과학적 자료를 수집하는 것이라고 합니다. 보이저 1호에 탑재되어 이 모든 작업을 수행하는 기계 장치의 메모리는 약 0.000002기가바이트, 즉 일반적으로 사용되는 스마트폰 용량의 10억분의 1에 불과합니다. ■

1977년 보이저 1호는 타이탄 로켓에 실려 우주로 발사되었다.

여행 가이드

골든 레코드에는 어떤 것들이 담겨 있는가?

보이저 1호와 보이저 2호에는 오늘날의 기술에 비춰 보자면 그다지 높지 않은 수준의 과학 기술을 바탕으로 제작된 금도금 레코드판이 실려 있다. 이 레코드판을 재생하는 방법을 소개하는 비언어적인 안내 역시 보이저 탐사선에 레코드판과 함께 실려 있다. 보이저 탐사선과 함께 우주를 탐사 중인 이 레코드판에 담겨 있는 정보는 다음과 같다.

▶ 태양계와 그 위치, 행성, 인간의 해부학적 특성, 식물, 동물, 우주 비행사, 유엔 건물, 슈퍼마켓 등에 대한 수학 방정식 및 정보를 포함한 100개 이상의 이미지

▶ 유엔 사무총장의 영어 인사말

▶ 서핑하는 소리, 바람 소리, 천둥소리, 귀뚜라미 울음소리, 개구리 소리, 새 소리, 고래 소리, 웃음소리 등 다양한 자연 및 인간의 소리

▶ 클래식, 재즈, 다수의 전통 음악 등을 모은 90분 길이의 음악 모음

▶ 고대 그리스 어, 아카드 어,[7] 수메르 어[8]를 포함한 55가지 인간 언어로 인사하는 목소리

▶ '도전을 통해, 별을 향해'를 뜻하는 라틴 어 메시지(*per aspera ad astra*)를 모스 부호로 표현한 것

헤일리 조엘 오스먼트[9]와 주드 로[10]가 2001년 영화 「에이 아이」에서
인간의 모습을 하고 있는 로봇 역할을 연기하고 있다.

스타 토크 라이브!: 미래 건설

로봇, 남인가 우리인가?

디즈니-픽사의 부지런한
월-E 장난감.

인간을 철학적으로 정의하기 위해 신체가 생물학적으로 만들어졌는지
기계적으로 만들어졌는지를 굳이 구별할 필요는 없습니다. 인간은 기계
적으로 '로봇'을 만들어 내지만, 인간이 동료 '인간'의 사본을 만들고자
할 때에는 생물학적인 방법을 사용해 '인간'을 만듭니다. 그렇다면 로봇
이 인간만큼 고등하지 못하다고 보는 것은 과연 합당할까요? 인류의 재
생산이 약 40억 년의 시간에 걸친 진화의 결과물인 반면 인류의 로봇 제
작 역사는 불과 40년 남짓한 시간에 걸쳐 발전해 왔으니까 말입니다.

'고등한 개체'란 무엇을 의미할까요? 기술의 도움 없이 인간은 행성
과 행성 사이의 우주 공간으로 깊숙이 들어가 탐사를 할 수도 없고, 음식
을 먹지 않고 화성 표면을 돌아다닐 수도 없을뿐더러, 토성의 자기장을
분석할 수도 없습니다. 반면 인간이 만들어 낸 로봇은 이 같은 일들을 전
혀 문제없이 해낼 수 있습니다. ■

"로봇을 우주에 보내는 것과 인간을 우주에 보내는 것의
본질적 차이를 이유로 로봇 사용을 중단하자는 주장은 바람직하지
않다고 생각합니다. 왜냐하면 우리 인류는 로봇에게 인간이 지닌 인지
능력을 사용한 활동들을 위탁하고 있기 때문입니다. 인간의 마음이
바로 지금, 화성 위를 기어다니고 있는 것이지요."

— 제이슨 실바,[11] 미래학자

> "로봇이 사물을 조작할 때야말로
> 로봇이 로봇임을 깨닫게 됩니다."
> — 스티븐 고어밴,[12] 로봇 기술자, 우주 과학자

스타 토크 라이브!: 나, 로봇

로봇이란 대체 무엇인가?

다른 많은 단어들과도 마찬가지로 '로봇'이라는 단어 역시 일상에서 사용하는 의미와 엄격한 정의 사이에 상당한 차이가 있습니다. 오늘날 우리가 로봇이라고 부를 수 있는 창조물은 대개 고대 인류에게는 상상조차 할 수 없던 것들이었습니다. 그리스 신화에 등장하는 헤파이스토스[13]는 금속을 다듬어 자동으로 움직이는 일꾼을 만들어서 자신을 섬기며 일하도록 했다는 이야기가 있습니다. 그리스 신화에 따르면 바로 그 헤파이스토스가 최초의 여성인 판도라를 만들었다고도 합니다. 어쨌든 일련의 하드웨어나 소프트웨어를 탑재한 로봇이라면 어느 수준의 복잡성, 유연성, 심지어 어떤 경우에는 학습 능력도 갖추고 있어야만 합니다. 하지만 사람에 따라 복잡성, 유연성, 학습 능력 등을 어떻게 정의할 것인지 역시 달라질 수 있습니다.

로봇 공학자이자 우주 과학자인 스티븐 고어밴은 다음과 같이 로봇을 정의합니다. "로봇은 프로그램을 통해 작동할 수 있는 조작자입니다. 말해 놓고 나니 컴퓨터와 전처[14] 이야기를 뒤섞어서 하는 것 같은데요. 하여간 몇 가지 이상의 일을 해내지 못하는 기계를 로봇이라고 부를 수는 없다고 봅니다. 만약에 기계가 한 가지, 또는 적은 부류의 작업만을 수행할 수 있다면 그 기계는 로봇이라기보다 자동화 우주선이라고 보는 것이 더 적절하겠는데요." ■

저녁의 한잔

로봇 칵테일

제조: 닐 디그래스 타이슨,
벨 하우스 바텐더들

소다수 아주 약간
파인애플 주스 반 잔
그랑마니에 45밀리리터

얼음을 채운 잔에 모든 재료들을 순서대로 넣는다. 맛있게 드시길!

> "만약에 어떤 사람이 저한테 사람을 소개해 준다면서 로봇을 소개해 준다면, 그 사람의 의도가 무엇인지 모르니까 그냥 그러려니 하고 말 것 같아요. 괜한 일로 다른 사람을 나쁘게 보고 싶지 않아서요."
> — 제이슨 서데이키스,[15] 코미디언

ㅋㅋㅋㅋㅋ ▶ '화성의 차르' G. 스캇 허버드[16] 박사와 함께

일반적인 로봇 탐사 임무와 일반적인 인간 탐사 임무를 비교하기는 무척 어렵습니다. 하지만 인간을 우주에 보낸다는 것은 생명 유지 장치 등 다양한 이유로 인해 로봇을 우주에 보내는 것보다 적게는 10배, 아니 어쩌면 100배 이상으로 돈이 많이 드는 작업입니다. 아, 우주로 보낸 사람들이 모두 생존하기를 바라신다는 가정하에 말이지요.

빌 나이가 「코스모스: 시공간 오디세이」의
시사회 행사에 닐과 함께 자리했다.

우주 탐구 생활: 태양계 여행

모험심은 대체 어디에 있나요?

우주를 여행할 때
여권을 갖고 다녀야 할
날이 언젠가 올 것이다.

우리는 모험으로 가득한 삶을 살아가는 영웅들을 보며 대리 만족하기도 하고, 흥미진진한 과학적 발견을 하거나, 새로운 영역을 직접 개척하는 상상을 하기도 합니다. 그런데 이런 일들을 기계 혹은 사람이 하는 데 어떤 차이점이 있을까요? 사람이 더 뛰어날까요?

행성 과학자 스티븐 스콰이어스라면 아마 그렇게 생각할 수도 있겠네요. "지난 20년간 인간이 화성 표면에서 할 수 있는 일을 똑같이 할 수 있는 로봇을 설계하고 작동시켜 왔습니다. 무인 화성 탐사선이 하루에 하는 일을 만일 여러분과 제가 한다면 거의 30초 안에 할 수 있습니다. 인간은 정보를 종합하고 소화하고 다음에 할 일을 찾아내고 반드시 필요한 것이 없는 상황에서는 어떻게든 지금 가지고 있는 것들을 활용해서 일을 처리하기도 합니다. 하지만 로봇은 인간과 달리 준비되지 않은 상태에서 일을 처리하는 능력을 갖고 있지는 못합니다." 그렇군요. 아무래도 조만간 정말로 사람들을 화성, 또는 연구 대상이 될 장소로 보내는 수밖에 없겠네요. 스콰이어스는 말합니다. "인간만이 할 수 있고, 로봇이 못하는 일은 또 있습니다. 바로 동료 인간들에게 열정과 영감을 불러일으키는 일이죠. 어느 유명인이 언급했듯이 '로봇에게 꽃가루를 뿌려 주면서 기념 퍼레이드를 해 줄 사람은 없을 테니까요.'" 하지만 인류가 안전하게 그곳에 갈 수 있을 그날까지, 로봇은 우리를 위해 길을 터 줄 것입니다. ■

우주 탐구 생활: 펑키스푼 박사와 함께하는 금성 이야기

러시아 로봇들은 얼마나 훌륭한가?

(구)소련의 정치 선전용 포스터에는 소련 인들이 우주로 통하는 길을 열었다는 광고 문구가 실려 있다.

NASA는 달에서 360킬로그램 이상의 월석[17]을 가지고 지구로 돌아왔지만, 월석을 얻기 위해 사람들을 달로 파견해야만 했습니다. 반면 (구)소련의 우주 계획에서는 달에서 토양 표본 등을 채취해 지구로 운반하는 전 과정을 수행하기 위해 자동화 장치를 사용했습니다. 펑키스푼 박사로도 알려진 우주 생물학자 데이비드 그린스푼에 따르면 훨씬 많은 이야깃거리들이 있는 모양입니다.

"러시아 인들은 죽었다 깨어나도 화성에 우주선을 착륙시키지 못했습니다. 화성 탐사는 러시아 입장에서는 능력 밖의 일이었지요. 수많은 우주선을 우주를 향해 던지다시피 계속 쏘아올렸지만 실패를 거듭했습니다. 러시아에서 화성 착륙을 위해 투입한 자원의 양을 생각하면 참으로 애석한 일이 아닐 수 없습니다."

하지만 러시아는 금성 탐사에 있어 아주 큰 성공을 거두었습니다. 러시아에는 금성 궤도선도 있고 정말 대단한 착륙선도 있습니다. 금성에 착륙한 최초의 우주선은 러시아 우주선이었습니다. 여러분이 보는 우주에서 찍은 여러 사진들 있지요? 이상한 우주 풍경, 으스스해 보이는 세계의 지평선 너머로 이동하는 암석이 등장하는 사진 등 말입니다. 지구가 아닌 다른 별의 지면에서 찍은 최초의 사진들은 대부분 러시아 우주선에서 찍은 것들입니다. 아주 성공률이 높을 뿐만 아니라 훌륭하게 설계된 러시아의 금성 착륙선에서 찍은 사진들이죠." ∎

"미국에게는 늘 어떤 일을 다른 누군가가 먼저 해낼 수도 있다는 위협이 필요하다고 생각하시나요?
왜냐하면 우리 미국인들이 완수할 수 있었고, 게다가 썩 잘 해낼 수 있었던 우주 계획에
관련된 일들 중에는 사실 러시아와의 경쟁 구도에서 이루어진 일들도 많았으니까요."
— 존 올리버, 배우이자 코미디언

ㅋㅋㅋㅋㅋ ▶ 유진 머먼, 닐과 함께
목성의 위성 유로파의 표면에는 두꺼운 얼음층이 있습니다. 이 얼음층 때문에 유로파의 지면 아래에 있는 광대한 해양을 연구할 수 없는데요. 어떻게 하면 이 문제를 해결할 수 있을까요?

닐: 아마도 인간이 유로파의 얼음층을 통과하려고 한 최초의 존재는 아닐 것 같습니다.

유진 머먼: 고양이를 떼로 유로파에 데려가서 땅 파는 법을 한번 가르쳐 봅시다.

챌린저 호
참사의 원인

1986년 1월 28일 우주 왕복선 챌린저 호가 우주 공간을 향해 상승하던 중 폭발했습니다. 이 사고로 챌린저 호에 탑승했던 우주 비행사 7명 전원이 목숨을 잃었습니다.

오랜 조사 끝에, 우주 왕복선과 우주 왕복선에 쓰인 부품을 만든 하청업자로부터 발사 과정에 참여한 NASA의 담당 직원까지 모든 의사 결정 단계를 담당하던 거의 모든 사람들이 판단 및 의사 소통 과정에서 중대한 오류를 범해서 이와 같은 대재앙이 초래된 것으로 밝혀졌습니다. 작가 맬컴 글래드웰[18]은 말합니다. "어떤 일이 잘못될 때마다 개인에게 책임이 있음을 지적하고 비난하는 사회에서 살아간다면 사람들은 위험을 단순히 회피해 버리거나 보신적이고 방어적인 행동 양식만을 갖게 될 것입니다."

안타깝게도 지도진 및 경영진의 어마어마한 노력이 없다면 이 같은 문화적 문제는 어느 기업과 관료주의적 집단에서든 발생할 수 있습니다. ■

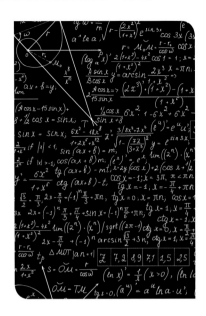

기본으로 돌아가기

로켓 과학이 어려운 이유

로켓 과학은 아주 높은 에너지가 방출되고 아주 많은 힘이 가해지며 아주 큰 질량이 가지고 먼 거리를 이동하는 것에 대한 학문이다. 다음 사례처럼 겉보기에는 작은 오차도 엄청난 결과를 초래한다.

2003년 우주 왕복선 컬럼비아 호의 지구 대기권 재진입 과정에서 발생한 화재로 탑승한 우주 비행사 7명 전원이 사망했다. 발사 중 왼쪽 날개 앞 가장자리가 손상된 결과 궤도선의 열 보호 시스템이 제대로 작동하지 못한 것이 사고의 주된 원인이었다. 2011년 러시아의 탐사선 포보스-그룬트는 화성의 위성에서 암석 표본을 가지고 오도록 설계되었으나 발사 후 지구 저궤도에 갇힌 지 2개월 후 태평양으로 추락했다. 적어도 1개 이상의 로켓이 제대로 다시 작동하지 않은 것이 사고 원인으로 추정된다. 2015년 스페이스 X 팰컨 9 로켓은 발사 2분 후 공중 폭발해 산산조각났다. 지지대 받침 하나가 제대로 작동하지 않아 전체 로켓의 폭발이라는 구조적 파국을 맞이했다.

이륙한 지 얼마 지나지 않아 폭발한 우주 왕복선 챌린저 호.

우주 탐구 생활: 빌 나이, 아스트로 마이크와 함께

밀어 낼 것이 없는데 우주선은 어떻게 움직일까?

우주 여행에 대한 가장 일반적인 오해 중 하나는 로켓이 움직이기 위해서는 어떤 물체를 밀어내야 한다는 생각입니다. 지상에서 움직이기 위해 지면을 밀어내듯이 말입니다. 과학 아저씨 빌 나이는 설명합니다. "로켓이 지면을 떠나는 장면을 보면 불꽃과 기체가 지구를 밀어내는 것처럼 보일 수도 있지만 실제 로켓이 발사되는 원리는 그렇지 않습니다. 실제로는 로켓 뒤쪽에서 뜨거운 기체를 굉장히 빠르게 내뿜고 그 반작용으로 로켓이 기체와 반대 방향으로 이동하도록 만드는 것입니다. 이같은 작용-반작용 원리는 공간을 막론하고, 그러니까 지구에서도, 우주에서도 적용되는 원리입니다."

주석으로 만든 빈티지 풍의 로켓 레이서 장난감.

뉴턴의 운동 제3법칙, 즉 작용-반작용의 법칙에 따르면 모든 작용에는 크기가 같고 방향이 반대인 반작용이 존재합니다. 단순히 밀어내기만 해도 물체는 운동할 수 있습니다. 즉 움직이고자 하는 물체가 반드시 제3의 물체나 지면을 밀어내야 할 필요는 없습니다.

로켓과 비로켓 시스템이 혼용되어 있는 허블 우주 망원경의 경우 추력기 대신 반작용 휠[19]을 사용해서 움직일 수 있습니다. 마시미노 박사는 설명합니다. "반작용 휠을 특정 방향으로 회전시키면 반대 방향으로의 반작용을 얻게 됩니다. 반작용 휠을 사용해서 (인공 위성이나 망원경 등이) 원하는 방향을 가리키도록 할 수 있지요." ▪

"우리는 아주 거대한 돛을
너무나 작은 우주선에
배치할 것입니다. 바람을
안고 배를 몰듯이 우주선의
방향을 조절할 수 있습니다
바다에서 배를 조타하는 것과
똑같은 방식으로 말이죠."

— 과학 아저씨 빌 나이,
태양광을 이용하는 우주선
라이트세일(태양광 돛단배)에
대해 이야기하며

"사람들은 걱정했어요.
만약에 (우주로 보낸 방사성 물질이)
지구의 대기권에 들어온 다음에 부서지면
세계 곳곳에 플루토늄을 흩뿌리게 될 것이고,
결국에는 인류를 몰살시키고 말 것이라고요.
그래서 당시에는 반대하는 사람들도 많았습니다.
하지만 우리가 뉴턴의 운동 법칙을 알고
있었기 때문에 그런 일은 일어나지 않았지요.
우리는 이것을 얻었습니다."

— 닐 디그래스 타이슨 박사, 천체 '핵' 학자

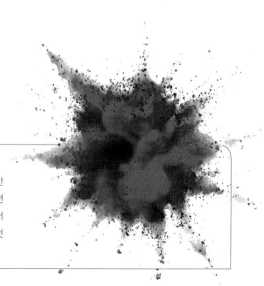

생각해 보자 ▶ 인류가 핵무기를 우주에 보낸 적이 있는가?

실제 인류가 원자로를 궤도로 보낸 일부 사례가 있으나 원자로를 과학 목적의 우주 탐사선에 탑재한 적은 없다. 반면 방사성 물질은 과학 목적의 우주 탐사선에도 흔히 사용되고 있다. 방사성 물질이 방사성 붕괴 과정을 겪게 되면 소량의 열이 일정하게 발생한다. 방사선 동위 원소 열전기 발전기는 방사선 붕괴로 인해 발생하는 열을 사용해서 탐사선의 전기 시스템에 전력을 공급한다. 방사선 동위 원소 열전기 발전기는 강력하게 차폐되어 있으며, 여태껏 지구상에서 인류를 위험에 처하게 한 적도 없다.

우주 탐구 생활: 태양계 여행

화성의 수로

퍼시벌 로웰[20]은 시인 에이미 로웰의 오빠이자 하버드 대학교 총장을 지낸 애벗 로웰의 형입니다. 보스턴의 부유한 가문인 로웰 가문의 이단아, 퍼시벌 로웰은 애리조나주 북부 지역에 로웰 천문대를 설립하고, 로웰 천문대에서 20년간 화성을 연구했습니다. 오늘날에도 로웰 천문대[21]는 세계 유수의 연구 기관으로 천문학을 선도하고 있습니다.

로웰은 화성 표면에서 수로를 관찰했다는 사실을 발표한 것으로 잘 알려져 있습니다. 행성 과학자 스콰이어스는 말합니다. "사람들은 100년 전의 망원경을 사용해서 천체를 관측했을 것입니다. 대기가 깨끗했던 아주 잠시 동안 순간적으로 행성의 표면에 곧고 가는 선이 세밀한 망을 이루고 있는 것처럼 보였을 수도 있습니다. 행성 표면에서 보인 선들은 매우 곧을 뿐만 아니라 상당히 규칙적이었다고 합니다. 이 규칙적 직선 망을 근거로, 당대 사람들은 화성에 생명체가 살고 있을 뿐만 아니라 화성에 상당한 지적 능력을 가진 생명체가 살고 있다는 결론을 내렸습니다. 사실 지적 생명체가 살고 있다는 결론 자체는 옳은 결론이었지만, 실제로 지적 생명체가 살고 있었던 장소는 망원경 반대편이었던 것이지요. 당대 사람들이 관찰했던 화성의 수로는 단순한 착시 현상에 기인한 것이었습니다. 실제 화성의 표면에는 규칙적인 직선 망 같은 것은 전혀 존재하지 않습니다."

그렇지만 로웰이 관측상의 실수를 범했기 때문에 훌륭한 과학자가 아니라고 단정할 수는 없습니다. 비록 증거에는 결함이 있었으나 과학에 대한 그의 열정은 한결같이 진지했으며, 실수는 발견에 이르는 과정의 일부에 불과했습니다. 명백한 과학적 근거가 존재함에도 불구하고 본인의 잘못된 입장을 고수했더라면 로웰을 나쁜 과학자라고 볼 수 있을지도 모릅니다. 하지만 화성의 수로 유무를 밝혀낼 수 있는 명백한 과학적 증거는 당대의 과학으로는 얻을 수 없었던 정보였습니다. ■

여행 가이드

외계 생명체를 찾아서

인류가 존재 유무를 파악하게 된 외계 행성(태양이 아닌, 태양계 바깥 다른 별의 궤도를 돌고 있는 행성)의 수는 현재도 폭발적으로 증가하고 있다. 일부 과학자들은 외계 행성에서 생명체를 발견할 수 있다는 기대를 갖고 있는 것 같다. 생각해 보면 화성은 딱 하나뿐이지만 외계 행성은 수천 개에 육박하므로 충분히 이해할 법한 일이다! 하지만 닐은 인류가 지구 밖에서 생명체를 발견하게 된다면 화성에서 생명체가 발견될 가능성이 가장 높다고 본다. "화성에서 꼭 발견했으면 하는 생명체는 미생물입니다. 외계 행성에서 발견한 생명체가 미생물일 가능성이 과연 존재할까요? 현재 인류는 다른 별 주위를 돌고 있는 행성 대기에 어떠한 화학적 특성이 있는지를 관찰하기 직전 수준의 과학 기술 발전을 이룩했습니다. 아마 생명체는 외계 행성보다 화성에서 더 빨리 발견될 것입니다. 단순히 기술적 한계 때문일 수도 있습니다. 외계 행성에서 생명체를 발견하는 기술은 아직 완벽하지 못하니까요."

ㅋㅋㅋㅋㅋㅋ ▶ 닐, 크리스틴 샬, 유진 머먼과 함께

닐: 생명을 어떻게 정의할 수 있을까요? 만약에 한줄기 빛이 임했는데 그 빛이 생명이라[22] 할지라도, 우리는 아마 생명을 여기에 임한 한줄기 빛이라고 정의하지는 않을 것 같은데요.

크리스틴 샬: 그럼요. 그냥 한줄기 빛 덕에 후광이나 입는 거죠 뭐.

유진 머먼: 빛이 우리를 비밀리에 임신시키는 동안 후광이나 입고 있게 되겠네요.

지구 생명체가 화성에서 유래했을 가능성

닐의 이야기에 따르면 인류가 아주 최근에서야 알게 된 사실 중 다음과 같은 것이 있다고 합니다. "우리가 아주 최근에서야 알게 된 것은 말이죠. 소행성이 충돌하면 주변에 있던 암석이 우주 공간으로 다시 돌아간다는 것입니다. 뿐만 아니라 충돌로 인한 격렬한 반동 때문에 충돌 지역 주변에 있던 암석이 행성을 완전히 빠져나가게 될 수도 있습니다. 표면이 울퉁불퉁하게 갈라진 틈새가 있는 바위가 있는데, 이 바위가 원래 있던 행성 표면에서는 다양한 생명체들이 살고 있었다고 가정해 봅시다. 만약 그 바위가 소행성이 충돌하는 바람에 행성 표면을 빠져나가게 된다면 바위 틈새에 살고 있던 미생물이 아무도 모르는 사이에 바위와 함께 행성을 탈출할 가능성도 충분히 있습니다. 진공 상태의 행성 간 공간에서 이 미생물들의 생존 가능성이 있다고 가정하면 탈출한 바위는 미생물이라는 생명체를 밀수하게 될 것입니다. 그러고 나서 바위는 우주 공간을 통해 이동한 후 다른 행성의 표면에 착륙하고 생명체는 새로운 행성으로 퍼져 나갈 것입니다. 이 과정을 통해 생명체가 우주 곳곳으로 퍼져나갔다는 가설을 과학자들은 '범종설'이라고 부릅니다.

'범종설'이라는 이름이 얼마나 멋들어진지는 잠시 잊어 버리셔도 좋겠습니다. 일단 범종설이 가능하기 위해서는 미생물이 잔혹하기 그지없는, 어떤 한 행성에서 다른 행성으로의 여행 과정을 모두 이겨 내고 살아남아야만 한다는 전제 조건이 있습니다. 게다가 한 행성에서 다른 행성으로 이동하는 데 짧게는 수백만 년, 길게는 수십억 년이 걸릴 수도 있지요. 실험 및 컴퓨터 시뮬레이션을 통해 살펴본 결과 어떤 행성에 생존하던 미생물이 생존 상태로 다른 행성으로 이동할 확률은 무척 낮은 것으로 밝혀졌습니다. 다만 미생물 전체가 살아남지는 못했더라도 미생물의 분자를 구성하고 있던 단백질, RNA, DNA 등이 험난한 여행길을 버텨 내고 다른 행성으로 이동했을 가능성이 제기되고는 있습니다.

닐은 말합니다. "그러니까 말이죠. 먼 옛날 옛적에 화성이라는 행성이 지구보다도 훨씬 습하고 비옥했다는 증거가 있습니다. 실제로 과거에 화성이 지구보다 생명체가 살기 적합한 환경이었다면, 화성에 살고 있던 미생물을 가득 실은 암석이 우주 공간을 날아 와서 지구에 상륙한 후, 온 지구 방방곡곡으로 생명체를 퍼뜨렸을지도 모릅니다. 현재 우리가 알고 있는 지구 곳곳에 생명체가 살고 있듯이 말이죠. 만일 이 모든 것이 사실이라면 지구상 모든 생명체의 기원은 사실 화성인들이었을지도 모릅니다." ■

맹렬하게 충돌하며 지구상에 착륙하는 소행성.

유로파에 무는 게 있어요!

달보다 약간 작은, 목성의 위성 유로파[23]는 두꺼운 얼음으로 덮여 있습니다. 유로파의 지면에는 지구 극지방에 있는 얼음 덩어리처럼 불룩 솟은 부분, 갈라진 부분, 이음새 등의 상처가 있습니다. 이 얼음 표면 아래 깊은 곳에 혹시 넓고 넓은 바다와 물이 있는 것은 아닐까요? 혹시 유로파에 생명체가 살고 있을 가능성도 있을까요? 우주 생물학자인 데이비드 그린스푼 박사에 따르면 인류는 현재 유로파에서 생명체를 찾고 있다고 합니다. "유로파 탐사는 NASA의 대규모 임무 중에서도 최우선 순위에 속하는 임무입니다. 유로파 탐사의 우선 순위가 높은 이유를 설명드리자면, 유로파야말로 우주에서 생명체가 살고 있을 법한 장소 중 하나이기 때문입니다. 만일 우리가 가정한 생명체 존재의 전제 조건이 정확하다면 말입니다. 과학자들은 유로파의 얼음 덩어리 아래에 바다가 있다고 추정하고 있습니다. 사실 유로파의 바다야말로 우리 태양계에서 가장 큰 액체 상태의 바다일 것입니다."

> "나는 우주 바닷가재를 먹는
> 최초의 인간이고 싶습니다.
> 「생명을 건 포획」[24] 유로파 편."
>
> ─ 유진 머먼, 코미디언

물론 유로파에 생명체가 존재한다는 확신을 할 수는 없습니다. 지구의 두꺼운 얼음 덩어리 아래에 있는 바다에는 생명체가 살고 있습니다만, 옛날 옛적부터 바다에 사는 녹조류가 기나긴 세월 동안 광합성을 한 결과 바닷물에 산소가 공급되고 있습니다. 녹조류의 광합성을 통해 바다에 산소가 공급되는 일이 유로파에서 일어날 것 같지는 않습니다. 하지만 유로파 탐사가 지닌 유혹은 아주 강렬합니다. 인류는 유로파의 생명체 존재 여부를 확실하게 알고 싶어합니다. 그런데 어떻게 하면 그것을 조사할 수 있을까요?

허니비 로보틱스의 공동 설립자인 고어밴 박사는 설명합니다. "공학적 문제가 너무 어마어마합니다. NASA는 현명하게도 수십 년간에 걸친 연구 개발이 필요하다는 사실을 잘 파악하고 있습니다. 우리는 여기서 수백만 킬로미터 떨어진 어떤 곳에다 구멍 딱 하나만 파는 것에 대해서 논하고 있는 중입니다. 그런데 그곳에는 아주 적은 동력밖에 없습니다. 구멍의 깊이는 800미터 정도가 좋겠네요. 하지만 거기에는 태양 에너지가 없으니 핵에너지를 갖고 와야만 하겠는걸요." ■

기본으로 돌아가기

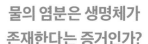

물의 염분은 생명체가 존재한다는 증거인가?

생명체의 생존을 위해서는 생태계에 안정적인 열 공급원, 액체 상태의 물, 탄소와 질소 화합물 등의 화학 물질이 반드시 필요하다는 사실을 사람들은 잘 알고 있다. 과학자들도 이와 같은 생명체 생존을 위한 필수 조건에 대해 대개 동의한다. 생명 유지에 필수적인 세 가지 요소 모두가 토성의 위성인 엔셀라두스[25]에서 발견되었기에, 외계 생명체를 찾기 위한 최적의 장소로 각광받고 있다. 행성 과학자 포르코 박사는 말한다. "(엔셀라두스야말로) 정확히, 딱 생명체가 살 수 있는 조건을 만족하는 환경입니다. 일단 물이 있고 물에 염분기가 있으므로 물과 암석이 접촉하고 있음을 추정할 수 있지요. 생명체를 존속시킬 수 있는 화학 에너지가 있는 셈이죠. 심지어 생명체가 태양에 의존해서 살 수 없는 환경이라 할지라도 말입니다. 그리고 엔셀라두스에는 유기 물질도 있습니다. 엔셀라두스야말로 태양계에서 가장 생명체가 살 수 있을 법한 장소라는 생각이 드네요."

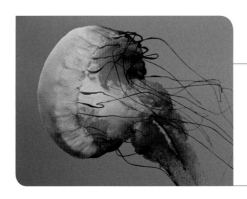

생각해 보자 ▶ 타이탄[26]에 사는 생명체는 어떻게 생겼을까?

토성의 위성인 타이탄은 행성인 수성보다도 훨씬 더 클 뿐만 아니라 지구 대기보다도 훨씬 두꺼운 대기를 지니고 있다. 하지만 타이탄은 무척 추운 곳이다. 얼어붙은 물로 된 산이 있고, 호수와 강에는 액체 상태의 천연 가스가 있다. 만일 타이탄에 생명체가 존재한다면 지구인 기준에서는 아주 색다른 생명체일 것이라고 추측해 볼 수 있다. 가스 아저씨 빌 나이는, 타이탄에는 수소와 아세틸렌[27]을 먹고 메테인을 배출하는 생명체가 살고 있을지도 모른다고 추측한다.

"스타 토크에 다시 오신 것을 환영합니다. 여기는 맨해튼이고, 맨해튼은 뉴욕 시에 있고,
뉴욕 시는 북아메리카 대륙에 있고, 북아메리카 대륙은 서반구에 있고, 서반구는 지구에 있고,
지구는 태양계에 있고, 태양계는 궁수자리 나선팔 쪽에 있고, 궁수자리 나선팔은 우리 은하에 있고,
우리 은하는 국부 은하군[1]에 있고, 국부 은하군은 처녀자리 초은하단에 있고,
처녀자리 초은하단은 우주에 있고. 그런데 지금부터는 인류가 아직은
정확한 좌표를 갖고 있지 않은 다중 우주가 등장하겠네요.
우리는 지금 다중 우주에 대해 더 잘 이해하기 위해 연구하는 중입니다."

— 닐 디그래스 타이슨 박사

(5장)

인류는 우주의 어디까지
가 보았나요?

갖가지 매력적인 사물이며 지형 지물, 물질을 찾고자 엄청나게 먼 곳까지 이동할 필요는 전혀 없다. 그냥 수천만 킬로미터 정도만 가면 된다. 그 정도 거리를 이동한다고 하더라도 우리는 여전히 우리가 속한 태양계에 속하는 어떤 장소에 있을 것이다. 우주에서 반드시 거대하거나 굉장한 것들을 발견할 필요도 없다. 조그만 얼음 조각, 돌멩이, 금속 조각부터 건물 한 채가 들어갈 만한 크기의 조그만 행성 비슷한 천체에 이르기까지, 우리는 우주에서 갖가지 사물들을 마주하게 될 것이다.

태양계에서 가장 큰 10개 안팎의 천체의 총 질량은 태양계 전체 질량의 99.99퍼센트에 육박한다. 반면 나머지 작은 천체의 경우 개수가 아주 많다. 가장 최근에 세어 보았을 때 적어도 1만 개 이상의 작은 천체가 있는 것으로 파악되며, 이들의 질량을 모두 합한다 하더라도 태양계 전체 질량의 1퍼센트에도 미치지 못할 것이다. 다만 작은 천체는 개수는 큰 행성과 위성의 개수보다도 훨씬 많다. 이것은 곧 우리가 조사하고 탐험할 수 있는 새로운 장소가 아주 많이 있다는 뜻이기도 하다.

태양계에 있는 작은 천체들을 향한 우리의 첫 번째 탐험은 우리에게 다양한 기회를 가져다줄 수도 있다. 남보다 앞서 '신세계'를 향해 떠난 이들은 부를 추구하기 위해 떠났다. 마찬가지로 우리도 태양계에서 새로운 무엇인가를 발견하고 활용해서 경제적인 윤택함을 얻을 수 있을지도 모른다. 자, 태양계 탐사는 현재 인류가 살고 있는 이 '구세계'에 어떠한 변화를 불러올까?

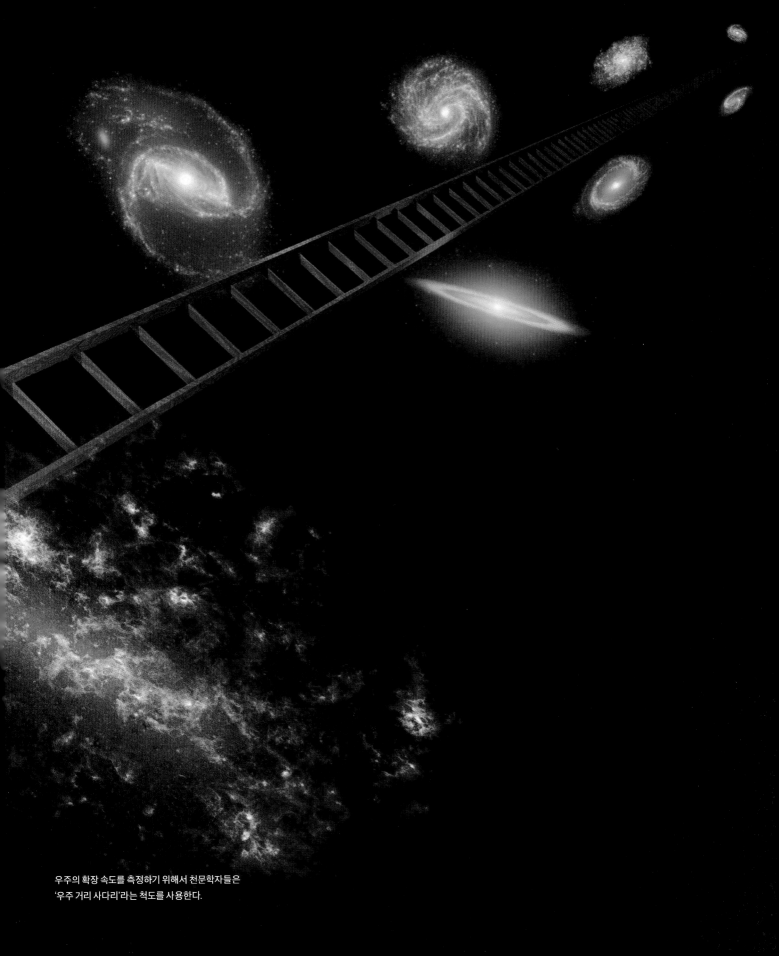

우주의 확장 속도를 측정하기 위해서 천문학자들은
'우주 거리 사다리'라는 척도를 사용한다.

케플러 37B는 행성이지만
명왕성은 행성이 아닌 이유

엄밀하게 구분하자면 케플러 37B는 외계 행성에 속하고, 명왕성은 왜소 행성[2]에 속한다. 명칭에서 추론할 수 있듯이 케플러 37B와 명왕성은 둘 다 행성 특유의 면모를 지니고 있지만 행성답지 않은 면모도 지니고 있다. '행성'이라는 이름에는 어떤 뜻이 숨어 있을까? 행성과 유사한 여러 가지 천체들 중 흥미로운 몇 가지 천체에 대해 살펴보자.

▲ 명왕성

반지름은 약 1190킬로미터이다. 2006년 국제 천문 연맹(IAU)은 명왕성을 (행성이 아닌) 왜소 행성으로 격하하기로 결정했다. 명왕성은 태양의 궤도를 돌고 있고, 거의 둥글지만, 행성의 세 번째 조건을 충족하지 못했기 때문이다. 닐은 설명한다. "명왕성은 궤도 근처에 있는 이웃들을 깨끗이 제거하지 못했습니다. 해왕성이 쉐보레 임팔라[3]라면 명왕성은 기껏해야 성냥갑 차 정도가 되지 않을까요."

▲ 달

지구에서 대략 38만 3000킬로미터 떨어진 궤도를 돌고 있는 달(반지름 1740킬로미터)은 태양계의 천체 중 인간이 방문한 유일한 천체이다. 현재까지 우주 비행사 총 12명이 3일 여정으로 달을 방문한 후 지구로 귀환했다.

▲ 케플러 37B

2013년에 발견된 케플러 37B는 현재까지 주계열성[4] 주위에서 발견된 행성 중 가장 작은 행성에 속한다. 반지름은 달보다 아주 약간 크지만 행성으로 분류된다. 국제 천문 연맹(IAU)의 행성에 대한 정의는 우리 태양계에 있는 천체에만 적용되기 때문이다.

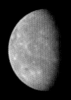

▲ 수성

태양에 가장 가까운 행성인 수성의 크기는 지구의 3분의 1정도로, 반지름은 2450킬로미터이다. 이 행성의 거대한 중심핵은 수성 반지름의 약 80퍼센트를 차지한다. 수성의 낮 동안 온도는 지구에서 가장 온도가 높은 지점의 온도보다도 6배 정도 높다.

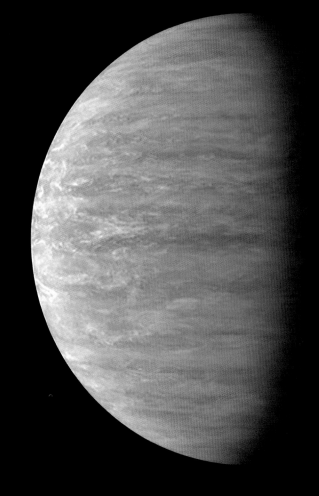
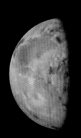

화성

붉은 행성 화성의 반지름은 약 3560킬로미터로, 지구 반지름의 절반 정도이다. 추운 사막으로 이루어진 행성이지만 지구처럼 계절이 있고, 화산도 있으며, 기후 변화도 발생한다. 하지만 화성의 중력은 지구의 38퍼센트에 불과하고 대기가 아주 희박해서 지표면에 액체 상태의 물이 존재할 수는 없다고 한다.

▲ 지구

우리가 살고 있는 행성. 반지름은 약 6370킬로미터이다. 지구는 태양계에서 생명체의 존재가 확인된 유일한 행성이다. 태양과 약 1억 5000만 킬로미터 떨어진 곳에서 태양 주변 궤도를 공전하고 있다. 과학자들의 추산 결과 나이는 45억 년 이상으로 추정된다.

케플러 37D

케플러 37D는 케플러 우주 망원경에 의해 관측, 발견되었다. 케플러 37이라는 항성 주변을 공전하는 외계 행성 중 가장 큰 외계 행성이다. 지름은 지구의 약 2배이며 40일 주기로 항성 궤도를 공전한다.

우주 탐구 생활: 태양계 여행

태양계의
진공 청소기 목성

태양계에서 가장 큰 행성인 목성은 우리를 보살피고 있습니다. 닐은 다음과 같이 설명합니다. "목성은 태양의 궤도를 돌고 있는 행성들 중 자신을 모든 행성의 질량을 더한 것보다도 더 큰 질량을 갖고 있습니다. 만일 여러분이 태양계에서 멀리 떨어진 곳에서 지구와 충돌하러 날아오고 있다고 혜성이라고 가정해 봅시다. 당신의 목표물인 지구에 도달하기 위해서는 반드시 목성 근처를 지나가야만 합니다. 당신이 지나가는 길목에 바로 지구가 보이겠지요. 그런데 목성이 말합니다. "아이고. 우선 나부터 때리고 가 보시지." 별일도 아니라는 듯 목성은 혜성을 집어삼켜 버릴 수 있습니다.

태양계로 들어오는 다른 혜성들도 다치지 않고 안전하게 목성 근처를 지나가 보려고 애를 써 보겠지만 뜻대로 되지는 않을 것입니다. 목성은 외부 물체를 휙 돌아보고는 룰루랄라 빙글빙글 돌면서 그 외부 물체를 내던져, 태양계 바깥으로 되돌려 보낼 것입니다. 결국 어떤 외부 물체도 태양까지는 절대로 도달할 수 없을 것입니다. 반대로 외부 물체가 목성을 휙 돌아보고는 태양계 바깥으로 쫓겨나 버릴 수도 있겠습니다.

"목성은 우리 태양계의 큰형님 같은 존재입니다. 목성이 외부 태양계의 위험 요소들부터 우리를 보호해 주고 있지요. 목성이 없었더라면 과연 단순하기 그지없던 지구가 현재와 같이 복잡하고 풍성한 행성이 될 수 있었는지에 대한 의문의 여지는 다분합니다." ■

목성과의 충돌을 앞둔 슈메이커-레비9 혜성.[5]

기본으로 돌아가기

토성의 E 고리는
어디에서 왔는가?

21세기 이래로 지금까지 인류는 지구에 있는 소형 망원경으로도 흔히 볼 수 있는 토성의 고리 말고도 2개의 고리를 더 발견했다. 이중 하나인 E 고리[6] 한가운데에는 아주 흥미로운 위성 하나가 토성 주변을 공전하고 있다. 행성 과학자 포르코 박사의 설명이다. "아름답고 푸른 E 고리는 브리튼 섬보다도 작은 엔셀라두스라는 위성에서 만들어집니다. 엔셀라두스의 남극 부근에 있는 간헐천[7] 100여 개에서 분출된 물질이 E 고리를 형성합니다. 엔셀라두스의 간헐천에서 나오는 분출물은 지하수층으로부터 나오는 것으로 거의 확실시됩니다. 지하수층에는 염분기가 있는 액체 상태의 물이 존재하는 것 같습니다. 엔셀라두스의 지하수층은 다양한 유기 물질로 둘러싸여 있으며 엄청난 열 에너지를 지닌 것으로 추정됩니다."

ㅋㅋㅋㅋㅋ ▶ 천체 '욕조' 학자 닐 디그래스 타이슨과 함께

토성의 밀도는 매우 낮습니다. 토성에 기체가 너무 많아서 그렇습니다. 만일 토성이 들어갈 만한 욕조가 있다면 토성은 물에 뜰 것입니다. 어린 시절에 저는 욕조에 고무 오리 대신 고무 토성을 띄워 놓고 놀고 싶었어요. 토성이 물에 뜬다는 사실을 잘 알고 있었기 때문이지요. 그런데 아이들 목욕용품으로 고무 토성은 안 나오던데요. 아무도 고무 토성 장난감은 만들지 않는 모양입니다.

혜성은 어디에서 올까?

일반적으로 천문학자들은 혜성을 두 가지 종류로 구분합니다. 단주기 혜성과 장주기 혜성이 바로 그 두 가지인데요. 단주기 혜성은 태양 주변의 궤도를 한 바퀴 도는 데 약 2세기가 걸리는 혜성입니다. 장주기 혜성은 단주기 혜성보다 훨씬 더 오랜 시간에 걸쳐 태양의 궤도를 도는 것으로 알려져 있습니다. 단주기 혜성은 대부분 카이퍼 벨트[8] 안쪽에 위치하고 있습니다. 카이퍼 벨트는 해왕성의 궤도 너머에 위치한 도넛 모양의 영역인데, 그 중심에는 태양이 있습니다. 카이퍼 벨트 내에는 명왕성과 에리스,[9] 본질적으로는 아주 큰 혜성이라고도 간주할 수 있는 왜소 행성 등의 천체가 위치하고 있습니다.

장주기 혜성 대부분은 오르트 구름 속에 있습니다. 오르트 구름[10]은 네덜란드의 천체 물리학자 얀 헨드릭 오르트의 이름을 따서 명명되었으며, 거대한 껍질처럼 태양계를 둘러싸고 있습니다. 오르트 구름도 카이퍼 벨트와 마찬가지로 그 중심에는 태양이 위치합니다. 오르트 구름은 수조 킬로미터에 걸쳐 있으며, 수십 조 개에 이르

"인류는 아주 최근에 들어서야 혜성이나 소행성의 구조적 특징에 대해 조금씩 알아가게 되었습니다. 하지만 혜성이나 소행성을 구성하는 물질들이 얼마나 긴밀하게 결합한 상태인지에 대해서는 아직도 충분한 이해가 부족한 상태입니다."

— 닐 디그래스 타이슨 박사

는 혜성이 오르트 구름 안에 있는 것으로 추측되기도 합니다. 오르트 구름 안에 있는 혜성들 중 극히 적은 수의 혜성만이 내부 태양계에 진입합니다.

혜성이 어디에서 오는가에 대한 질문을 보다 더 실존적인 방향으로 해석해 볼까요? 혜성은 어떻게 존재하게 되었을까요? 우리는 지금, 커다란 우주의 신비와 마주하고 있습니다. 우리는 혜성이 얼음과 먼지로 만들어졌다는 사실을 아주 잘 알고 있지만, 어떻게 그 수많은, 멀리 떨어져 있던 조그만 물질 조각들이 서로 만나서 별개의 고체 덩어리 여러 개를 만들어 낼 수 있었을까요?

닐은 말합니다. "혜성이나 일부 소행성은 그냥 돌무더기일지도 모릅니다. 단순히 한 군데에 모여 있는 암석들이 아닐까 하는 생각이 듭니다. 일부 혜성이나 소행성에는 구멍이 뻥뻥 뚫려 있답니다. 어쩌면 혜성이나 소행성은 하나의 독립된 고체 덩어리인 척을 하면서 같이 여행을 다니는 돌무더기일지도 모르겠네요." ∎

밝은 별인 베가[11] 주위의 소행성대.

소행성대의 탄생

천체 물리학자 마인저 박사는 설명합니다. "소행성과 혜성은 약 45억 년 전 태양계가 처음 형성되었을 때 일어났던 일의 잔재인데, 태양계 형성 후 남은 쓰레기 비슷한 것이라고 볼 수 있습니다. 태양계 형성의 잔재인 이 작은 파편들이 오늘날의 소행성과 혜성이 되었습니다. 태양에서 조금 더 멀리 떨어진, 춥고 무척 어두운 곳에서 형성된 얼음 등은 혜성을 형성하게 되었습니다. 좀 더 태양계 중심부에서 가까워서, 얼음이 얼기에는 너무 더운 곳에서 만들어진 암석 등은 행성을 형성했습니다." ▨

▶ **소행성대의 질량은?**

소행성 조각을 전부 다 모은다면, 지구의 위성인 달의 질량의 약 5퍼센트가 될 것입니다.
— 닐 디그래스 타이슨 박사, 소행성학자

5%

한 토막의 과학 상식

혜성이 우리 별 지구에 충돌한 후, 혜성에 있던 물이 지표면으로 옮겨져 오는 과정에서 지구의 대양이 생겼다고 보는 천문학자들도 다수 있다.

우주 탐구 생활: 태양과 다른 별들

별들의 태양계라는 것이 존재할 수 있을까?

밤하늘을 올려다보면서 우리의 고향인 태양계와 비슷하지만 조금 다른 존재들이 어딘가에 있을 것이라는 상상을 할 수 있을 것입니다. 밤하늘의 별 하나하나도 자신의 '계'와, 거기에 속한 행성들을 갖고 있는 것일까요? 닐은 다음과 같이 말합니다. "밤하늘에 보이는 별들 중 절반 정도는 외딴 별이 아닙니다. 사실 그 별들은 이중, 삼중, 사중성계 등의 다양한 다중성계[12]입니다." 심지어 태양에서 가장 가까운 센타우루스자리 알파별도 사실 다중성계입니다.

> "(혜성 67P[17]는) 12시간마다 한 번 회전합니다. 지구의 자전과 비교하면 2배 정도 빠르게 회전하는 셈입니다. 로제타 탐사선[18]을 대기권 밖에서도 혜성 67P과 비슷한 속도로 회전할 수 있도록 하기 위해서 과학자들은 무척 어려운 문제들을 해결해야만 했습니다."
> — 과학 아저씨 빌 나이

엄밀하게 말하면 다중성계는 태양계와 다릅니다. 하지만 행성들은 다중성계 내에서도 충분히 공전할 수 있습니다. 설명하자면 루크 스카이워커[13]의 타투인[14]과 같은 행성이 가능하다는 것입니다. 행성은 때에 따라 서로 다른 항성 주변을 공전하며 두 항성 사이를 왔다 갔다 할 수도 있습니다. 어떤 시기에는 때에는 한 항성 주변을 공전하고, 다른 시기에는 다른 항성 주변을 공전하면서요. 닐은 설명합니다. "만약에 이 두 항성들이 멀리 떨어져 있기만 하다면 각각의 항성은 각기 고유한, 별개의 행성계를 갖게 될 수도 있습니다. 하지만 항성계 내에 있는 어떤 행성이 항성들로부터 멀어지게 되는 바람에 항성 2개가 서로 너무 가까이 있게 된다면[15] 중력으로 묶여 있던 두 항성 사이의 연대가 깨져 버리기도 합니다." ■

항성계인 HD 98800[16]은 두 쌍의 이중 항성으로 구성되어 있다.

> "우주 공간에는 수십 킬로미터씩 떨어져 있는 먼지가 있습니다. 이 먼지들은 서로를 끌어당기고, 결국 꽤 빠른 속도로 서로 충돌합니다."
> — 과학 아저씨 빌 나이, 왜 혜성이 만들어지는 과정이 쉽지만은 않은지에 대해 설명하며

ㅋㅋㅋㅋㅋㅋ ▶ 코미디언 척 나이스와 함께

닐이 앞서 설명했듯이 별들이 서로 가까이 있을 때 별 주위를 도는 행성들은 별의 중력에 의한 인력 때문에 혼란을 경험할 수도 있습니다. 그랬더니 척이 이렇게 말하더군요. "아, 그러니까 행성 입장에서는 자기가 어디에 속하는지를 모르겠다는 것이겠지요. '아 나는 누구와 함께 가야 하는 걸까? 프록시마[19]랑 같이 가고 싶지만, 어쩔 수 없어. 알파가 너무 너무 섹시한 걸 어떡해.'"

소행성일까, 왜소 행성일까, 아니면 둘 다일까?

현재 세레스는 가장 큰 소행성이자 가장 작은 왜소 행성으로 분류된다. 실제로 삶 속에서, 수많은 것들은 두 가지, 혹은 그 이상의 분류에 속하기도 한다. 태양계에 있는 천체들도 예외는 아니다. 모든 사람들이 모든 분류에 동의해야만 할 필요는 없으니까.

▶ 왜소 행성

만약 태양계 안에 있는 어느 천체가 전반적으로 모양이 둥글고, 태양의 궤도를 주로 공전하지만, 궤도상에 있는 가장 큰 천체가 아니라면 국제 천문 연맹은 그 천체를 왜소 행성으로 간주할 것이다. 명왕성은 왜소 행성이다.

▲ 운석

만일 어떤 물체가 우주에서부터 지구로 떨어져 내려왔으며, 이 중 고체 조각이 남아 있는 경우, 이 조각들을 운석이라고 칭한다. 운석의 90퍼센트 이상은 대개 돌 성분으로 이루어져 있다. 아주 소수의 운석만이 금속성 물질로 구성되어 있다.

◀ 세레스

세레스는 최초로 발견된 소행성체[20]로, 지름은 약 940킬로미터이다. 세레스는 화성 궤도와 목성 궤도 사이에 있는 소행성대에서 발견된 최초의 왜소 행성이다.

▶ 유성

'별똥별'이라고도 불리는 유성은 지구로 낙하하는 동안 지구 대기권에서 아름다운 빛 한줄기를 남기면서 모두 타버린다. 유성의 크기는 대개 모래알 정도이다.

◀ 떠돌이 행성

이론적으로 행성은 중력의 '킥'에 의해서
원래 그 행성이 속해 있던 계로부터 방출
될 수 있다. 이 경우, 행성은 이전에 공전
하던 항성(태양계의 경우 태양)의 궤도를
떠나 성간 공간으로 날아가게 된다. 하지
만 천문학자들은 현재까지 떠돌이 행성
을 관측한 바가 없다.

▶ 소행성

소행성의 영문명인 'asteroid'에는
'별 모양'이라는 뜻이 있다. 하지만
실제로 소행성은 항성보다는 행성
에 더 가깝다. 다만 크기가 행성보다
약간 더 작을 뿐이다. 소행성은 궤도
를 돌며 우주 공간을 떠다닌다. 심지
어 아주 작은 소행성조차도 지질학
적으로 중요한 활동의 관찰 대상이
될 수 있다.

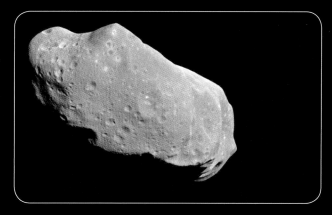

◀ 혜성

혜성은 얼음으로 된 먼지 덩어리로, 태
양에 가까워지면 녹게 된다. 태양풍으
로 인해 아름다운 각도를 형성하게 된
먼지 입자들과, 전하를 띠게 된 이온이
혜성의 꼬리를 만들어 낸다.

우리의 태양계에는 소행성과
혜성이 버려진 잔해가 잔뜩 있다.

소행성, 혜성, 유성우[21]

혜성을 타고
우주 여행

"소행성은 별의별 장소에 다 갈 수 있으니까
소행성을 타고 우주 여행을 한다는
발상 자체는 괜찮은 생각 같기도 합니다.
하지만 물리 법칙을 고려해 보면
소행성을 타고 우주 여행을 한다는 것이
그다지 쓸모 있는 생각은 아니라는
결론에 도달하게 됩니다."

— 닐 디그래스 타이슨 박사

우주의 히치하이커가 정말로 소행성에 올라타서 은하를 여행한다면 얼마나 근사할까요. 안타깝게도 닐은 당장 소행성을 타고 은하를 여행할 수 없는 이유에 대해 다음과 같이 말합니다. "아마 안 될 겁니다. 일단 소행성에 올라타려면 소행성을 따라잡으셔야 할 텐데, 불가능할 걸요. 소행성에 올라타게 되는 그 순간까지 당신은 이미 우주에서 이동 중일 것입니다."

또는 코미디언 척 나이스의 말대로 소행성을 타고 우주 여행을 하겠다는 생각은 "페라리를 타고 버스를 잡는 것 같은 발상"일지도 모르겠네요. 네, 바로 그겁니다! "페라리를 갖고 있는 분께 버스는 필요가 없지요. 지금껏 어떻게 해서든 소행성을 멈추고, 출발시키는 방법까지는 찾아냈지만 말입니다, 만약에 소행성을 멈추게 하고, 출발시키는 능력이 있다면 여러분께 소행성은 필요하지 않아요. 이미 우주선이 있는 셈이잖아요."라고 닐은 말합니다.

소행성을 타는 것 자체는 그다지 나쁘지 않을 것입니다. 편한 집을 지을 수 있을 만큼의 넉넉한 공간도 있을 테고, 채굴을 하면 귀중한 광물을 얻을 수 있을 수도 있을 것입니다. 게다가 농사를 지어서 음식을 구할 수도 있겠네요. 하지만 이 모든 것들을 하려면 소행성에 올라타야만 합니다. 소행성에 올라타고 나서는 다른 별로 이동하기 위해서 태양의 중력권을 탈출해야만 할 것입니다. ■

우주 탐구 생활: 혜성과 소행성

혜성처럼 행동하는
소행성도 있을까?

어떤 소행성은 혜성처럼 행동하고, 어떤 혜성은 소행성처럼 행동합니다. 에이미 마인저 박사 등 일부 천체 물리학자들은 그 천체가 정확히 어떻게 분류되어야하는지에 대해 밤늦게도록 토론할 것입니다. "소행성과 혜성은 완전히 분리된 범주라기보다는, 연속체에 가까운 것 같습니다. 한때는 소행성과 혜성이 완전히 다르다고도 생각했지만, 소행성도 천체도 아닌 중간 지점이 있다는 사실을 새로이 알게 되었습니다. 간혹 '자, 기체를 잔뜩 방출해서 코마[22]를 한번 내뿜어 볼까.'라며 우리를 찾아오는 소행성도 있습니다. 이런 소행성의 경우 소행성이면서도 행성 같기도 한, 소행성과 혜성을 분류하는 경계를 넘나드는 천체라고 볼 수 있습니다."

> "천문학자들은 향후 수십 년간 이 문제(천체를 소행성으로 분류할 것인지, 혜성으로 분류할 것인지에 대한 문제)에 대해 치열하게 논쟁할 것입니다. 천문학자들은 대부분 꽤 조용한 사람들이지만 이 사안에 관련해서는 절대로 침묵하지 않을 것입니다."
>
> ─ 에이미 마인저 박사, 천체 물리학자

"반쯤은 소행성처럼, 반쯤은 혜성처럼 애매하게 행동하는 천체 중 가장 잘 알려진 천체는 켄타우로스 소행성족입니다. 이 소행성족에는 적절하게도 몸의 절반은 인간이고, 절반은 말인 신화 속 종족 켄타우로스의 이름이 붙여졌습니다. 켄타우로스 소행성족에 속하는 천체들은 주로 소행성대와 카이퍼 벨트 사이의 궤도를 공전합니다. 켄타우로스 소행성족에 속하는 천체들은 주로 얼음, 암석, 금속의 혼합체로 만들어진 것으로 추측됩니다. 크기가 가장 큰 켄타우로스는 대부분의 혜성보다

도 큰데, 폭이 160킬로미터 이상인 경우도 있습니다. 더군다나 켄타우로스는 그다지 희귀하지도 않습니다. 300개가 넘는 켄타우로스가 목록화되어 있으며, 행성 과학자들에 따르면 적어도 4만 개가 넘는 켄타우로스가 우주 공간에 존재할 것으로 추정된다고 합니다. ■

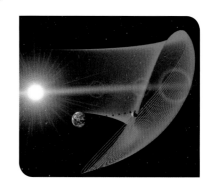

여행 가이드

가장 근사한 소행성은?

가장 근사한 소행성이 무엇인지에 대한 대답으로 2011년 WISE 우주선이 발견한 소행성 2010 TK7의 이름을 거명하는 사람들도 있을 것이다. 적어도 마인저 박사는 소행성 2010 TK7이야말로 제일 근사한 소행성이라고 생각하는 것 같다. "소행성 2010 TK7은 최초로 알려진 지구의 트로이 소행성[23]인데, 지구와 아주 특수한 방식으로 연관되어 있습니다. 소행성 2010 TK7은 지구와의 중력 공진에 갇혀 있습니다. 대단하지요? 지구는 소행성 2010 TK7가 태양 주변을 도는 궤도를 따라 돌고 있습니다. 2010 TK7은 덫에 걸린 셈입니다. 언젠가 2010 TK7이 이 덫에서 빠져나갈 날이 오겠지요."

한 토막의 과학 상식

2000년에 한 번 정도의 빈도로, 축구장 정도의 크기를 가진 유성체가 지구와 충돌해 심각한 피해를 입힌다고 한다.

생각해 보자 ▶ 아이손 혜성은 어쩌다가 흐지부지하게 끝나 버렸나?
(혜성은) 그냥 자기가 하고 싶은 일을 해 버립니다. 10대 청소년, 또는 고양이와 한 치도 다를 바가 없지요. 우리는 최근에 아이손 혜성[24]이라는 이름의, 이른바 '세기의 혜성'을 관측했습니다. 그런데 이 혜성은 그냥 불발탄 수준도 아니었습니다. 정말로 아무 일도 일어나지 않았던 것입니다. 부디 이 혜성이 돌아와서 멋진 불꽃 쇼를 보여 주기를 바라고 또 바랐건만, 정말 아무 일도 일어나지 않았습니다. 고양이처럼 말이죠. ─ 에이미 마인저 박사

유레카! 소행성 캐기

소행성에서 연료 보급하기

장거리 우주 여행에 있어 가장 어려운 점 중 하나는 발사를 할 때마다 연료를 우주로 운반해야만 한다는 점입니다. 지금껏 밝혀진 바에 따르면 특정한 종류의 소행성은 로켓의 연료로 만들기에 아주 적합한 물질을 갖고 있다고 합니다. 자, 그렇다면 소행성을 연료를 주입하는 장소로 만들면 어떨까요? 엑스 프라이즈의 창립자이자 우주 기업가인 피터 디어먼디스[25]는 소행성을 연료 주입 장소로 사용하는 일은 당연히 가능하다고 생각합니다. "이 대형 탄소질 콘드라이트 소행성에는, 소행성 무게의 20퍼센트 정도를 차지하는 물이 있습니다. 소행성으로부터 물을 추출할 수 있고, 메테인도 추출할 수 있습니다. 태양열을 이용해 물을 수소와 산소로 분해할 수도 있는데, 이 수소와 산소는 로켓의 연료가 됩니다. 크기가 50~100미터인 소행성에 있는 수소와 산소의 양은, 우주 왕복선 프로그램의 태동기부터 현재까지 지구에서 발사된 모든 우주 왕복선에서 연료로 사용된 수소와 산소 양보다도 더 많습니다. 그러므로 앞으로 다가올 달이나 화성에서의 우주 임무를 위해서 다음과 같이 해 보면 어떨까요? 소행성을 우주에 있는 연료 저장 창고로 삼고, 소행성에서 추출한 수소와 산소를 로켓의 연료로 사용하는 거죠." ■

여행 가이드

우주 탐사 자금을 마련하기 위해 소행성을 채굴한다면?

계산은 딱 떨어진다. 온전히 채굴된 소행성 1개는 수십억 달러의 금전적 가치를 지닌다. 닐은 다음과 같이 말한다. "평균적인 백금족 원소[26] 소행성에는 니켈 3000만 톤, 코발트 150만 톤, 백금 7500톤이 매장되어 있을 것으로 추정됩니다. 현재의 시세로 따져보면 백금 7500톤의 금전적 가치는 1500억 달러 정도입니다." 하지만 소행성 채굴에 드는 돈이 1500억 달러보다도 더 많다면 어떨까? 과연 소행성 채굴처럼 위험성이 높고, 장기 투자가 필요하고, 오래 기다린 후에야 수익을 얻을 수 있는 사업에 투자할 의향이 있는 투자자들을 충분히 모을 수 있을까? 소행성 채굴 사업의 성공 여부는 미래의 우주 기술의 발견은 물론, 아주 대담한 기업가들의 미래 전망과 영업 능력에도 달려 있을 것이다.

척 나이스:
그러니까 유성우가 기본적으로는 혜성의 공동 묘지라는 거죠? 으으, 끔찍한걸요.

닐:
네. 태양이 볼 일을 본 다음에 남은 쓰레기 같은 거죠.

유레카! 소행성 캐기

소행성을 사고 팔 수 있나요?

지구에서 유래하지 않은 재산의 소유권에 관한 국제법은 아직 충분히 발달하지 않았습니다. 2015년 기준으로 소위 '달 조약'이라고도 불리는 '달과 기타 천체에서의 국가 활동에 관한 협약'이라는 협약이 있습니다. 하지만 미국 등의 우주 왕래국 대부분은 달 조약을 비준하지 않았습니다.

한편 2015년 11월 25일 버락 오바마 미국 대통령은 '상업적 우주 발사 경쟁력 법'에 서명했습니다. 이 법에 따르면 미국 시민은 자신이 획득한 소행성 자원에 대한 소유권을 갖게 됩니다.

최소한 미국의 한 회사(플래니터리 리소시스 사[27])는 지구에서 가까운 소행성들의 상업적 가치를 평가하기 위해 특수 설계된 우주 망원경을 발사할 계획을 갖고 있습니다. 만일 플래니터리 리소시스 사의 연구 결과 소행성 채취 및 활용에 수익성이 충분한 것으로 밝혀진다면 인류는 로켓으로 소행성을 추적하고 소행성에 대한 소유권을 주장하고 소행성을 채취하는 일련의 활동들을 개시할 것으로 전망됩니다. ■

> "달만 소유하지 않는다면 나는 (상업적 우주 발사 경쟁력 법에) 동의할 수 있습니다. 하지만 우주에 있는 길이 10미터의 암석을 누군가가 소유하고 있다면 어떻게 해야 할까요? 그러니까 제 말은, 어디까지를 한계로 두어야만 하느냐는 것입니다."
> — 피터 디어먼디스 박사, 플래니터리 리소시스 사의 공동 창업자

> "만일 누구도 (우주 유래물에 대한) 소유권을 가질 수 없다면 그 어떤 누구도 우주로 가서 자원을 채취하려 하지 않을 것이며, 이것은 결국 인류의 패배로 귀결될 것입니다."
> — 피터 디어먼디스 박사

투기꾼들에게 소행성은 특히 매혹적인 투자 대상이다.

한 토막의 과학 상식

금속 소행성에는 흔히 팔라듐,[28] 백금,[29] 로듐[30] 등의 값비싼 원소가 풍부하게 매장되어 있다. 팔라듐, 백금, 로듐은 배터리, 전자 제품, 의료 기술 등의 분야에서 중요하게 사용되고 있다.

생각해 보자 ▶ 왜 일부 소행성에는 금속이 풍부하게 매장되어 있을까?

아주 큰 소행성의 내부에서는 중력이 작용한다. 중력으로 인해 밀도가 높은 금속은 소행성 중심부로 가라앉고, 그 결과 소행성의 중심핵에는 많은 양의 금속이 존재하게 된다. 천체 '금속 공학자' 닐 디그래스 타이슨 박사는 설명한다. "그러고 나서 다른 천체가 큰 소행성을 부수어 산산조각을 내고, 그 조각들이 현재의 소행성이 되는 것입니다. 자, 이제 소행성 중에는 천체의 지각과 맨틀로 구성된 암석 소행성이 있고, 천체 중심에 밀집되어 있던 몇 개의 값비싼 원소로 구성된 금속 소행성이 있습니다. 이 과정을 지질학자들은 '분화 작용'이라고 부릅니다."

미래의 소행성 채굴업 상상도.

닐:
1848년 서터스 밀[35]에서
금이 발견되었습니다.

척 나이스:
그런데 왜 골드 러시를 따라
이동한 사람들을 포티나이너스(49년에 온
사람들)라고 부르는 건가요?

닐:
소문이 돌고 사람들이 캘리포니아로
몰려드는 데 시간이 꽤나 걸린 거겠죠, 뭐.

척 나이스:
거 봐요. 트위터가 없던 시절에는
이랬다니까요. 소문이 새나오는 데
꼬박 1년이나 걸린 거네요.

우주의 암흑 속에서 어떻게 소행성을 발견할까?

이윤 추구 목적을 위해서만 소행성 발견이 중요한 것은 아닙니다. 소행성 발견에는 어쩌면 이윤 추구보다도 더 중요한 목적이 존재할 수도 있습니다. 소행성을 발견해야만 소행성이 인류를 파멸시키거나 지구가 심각한 위해를 입힐 수 있는 상황을 미연에 철저하게 방지할 수 있기 때문입니다. 소행성을 발견할 수 있는 곳 중 먼 곳에서 발견한 소행성일수록 더 많은 시간과 노력을 들여 소행성과 지구의 충돌 가능성 및 궤적에 대해 연구해야만 합니다. 필요하다면 소행성이 지구와 충돌하기 전에 소행성이 지구를 비껴가도록 유도할 방법을 찾아내야만 합니다. 센티넬 임무[31]의 기획자 스캇 허버드 박사는 소행성 발견과 관련된 한두 가지 사실에 대해 알고 있다고 합니다. "태양을 등지고 있으면 태양이 소행성을 가열하기 때문에 소행성은 뜨거워지고 빛납니다. 그러므로 적외선 대역을 들여다보면 소행성 녀석들을 찾아낼 수 있습니다."

일단 소행성을 발견하면, 소행성이 지나가는 위치를 조사해서 소행성이 지구와 충돌할지, 지구를 비껴 지나갈지 여부를 예측할 수 있습니다. 소행성의 구성 물질 중 채굴할 가치가 있을 만큼 값나가는 물질이 있는지의 여부를 알아내기 위해서는 분광법[32]을 활용해야만 합니다. 분광 분석 기술은 다년간 검증된 확실한 기술입니다. 닐은 다음과 같이 설명합니다. "19세기 후반에 현대 천체 물리학은 이렇게 탄생하게 되었습니다.[33] 분광기(프리즘 등)를 갖고 가서, 빛이 분광기에 들어가서 분광기를 통과하면 반대쪽 편으로 빛이 투과되어 나옵니다. 빛은 분광기에서 색깔별로 분리되어 나옵니다. 마치 무지개처럼요. 분리되어 나온 빛으로부터 우리는 우리가 관찰하고 있는 소행성의 화학적 특이성이 지문처럼 묻어난 흔적을 보게 됩니다. 두구두구두구두구……. 짜자잔!"

이 모든 작업을 마친 후, 연구 및 분석용 소행성 샘플을 지구로 다시 가져 오시게 되겠죠? 아, 판매용 소행성 샘플도 갖고 오세요. 천체 물리학자 마인저 박사는 말합니다. "소행성 샘플을 지구로 가져 오는 일과 관련된 멋진 일화를 하나 알려 드릴게요. 사실 누군가가 이미 소행성 샘플을 지구로 갖고 온 적이 있답니다. 일본에서 탐사선 하야부사[34]를 소행성으로 보낸 적이 있습니다. 실제 하야부사는 소행성에 착륙했고, 약간의 샘플을 채취해서 지구로 돌아왔다고 합니다." ■

유레카! 소행성 캐기

소행성 채굴로
한 몫 잡기

희귀한 물품을 아주 많이 구할 수 있게 된다면, 수요와 공급의 법칙은 시장에 영향을 미치기 시작합니다. 예컨대 갑자기 백금이 아주 많아진다면 백금의 가치와 수요가 과다해지고 백금의 가치와 가격은 내려가게 되겠지요. 천체 '경제' 학자인 닐 디그래스 타이슨 박사는 설명합니다. "만일 백금 가격이 하락한다면 사람들은 백금으로 할 수 있는 일들에 대해 새로이 생각해 보게 될 것입니다. 백금이 비쌀 시절에는 백금이 필요하다고조차 생각하지 않았던 곳에도 백금을 사용할 생각을 하게 되겠지요. 사람들이 지금껏 생각조차 못 한 방식, 지금껏 꿈조차 꿔 보지 못한 방식으로 백금을 사용하려 들 테니, 백금의 수요가 증가할 것입니다. 네, 맞습니다. 파운드당 가격은 더 저렴해지겠지만, 백금은 더 이상 유한한 자원이 아닙니다. 백금은 본질적으로 무한한 지원입니다."

> "기술은 희소성을 해방시키는 힘이며, 기술은 늘 희소성을 해방시켜 왔습니다."
> —플래니터리 리소시스 사의 공동 창업자, 피터 디어먼디스 박사

수 세기 전 스페인 인들은 그들이 정복했던 아메리카 대륙에서부터 전례가 없는 막대한 양의 금과 은을 갖고 유럽으로 돌아왔습니다. 그 결과 유럽에서 금과 은이라는 귀금속의 양이 너무 많아지다 보니, 금과 은의 가치가 떨어졌습니다. 귀금속 가치의 하락으로 인해 스페인이 지니고 있던 방대한 재산은 상당 부분 증발하고 말았습니다. 오늘날에도 금과 은은 여전히 화폐를 대신해 사용되고 있지만, 세계의 금 중 약 15퍼센트와 세계의 은 중 절반 이상은 장신구 용도나 투자 목적이 아닌, 산업적 용도로 사용됩니다. 아마도 수많은 현대인들이 갖고 있는 휴대 전화에는 은이 들어 있을 테고, 치아에는 금이 박혀 있을 테니까요! ▣

기본으로 돌아가기

그냥 사이좋게 지내면 안 될까?

플래니터리 리소시스 사의 공동 창업자인 디어먼디스 박사에 따르면 모든 전쟁에는 공통점이 있다. "인간이 지구상에서 두고 싸우는 모든 것들, 즉 금속, 무기물, 에너지, 부동산 등은 사실 우주 공간에서는 거의 무한히 존재합니다. 인류는 지구를 매우 닫혀 있는 계로 간주하고 지구 자원이 세상의 전부인 양 생각하지만, 우주적으로 생각해 보면 지구는 자원으로 가득찬 슈퍼마켓의 한 귀퉁이 정도에 불과합니다. 우주 공간에 존재하는 무한한 자원을 이용할 수 있다는 가능성만으로도 우리 모두는 희망과 행복감에 들뜨죠."

미래에 대해 대담한 시각을 지닌 많은 이들이 이처럼 낙관적 관점을 갖고 있다. 발전과 진보가 가져다 주는 혜택이 그 혜택을 원하고 필요로 하는 모든 이들에게 분배되기만 한다면 말이다. 벤저민 시스코[36]의 「스타 트렉: 딥 스페이스 나인」[37] 속 대사가 떠오른다. "스타플릿[38] 본부에서 창밖을 내다보면 천국이 보입니다. 네, 천국에서 성자가 되기는 그리 어렵지 않습니다."

생각해 보자 ▶ 지구는 얼마만큼의 가치를 갖고 있을까?

지구에는 석유도 있고, 석탄도 있고, 다이아몬드 등의 광물도 있습니다. 산업 현장에서 가치가 있는 주기율표상의 원소들도 있습니다. 만일 정확한 수치를 제시해 달라고 말씀하신다면, 지구의 가치는 1000조 달러[39]라고 하겠습니다. 자원의 가치는 수요뿐만 아니라 공급과, 자원이 존재하는 곳에서 자원을 얻기 위해 소모되는 비용의 함수로 결정되기 때문입니다. —닐 디그래스 타이슨 박사, 천체 '수요와 공급' 학자

2부

우리별 지구

지구는 크나큰 우주 공간에서 기체로 만들어진 작은 공 주변을 공전하는

조그마한 진흙 공이다. 지구라는 진흙 공은 얼마나 대단한가! 지구는

수십억 년 긴 세월에 걸쳐 끊임없는 변화를 거듭해 왔다. 수십억 년간의 끊임없는

변화 덕분에 우리 별 지구는 우주에서 인류가 전성기를 맞이하기에 가장

완벽한 장소가 되었다. 또한 지구는 인류가 바로 지금 우주를 향한 여행을 떠나기에도

가장 완벽한 장소가 되었다. 그런데 우리는 지구에 대해서 얼마나 잘 알고 있는가?

인류는 지구를 어떻게 활용하고 관리해야 할까? 우리 자신을 어떻게 활용하고

관리해 나가야 할까? 지구에 대해 더 잘 알게 되면 잘 알게 될수록

우리는 지구도, 우리 자신도 더욱 현명하게 활용하고 관리할 수 있게 될 것이다.

"'아, 내가 지금 천국에서 이 광경을 보고 있구나,'라는 생각이 머리를 스쳐 지나갔습니다.
하지만 이내 제 머릿속에 새로운 생각이 떠올랐어요. '그렇지 않아, 지금 내가 보고 있는 광경은
천국에서 바라보는 광경보다도 훨씬 더 아름다운 광경인 것을.
천국이야말로 내가 지금 보고 있는 풍경만큼이나 아름답겠지.'"

— 마이크 마시미노 박사, 우주 비행사

1장

창백한 푸른 점 혹은 커다란 푸른 구슬

지구는 우리 태양계에 존재하는 수많은 세계 중 단 하나의 세계에 지나지 않는다. 인류는 불과 얼마 전에서야 우리가 현재 살아가고 있는 곳이 우주의 어느 부분에 위치하는지에 대해 비로소 이해하기 시작했다. 우리는 우주 안에 존재하는 태양이라는 항성의 궤도를 공전하고 있고, 지구는 달이라고 하는, 주위를 공전하는 (인공 위성이 아닌) 자연 위성 하나를 가지고 있다. 지구가 태양계에서 어떻게 활동하고, 어떻게 움직이며, 다른 천체와 어떻게 상호 작용을 하는가에 대해 배워나가며, 우리가 살고 있는 마을이 우주적 관점에서 볼 때 어떤 동네에 속하는지, 마을에 살고 있는 이웃들은 어떤 이들인지에 대한 일깨움을 갖게 되었다.

인류는 지구로부터, 지구에 의해서 만들어졌다. 세포를 가진 최초의 조상이 기나긴 시간에 걸쳐 정크 푸드를 먹고 사는 현대인이 되기까지, 인류는 수십억 년이라는 시간 동안 지구와 함께, 나란히 진화를 거듭해 왔다. 지구는 어디에서 왔으며 인류는 어떻게 태동했는가에 대한 지식을 쌓아 가며, 자연 현상을 관찰하고, 연구하기 위한 기술을 구축해 나가고 있다. 인간과 지구, 우주에 대해 더 잘 알아가고, 과학 기술을 사용해 자연 현상을 관찰하며 인류는 스스로에 대한 방대한 지식을 축적해 나가고 있다.

지구는 우주 공간에 존재하는 창백한 푸른 점이자 아름답고 장엄한, 커다란 푸른 구슬이기도 하다. 우리 별 지구에 대한 생각에 잠기다가, 불현듯 우리는 우주에서 어디에 속해 있는가에 대해 심오하면서도 거창한 생각에 빠져드는 것은 어쩌면 당연한 일일지도 모른다.

지구가 구슬 안에 있다고 한번 생각해 보자.
아마 지구를 완전히 새로운 관점에서
바라볼 수 있게 될 것이다.

도대체 지구의 정체는 무엇인가?

어항 밖으로부터의 시선으로 어항 안에 있는 스스로를 관찰해 본 적이 없는 금붕어가 과연 어항에 대한 만족스러운 이해를 꿈꿀 수 있을까? 인류는 눈과 기계를 이용해 별을 관찰한다. 만약에 인류가 지금 살고 있는 어항 밖에서 스스로의 모습을 바라본다면 다음과 같은 광경을 마주하게 될 것이다.

◀푸른 구슬

'푸른 구슬'의 원본 사진은 1972년 12월 7일 지구에서 약 4만 5000킬로미터 떨어진 거리에 있던 아폴로 17호[1]에서 촬영되었다.

▶지구의 수평선

태평양 너머로 지는 태양 아래로 보이는 지구의 수평선. 2003년 7월, 엑스퍼디션 7 임무[2]의 승무원이 국제 우주 정거장에서 본 풍경을 사진에 담았다.

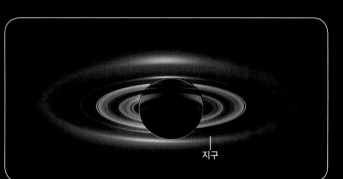

지구

◀지구가 미소 지은 날

2013년 7월 19일, 카시니에서 촬영된 토성 사진의 배경에 보이는 지구의 모습. 이 사진은 지구에서 약 14억 5000만 킬로미터 떨어진 거리에서 촬영되었다.

▶ 지구돋이

현존하는 사진 중 환경 운동에 가장 큰 영향을 미친 사진으로 꼽히는 '지구돋이'는 1968년 12월 24일, 지구로부터 약 38만 6000킬로미터 떨어진 거리에 있던 아폴로 8호에서 촬영되었다.

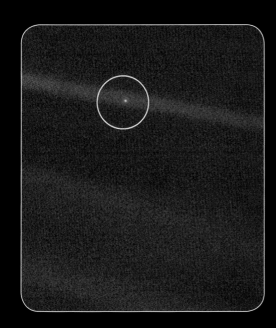

◀ 창백한 푸른 점

보이저 1호에서 전송된 지구의 '창백한 푸른 점' 사진은 1990년 2월 14일, 지구로부터 약 60억 5000만 킬로미터 떨어진 장소에서 촬영되었다.

▶ 지구의 밤

'지구의 밤'과 같은 사진이야말로 세상의 다른 어떤 사진들보다도 더 강력하게 지구상에서의 인류의 존재를 확인시켜 주고 있다. 어둠속에서 인간이 만들어 내는 빛을 보는 외계에로부터 온 방문객들은 지구에 인간이 살고 있다는 사실을 의심의 여지없이, 굳게 확신하게 될 것이다.

많은 이들에게 잘 알려져 있는 '지구돋이' 사진은
아폴로 8호에 승선했던 우주 비행사들이 촬영한 사진이다.

우주 연대기

아폴로 8호와 '지구돋이'는 환경 운동에 어떤 영향을 주었을까?

> "우리는 달에 갔고, 달에 대해
> 더 많은 것들을 알아내고자 하는 기대에
> 차 있었습니다. 우리가 뒤를 돌아보았을 때
> 우리는 처음으로 지구를 발견하게 되었습니다."
>
> ─ 닐 디그래스 타이슨 박사

요즘 사람들은 우주에서 찍은 사진에 대해서 그다지 흥분하지 않습니다. 우주에서 찍은 사진이라고 해 봤자 결국 텔레비전 기상 예보에서 늘 볼 수 있는 사진이기 때문일까요? 하지만 아폴로 시대 이전을 살던 사람들에게 우주에서 지구의 사진을 찍는다는 것은 상상조차 할 수 없는 일이었습니다.

1968년 크리스마스 이브에 우주 비행사 윌리엄 앤더스[3]와 함께 아폴로 8호에 승선했던 승무원들은 지구인들에게 우주에서 찍은 지구와 달의 사진을 보여 주는 역사적인 생방송 장면을 지구를 향해 송출했습니다. 그들이 지구로 귀환했을 때, '지구돋이' 사진은 역사상 가장 상징적인 사진 중 하나로 길이 남게 되었습니다. 이 사진 한 장 덕분에 비로소 세계인들은 아주 먼 곳에서 본 아름답고, 외따로 고립되어 있으며, 연약하기 그지없는 지구의 모습을 처음이자 온전하게 감상할 수 있게 되었습니다.

당시 미국의 환경 운동은 아주 초기 단계에 머물러 있었습니다. 본격적 환경 운동의 시초는 1962년 해양 생물학자 레이철 카슨[4]이 저서 『침묵의 봄』에서 살충제 과용의 위험성에 대해 경고한 데서 찾아볼 수 있습니다. 하지만 '지구돋이' 사진으로 인해 많은 사람들은 우리 행성의 환경 보전을 위해서는 수많은 사람들의 노력과 도움이 반드시 필요하다는 것을 깊이 깨닫게 되었습니다. 아폴로 8호의 귀환으로부터 2년 후인 1970년 12월 2일 리처드 닉슨[5] 대통령은 환경 보호국 설립을 승인했습니다. ■

토성 여사님: 캐롤린 포르코와의 대화

지구가 미소 짓던 날

지구의 모습을 상징적으로 보여 주는 '창백한 푸른 점' 사진을 보이저 1호가 지구로 전송한 지 약 20년이 지났을 즈음 행성 과학자 캐롤린 포르코는 다년간에 걸친 토성과 위성 탐사 임무인 카시니-하위헌스의 영상 팀 리더를 맡고 있었습니다. 포르코 박사는 왜 우리 별 지구의 증명사진을 새로 찍지 않는 것일까 궁금증을 품게 되었습니다. 포르코 박사가 그날을 어떻게 기억하는지에 대해 함께 들어봅시다. "사건은 약 15분에 걸쳐 발생했으며 저는 토성이 어디에 있는지를 관찰하고 있었습니다. 그리고 생각했지요. '와, 카메라가 우리 사진을 찍고 있잖아?' 잠시 후 저는 알게 되었습니다. 온 세상 사람들도 우리와 똑같은 일을 하고 있었다는 것을요. 정말 대단하지 않아요?"

포르코 박사의 계획은 다음과 같았습니다. 지구상의 모든 이들에게 어떤 일이 일어나고 있는지를 말해 주고, 준비를 시키고, 우주선에 있는 카메라를 향해 "치즈"라고 말하며 포즈를 취하도록 하는 것이었지요. 2013년 7월 19일 그 계획은 현실이 됩니다. "제 구상을 미리 알려 주는 것이 좋겠다는 생각이 들었어요. '외행성계에서 여러분의 사진을 찍을 것입니다. 약 16억 킬로미터 떨어져 있는 곳에서 말이죠.'라고 미리 말해 두는 거죠. 이보다 더 근사한 방법으로 인간이 얼마나 태양계 깊숙한 곳까지 탐사하고 있는지를 사람들에게 알려 줄 수 있는 방법이 또 있을까요?" 포르코 박사는 그 때를 기억합니다. "이렇게 같이 사진을 찍은 일은 많은 이들의 기억 속에 아주 개인적이면서도 소중한 추억으로 남을 것입니다. 축하의 미소를 짓자는 생각에서 시작된 일이었거든요. 인류가 함께한다는 느낌을 받도록, 우주적 사랑을 느낄 수 있도록. 함께 사진을 찍은 후 누군가 다음과 같은 글을 썼어요. '아시다시피, 제기랄, 우리는 조그만 티끌 위에 떠다니는지도 모르겠어요. 인간은 덧없이 왔다 가는 존재인 것도 같고요. 하지만 그 15분이란 시간 동안 우리는 실제 그곳에 있었고, 의식하고 있었고, 미소를 지었습니다.'" ■

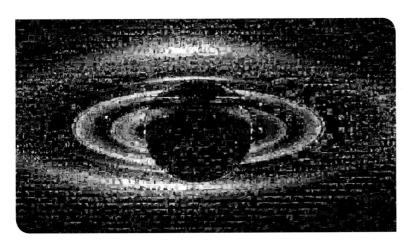

'지구가 미소 지은 날'은 NASA의 '토성에게 인사하기' 캠페인에 제출된 이미지 1600개로 만들었다.

과학자 전기
👓
칼 세이건과 우주 정신

칼 세이건[6]은 20세기 최고의 과학 커뮤니케이터였다. 그 이유는 그가 자신의 연구를 명확하게 설명하는 능력을 지닌 최고의 과학자였기 때문만은 아니었다. 세이건은 사람들이 모든 맥락에서 과학의 관련성을 발견할 수 있도록 돕는 역할을 했다. 기술 영역, 실용적 영역, 가상의 영역, 영적인 세계에 이르기까지 세이건은 어떻게 인간과 우주가 다방면에서 관련되어 있는지에 대해 사람들에게 생생히 보여 준 최고의 과학 커뮤니케이터였다. 세이건은 유대인[7]이었지만 우주에 대한 그의 이해는 모든 종교적 전통을 뛰어 넘는 것이었다.

1994년에 저술한 책, 『창백한 푸른 점』에서 그는 보이저 1호가 우주에서 보내 온 아주 조그마한 사진에 대해 다음과 같은 글을 남겼다. "우리의 모든 즐거움과 고통들, 확신에 찬 수많은 종교, 이데올로기들, 경제 독트린들, 모든 도덕 교사들, 모든 타락한 정치인들, 모든 슈퍼 스타, 모든 최고 지도자들, 인간 역사 속의 모든 성인과 죄인들이 여기 태양 빛 속에 부유하는 먼지의 티끌 위에서 살았던 것이다."

지구는 어떻게 형성되었나요?

약 46억 년 전 태양의 핵융합이 시작된 직후, 태양의 형성 이후에 남은 물질들은 탄생한 지 얼마 지나지 않은 아기 별 주변을 도는 얇은 원반에 정착했습니다. 이 원반은 지구만 한 행성 수백 개를 만들기에 충분한 양의 암석, 금속, 먼지, 기체를 함유하고 있었습니다. 그 후 수십만 년의 시간 동안 응축이라는 과정으로 인해 작은 암석, 금속, 먼지 조각들이 모여서 조약돌이 되었고, 조약돌이 모여서 암석이 되었고, 암석이 모여서 크고 둥근 바위가 되었고, 미행성이 되었고, 큰 소행성이 되었고, 결국에는 행성이 되었습니다.

지구는 태양계 내의 특정한 지역에 형성되었습니다. 지구가 형성된 장소에는 물

닐: 초기에 중력이 충분치 못하다 싶으시면 바위에 꼭 붙어 계세요. 기체 말고요.[8]

척 나이스: 천왕성에 '가스'가 찼다고요?[9]

질이 그다지 많지는 않았고, 지구의 형성 장소 근처에는 주로 암석과 금속류 물질이 있었습니다. 그 결과 우리 별 지구는 작고 견고하며, 암석과 금속 성분으로 구성된 행성이 되었습니다. 지구와 비슷한 지구형 행성인 수성, 금성, 화성의 형성 과정도 지구의 형성 과정과 비슷합니다. 반면, 목성, 토성, 천왕성, 해왕성의 경우, 행성을 만드는 원재료가 훨씬 더 많이 있던 곳에서 형성되었습니다. 다만 목성, 토성, 천왕성, 해왕성이 형성된 지역 근처에는 기체가 많았고, 금속은 거의 없었기 때문에 이 행성들은 암석과 얼음 핵으로 구성된 거대한 기체 행성이 되었습니다.

물론 이같은 간단한 묘사가 행성 형성과 관련된 과학의 전부를 설명해 주는 것은 아닙니다. 아직도 풀어 나가야 할 수많은 신비가 남아 있습니다. 예를 들어 시속 수천 킬로미터에 육박하는 속도로 태양의 주변을 돌고 있던 조그만 물질 조각들은 대체 어떻게 튀어 나왔으며, 어떤 과정을 거쳐 다른 물질 조각과 결합을 했기에 점차 더 큰 덩어리를 이루게 되었을까요? 아직 인류가 알아내야 할 것들은 많고도 많답니다! ■

기본으로 돌아가기

역사상 가장 위대했지만 가장 옳지 못한 생각

천체 '잘못' 학자 닐 디그래스 타이슨 박사는 말한다. "잘못된 생각을 하는 것은 잘못이 아닙니다. (잘못된 생각이) 문제를 푸는 데 도움이 되는 한, 잘못된 생각을 하는 것은 잘못이 아닙니다. 지구가 우주의 중심에 있다는 지구 중심설이야말로 아주 위대하면서도 아주 잘못된 생각 아닐까요?"

우주의 지구 중심 모형은 완전히 틀린 것으로 입증되었다. 하지만 지구 중심설은 지구에서 볼 때 우주가 어떻게 움직이는지를 설명하는 데 중요한 역할을 했다. 지구 중심설에 대한 더욱 중요한 사실은 아리스토텔레스, 프톨레마이오스 등의 위대한 사상가들이 지구 중심의 우주 모형을 면밀히 조사하고 엄밀하게 정의하고 체계화한 덕분에 후손 세대가 지구 중심설을 과학적으로 검증할 토대를 갖게 되었으며, 결과적으로 후대의 인류가 우주에 대해 더 잘 이해할 수 있는 기초를 얻게 되었다는 점이다.

생각해 보자 ▶ 우리 태양계의 태양은 어떻게 생성되었을까?
약 50억 년 전 수조 킬로미터에 걸쳐 있는 광활한 성간 구름으로 기체가 모여들었다. 모여든 기체는 밀도가 높은 중심핵을 구성하게 되었다. 기체로 가득한 성간 구름은 저절로 붕괴했고, 성간 구름이 붕괴하며 중심핵이 생겨났다. 당시 중심핵의 온도는 섭씨 1100만 도 이상, 기압은 지구 대기압의 약 20억 배인 1제곱센티미터당 21억 킬로그램 정도였을 것으로 추정된다. 이와 같은 극한의 조건에서는 수소가 헬륨으로 변하는 핵융합 반응이 발생한다. 성간 구름의 붕괴가 중단되고 태양이 생겨났다.

지구의 중금속은 어디로부터 왔을까?

어린 시절에 닐은 화학 선생님께 "지구에 있는 원소들은 어디에서 왔나요?"라고 질문한 적이 있습니다. 천체 물리학에 대한 지식이 있어야만 이 질문에 대해 바르게 답할 수 있습니다. "원소가 만들어지는 과정은 음식이 만들어지는 과정과 얼추 비슷하다고 보시면 되는데요. 질량이 큰 별에 있는 온도가 높고, 뜨거운 용광로에서 원소가 만들어진답니다. 융합 반응에 따라서 수소나 헬륨처럼 작은 원소들이 서로 합쳐지면 질량이 좀 더 큰 원소가 만들어집니다. 핵융합으로 인해 점차로 질량이 더 큰 원소들이 차차로 만들어지고, 그 결과 다양한 원소들이 질량 순으로 원소의 주기율표상에 배치되었습니다. 시간이 지나고 원소의 고향인 별은 폭발합니다. 별이 폭발하면 별의 내장은 은하계로 쏟아집니다. 별이 쏟아낸 내장인 원소들로부터 태양계가 순차적으로 만들어진 셈이지요."라고 천체 화학자 닐 디그래스 타이슨 박사는 설명합니다.

'지구에 현존하는 원소들은 과연 어디에서 왔는가?'라는 질문에 천체 물리학자들이 제시하는 대답은 문자 그대로 원자 단위에

> "어린 시절 화학 시간에, 화학 선생님께 여쭤본 적이 있어요. '원소는 어디서 생겨났나요? 주기율표에 나오는 원소 말이에요.'라고요. 화학 선생님께서는 다음과 같이 대답해 주셨지요. '원소는 '지구'에서 나온답니다.'라고요"
> — 닐 디그래스 타이슨, 천체 '10대 청소년' 학자

서 인류가 어떻게 우주 전체와 연결되어 있는지를 보여 주는 것입니다. 태양보다도 훨씬 더 질량이 큰 별이 초신성[10]으로 폭발하면 초고에너지 상호 작용으로 인해 원자핵과 원자를 구성하는 입자가 서로 충돌합니다. 원자핵과 원자를 구성하는 입자가 충돌하면 그 결과로 1초도 채 안 되는 짧은 시간 내에 중금속이 생성됩니다. 이와 같은 '빠른 핵 합성 과정'에 따라 우주 공간에 있는 대부분의 무거운 원소들이 만들어졌습니다.

우리 태양계의 태양처럼 폭발하지 않는 별도 무거운 원소를 생성할 수 있습니다. 태양과 같은 별의 일생 중 아주 잠시 동안에 해당하는, 거성[11]이 되기 위해 크기가 커지고 부풀어 오르는 과정 동안에는 폭발을 거치지 않고도 무거운 원소가 생성되기도 합니다. 이와 같은 과정을 '느린 핵 합성 과정'이라고 하는데, 이 과정은 수천 년에 걸쳐 일어납니다. 일부 원소의 경우 이 서로 다른 두 가지 핵 합성 과정 중 단 한 가지 과정에 의해서만 만들어질 수도 있지만, 어떤 원소들은 빠른 핵 합성 과정 및 느린 핵 합성 과정 모두에 의해 생성될 수도 있다고 합니다. ■

대리석으로 만들어진 아틀라스[12] 상. 아틀라스는 그리스 신화에 나오는 천문학과 항해의 신으로, 어깨로 지구의 무게를 떠받치고 있다.

보름달이 뜨면 파도가 높음

지구의 바다에 밀물과 썰물의 차이가 발생하는 주된 원인은 달에 있습니다. 지구와 달 사이의 거리가 짧은 곳에서는 달이 지구에 미치는 중력이 더욱 강해집니다. 달이 지구에 미치는 중력은 지구에 존재하는 물을 아주 조금 끌어당기고, 그 결과 매일 밀물과 썰물이 일어납니다. 보름달이 뜰 때 밀물과 썰물의 차이가 더욱 크다는 것을 눈치 채셨나요? 하지만 달의 모양에 따라 밀물과 썰물의 차이가 결정되는 것은 아닙니다. 밀물과 썰물의 차이를 좌우하는 요소는 달의 질량과 지구와 달 사이의 거리뿐입니다. 달의 질량과 지구와 달 사이의 거리는 보름달이 뜰 때에나, 초승달이 뜰 때에나 별반 달라지지 않습니다.

그렇다면 무엇 때문에 밀물과 썰물의 차이가 아주 커지는 것일까요? 바로 태양 때문입니다. 뿐만 아니라 태양 또한 지구에 인력을 미칩니다. 비록 태양이 지구에 미치는 인력은 달이 지구에 미치는 인력의 절반 정도보다도 약간 못한 수준이지만 말입니다. 태양이 지구와 달과 나란히 있을 때 지구에는 보름달이 뜹니다. 태양-지구-달이 일직선상에 있게 되면, 달이 지구의 해양에 미치는 중력의 영향은 물론, 태양이 지구의 해양에 미치는 중력의 영향도 받게 됩니다. 달과 태양의 인력이 합쳐진 결과 발생하게 되는, 평소의 밀물 때보다 해수면이 더 높아지는 현상을 '대조' 또는 '한사리'라고 하는데, 물이 평상시보다 좀 더 위쪽으로 튀어 오르듯이 높아지기 때문에 이와 같은 이름이 붙었다고 합니다. 반면 보름달이 뜨는 음력 15일과 달이 관측되지 않는 음력 초하룻날 사이, 즉 반달이 뜰 때에는 태양과 달이 90도 각도를 이루는 시기로, 달과 태양이 지구에 행사하는 인력의 합은 평소보다 약해집니다. 이 시기, 밀물 때의 해수면은 평소보다 낮아지고, 낮은 밀물은 '소조' 또는 '조금'이라고 부릅니다. ■

> "왜 보름달이 뜨는 동안 동안에는 파도가 더 높을까요? 태양이 바닷물을 당기는 힘이 달이 바닷물을 당기는 힘과 함께 작용하기 때문입니다. 태양이 범인이에요. 그러니까 태양을 탓하시라고요."
>
> — 닐 디그래스 타이슨 박사, 천체 '태양' 학자

여행 가이드

'슈퍼 문'이란 대체 무엇일까?

요즘 여기저기서 오늘밤 '슈퍼 문'이 뜬다는 소문이 돌곤 한다. 슈퍼 문이란 무엇일까? 천문'달'학자 닐 디그래스 타이슨 박사 앞에서는 슈퍼 문 이야기를 꺼내지 마시기를. "누가 처음 그 말을 썼는지는 잘 모르겠지만 말입니다. 가령 지름 40센티미터 피자를 가지고 있다면 38센티미터에 비해 '슈퍼 피자'를 갖고 있다고 볼 수 있을까요? 달의 공전 궤도는 완벽한 원 모양이 아니라 타원 모양입니다. 가끔 지구와 달이 아주 가까운 시기가 있습니다. 비교적 멀어지는 시기도 있고요. 매달 지구와 달이 최고로 가까운 시기가 있는데, 딱 그때 보름달이 뜨는 경우가 있지요. 이 시기를 '슈퍼 문이 뜨는 시기'라고 부르는 것 같습니다. 하지만 슈퍼 반달도 있다고요. 한 달에 한 번씩 초승달이든, 반달이든, 보름달이든 지구와 달 사이의 거리가 가까워지는 때는 분명히 있습니다. 하지만 사람들이 '와, 멋진데. 슈퍼 초승달이 떴어.'라고 하지는 않죠. 제가 뭐라고 했나요? 슈퍼 문의 슈도 꺼내지도 마시랬죠."

생각해 보자 ▶ 왜 달에는 철이 별로 없을까?

달의 질량에서 철이 차지하는 비율은 지구 질량에서 철이 차지하는 비율에 비해 현저히 낮다고 한다. 반면 지구 지표면과 달 지표면의 구성 성분은 거의 동일하다고 한다. 천문학자들은 다음과 같이 설명한다. 수십억 년 전 화성 정도의 크기를 가진 행성이 지구와 충돌했다. 충돌 결과 지구의 궤도 근처에는 수많은 암석 조각이 흩뿌려졌는데, 금속성 물질은 별로 많지 않았던 것으로 추정된다. 행성의 충돌로 인해 지구 궤도 근처에 흩뿌려진 암석 조각으로부터 달이 형성되었다.

그린란드의 빙상 위에 있는 빙하가 녹아서 생긴 물웅덩이는
지구의 자전 양상에 영향을 미칠 수도 있다.

우주 탐구 생활: 행성, 지구

지진과 빙하가 지구의 자전 주기에 미치는 영향

회전하는 물체는 각운동량 보존 법칙[13]이라는 운동의 기본 법칙을 따릅니다. 회전하는 물체가 행성이든, 사람이든 상관없이 말입니다. 닐은 다음과 같이 각운동량 보존 법칙을 설명합니다. "스케이트 선수들은 각운동량 보존 법칙을 활용해서 회전을 하고, 회전하다가 멈추기도 합니다. 스케이트 선수들은 스스로 관성 모멘트[14]를 변화시켜서 회전 속도를 조절합니다. 팔을 몸 쪽으로 당기면 스케이트 선수는 더 빠르게 돌게 됩니다. 멈출 때는 어떻게 하냐고요? 팔을 다시 밖으로 뻗으면 단숨에 회전을 멈출 수 있습니다. 결국 팔을 몸에 딱 붙이거나 팔을 다시 펴는 등 팔의 위치를 변화시키면 회전 속도를 조절할 수 있습니다."

2004년 12월에 인도양에서 발생한 남아시아 대지진[15]은 현재까지 기록된 지진 중 세 번째로 강한 지진[16]이었습니다. 남아시아 대지진의 여파로 하루는 약 2마이크로초[17] 단축되었다고 합니다. 반면 융해하는 빙하는 해수면을 상승시키고, 그 결과 지구의 지름을 증가시키고 있습니다. 빙하의 융해와 지구 지름 증가로 인해 1900년 이래 하루는 약 1000분의 1초 증가했다고 합니다. 지진은 팔을 몸에 딱 붙이는 것처럼, 해수면의 상승은 팔을 옆으로 쭉 뻗는 것처럼 지구에 영향을 미친 셈입니다. "지진이 한 번 발생할 때마다 지구에 어느 정도의 영향을 끼칠지를 계산할 수도 있습니다. 결국 지진이라는 것은 대륙붕[18]의 재분배이기도 하고요. 게다가 빙하의 융해 또한 지구의 자전 속도를 변화시키는 중입니다."라고 닐은 말합니다. ▪

지구의 무게는 얼마나 나갈까?

"무중력 상태인 우주에서 지구의 무게는 정확히 0입니다."라고 닐은 말한다. 지구의 질량은 약 60조 톤에 달한다.

행성이 같은 평면 위에서 태양 주위를 도는 이유

한 해 동안 태양은 천구를 가로지르는 황도면이라는 면을 따라 이동하는 것처럼 보입니다. 태양계의 모든 행성은 이 황도면 위에서, 또는 황도면에서 아주 가까운 궤적을 따라서 태양 주변을 공전합니다. 게다가 모든 행성은 동일한 방향으로 태양 주변을 공전하고 있습니다. 대단한 우연의 일치라고요? 사실 태양계의 행성들이 황도면 주변에서 같은 방향으로 공전을 하는 데는 이유가 있습니다. 천체 '팬케이크' 학자 닐 디그래스 타이슨 박사의 설명을 한번 들어봅시다. "태양계가 형성될 때, 자전을 하는 거대한 기체 구름이 생겨났습니다. 기체 구름은 스스로의 중력 영향권 내에서 붕괴하고자 하는 성질을 갖고 있습니다. 기체 구름은 붕괴하면서 팬케이크처럼 납작해졌고, 회전하고 있던 물질로부터 천체가 생겨나게 되었지요. 자전하고 있던 물질로부터 행성이 형성된 결과, 이 행성들은 동일한 방향으로, 동일 평면상에서 공전하게 되었지요. 태양계 내의 모든 행성은 같은 평면상에서 같은 방향으로 이동하고 있습니다." ■

"만일 여러분이 어떤 태양계를 발견했는데, 태양계의 어떤 행성이 이상야릇한 방식으로 궤도를 돌고 있다고 가정해 봅시다. 이와 같은 경우 그 행성은 태양계 바깥 편에 존재하는 별개의 장소에 속해 있는 궤도의 매개 변수에 의해 영향을 받고 있을 것이라는 추측을 할 수 있습니다."

— 닐 디그래스 타이슨 박사

한 토막의 과학 상식

태양계는 태양으로부터 수십억 킬로미터에 이르는 거리에 걸쳐 있다. 하지만 태양계 행성들의 질량을 모두 더한다고 해도 태양 질량의 1퍼센트의 10분의 1에도 미치지 못한다고 한다. 태양계 행성들의 총 질량 중 대부분은 목성의 질량이 차지하고 있다.

동일 평면상에 존재하는 우리 태양계 내의 여덟 행성의 모식도.

한 토막의 과학 상식

닐의 말에 따르면 지구의 회전 속도가 갑자기 2배로 증가한다면 다음과 같은 일이 발생할 것이라고 한다. "지구의 회전 속도가 2배 빨라진다면, 지구의 회전 속도를 급속히 2배로 늘릴 수 있는 힘에 의해서 '여러분은 납작하게 눌리고, 찐득찐득한 덩어리로 뭉쳐져 버리고 말 것'입니다."

생각해 보자 ▶ 왜 동지에는 낮의 길이가 짧을까?

지구의 북극과 남극을 연결하는 축은 기울어져 있다. 그래서 지구가 태양 주변을 공전하는 동안, 시기에 따라 지구의 북반구는 태양을 향해서 기울어지기도 하고 태양과 반대 방향으로 기울어지기도 한다. 지구의 낮과 밤의 길이는 1년 내내 변화하고 있는 중이다. 동지는 북극점이 태양으로부터 가장 멀리 기울어지는 날이다. 동짓날은 지구의 북반구에서는 1년 중 낮의 길이가 가장 짧은 날이지만 지구의 남반구에서는 남반구가 태양에 가장 가깝게 기울어지는 날이다. 동짓날 지구의 남반구에서는 1년 중 낮의 길이가 가장 길어진다.

우주 탐구 생활: 강력한 포푸리

운석의 운명

지구의 지각에는 거대하고 움푹 들어간 구덩이가 있는데, 이는 오랜 시간에 걸쳐 수많은 운석이 우리 행성 지구와 충돌한 결과로 만들어진 지형입니다. 지구의 어떤 장소에 운석이 충돌했는지, 운석이 충돌한 곳 주변의 환경이 어땠는지 등에 따라 어떤 구덩이는 충돌 이후 수백만 년이 지난 지금도 여전히 우리 눈에 보입니다. 하지만 정작 지구와 실제 충돌한 운석이라는 암석 그 자체는 온데간데없이 사라졌습니다. 어떻게 된 것일까요?

과학자들은 왜 운석은 사라지고 운석의 충돌 흔적은 지표면에 남아 있는지에 대한 수수께끼를 해결하기 위해서 컴퓨터 모의 실험 및 계산을 통한 연구를 수행해 왔습니다. 거대한 크기의 운석이 극초음속[19]으로 딱딱한 지면과 충돌하면 운석은 충격에 의해 폭발하게 됩니다. 운석 폭발로 인해 형성된 구덩이는 완벽한 대칭형의 둥근 모양을 갖게 됩니다. 어떤 각도에서 충돌이 일어났는지의 여부와는 상관없이 말입니다. 충돌 후 폭발한 운석은 증기만을 남기고 사라져 버립니다. ■

운석공.[20] 약 5만 년 전 폭 46미터 정도의 금속성 운석이 현재 애리조나 주에 있는 모골론 림[21] 근처를 강타해 건물 60층 높이와 비슷한 깊이의 운석공이 생겼다.

체서피크 만.[22] 약 3500만 년 전 폭 1.6킬로미터 정도의 운석이 미국 동부 해안 지역을 강타했다. 운석과 충돌한 지역 주변의 땅은 아래쪽으로 밀려 내려갔다. 하강한 지면에는 결국 물이 가득 들어찼다.

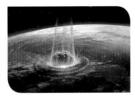

칙술루브.[23] 약 6500만 년 전 폭 16킬로미터 정도의 운석이 현재 멕시코 유카탄 반도[24] 근처 해안에서 지구와 맹렬히 충돌한 여파가 대기에 미친 영향으로 인해 공룡이 멸종되었을 수도 있다는 가설이 제시되기도 했다.

"금속에 투자하는 어느 투기꾼이 운석공을 구매한 적이 있다고 합니다. 아마 지표가 충돌해 생긴 거대한 구덩이를 만들어 낸 운석이 아직 구덩이 속에 묻혀 있을 것이라고 착각했기 때문이 아닐까 싶은데요. 운석이라는 놈을 끝끝내 찾아낼 수 없었다고 하네요. 투기꾼 신세가 참 처량하게 되었지 뭡니까."

— 닐 디그래스 타이슨 박사, 천체 '구덩이' 학자

기본으로 돌아가기

지구의 대기권은 얼마나 두터울까?

지구 대기권에 존재하는 기체 분자는 해수면으로부터 해발 수천 킬로미터의 거리에 이르기까지의 공간에 걸쳐 분포한다. 하지만 해발고도 200킬로미터 이상에서는 대기가 아주 희박하기에 대기가 있는 상태와 진공 상태를 구별하기 어려울 정도라고 한다. 그러면 정확히 어떻게 해야 지구, 또는 행성 대기의 '두께'를 측정할 수 있을까? 한 가지 방법은 대기권 밑바닥의 기압을 측정하는 것이다. 지구 대기의 압력은 1제곱센티미터당 1.03킬로그램[25] 정도이다. 즉 보통 체구의 성인이 지구의 대기권 내에 있기만 해도 온몸에 가해지는 20톤의 힘을 지속적으로 경험하게 된다. 이 정도만 해도 지구의 대기압이 정말 엄청난 것 같지만 금성의 대기는 지구의 대기보다 90배 이상 밀도가 높다! 게다가 기체로 만들어진 거성인 목성, 토성, 천왕성, 해왕성의 대기는 금성의 대기보다 밀도가 수천 배가량 높다고 한다.

생각해 보자 ▶ 빛은 온실 효과에 어떤 영향을 미칠까?

온실 기체는 열이 대기권을 빠져나가는 것을 방지하는 역할을 한다. 그렇다면 온실 기체는 왜 햇빛이 대기권을 뚫고 들어오는 것을 막지 못할까? 태양 빛이 지구를 가열하는 것 아닌가? 천체 '태양' 학자인 닐 디그래스 타이슨 박사는 설명한다. "태양이 대기를 직접 가열하는 것은 아닙니다. 태양은 지면에 열을 가하고, 지면은 대기에 열을 가합니다. 가시광선이 지구에 도달하면 지구를 가열합니다. 지구는 태양으로부터 받은 에너지 중 일부를 방출(복사)합니다. 바로 이 적외선이 온실 기체층에 붙들려 갇히게 됩니다."

화성에 새겨져 있는 물길의 흔적. 한때 화성의 지표에 물이 흘렀을 가능성을 시사한다.

우주 탐구 생활: 펑키스푼 박사와 함께하는 금성 이야기

금성과 화성의 교훈

금성도 한때
지구와 비슷했던
시절이 있었을까?

금성과 화성은 기후 변화를 겪었고, 그 결과 규모가 왜소해졌다고 합니다. 금성과 화성에는 굉장하고도 엄청난 이야기가 가득합니다. 우주 생물학자 데이비드 그린스푼 박사는 이야기합니다. "금성은 지구와 비슷하게 시작했습니다. 추측건대 바다와 물이 있었고, 형성 초기에는 현재보다 시원했을 겁니다. 그런데 태양이 점점 뜨거워졌고, 금성 또한 아주 뜨거워졌습니다. 금성의 바닷물은 증발하기 시작했고, 결국 바닷물의 양보다 공기 중에 증기 상태로 존재하는 물의 양이 훨씬 많은 상태가 되었습니다. 수증기는 강력한 온실 기체이므로 공기 중의 수증기로 인해 표면은 더 뜨거워졌습니다. 바닷물은 계속 증발해 수증기가 되었고, 대기에는 온실 기체의 양이 증가했습니다. 결국 금성은 끊임없이 뜨거워져 제어 불능 상태가 되었습니다. 너무나 뜨거워진 나머지 바다가 말 그대로 끓는 지경에 이르렀기 때문입니다."

반면 화성은 금성에서 발생한 제어 불능의 온실 효과와는 또 다른 변화를 거쳤습니다. 화성에서는 모든 것이 사라져 버리는 쪽으로 기후 변화가 일어났습니다. 수십억 년 전 화성 표면에는 물이 있었다고 추정됩니다. 하지만 기후가 너무 추워져 화성 대기는 우주 공간으로 사라집니다. 화성의 해양은 증발해서 없어지거나 얼어붙은 고체 상태로 땅속에 존재하게 되었습니다. 현재 화성 표면에 액체 상태의 물은 존재하지 않습니다. ■

유튜브: 닐 디그래스 타이슨의 오로라 보레알리스 이야기

오로라 보레알리스의 탄생

빛뿐만 아니라 전하를 띠고 있는 입자들 또한 태양으로부터 태양계 바깥 방향으로 물 흐르듯이 이동합니다. 전하를 띤 입자들은 생명체 조직을 손상시킬 수도 있고, 지구를 살기 힘든 곳으로 만들 수도 있습니다. 인류의 입장에서는 정말로 다행스럽게도, 지구는 자전을 하면서 자기장을 만들고 있으며, 지구가 만들어 내는 자기장은 인류를 위험으로부터 보호해 줍니다. 지구의 자기장이 전하를 띤 입자 대부분이 지표면에 가까이 오지 못하도록 유도해, 전하를 띤 입자가 지구에 위해를 끼치지 않고 우주 공간으로 이동할 수 있도록 하기 때문입니다.

이따금 전하를 띤 입자의 수가 급속히 증가하는 시기도 있습니다. 태양 플레어[26]나 코로나 질량 방출[27]이 일어나는 경우에는 전하를 띤 입자의 수가 증가합니다. 입자는 지구 자기장의 양극 방향에 줄지어 분포하는데, 이 입자가 지구의 초고층 대기[28]에 분포하는 공기 분자와 충돌해 에너지를 발산하게 됩니다. 입자와 공기 분자의 충돌로 인해 발산된 에너지는 흔히 북극광이라고도 알려져 있는, 오로라 보레알리스[29]라는 찬란한 우주의 광선 쇼를 만들어 냅니다. 남반구에서 일어나는 비슷한 현상은 여러분이 추측하신 대로 남극광, 또는 오로라 오스트랄리스라고 합니다.

우주에서 보는 오로라는 특히 더 아름답습니다. 우주에서 보면 오로라는 마치 섬뜩한 광선 강물이 폭포처럼 지표면을 향해 내려가는 것처럼 보입니다. 우리는 지구 외의 다른 행성 주변에서도 오로라가 펼치는 엄청난 장관을 볼 수 있습니다. ■

기본으로 돌아가기

별들은 왜 반짝거릴까?

아주 고요하고 평온해 보이는 날에도 지구 대기권 내의 공기는 흔들리며 끊임없이 요동치고 있다. 반짝임은 먼 곳으로부터 이동하는 빛이 대기를 통과하면서 발생하는 현상이다. 빛줄기는 예측할 수 없는 방향으로 여러 번씩, 때로는 수천 번씩 미세하게 춤을 추며 이동한다. 천문학자가 지구에서 대기권 너머의 먼 곳에 있는 별을 바라보는 것은 수영장의 밑바닥에서 반딧불을 올려다보는 것에 빗댈 수 있다. 그러므로 망원경을 우주 공간에 두는 일은 아주 중요하다. 우주 망원경은 천체를 선명하게 관측하는 작업을 어렵게 만드는 대기의 영향을 넘어선 높이에서부터 이 지구상에서는 절대 얻을 수 없는 우주의 선명한 사진을 전송하는 역할을 한다.

러시아 근처에서 나타난 선명한 오로라 보레알리스.

"'반짝반짝 작은 별, 아름답게 비치네.'라니요.
현대 천문학계의 골칫거리 같은 노래군요.
반짝반짝 빛나는 것은 별이 아니라 대기라니까요."
— 닐 디그래스 타이슨 박사, 천체 '음악' 학자

우주 망원경의 과거, 현재, 미래

갈릴레오[30]가 손에 들고 사용하던 천체 관측 장치로부터 오늘날 천체의 궤도를 돌고 있는 경이로운 장치에 이르기까지, 망원경은 인류의 자기 이해에 혁명적 변혁을 가져온 장치로 기능해 왔다. "밤하늘을 향해 더 큰 망원경을 조준하게 되면 될수록, 우리는 이전에 상상했던 것보다 더 작은 자신을 발견하게 됩니다. 망원경은 인류의 자만을 해체하는 장치가 아닐까요?"라고 닐은 언급한다.

◀ 갈릴레오의 망원경

이 나무 관 형태의 망원경 내부에는 두 가지 렌즈가 들어 있다. 이 소형 망원경은 갈릴레오에게 육안의 약 20배에 달하는 집광력[31]을 제공했다. 이 망원경의 덕택으로 지구는 태양을 중심으로 하며, 선회하는 항성계인 태양계에 속하는 행성 중 하나에 불과함이 밝혀졌다.

100" Reflecting Telescope Mt. Wilson Calif.

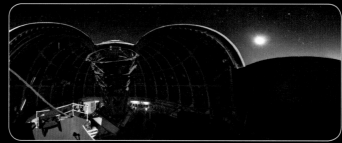

◀ 후커 망원경

캘리포니아의 윌슨 산 천문대[32](위의 사진)에 위치한 후커 망원경은 100인치(약 2.54미터) 폭의 반사경(거울)으로 구동된다. 에드윈 허블은 우리 은하는 우주 공간에 존재하는 수십억 개의 은하 중 하나에 불과함을 발견했다.

◀ 헤일 망원경

다양한 기준으로 평가해 볼 때 헤일 망원경은 역사상 가장 생산적인 망원경이라고 볼 수 있다. 구경 200인치(약 5.08미터)의 헤일 망원경은 캘리포니아 주의 팔로마 산에 위치하고 있다. 헤일 망원경은 천문학을 관측 우주론이라는 현대 시대로 이끌었다는 평가를 받고 있는 상징적인 망원경이다.

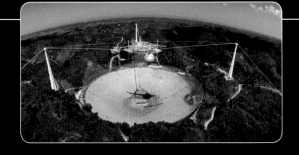

▲ 아레시보 천문대

푸에르토 리코의 자연적으로 형성된 골짜기에 건립된 아레시보 천문대 소재 전파 망원경은 폭이 300미터 이상이며 넓이는 축구장 25개보다도 넓다. 이 천문대의 다양한 용도에는 외계 지적 생명체의 신호를 듣는 것도 포함되어 있다.

▶ 켁 망원경

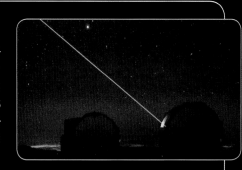

켁 망원경은 하와이 섬의 마우나 케아 산[33]에 있는 해발 약 4270미터 높이의 천문대에 위치하고 있다. 쌍둥이 망원경인 켁 I 망원경과 켁 II 망원경 은 각각 36개씩의 육각형 반사경을 결합해 너비가 거의 10미터에 이르는 집광 표면을 구성할 수 있다.

▲ 찬드라 엑스선 관측선 (CXO)

CXO는 지구의 표면에 결코 도달할 수 없거나 인류의 안구로는 감지할 수 없는 빛에도 민감하다는 특성을 지닌다. 엑스선을 감지하는 특수 광학 장치를 사용한 CXO는 마치 뒤쪽 방향을 가리키는 것처럼 보이는 외관을 갖고 있다.

◀ 허블 우주 망원경

활동 시기 동안 가장 중요한 우주 관측 장비로서의 역할을 수행해 온 허블 우주 망원경은 5차례 유지, 보수되었다. 궤도를 선회하는 우주선에 탑승한 우주 비행사들이 유지와 보수에 기여한 결과 현재의 허블 우주 망원경은 25년 전 최초로 발사된 당시보다 100배가량 더 강력하다.

▶ 케플러 우주 망원경

케플러 우주 망원경의 이름은 행성의 타원 궤도를 발견한 천문학자 케플러[34]의 이름을 따서 명명되었다. 케플러 우주 망원경은 태양 외의 항성 주변을 공전하고 있는 원거리에 있는 다수 행성을 발견하는 데 사용되고 있다.

▼ 제임스 웹 우주 망원경

제임스 웹 우주 망원경[35]은 허블 우주 망원경과 스피처 우주 망원경[36]의 과학적 후계자로 일부 가시광선 및 적외선 영역을 민감하게 관측할 수 있다. 이 망원경에는 적응 광학[37] 기술이 도입되어 있으며, 생성된 지 얼마 지나지 않은 은하 및 멀리 있는 항성 주변을 공전하는 행성을 다수 발견할 수 있을 것으로 기대된다.

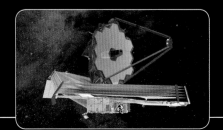

"자, 영성에 대해 이야기하고 싶으시다고요? 일단 물을 한 모금 마셔 보세요. 당신이 방금 마신 물에는 에이브러햄 링컨,[1] 칭기즈 칸,[2] 예수님의 신장을 통과한 물 분자가 포함되어 있습니다."

— 닐 디그래스 타이슨 박사

2장

지구에는 왜 물이 있는 것일까요?

물은 엄청난 물질이다. 하지만 너무나 우리 주변에 널리 존재하기 때문에, 우리는 물을 당연히 우리 주변에 있는 물질쯤으로 생각하는 경향이 있다. 물은 그저 산소 원자 하나에 수소 원자 2개가 넓게 퍼진 V자 모양으로 붙어 있는 물질일 뿐이다. 이와 같은 구조 덕분에 물은 어떤 다른 액체보다도 더 다양한 물질을 용해시킬 수 있을뿐더러 변질되거나 없어지지 않고 오랜 시간 안정된 상태를 유지할 수 있다.

물은 다양한 물질을 녹일 수 있는 성질을 갖고 있는 훌륭한 용매이다. 하지만 바로 이 성질 때문에 이동하는 물에는 불순물, 미생물, 심지어 독극물까지도 쉽게 침투할 수 있으며, 좋지 않은 물질도 물과 함께 이동한다. 따라서 매일 사용하는 물을 얻기 위해서는 물이 깨끗한지를 반드시 검증해야만 한다. 깨끗한 물을 얻기 위해 인간은 아주 먼 곳에서 물을 구해 와서 사용하기도 한다. 물 공급량 확보는 인류의 건강과 행복을 위해 반드시 필요한 작업이기에 인류는 수자원 확보에 끊임없이 주의와 노력을 기울이고 있다. 하지만 인구가 급속히 증가한 결과 생활 공간과 자원에 대한 경쟁이 전례 없이 치열해지며 수자원 확보는 차츰 더 어려워지고 있다.

만약에 지구상에 물이 충분하지 않다면 어떻게 될까? 물의 양은 풍부하지만 물이 깨끗하지 않다거나, 물에 소금기가 있다면 어떻게 될까? 혹시 인류가 우주로부터 물을 공급받을 수 있지는 않을까? 사실 물은 아주 오래전에 우주로부터 지구로 옮겨져 온 물질이니까.

지구는 물이 풍부한 행성이다. 지구상에 존재하는 풍부한
물로 인해 지구는 아주 특별한 장소이기도 하다.

순례자들이 나르마다 강 에 있는 약 49 미터 높이의
카필 다라 폭포에서 목욕을 하고 있다.

에이미 마인저 박사와 함께하는 혜성과 소행성 이야기

물은 어디에서 왔을까?

"아주 오래전 태양계가 처음
형성되었을 때 소행성과 혜성이
거의 지구에 쏟아붓다시피 충돌한 시기가
있다고 생각합니다. 그때 물도
우주로부터 지구에 도달했을
가능성이 있습니다."

— 에이미 마인저 박사, 천체 물리학자

지구에 있는 물 중 대부분은 암석 안에 갇혀 있습니다. 암석을 만져 보아도 물의 존재가 느껴지지는 않겠지만요. 사암 덩어리의 경우 부피의 4분의 1 정도가 물인 경우도 있습니다. 일부 화산암과 석회암[4]의 경우 암석의 부피 중 물이 차지하는 비율은 최대 2분의 1에 달하기도 합니다. 지구의 가장 바깥쪽에 있는 지각 및 상부 맨틀 층에 존재하는 물의 양은 지구 표면에 존재하는 물 양의 총 10배 이상으로 추산됩니다. 지구의 지질학적 역사의 초반기에 수억 년이라는 시간에 걸쳐 물은 지표면 근처로 이동했습니다. 물은 대개 화산에 의해 지표로 운반되었을 것으로 추정되며, 물이 지표면 근처로 이동한 결과 현재 지구의 바다, 호수 및 강 등이 생겨났습니다.

애초에 물은 어떻게 지구에 도달하게 된 것일까요? 이 질문에 대한 답을 찾아내기 위해서는 우주에 대해 알아야만 합니다. 바로 우주에서 수십억 년 전 지구의 모든 구성 요소들이 만들어졌기 때문입니다. ■

스타 토크 라이브!: 물의 세계

혜성은 모두 어디로?

물 분자가 혜성을 타고 지구에 도달했다면 혜성이 원래 지구로 싣고 온 얼어 있는 먼지 덩어리는 아마도 아주 오래전에 다 녹아 버렸을 것입니다. 하지만 태양계에는 여전히 혜성이 존재합니다. 현재의 혜성과 현재의 물이 지닌 원자의 성질을 비교하면 지구의 물이 혜성으로부터 기원했다는 가설이 타당한지 검증할 수 있을 것입니다.

혜성이 물을 지구로 실어나른 게 사실일까요? 사실일 수도 있고 아닐 수도 있다고 천체 '대양' 학자 닐 디그래스 타이슨 박사는 대답합니다. "일부 혜성을 조사한 결과 혜성에 있는 물과 지구의 바닷물 성분이 불일치했습니다. 가설을 폐기해야 되는 것은 아닌지 우려하는 과학자들도 있었지요. 그리고 나서 대양의 물과 동일한 분자 구조를 지닌 물 성분을 지닌 혜성이 발견되었습니다. 아직 지구에 있는 물의 기원에 대한 확실한 정설은 없다고 보는 것이 좋겠습니다. 그러나 지구상의 물 중 일부는 화산에서, 일부는 혜성에서 기원했고 어떤 혜성에서부터는 물을 공급받지 않았다는 추측에 대해서는 이견이 별로 없는 것으로 알고 있습니다."

고려할 점은 또 있습니다. 지구 질량의 1퍼센트의 절반 정도는 물이 차지하고 있고, 이 중 약 10분의 1은 지구의 해양에 존재합니다. 지구의 바다를 채울 수 있는 양의 물을 얻기 위해서는 적어도 10억 개가량의 꽤 큰 혜성이 지구와 충돌했어야만 합니다. 즉 지구에 어떻게 물이 공급되었는지에 대해서는 아직 충분히 조사, 검증, 설명되지 않았다고 볼 수 있습니다. ■

> "모든 물이
> 평등하게 창조된 것은
> 아닙니다."
> — 닐 디그래스 타이슨 박사

바닷물의 일부는 혜성에서 왔을 수도 있다.

한 토막의 과학 상식

6500만 년 전 공룡을 몰살시킨 칙술루브 충돌체[5]가 실제로 혜성이었다면, 플로리다 주[6]를 약 3미터 깊이로 잠기게 할 수 있는 양의 물을 지구 표면에 운반했을 가능성도 있다.

생각해 보자 ▶ 혜성의 물과 소행성의 물은 서로 다를까?

혜성에서 물이 존재하는 방식과 소행성에서 물이 존재하는 방식은 서로 다릅니다. 혜성에는 거대한 얼음 덩어리가 있기 때문에 얼음 조각만 떼어 내서 녹인다면 물을 얻을 수 있습니다. 하지만 소행성에 있는 물은 무기질과 섞여 있기 때문에 물을 얻기 위해서는 물을 화학적으로 추출해 내야만 합니다. 소행성에서는 말 그대로 물을 캐내지 않고서는 물을 얻을 수 없습니다. — 닐 디그래스 타이슨 박사

"밝혀진 바에 따르면 달은 우리가 지금 생각하는 것처럼
하늘에 있는 건조한 천체는 아니었던 것 같습니다.
달과 지구는 역사를 공유하기 때문입니다."

— 이본 펜들턴[7] 박사,
NASA산하 태양계 탐사 가상 연구소[8] 소장

샌프란시스코 코미디 페스티벌 2015 현장에서

유로파, 화성, 달 중 어디에 가장 물이 많을까?

목성의 위성인 유로파에는 지구의 극지방에 있는 얼음 덩어리와 거의 동일한 얼음으로 구성된 지각이 있습니다. 이 얼음 덩어리의 존재로 인해 천문학자들은 유로파의 표면 아래에 다량의 물이 존재한다는 결론을 내렸습니다. 다만 아직까지는 유로파에 존재하는 것으로 추정되는 물이 유로파의 표면에서 발견된 적은 단 한 번도 없다고 합니다.

한편 화성의 표면에 있는 얼음 아래에 바다가 있다는 사실은 입증된 바 있습니다. 아주 가끔은 얼음이 화성 표면에 있는 액체 상태의 물처럼 보이기도 합니다. 날씨가 따뜻할 때에는 간혹 화성에서 스며나온 물이 화성의 산에 있는 가파른 절벽에서부터 아래 방향으로 흐르거나, 증발하는 것을 발견할 수 있습니다. 물이 흐른 자국은 무기물 침전 등의 흔적을 남기고, 이 흔적은 궤도상에 있는 망원경으로도 관측이 가능합니다.

달에도 물이 존재할 가능성이 있다고 합니다. 달에 있는 그늘진 크레이터에 물이 얼음 형태로 존재한다거나, 40억 년 전 물이 풍성한 지구로부터 폭발에 의해 우주 공간에 떨어진 암석에 화학적으로 결합되어 있는 상태로 물이 존재할 가능성이 있는 것으로 추정됩니다. NASA 산하 태양계 탐사 가상 연구소의 소장인 펜들턴 박사는 언급합니다. "아폴로 호에 승선했던 우주 비행사들은 달에서부터 암석 샘플을 채취해 왔습니다. 이후에 우리는 달에서 채취한 암석 샘플에 물이 상당히 많이 존재함을 알 수 있었습니다. 화성 정도 크기의 천체가 지구와 충돌해 달을 형성했을 시기에, 지구에는 아마도 물이 존재했을 것으로 추정됩니다. 당시 지구에 있던 물 중 일부가 달로 이동했을 것입니다." ■

기본으로 돌아가기

어떻게 달에 물이 존재할까?

물이 어떻게 해서 달까지 가게 되었는지에 대해 과학자들은 다음과 같은 세 가지 가설을 제시하고 있다.

1. 수십억 년 전 달이 형성되었을 때에 물이 풍부한 암석이 생성 초기의 지구에서부터 이동했을 것이다.

2. 혜성이나 운석이 달에 폭격처럼 충돌한 결과 달에 물이 축적되었을 것이다.

3. 태양의 태양풍[9]에서 쏟아진 전하를 띤 입자가 달의 광물 내에 물 분자를 만들었을 것이다.

"당신이 혜성이고, 지구와 충돌한다고 가정해 봅시다.
충돌이 일어날 때에 당신이 지니고 있던 물은 전부
증기가 될 것이므로 당신은 수증기가 될 것이고, 이후에
다시 응축 과정을 통해 물이 되어야만 할 것입니다."

— 닐 디그래스 타이슨 박사, 천체 '증기' 학자

생각해 보자 ▶ 얼음, 물, 수증기의 해피 투게더?

화성 표면 중 어떤 부분의 환경은 물의 삼중점[10]에 매우 근접한 온도와 기압을 보인다. 삼중점이란 어떤 물질이 고체이자, 액체이자, 기체인 상태로 존재할 수 있는 점을 뜻한다. 물의 삼중점은 섭씨 0도와 0.006기압[11](약 4.56수은주밀리미터)의 환경에서 발생한다. "통에 담긴 물은 삼중점에서 얼음이자, 물이자, 끓어오르며 수증기를 만들어 내는 상태로도 행복할 것입니다. 게다가 얼음과 끓는 물이 멀쩡하게 공존하게 되는 겁니다. 끓는 물이 얼음을 녹이지도 않고요."라고 닐은 말한다.

신비한 물의 세계

찻잔에 담겨 있는 김이 모락모락 나는 뜨거운 차에 얼음 한 조각을 떨어뜨리는 상황을 상상해 봅시다. 이 상황에서 찻잔 안에는 고체(얼음), 액체(차), 기체(수증기)라는 세 가지 상태의 물이 서로 아주 가까이에 있게 됩니다. 얼음, 액체 물, 수증기가 서로 맞닿아 있는 표면에서는 특이한 상호 작용이 발생하는데, 현재의 과학적 지식으로는 이와 같은 상호 작용을 온전히 이해할 수 없다고 합니다.

얼음 위에서 사람들이 쉽게 미끄러지는 것은 무엇 때문일까요? 표면의 물리적 특징은 놀랍도록 복잡합니다. 그 표면이 고체이든, 액체이든, 사포이든, 얼음이든 상관없이 말이지요. 하지만 얼음이 다른 고체의 표면과 서로 닿아 있을 때 마찰력을 거의

"고체 상태의 물은 액체 상태의 물보다 밀도가 낮습니다. 밀도 차이 때문에 얼음은 물 위에 뜹니다. 겨울에 호수의 표면은 차가워집니다. 표면에 가까운 쪽의 물은 얼어붙지만 표면에 생긴 얼음이 아래쪽으로 가라앉지는 않습니다. 호수 표면의 얼음이 단열재 역할을 해서 외부의 추위를 차단해 준 덕분에 얼음 아래에 있는 물은 액체 상태를 유지하게 됩니다. 호수 표면의 얼음이 추위를 막고, 물이 얼어붙지 않도록 보호하기 때문에 물고기들은 겨울을 날 수 있습니다. 이것은 물이 지닌 놀라운 특징입니다."

— 닐 디그래스 타이슨 박사, 천체 '낚시꾼' 학자

발생시키지 않는다는 과학적 사실은 널리 알려져 있습니다. 흔히 사람들은 스케이트를 타고 지나가면 스케이트가 얼음을 녹이기 때문에 빙판이 미끄러운 것이라고 착각하곤 합니다. 하지만 사실 얼음 면이 미끄러운 주된 이유는 얼음 그 자체의 마찰력이 이미 아주 적기 때문입니다.

왜 바닷물에는 소금기가 있을까요? 바닷물의 소금기는 암석의 화학 성분에서부터 유래한 것입니다. 암석 위로 흐르는 물은 암석에 있는 화학 물질을 녹여 낼 수 있습니다. 많은 양의 물이 한곳에 모이는 경우 물은 증발할 수도 있지만 소금은 남습니다. 이 현상은 바다는 물론 사해[12]와 그레이트 솔트 호[13] 등 염도가 높은 물이 내륙에 갇힌 호수에서도 발생합니다. ■

얼음의 고유한 특성이 고체 상태의 물,
즉 얼음을 미끄럽고 위험하게 만든다.

물은 어떻게 순환할까?

수십억 년 전 우주로부터 지구에 도달한 후 지각 및 암석의 틈과 화산을 통해 지구의 표면에 도달해
물방울을 만들어 내고 있는 H_2O 분자는 끊임없이 상전이라는 춤을 추며 생명체를 생존하도록 하고 있다.

◀증발

액체 상태의 물 또는 고체 상태의 얼음은 태
양이나 땅으로부터 에너지를 흡수해 기체 상
태의 증기로 변화한다. 하늘에 떠 있는 수증
기는 자유롭게 흐르기도 하고, 모여들어서
밀도가 높은 상태를 만들어 내기도 한다.

▶응축

증기가 차가운 공기에 닿으면 증기
는 열 에너지를 잃고 물방울과 얼음
결정 등으로 다시 변화한다. 바깥에
서 보기에는 무척 고요해 보이지만,
구름의 안쪽에는 소용돌이치는 움
직임이 끊이지 않는다.

◀강수

작은 물 입자와 얼음 입자는 서로 섞여
서 뭉치기도 한다. 작은 물 입자와 얼음
입자가 먼지, 검댕 등의 작은 입자들과
섞이면 빗방울이나 눈송이를 형성한
다. 빗방울과 눈송이가 너무 무거워지
면 지구로 떨어진다.

▶ 침투

비와 녹은 눈은 다공질의 암석, 또는 토양을 통해 땅 속으로 스며든다. 땅 속으로 스며든 물이 모이면 지하수를 형성하게 된다. 식물은 뿌리를 통해 물을 빨아 들여서 생존을 위한 활동을 지속한다. 동물은 물을 마신다.

◀ 흐름

지나치게 많은 양의 물이 땅 속에 흡수되면 물은 웅덩이나 못에 고인다. 중력의 작용으로 인해 물은 지구의 중심을 향해 하강하는 운동을 한다. 지표면의 물이 낮은 방향을 향해 흐르면, 빗물은 지표 위를 흘러 고도가 낮은 곳에 고이고 내, 강, 호수, 하천, 강, 호수, 바다, 대양을 만든다.

▲ 반환

식물은 증산 작용[14]을 한다. 동물은 땀을 흘린다. (물론 소변도 본다.) 동물의 한 부류인 인류는 농업, 산업, 즐거움 등의 목적을 위해 물을 사용하고, 사용하고 난 물을 폐기한다. 인류가 사용 후에 폐기한 물은 환경으로 되돌아간다. 물의 순환은 이와 같이 반복된다.

영적으로 생각하기

성수[15]라는 말을 들어본 적 있는가? 배우이자 코미디언인 제이슨 서데이키스는 물의 순환이야말로 성수의 핵심을 증명한다고 생각하는 것 같습니다. 물에는 세 가지 상태가 있을뿐더러, 서데이키스의 말대로 물은 땅에도, 높은 하늘에도 존재하기 때문이다. "물처럼 이 땅위에 존재하는 물질이 하늘로 다시 올라가는 것보다도 더 영적인 여정이 있을까요? 하늘로 올라가서, 하늘 위해서 며칠 동안 머문 후 다시 땅 위로 내려와 사람들을 도와주니까요. 이처럼 물의 순환은 마치 삼위일체[16]와도 같은 것입니다. 3이라는 숫자는 마법의 숫자입니다." ■

스타 토크 라이브!: 워터 월드

중수를 마셔도
죽지 않을까?

일반적인 물에는 수소 원자 2개와 산소 원자 1개가 있습니다. 우리가 중수[17]라고 부르는 물에는 중수소 원자 2개와 산소 원자 1개가 있습니다. 중수는 일반적인 물보다 조금 더 밀도가 높습니다. 거의 모든 물에는 약간의 중수가 포함되어 있을 수도 있습니다. 하지만 한 잔 정도의 순수한 중수를 얻기 위해서는 아주 많은 양의 물에서 중수를 추출해 내야만 합니다.

중수는 핵무기 개발에 사용되기 때문에 좋지 않은 고정 관념의 대상이 되기도 합니다. 그러면 중수를 마셔도 괜찮을까요? "당연하지요. 하지만 중수를 빨리 마시면 안 됩니다. 천천히 드셔야 해요."라고 닐은 말합니다.

하지만 코미디언 유진 머먼은 닐의 말을 믿지 않는 것 같습니다. 머먼은 질문합니다. "정말요? 중수를 마시면 죽는 것 아닌가요?"

중수를 마신다고 해서 절대 죽지는 않습니다. 중수는 중수소 원자로 만들어진 물을 뜻하며, 중수소 원자는 보통 수소 원자에 비해 중성자가 하나 더 존재합니다. 그러므로 실질적으로 중수는 일반적인 H_2O와 다를 바가 없습니다. 중수는 유독하지도 않습니다. 하지만 중수를 마시는 것과 물을 마시는 것이 완전히 똑같지는 않을 수도 있습니다.

실험실의 쥐가 중수를 마신 적은 있습니다. 하지만 인간이 중수를 마시면 어떻게 되는지에 대해서는 추측만 가능할 뿐입니다. 숫자로 판단해 보자면 중수 분자 1개에는 일반 물 분자 1개보다 11퍼센트 더 많은 질량이 있습니다. 신체의 질량 중 3분의 2가 물이라는 점을 감안하면, 인간이 중수를 마신다면 인체의 질량이 조금 더 무거워질 것이라고 추정해 볼 수 있겠습니다. ■

사진 속의 물 두 잔. 중수와 일반 물의 차이를 생생히 보여 준다.

한 토막의 과학 상식

바닷물 100만 갤런(약 378만 5000리터)에는
더블샷 잔으로 한 잔 분량(약 89밀리리터) 정도의
자연적으로 존재하는 중수가 포함되어 있다.

생각해 보자 ▶ 지구의 물 중 마실 수 있는 물의 양은 얼마나 될까?

자, 좋습니다. 지구 질량 중 약 0.02퍼센트는 지표수입니다. 그중 얼마 정도가 마실 수 있는 물인가요?

테스 루소[18] 박사, 지구 과학자: 지구상 물의 약 3퍼센트는 민물입니다. 하지만 대부분의 민물는 빙하와 얼음에 갇혀 있습니다.

닐: 그러면 빙하를 녹여서 더 많은 담수를 만들어 내야 하겠네요.

루소 박사: 그렇지요.

한 토막의 과학 상식

오레곤 주 포틀랜드는 종종 미국에서 가장 살기 좋은 도시라는 평가를 받는 도시이다. 포틀랜드 시에는 '개발 제한 구역'이 있는데, 도시의 무분별한 확장을 억제하고 지역의 수원을 보호하는 것을 그 목적으로 한다.

스타 토크 라이브!: 워터 월드

지구의 물이 맞이할 미래

인류는 사회와 문명을 유지하기 위해 아주 많은 양의 물을 사용합니다. 점점 더 많은 사람들이 도시 및 도시 주변에 모여 살게 되었기 때문에 사람들에게 물을 공급하는 일은 점차 더 많은 노력을 요하게 되었습니다. 모여 사는 많은 이들에게 수돗물을 공급하기 위해서는 전례 없는 거대 규모의 깨끗하고 신선한 물을 지닌 상수원이 반드시 필요합니다.

미국에서 인구 밀도가 가장 높은 도시인 뉴욕 시를 살펴봅시다. 뉴욕 시에 사는 사람들은 매일 약 56억 7900만 리터의 물을 사용합니다. 뉴욕 시에 공급되는 맑은 물은 뉴욕 시로부터 북쪽으로 상당히 떨어져 있는 세 군데의 급수장에서부터 나오는데, 급수장의 유역 면적은 약 5200제곱킬로미터입니다. 급수장이 있는 뉴욕 시 북부는 이미 수십만 명의 인구가 상주하는 주거 지역이자, 지금도 상당한 개발 및 건설이 이루어지고 있는 지역입니다. 상수원 근처에서 주거 및 개발이 이루어지고 있으므로 뉴욕 시의 물 공급은 위태로워질 수도 있습니다. 게다가 상수원의 물을 도시로 공급하는 상수도는 약 100년 전에 만들어진 것입니다. 만일 상수도가 정상적으로 작동하지 못한다면 수백만 명이 큰 불편을 겪게 될 것입니다. ■

환경 친화적인 세계의 모습을 보여 주는 삽화.

"거대한 고속 도로며 도시 주변 경관 구축을 위한 보조금에 투자하는 대신, 다른 방면에 투자해야만 합니다. 도시를 보호해 줄 경찰력과 훌륭한 교육 및 의료 체계에 투자해서 사람들이 살고 싶어하는 도시를 만들어야만 합니다. 도시 경관은 물을 정수하기 위해 남겨 두어야 합니다."

— 로버트 F. 케네디 주니어,[21] 변호사 겸 워터키퍼 얼라이언스[22] 대표

사람들은 어디에 물을 가장 많이 사용할까?

깨끗한 물은 현대인의 생활에 엄청난 영향을 미칩니다. 마실 물, 목욕 물, 집 안팎을 청소하는 데 쓸 물, 뜰과 정원에 주는 물 등 인류는 다양한 방식으로 물을 소비합니다. EPA[23]의 추정에 따르면 미국의 한 가구에서는 하루 평균 약 1100리터의 물을 소비한다고 합니다. 미국에는 약 1억 2500만 가구가 있습니다. 즉 전미의 가정에서 사용되는 물의 양이 하루에 1300

"널리 사용된다면 물 사용량을 엄청나게 줄일 수 있는 기술은 지금도 아주 많이 개발되어 있습니다."

— 로버트 F. 케네디 주니어, 변호사 겸 워터키퍼 얼라이언스 대표

억 리터 이상이라는 의미입니다.

이 사용량은 빙산의 일각에 불과합니다. 가정의 물 사용량은 미국 전체에서 사용되는 물의 총량 중 10퍼센트 미만입니다. 예컨대 농업용 관개 시스템과 수력 발전소는 가정에서 사용하는 물의 총량보다도 각각 4배 이상 많은 물을 사용합니다. 가장 사용량이 많은 곳을 살펴보겠습니다. ■

한 토막의 과학 상식

유네스코[24]에 따르면 전 세계 인구 9명 중 1명은 깨끗한 식수를 이용할 수 없으며, 세계 인구의 3분의 1 이상은 적절한 위생 관리에 필요한 만큼의 물을 가질 수 없는 상황이라고 한다. 세계 인구가 70억 명을 넘어서며 수자원에 대한 요구는 점차 증가하고 있다. 동시에 기후 변화로 말미암아 지구는 점점 더 온난한 행성으로 변해 가고 있으며 지고 있으며, 그 결과 북미 일부를 포함한 지구 곳곳의 여러 지역은 가뭄 등 심각한 물 부족 상황을 직면하게 되었다.

▼ 관개

대규모 농업을 위해서는 지속적인 관개 사업이 필수적이다. 미국 전역에서 약 4850억 리터의 물이 매일 농업 용수로 사용되고 있다.

▲ 섬유 생산업

미국에서 제조되는 티셔츠 전부를 바느질하고 치수를 매기고 염색하는 데는 약 2650리터의 물이 필요하다.

◀ 발전

가정용 전기를 생산하기 위해 증기 터빈 발전기[25]는 매일 약 6000억 리터의 물을 사용한다.

▲ 시추

펜실베이니아 동부 지역에서만 매일 약 1억 1356만 리터의 물이 천연 가스 시추를 위한 수압 파쇄[26] 작업에 사용된다.

▲ 가정에서의 누수

미국의 가정용 수도 시스템의 일부인 수도관 및 수도꼭지에서 새는 물의 양만 해도 약 113억 5600만 리터 이상이라고 한다. 말 그대로 밑 빠진 독에 물을 붓는 격이다.

▶ 생수

미국 전역에서 연간 약 378억 5000만 리터의 물이 병에 담긴 생수 형태로 소비된다. 미국인 1명이 1년간 약 150병의 생수를 마시는 셈이다. 생수 소비량은 급속히 증가하고 있다.

물을 두고
제3차 세계 대전이
일어날까?

전 세계의 수많은 사람들이 물 때문에 살던 지역을 떠날 수밖에 없는 상황에 처합니다. 어떤 이들은 너무 많은 양의 물 때문에 홍수가 나서 살던 곳을 떠나기도 하고, 어떤 이들은 너무 물이 부족해서 가뭄과 기아 등의 어려움을 겪기도 합니다. 변호사이자 워터키퍼 얼라이언스의 대표인 로버트 F. 케네디 주니어는 말합니다. "국방부에서는 지난 10년간 두 차례 평가를 수행했습니다. 두 평가 모두에서 지구 온난화, 특히 수자원 부족은 미국의 국가 안보에 중요한 위협 요소가 될 수 있다는 결론을 얻었습니다. 지구 온난화에 따른 수자원 부족은 세계의 정치 질서 및 세계 인구에 혼란을 가져올 수 있습니다."

큰 이권을 노리고 물 관련 사업에 투자하는 행위 역시 수자원 부족에 일조해 왔습니다. 케네디는 설명합니다. "세계 은행[27]에 따르면 지난 10년 동안 물 민영화는 수조 달러 이상의 사업 가치를 지닌 산업으로 변모해 왔다고 합니다. 이미 우리는 세계 곳곳에서 물을 두고 전쟁을 벌이는 현장을 볼 수 있습니다. 볼리비아[28]의 코차밤바[29]나 벨리즈[30]에서 그랬던 것처럼 해외 기업이 들어와서 지역의 물 공급을 민영화한 다음 물 공급가를 높이는 경우가 있습니다. 그 결과 높은 물 공급 가격을 감당할 수 없는 가난한 이들은 문자 그대로 죽음으로 몰아넣어지고 말았습니다.

살던 곳에서 떠날 수밖에 없는 참혹한 상황에 놓인 이들이 범죄와 테러 등의 정치적, 사회적 갈등에 연루될 가능성은 아주 높습니다. 정치, 사회 갈등으로 인해 세계에서 가장 정치적으로 민감한 장소 중에는 중동 사막 지역이 다수 포함되어 있습니다. 수자원 관련 문제는 폭력과 분쟁에 불을 지필 수 있습니다. ∎

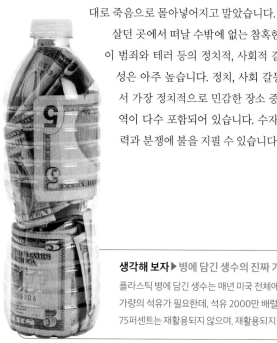

한 토막의 과학 상식

아프리카의 사하라 사막 이남 지역에 사는 사람들은 대개 우물, 샘, 호수, 강 등에서 물을 길어다 쓴다. 사하라 이남 지역 사람들이 물을 긷는 데 사용하는 총 시간은 연당 약 400억 시간으로 추산된다.

물 전쟁에서 사람들이 물총으로만 싸운다면 얼마나 좋을까?

"매년 수백만 명의 사람들이 환경적 요인 때문에 난민이 됩니다. 자신들이 본디 살고 있던 지역에서 쫓겨나 정치적 분쟁 및 사회적 갈등의 요인이 되고, 미국에 영향을 미칠 수도 있는 안보 문제의 원인이 되기도 하는 환경 난민들 중 적지 않은 이들이 수자원 부족 문제 때문에 난민이 되었다고 합니다."

— 로버트 F. 케네디 주니어, 변호사 겸 워터키퍼 얼라이언스 대표

생각해 보자 ▶ 병에 담긴 생수의 진짜 가격은 얼마일까?

플라스틱 병에 담긴 생수는 매년 미국 전체에서 약 500억 병 판매된다. 생수를 담을 병 500억 개를 만드는 데만도 2000만 배럴(약 31억 8000만 리터) 가량의 석유가 필요한데, 석유 2000만 배럴로는 100만 대의 차가 1년 내내 도로를 달릴 수 있으며, 20만 가구에 전력을 제공할 수도 있다. 생수병 중 75퍼센트는 재활용되지 않으며, 재활용되지 않은 생수병이 한 해에 만들어 내는 플라스틱 폐기물의 무게는 4억 5400만 킬로그램 이상이라고 한다.

> "뉴욕 시 수돗물의 수질은 꽤 좋은 편입니다.
> 허드슨 강 계곡 하구의 수량이 풍부하기 때문이지요.
> 샌프란시스코의 수돗물도 질이 상당히 좋습니다."
>
> — 애덤 새비지,[31] 「호기심 해결사」[32] 프로그램 공동 진행자

스타 토크 라이브!: 워터 월드

캘리포니아에서는 무슨 일이 벌어지고 있을까?

역사에 기록될 만한 여러 해 동안의 가뭄과 폭염은 물론, 엄청난 양의 물을 소비한 결과 캘리포니아 주와 약 4000만에 이르는 캘리포니아 주 주민들은 물 위기에 직면하게 되었습니다. 엎친 데 덮친 격으로, 2014년과 2015년에는 미국에서 121년간 기록된 중 가장 온난한 날씨가 기록되었다고 합니다. 비와 눈이 더 많이 와야만 물 부족량인 42조 6400억 리터 정도의 물을 확보할 수 있게 된다고 합니다.

비나 눈이 적게 내렸기 때문에 물 위기가 초래되었다고 볼 수만은 없습니다. 오래 전부터 현재까지 시행되고 있는 캘리포니아 주 및 주변 주 정부의 수자원 관련 시책 중에는 현재의 실정에 전혀 맞지 않을뿐더러, 심각한 물 문제를 초래할 수도 있는 시책들이 적지 않습니다. 100년도 더 전에 정부 차원에서 규정한 물 할당량은 현재 시점에도 여전히 영향력을 끼치고 있고 수자원 문제의 원인이 되기도 합니다. 로버트 F. 케네디 주니어는 이렇게 설명합니다. "당시 정부는 백인들이 서부로 거주지를 옮기고, 새 주를 건설하고, 멕시코 사람들과 아메리카 원주민들의 땅을 빼앗기를 원했습니다. 그래서 당시 정부는 거의 '서부로 오세요. 서부에서는 물을 얼마든지 소유하고 쓰고 싶은 만큼 물을 자유롭게 쓸 수 있습니다.'라고 말한 것입니다."

> "물은 모든 사람들의 소유물입니다. 물은 의회, 상원, 대기업의 소유물이 아닙니다. 물은 우리 모두의 소유물입니다. 인간은 누구나 물을 사용할 권리를 갖고 있습니다."
>
> — 로버트 F. 케네디 주니어, 변호사 겸 워터키퍼 얼라이언스 대표

"이와 같은 정부 시책이 시행된 결과 서부에는 무척 불합리한 법이 꽤나 많습니다. 예컨대 물을 최대한 사용하는 일련의 행위, 즉 사막에서 쌀농사를 짓는다거나 알팔파[33]를 재배한다거나, 라스베이거스[34]나 스코츠데일[35] 같은 도시를 건설하는 활동 등을 장려하는 법 등이 있지요. 그 대가로 오늘날 콜로라도 강은 말라붙어 사막화된 데다가 강물은 바다까지 흘러들어가지도 못할 정도의 양이 되어 버렸습니다." ▪

여행 가이드

과학 기술은 수자원 문제를 해결할 수 있을까?

비용을 감수할 의지만 있다면, 바닷물을 민물로 만들어서 쓸 수도 있을 것이다. 바닷물을 민물로 만드는 기술 수준은 이미 사용 가능한 단계에 도달해 있다. 바닷물을 민물로 만드는 기술인 역삼투압[36] 방식은 고압 상태에서 촘촘한 막을 통해 소금물을 짜낸 후, 소금을 걸러 내고 담수를 얻는 방식이다. 해수 담수화, 또는 짠 바닷물에서 소금을 없애는 과정은 대규모로도 수행될 수 있으며 그 결과로 얻게 되는 담수를 수도관을 통해 내륙 지역에 있는 도시나 농장으로 공급할 수 있다. 담수화된 해수 100갤런(약 380리터)의 가격은 60센트 정도이다. 새로 저수지를 건설하거나 폐수를 재활용하는 데 드는 비용의 약 2배에 해당한다.

한 토막의 과학 상식

2016년이 시작될 무렵, 캘리포니아 주 전체가 위태로운 가뭄에 시달렸다. 4분의 3 이상의 지역에서 심각하거나, 아주 심하거나, 전례가 없을 정도로 극심한 가뭄이 기록되었다.

"미국에서 발생하는 토네이도[1]는 세계 최정상급입니다. 뿐만 아니라 미국에서 발생하는 허리케인[2]도 아주 어마어마하지요. 미국은 대자연이 내리는 재난 중앙 센터 같은 곳입니다. 개구리와 메뚜기[3]만 빼고 자연 재해라는 자연 재해는 몽땅 발생하는 곳이니 말이지요. 미국에서는 화재도 일어나고, 홍수도 일어나고, 자연 재해라는 자연 재해는 종류별로 다 발생합니다."

— 닐 디그래스 타이슨 박사

3장

폭풍은 어디에서 오나요?

토네이도, 허리케인, 홍수는 모두 극단적인 기상 현상으로, 서로 다른 비율로 혼합된 공기, 물, 열이 인간의 삶의 터전을 초토화시킬 정도의 가공할 만한 위력을 지닌 에너지를 발산하는 사례를 보여 준다.

폭풍은 열이 발산되어 발생하는 기상 현상이다. 태양이 비칠 때 지구상의 특정 장소(바다 등)는 다른 장소(북극 빙하 등)에 비해 더 많은 빛을 흡수한다. 그 결과 온도의 지역에 따른 온도의 차이가 발생하고, 열은 따뜻한 장소에서 추운 장소로 이동한다. 뜨거운 공기와 찬 공기가 충돌하면 폭풍 전선이 형성된다. 만일 뜨거운 공기와 찬 공기가 당신의 집 바로 위에서 격렬하게 충돌한다면, 지붕이 새고 있지는 않은지 반드시 확인을 하기 바란다.

대부분의 다른 현상들처럼 폭풍이 반드시 해로운 현상인 것만은 아니다. 예컨대 허리케인은 아주 많은 비를 내리므로 물이 필요한 경우 도움이 될 수도 있다. 폭풍은 단지 날씨의 변화일 뿐이다. 아주 심각한 경우가 아니라면 말이다. 순환하는 열의 양이 많으면 많을수록 폭풍은 더 강하게 일 것이다. 우리는 지표면이 점점 더 뜨거워지고 있다는 사실을 잘 알고 있다. 그런데 얼마나 뜨거워진 것일까? 지표면이 뜨거워지는 현상을 방지할 수 있을까? 뜨거워지는 현상을 방지해야만 할까? 어느 정도의 열이 과도하게 많은 열일까? 우리가 굳이 어려운 방식으로 이 문제들에 대한 답을 찾아낼 필요는 없기를 바란다.

극단적 날씨를 기능성 옷으로 극복하는
데도 한계가 있다.

기후 혼란

기후와 날씨는
어떻게 다를까?

기후에 대해 잘 알기 위해 사용할 수 있는 고전적인 방법 하나를 소개하겠습니다. 매년 봄 토마토를 언제 심을 것인가 하는 질문은 기후와 관련 있습니다. 작물을 심을 때는 기후대를 고려해야만 합니다. 기후대란 어떤 계절에 비가 얼마나 올 것이고, 마지막으로 서리가 내리는 날은 대개 언제쯤이고, 여름 평균 최고 기온이 어느 정도이며, 몇 월에 단풍이 드는지 등을 예측하게 해 주는 일종의 지표입니다. 기후는 앞서 언급한 현상들이 매년 어떤 시기에 일어나는지를 예측하도록 해 줍니다.

반면 날씨는 때늦은 서리, 폭염, 심한 가뭄 등이 발생해서 작물을 가꾸는 데 특별한 주의를 요하는 상황을 의미합니다. 또는 갑자기 천둥이나 번개가 쳐서 집의 전기가 나가는 등의 현상 역시 날씨 현상에 속합니다. 이와 같이 날씨와 관련한 현상은 매 시간, 또는 매일 달라집니다. 계절상 특정한 날씨가 보통으로 여겨지는 때일지라도 특정한 날씨 현상이 발생하는 날이 반드시 규칙적인 것은 아닙니다.

인류는 기후가 예측 가능한 것이기를 바랍니다. 하지만 기후 역시 변화하고 있습니다. 사실 아이로니컬하게도 어떤 사람들은 지구 온난화의 효과를 전면적으로 거부하며 "걱정할 이유가 없지 않나요? 기후는 항상 변화하는 것 아닌가요!"라고 말하기도 합니다. 네, 기후도 변화합니다. 하지만 기후가 너무 빨리 변화하고 있다는 것이 문제입니다.

> "날씨는 단기적인 현상이고,
> 기후는 오랜 기간 동안의
> 날씨의 평균입니다."
> ─앤드루 프리드먼,[4] 기자

기후 변화는 중요한 문제입니다. 농업의 태동기부터 큰 기후 변화를 겪은 모든 사회는 흩어지거나 파괴되거나 몰살되었습니다. 만일 기후 변화가 우리에게도 일어난다면, 우리 또한 같은 운명을 맞닥뜨리게 되는 것은 아닐까요? ■

저녁의 한잔

폭풍우 치는 날씨

제조: 닐, 벨 하우스의 바텐더 더크

이 칵테일은 고전적인 캐러비안 칵테일인 다크 앤 스토미[5] 칵테일을 변형한 것이다.

재료

호밀 위스키 60밀리리터
진저 비어[6] 180밀리리터

얼음을 절반 정도 채운 톨 사이즈 유리잔에 모든 재료를 부은 후 섞는다.

> "제트 기류[7]는 중학생이
> 배우는 기후 과학 댄스 파티의
> 인솔자입니다."
> ─유진 머먼, 코미디언

생각해 보자 ▶ 날씨는 나빠지고 있는 중인가?

기후의 변화에 따라 날씨도 변화한다. 하지만 기후 변화는 장기간에 걸쳐 관찰해야만 관찰이 가능할뿐더러 기후가 변화하고 있는지의 여부를 절대적으로 확신할 수 있는 경우는 무척 드물다. 다만 다양한 측정 결과를 토대로, 지난 수십 년에 걸쳐 특정한 종류의 자연 재해가 더욱 자주 발생했고, 그 정도 또한 예전보다 심각해지고 있다는 것을 알 수 있다. 가뭄, 홍수, 허리케인 등의 자연 재해가 더욱 자주, 더욱 격렬하게 발생하고 있는데, 이는 지구상의 기온과 수온 상승과 관련이 있다.

스타 토크 라이브!: 우리 세기에 일어난 폭풍

악천후 발생 원인

최근 유난히 세계 각지에서 악천후로 인한 사건 사고가 그 어느 때보다도 더 자주 발생하고 있다고 생각하시는 분들이 많은 것 같습니다. 천체 '기상' 학자 닐 디그래스 타이슨 박사는 다음과 같은 질문을 던집니다. "요즘 들어 발생하는 대단한 폭풍에 대해 살펴보면 강도, 규모, 크기, 파괴력 등의 모든 방면에서 신기록을 갱신하고 있는 것 같은데요. 폭풍은 대체 어디에서 오는 것일까요?"

폭풍의 심각성 이야기는 다음에 하고, 우선 폭풍의 전반적인 특징에 대해 살펴봅시다. 날씨는 따뜻한 공기, 찬 공기, 물의 상호 작용으로 발생하는 현상입니다. 따뜻한 공기가 높은 곳으로 올라가면, 공기가 상승한 결과 빈 아래쪽 공간에 기압이 낮은 영역이 만들어집니다. 기압을 균등하게 만들기 위해 다른 곳에서 공기가 이동해 기압이 낮은 영역을 채웁니다. 이와 같은 일련의 과정을 통해 바람이 불게 됩니다. 공기의 흐름이 항상 부드럽거나 고요하기만 한 것은 아닙니다. 따뜻한 공기 속에 수증기가 많이 들어 있다면, 공기가 차가워짐에 따라 공기 내의 수증기는 응축 과정을 거쳐 물방울이 됩니다. 구름과 비는 공기 내에서 응축된 물방울로 만들어집니다. 구름 여러 개가 서로 스쳐 지나가면 구름의 안쪽에는 정전기가 축적되고 그 결과 번개가 일어나기도 합니다. 정전기가 쌓였다 배출되는 과정이 여러 번 반복되어 강력한 정전기가 구름 속에 축적되는 경우, 뇌우, 국지성 돌풍,[8] 토네이도, 허리케인 등의 기상 현상이 발생하기도 합니다.

심한 폭풍을 일으키기 위해서는 에너지가 필요합니다. 폭풍을 일으키는 에너지는 주로 열의 형태를 갖고 있습니다. 아주 전형적인 날씨 시스템에 속해 있는 수증기는 수많은 원자 폭탄이 갖고 있는 에너지에 준하는 열 에너지를 지니고 있다고 합니다! ■

여행 가이드

미국 최악의 허리케인

1900년: 텍사스 주의 갤버스턴 섬은 해발 고도 약 2.4미터의 섬이다. 4.6미터 높이에 이르는 폭풍과 해일이 갤버스턴 섬을 강타했고, 이로 인해 섬이 초토화되었다. 약 6000명이 사망했다.

2005년: 카테고리 5에 속하는 허리케인 카트리나가 미국의 멕시코만 연안 지역[9]을 강타했다. 그 여파로 루이지애나 주 뉴올리언스의 보호둑이 망가지고, 도시에는 홍수가 일어났다. 1800명 이상이 사망했다.

2012년: '슈퍼 폭풍' 샌디가 대서양에서 발견된 역사상 가장 거대한 폭풍으로 기록되었다. 샌디의 지름은 약 1770킬로미터에 이르렀다고 한다. 샌디의 영향으로 8개국 출신의 233명이 사망했고, 750억 달러에 달하는 금전적 손실이 발생했다.

생각해 보자 ▶ 허리케인의 강도는 어떻게 분류될까?
허리케인의 분류는 지속되는 풍속의 최댓값을 그 기준으로 한다. 카테고리 1 허리케인은 시속 120킬로미터 이상, 카테고리 2 허리케인은 시속 155킬로미터 이상, 카테고리 3 허리케인은 시속 180킬로미터 이상, 카테고리 4 허리케인은 시속 210킬로미터 이상, 카테고리 5 허리케인은 시속 250킬로미터 이상의 지속 풍속을 기준으로 분류된다. 천체 '지옥' 학자 닐 디그래스 타이슨 박사는 말한다. "언젠가 허리케인의 강도별 피해 규모에 대한 설명을 찾아본 적이 있습니다. 단테의 이야기 속 줄거리를 따라 지옥으로 빨려 들어가는 듯한 느낌이었습니다. 지구가 이런 식으로 인간을 죽이려고 드는 것이구나 싶었어요."

"지구의 지각이 안정된 상태를 지속한 적은
단 한 번도 없습니다. 주변을 한번 둘러보세요.
지각은 매일같이 휘청대고 있습니다. 지진은 지각이
불안정하기 때문에 생기는 현상입니다.
인터넷에서 미국 지질 조사국의 지진 페이지[10]를
한번 살펴보세요. 세계에서 일어나는
지진 전부에 대한 기록을 찾아볼 수 있습니다.
하루에 적어도 수백 건 이상의 지진이 일어납니다.
단 하루도 빠지는 날 없이 말입니다."

— 닐 디그래스 타이슨 박사, 천체 '지진' 학자

특정 해안은 쓰나미에
특히 취약하다.

폭력적인 지구

지진, 화산, 쓰나미

지구의 지각은 단단한 고체 한 덩어리로 만들어져 있는 것이 아닙니다. 지구의 지각은 암석으로 구성된 커다란 지각 판들로 구성되어 있으며, 이 지각 판 중 어떤 것들은 그 크기가 수백만 제곱 킬로미터에 이를 정도로 거대합니다. 지각 판들은 지구의 맨틀층 위에서 1년에 수 센티미터의 속도로 이동합니다. 거의 관측이 불가능한 정도로 느린 속도이지요. 하지만 판과 판이 서로 부딪치면 판이 이동하는 경로가 막히는 경우가 생기기도 하고, 압력 또한 서서히 높아지기 시작합니다.

거대한 규모의 지각 현상과 관련된 사건의 출발점은 이와 같습니다. 다음에 바로 일어날 수 있는 현상은 물론 지진이지만, 인간은 아직 지진이 언제 일어날 것인지를 예측할 수 있는 능력까지는 지니지 못했습니다. 화산 전문가인 제임스 웹스터[11] 박사는 다음과 같이 말합니다. "지진은 사실, 유체 상태의 맨틀에서 유래하는 현상입니다. 맨틀은 지구의 지각 아래에 위치해 있으며, 지구의 지각은 쉽게 부서지는 성질이 있지요. 어떤 시점에서든, 가까운 미래에 어떤 일이 발생할지에 대해 정확히 예측해 낸다는 것은 참으로 어려운 일입니다."

결국 지각 판이 찌그러지거나 미끄러져 압력이 갑자기 발산하면 지구는 진동을 하게 됩니다. 압력이 상당히 강하게 발산될 경우, 지각 판 아래에 있는 액체 상태의 암석은 지표면 위로 뿜어 나오며 화산은 폭발합니다. 만약 해저에서 지진이 일어나서 물의 흐름을 잘못된 방향으로 교란시키면 지진이 발생한 지점의 바깥 방향으로 물기둥이 쏟아집니다. 그 결과 쓰나미나 해일이 일어날 수도 있고, 쓰나미나 해일이 지나가는 경로에 있는 모든 것들이 휩쓸려 사라져 버릴 수도 있습니다.

다행스럽게도 우리 인류는 자연 재해를 예측하고, 자연 재해의 강도를 측정할 수 있는 기술을 개발했습니다. 하지만 정확한 재해 예측 및 재해 강도 측정 시스템을 만드는 데는 상당한 시간이 걸렸습니다. 행성 과학자 스티븐 소터[12] 박사는 설명합니다. "예전의 리히터 규모는 엄청난 대규모 지진의 강도를 정확하게 측정할 수 없었습니다. 따라서 과학자들은 1970년대에 순간 크기라고 불리는 새로운 규모를 고안합니다. 규모가 1 증가할 때마다 이전 규모보다 약 33배 더 높은 에너지가 방출된다고 보시면 되겠습니다." ■

러시아의 니즈니 노브고로드*에서
스모그가 햇빛을 가리고 있다.

온실 효과는 어떻게 생기는 것일까?

한 토막의 과학 상식

지구상에서 이산화탄소를 비롯한 온실 기체의 농도는
수천 년 동안 자연스럽게 변화해 왔다. 인류는 인류의
개입 없이 자연에서 발생할 수 있는 수준의 온실 기체
증가속도에 비해 약 100배 빠른 속도로
이산화탄소 농도를 증가시켰다. 그 결과 200년도 채
되지 않는 기간 내에 대기 중 이산화탄소 농도는
이전에 비해 2배가량 늘어나게 되었다.

추운 밤에 침대에 누워 있으면 몸의 열은 발산 작용을 통해 위로 올라가고, 몸은 점점 더 차갑게 식어 갑니다. 담요를 덮는다면 담요의 섬유층은 위로 올라가는 열의 일부를 흡수하며 온기로 가득한 방어벽을 만들 것입니다. 그 결과 몸은 더 서서히 열을 잃고, 담요를 덮은 사람은 따뜻함을 느낄 수 있습니다. 만약에 담요를 여러 겹 덮는다면 열기가 더욱 잘 보존될 뿐만 아니라 따뜻함과 아늑함도 느낄 수 있겠네요.

온실 효과의 원리도 담요를 덮으면 따뜻함을 느끼는 원리와 비슷합니다. 이산화탄소, 메테인, 수증기 등 다양한 온실 기체 분자가 유리처럼 열을 반사한다는 것은 잘못된 상식입니다. 오히려 온실 기체는 적외선을 통해 방출되는 에너지, 즉 우리가 열로 느끼는 에너지를 흡수하고 재사용합니다. 온실 기체는 가시광선을 거의 흡수하지 않습니다. 그러므로 온실 기체가 늘어난다고 해도 햇빛은 아무런 문제없이 지구 표면을 비출 수 있지요. 하지만 태양으로부터 오는 온기, 지구 내부에서 비롯된 지열, 또는 우리 인류가 태우고 있는 화석 연료로 말미암아 뜨거워진 지구의 열은 온실 기체라는 담요 때문에 점차 느린 속도로 상승하고, 지구의 열이 우주 밖으로 방출되는 속도 또한 느려졌습니다. ■

태양의 흑점은 지구에 어떤 영향을 미칠까?

흑점은 태양의 표면에 있는 강렬한 자성 폭풍우입니다. 많은 흑점은 사실 우리가 사는 지구보다도 훨씬 더 큽니다. 흑점에서는 흑점이 아닌 지점보다 더 높은 에너지가 방출되지만, 흑점의 온도는 다른 지점의 온도보다 약간 낮습니다. 그러므로 흑점은 태양의 다른 지점이 발산하는 밝은 조명에 비해서 조금 어두워 보입니다. 지구에 있는 우리가 실제로 태양으로부터 얻게 되는 열과 빛 자체에 흑점이 큰 영향을 미치는 것은 아닙니다. 하지만 흑점으로 인해 터져 나오게 되는 전하를 띤 입자들은 지구에 사는 우리의 삶에 커다란 변화를 가져옵니다.

태양 및 대기 과학자 주디스 린[14] 박사는 흑점으로 인해 생겨나는 폭풍이 어떤 과정을 거쳐 우리의 삶에 영향을 미치는지에 대해 다음과 같이 설명합니다. "태양은 위성의 궤도가 지나가고 전파 통신이 일어나는 환경의 날씨를 제어합니다. 아이폰에 연결을 하고 싶은데 거대한 태양의 폭풍우가 몰려온다면, 플라스마가 부서져서 지구의 자기권으로 들어오게 되고, 통신망을 연결하는 위성 또한 영향을 받습니다. 그러니까 우주의 날씨에 대해 신경을 쓸 수밖에 없게 되지요."

하지만 흑점은 대개 1~2주 이상 지속되지는 않습니다. 태양 표면에서 흑점이 차지하는 면적 또한 작기 때문에, 흑점이 지구에 미치는 영향력 또한 미미한 편입니다. ■

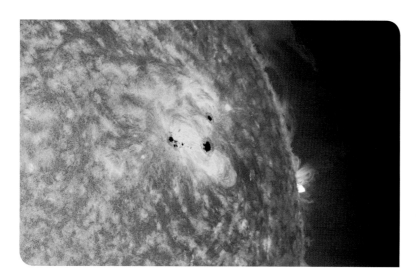

검은색으로 보이는 것은 2013년에 발생된 태양의 흑점이다. 이 흑점의 폭은 지구 폭의 6배보다도 더 길다.

기본으로 돌아가기

지금 우리는 다음 마운더 극소기를 향해 가는 것일까?

태양의 흑점은 아주 자주 혹은 뜸하게 나타나지만 대개 11년 주기로 변한다. 흑점 개수가 최대에 이른 후 감소하기 시작해 최소에 이르고 다시 증가하기를 되풀이한다. 가장 최근에 태양 흑점이 최고에 달한 때가 있었지만, 이전에 태양 흑점 개수가 최대였을 때에 비해 절반이 될까 말까 한 정도에 불과했다. 왜 이런 일이 생겼을까? 태양계 연구자 스티븐 케일[15] 박사는 말한다. "이러한 현상은 엄청나게 긴, 일련의 주기로 인해 발생한 것일 수도 있습니다. 우리는 태양 흑점이 약 50년 동안 완전히 사라진 적이 있었던 1645년의 마운더 극소기와 같은 시기로 접어들고 있는지도 모릅니다."

마운더 극소기는 이 시기를 처음으로 설명한 두 과학자 애니 마운더[16]와 월터 마운더[17]의 이름을 따서 명명되었다. 마운더 극소기에는 전 세계적으로 기온이 약간 낮아졌고, 겨울 또한 평소보다 길어졌다. 역사상 언 적 없었던 강과 호수가 얼어붙었던 적도 있다. 현재는 이런 징후들이 나타나고 있지는 않다. 지구 기온이 점차 따뜻해지고 있는 중이니 말이다.

한 토막의 과학 상식

태양 표면 중 흑점으로 덮여 있는 부분은 태양 총 표면의 1퍼센트 미만에 불과하다. 일부 별들의 경우 50퍼센트 이상의 표면이 흑점으로 덮여 있는 경우도 있다.

시베리아에서 트레킹을 하고 있는 극지 탐험가
에릭 필립스.

우주 탐구 생활: 우리 별 지구

지구는 정말 점점
추워지는 중일까?

"자연 재해에 취약하지 않은 장소는
이 세상에 존재합니다. 자연 재해의 영향을
덜 받고 싶다면 기후 변동의 영향을
적게 받는 곳에 살면 되지요.
예컨대 열대 우림 등이 있겠네요."
— 닐 디그래스 타이슨 박사, 천체 '정글' 학자

세르비아의 천체 물리학자인 밀루틴 밀란코비치[19]는 지구가 태양 주변을 도는 과정에서 발생하는 미세하면서도 주기가 긴 변이가 우리 지구의 기후에 아주 작지만 중요한 변화를 가져오고 있음을 여러 차례의 정밀한 계산을 통해 밝힌 바 있습니다. 밀란코비치의 이름을 따서 명명된 밀란코비치 주기[20]는 세 가지 주요 구성 요소로 설명할 수 있습니다. 우선 지구는 세차 운동[21]을 합니다. 세차 운동이란 지구의 꼭대기가 아래로 떨어지는 것처럼 흔들리는 운동을 뜻합니다. 세차 운동으로 인해 지구의 북극이 향하는 방향은 지속적으로 변하고 있습니다.

지구의 북극이 향하는 방향은 약 2만 3000년을 주기로 완전히 바뀝니다. 비스듬하게 기울어진 지구 자전축은 계절의 길이에 영향을 미칩니다. 자전축의 기울기는 4만 년마다 약 2도씩 변화하고 있습니다. 마지막으로 태양 주위를 도는 지구 궤도의 모양 또한 변화하고 있습니다. 지구 궤도 모양의 변화에 따라 지구에 얼마만큼의 태양광이 도달하는지 또한 변화하고 있습니다. 지구의 공전 궤도는 타원에 가까운 모양에서 거의 원형으로 바뀔 수 있으며 약 10만 년을 주기로 다시 원래 모양으로 돌아오는 주기로 변화합니다.

현재 우리 지구는 이 세 가지 순환의 중간 즈음에 있는 것으로 추정됩니다. 그러므로 밀란코비치의 계산에 따르면 현재 우리 지구의 기후는 다른 때와 비교해 중간 정도의 기후에 해당할 것으로 생각됩니다. ■

기후의 변화 주기:
증거는 과연 어디에?

지구의 기후는 자연적으로 변화하고 있다. 기후 변화는 지역별로 나타날 뿐만 아니라 범지구적으로 나타나기도 한다.
기후는 오랜 기간에 걸쳐 변화해 왔다. 하지만 인간으로 인해 발생한 기후 변화는 급속한 속도로 발생했으며 현재도 지속되고 있다.
어떠한 증거를 통해서 우리는 기후의 변화를 측정하고 장기간에 걸친 기후 변화의 양상을 파악할 수 있을까?

◀ 해양 퇴적물

화석화된 플랑크톤, 규조류,[22] 깊은 바닷속에 묻혀 있
는 다양한 생물의 흔적을 통해 화석화된 생물들이 살
던 시대의 환경 및 기후 조건을 추정해 볼 수 있다.

▶ 꽃가루

조그마한 꽃가루 알갱이들은 물에 씻겨지거
나 호수와 연못으로 날아가면서, 퇴적물의
층 속에 묻히게 된다. 퇴적층에 묻힌 꽃가루
는 오래 전, 식물이 어떠한 기후 조건에서 어
떻게 살아갔는지에 대한 추측을 뒷받침해
줄 수 있는 근거를 후세에 남겨주고 있다.

◀ 아이스 코어

오랜 시간에 걸쳐 만들어진 빙하의 심층부나 얼음층
속에는 조그마한 공기 방울들이 갇혀 있다. 이 작은 공
기 방울 속에는 지난 50만 년간, 또는 더 긴 시간에 걸
쳐 지구 대기의 온실 기체 수치가 어떻게 변화해 왔는
가에 대한 정보가 보관되어 있다. 그 덕분에 우리는 오
랜 시간에 과거부터 지금까지 지구 대기의 온실 기체
수치가 어떻게 변화해 왔는지를 추적할 수 있다.

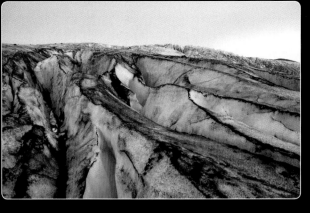

◀ 암석

황토나 풍성 퇴적물 등 바람이 운반한 흙과 모래는 빙하기에 거대한 빙하 가장자리에 쌓여 암석이 되었다. 이 암석들에는 층이 존재하는데, 암석층을 통해 우리는 지구에서 발생한 가장 극적이었던, 기후 변화의 역사의 면면에 대해 알 수 있게 되었다.

▲ 동굴

석회암과 종유석[23] 등 지하 동굴에서 지하수로 인해 형성된 광물 퇴적물로 과거의 기후를 추정할 수 있다. 광물 원자의 성질과 퇴적물의 두께를 고려할 때, 어떠한 기후 조건에서 광물이 특정한 양상으로 퇴적될 수 있었는지에 대한 흔적이 남기 때문이다.

▲ 호수 수위

기후가 건조한 지역에서는 기후 전반 및 습도 변화에 따라 호수의 깊이와 면적이 크게 변화하기도 한다. 호숫가에서 발견되는 화석 퇴적층을 통해 기후의 역사를 추적해 볼 수 있다.

▶ 나무의 단면

고기후학자들은 나무에 남은 나이테와 화재 흔적, 퇴적물에서 발견되는 검은 재 등을 통해 세계 각지에서의 환경 변화 및 화재의 역사를 추적할 수 있다.

지구가 섭씨 1도 따뜻해지면 어떤 일이 생길까?

기후 모형 연구에 기반해, 과학자들은 지구의 평균 표면 온도가 향후 50년 동안 섭씨 0.6~2.8도 정도 상승할 것으로 예측하고 있습니다. 지구의 평균 온도는 예측값의 중간 정도인 섭씨 1도 정도 상승할 확률이 가장 높습니다.

지구의 온도 상승과 관련해 우리는 다음과 같은 두 가지의 중요한 질문을 던져 볼 수 있습니다. 첫째, 증가한 열은 어떠한 변화를 가져올까요? 둘째, 증가한 열로 인한 변화는 어느 장소에서 발생하게 될까요? 기후 변화에 관한 정부 간 패널(IPCC)[24]의 과학자들과 정책 입안자들은 수십 년간의 데이터와 연구를 바탕으로 이 두 질문에 대한 답을 찾아내기 위해 노력하고 있습니다.

기후 변화와 관련한 논쟁이 조용할 리가 없습니다. 기후학자인 신시아 로젠츠베이그[25] 박사는 다음과 같이 말합니다. "기후 변화에 관한 정부 간 패널 지부에서는 합의에 다다르기 전까지 매우 열띤 논쟁을 벌이고 있습니다."

한편 코미디언 마이클 체[26]는 혹시나 이 뜨거운 논쟁 과정에서 총에 맞아 죽어 나간 사람이 생긴 것은 아닌지 궁금해하고 있는데요. 체의 의문에 대한 대답은 간단합니다. 다행히도 아직 죽어 나간 사람은 1명도 없습니다.

체는 주장합니다. "그냥 한번 해 본 말입니다. 하지만 각별히 조심하지 않으면 의견이 갈리고 논쟁이 뜨거워지다 못해 통제 불가능한 지경이 될 수도 있을 것 같아서 말이지요."

하지만 적어도 다음 한 가지의 과학적 사실에 대해서는 모든 사람들이 전적으로 동의하고 있습니다. 섭씨 1도라는 온도는 특정한 어떤 날, 특정한 어떤 사람에게는 별것이 아닌 듯 느껴질 수도 있겠지만, 이 온도가 전 세계에 걸쳐 합산된다면 에너지의 총량은 매년 수백 건의 허리케인, 홍수, 토네이도, 눈보라를 발생시키기에 충분할 것입니다. 한 가지 사건은 또 다른 사건으로 연결될 것이며, 이와 같은 사건의 순환은 양성 되먹임[27] 과정을 통해 기후 변화를 더욱더 빠르게 만들 것입니다. ▣

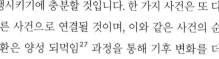

하키채란 무엇일까?

천천히 상승세를 타며 올라간 다음, 갑자기 위를 향해 솟구치는 그래프를 한번 상상해 보자. 이러한 양상을 '하키채'라고 한다. 지구 대기 중 이산화탄소 농도는 하키채 모양의 상승세를 보이는 극적인 예시 중 하나이다. 최소 40만 년 동안 이산화탄소 수준은 약 150~300피피엠을 맴돌았다. 그 후 40만 년이라는 시간의 0.02퍼센트밖에 되지 않는, 단 70년 만에 대기 중 이산화탄소 농도 수치는 400피피엠에 도달했다. 연도별 대기 중 이산화탄소 농도를 나타낸 그래프의 모양은 무척 급작스럽게 거의 수평에 가까운 형태에서 거의 수직에 가까운 형태로 바뀌어 버렸다.

"1880년 이래로 섭씨 1도 정도의 온난화가 진행되었습니다. 하지만 극지방에서의 온난화는 훨씬 그 정도가 심했지요. 섭씨 3~4도 정도 따뜻해졌으니까요. 바로 극지방 온난화 때문에 인류는 빙하가 녹는 것을 보게 되었습니다. 온난화는 양성 피드백을 통해 더욱 심화됩니다."

— 신시아 로젠츠베이그 박사, 기후학자

생각해 보자 ▶ 반사율의 중요성

반사율, 또는 알베도(albedo, '어뢰'를 의미하는 'torpedo'와 각운이 같다.)는 표면이 흡수하거나 반사하는 열과 빛의 양을 나타내는 용어이다. 완전히 새까만 검정색 표면의 반사율은 0이다. 완벽하게 빛을 반사해 내는 거울의 반사율은 1이다. 갓 내린 눈의 반사율은 약 0.8이다. 얼음의 반사율은 약 0.4이다. 토양과 물은 빛과 열을 흡수하는 성질이 있어서, 반사율은 약 0.1 정도이다. 지구의 눈과 얼음이 녹으면, 지표면과 해양 표면이 증가해 지구 전체의 반사율이 차차 낮아질 것이다. 그 결과 지구는 더 빠른 속도로 온난화를 겪는다.

"세계 각 지역에 있는 도시의 시장들이 함께
모여서 네트워크를 형성했고, 상호 협의를 통해
온실 기체 배출량 목표 및 일정을 작성했습니다."

— 신시아 로젠츠베이그 박사, 기후학자

세계 곳곳에 존재하는 대륙 빙하[25]가 녹는다면 맨해튼은 물에 잠길 것이다.

기후 변화로 가뭄과 홍수가 동시에?

남아도는 열이 지구에 초래할 수 있는 영향은 무척 다양합니다. 지구상에 존재하는 더운 지역 중 일부는 사막입니다. 더운 지역에는 열대 우림이 존재하기도 합니다. 더운 지역이 점점 더 더워진 결과로 자주 발생하는 현상은 가뭄입니다. 추운 지역이 점점 더워지면 얼음이 녹습니다.

▶ 습도는 어떻게 기후를 더 강렬하게 만들까?

얼음이 녹으면서 액체 상태의 물이 방출되면 어마어마한 기후 변화가 발생할 수도 있습니다. 기후학자 데이비드 린드[29] 박사는 설명합니다. "기후가 따뜻해지면 수분이 더 많아지고, 그다음에는 비가 더 많이 올 수도 있습니다. 우리는 지난 10년 동안 이와 같은 현상을 목격해 왔습니다. 강수량이 더 많아졌으며, 가뭄은 더 자주 일어났고, 홍수도 더 많이 일어났습니다. 모든 기상 현상들이 심화된 셈이지요."

▶ 해수면은 벌써 상승하고 있는 것일까?

마이애미 시내 번화가 거리에서 심심치 않게 바다에서 사는 물고기가 발견되는 플로리다 남부 주민들에게 해수면 상승에 대해 질문해 보면 좋을 것 같네요. 로젠츠베이그 박사가 제공하는 또 다른 자료에는 다음 내용이 있습니다. "바닷물의 온도가 상승한 것으로 인해 연쇄 반응이 일어난 결과이군요. 다시 한번 말하자면 해수면 상승은 이미 발생하고 있습니다. 뉴욕 시에서만도 벌써 지난 100년간 해수면 상승이 일어났던 것처럼요. 해수면은 30센티미터 이상 상승했습니다."

▶ 슈퍼 태풍 샌디는 기후 변화 때문에 발생한 것인가?

어떠한 태풍도 기후 변화가 직접적인 원인이 되어 발생한다고 볼 수는 없습니다. 하지만 특정 태풍의 성격 그 자체가 기후 변화와 직접적인 관련이 있을 수는 있습니다. "어떤 태풍이 오는지와는 크게 상관이 없습니다. 해수면은 이미 예전보다 30센티미터 높은 상태입니다. 홍수의 영향 또한 해발 30센티미터가량 더 올라간다고 보면 됩니다. 그러므로 태풍 샌디가 초래한 범람의 정도는 기후 변화와 직접적 관련이 있는 셈입니다."라고 로젠츠베이그 박사는 설명합니다. ■

"현재 우리가 진정한 목표로 추구하는 미래는 다음과 같아야 합니다.
실제로 무한한 에너지가 존재하기에 현재 우리가 하고 있는 논의조차 필요 없는 미래,
우리가 대기를 온난하게 만들어야 할 이유조차 없는 미래, 우리가 지구로 하여금
지구가 지난 수백만 년 동안 한 적이 없는 일들을 할 수 있는 그런 미래 말입니다."

— 닐 디그래스 타이슨 박사, 천체 '낙관' 학자

스타 토크 라이브!: 기후 변화

우리는 이미 정점에 도달한 것인가?

일부 연구에 따르면 지구 온난화에도 정점이 있는 것 같습니다. 정점이란 지구의 온실 기체가 정말로 심각한 수준에 도달하거나 극지방의 얼음이 어떤 수준 이상으로 사라져서 다시는 지구 온난화를 멈추거나 되돌릴 수 없는 일종의 전환점을 뜻합니다. 이와 같은 전환점이 실제로 존재할까요? 혹시 우리가 이미 이 전환점에 도달해 버린 것은 아닐까요?

아무리 훌륭한 도구를 사용한다고 할지라도 미래를 정확히 예측하기란 항상 무척 어렵습니다. 기후학자인 로젠츠베이그처럼 뛰어난 과학자들은 한계를 아주 잘 인지하고 있습니다. "우리는 기후 시스템 전반을 연구하기 위해서 수학 및 방정식으로 구성된 모형을 사용합니다. 기후 모형이 미래 기후를 잘 예측할 수 있느냐고요? 기후 모형의 예상은 대개 꽤 정확한 편이지만, 일부 기후 변화는 예상보다도 빠르게 일어나고 있습니다. 극지방의 얼음이 녹는 현상이 예상보다 빠르게 일어나는 기후 변화의 가장 중요한 사례 중 하나가 아닐까요?"

대부분의 기후 변화 모형이 시사하는 바에 따르면 이론상 기후 변화를 되돌릴 수 없는 전환점이 존재한다고 가정할 때, 현재 우리는 전환점에 상당히 근접해 있지만 아직 전환점에 다다르지는 않은 것으로 추정됩니다. 하지만 현존하는 어떤 기후 모형도 미래에 대한 예측을 근원적으로 바꿀 수 있는 과학적 진보가 일어날 것인지, 또는 예측 불가의 엄청난 자연 현상이 발생할 것인지까지는 예측할 수 없습니다. ■

인류의 활동은 지구를 벼랑 끝까지 밀어 붙이고 있다.

여행 가이드

농업과 기후 변화

지구 온난화와 기후 변화의 원인이 무엇인지에 대해 논할 때 흔히 산업 지구의 거대한 굴뚝, 도시 교통으로 인한 오염을 지적한다. 하지만 우리가 식량을 재배하는 방법은 지구 온난화와 기후 변화에 어떤 영향을 미치고 있을까? 로젠츠베이그는 말한다. "(농업이야말로) 온실 기체의 주요 배출원입니다. 가축 또한 온실 기체 배출원이지요. 가축의 장 안에서 일어나는 발효 과정(소가 음식을 소화하는 방법)에서 다량 배출되는 메테인[30]은 강력한 온실 기체입니다. 질소 비료 제조에도 다량의 에너지가 집약적으로 사용됩니다. 게다가 비료를 사용하는 과정에도 온실 기체인 일산화이질소[31]가 방출됩니다."

식량 생산 과정은 지구 온난화에 영향을 미친다. 기후 변화는 우리가 식량을 생산하는 과정에 변화를 불러오고 있다. 가뭄이 농경지의 생산성을 파괴하고 있다. 한때 비옥했던 연안 지역은 물에 잠겨 버렸거나 인간이 살 수 없게 되었다. 씨를 뿌리는 시기가 달라졌으며, 그 결과 재배 가능한 곡물 또한 달라지고 있다. 농업으로 인한 기후 변화 및 기후 변화로 인한 농업의 변화 양상은 이에 그치지 않는다.

화석 연료와
온실 기체의 진실

머리가 좋고 교육 수준이 높은 사람들 중에도 인간 활동으로 인해 기후 변화가 일어날 수 있다는 것을 도저히 믿지 못하는 사람들이 꽤나 많습니다. 자, 이 불운한 사람(개인 정보 보호 차원에서 이름은 비밀에 부쳐 드리지요.)의 이야기를 한번 들어봅시다. "몇 년 전 병원에 갔는데, 의사는 뭔가를 제 몸 어딘가에 집어넣고 있었습니다. '환자분 직업이 천체 물리학자라고 알고 있는데요. 꼭 한번 드리고 싶은 말씀이 있어서요. 저는 인류가 기후에 영향을 미칠 수 있다고 생각하지 않습니다. 우리는 너무나 작지만 지구는 너무나 거대하기 때문입니다. 환자분께서는 어떻게 생각하시나요?'" 이런 깊은 통찰을 요하는 질문에 답하는 적절한 방법은 대체 무엇일까요?

차량에서 배출되는 매연은 기후 변화에 영향을 미치는 다수의 요인 중 단 하나에 지나지 않는다.

▶ 지구 살펴보기

밤에 우주에서 찍은 지구의 사진을 한번 보세요. 작고 연약하기 그지없는 우리 인간이라는 존재가 어떻게 세계 곳곳에서 어두움을 대낮처럼 바꾸어 놓았는지를 한번 보세요. 이런 우리가 스스로 만드는 열을 조금 더 줄일 수 없을 것이라니요?

▶ 산수해 보기

화석 연료를 태우는 과정에서 배출되는 이산화탄소의 양은 쉽게 계산할 수 있습니다. 이산화탄소 배출량은 지난 세기에 얼마나 많은 양의 이산화탄소가 대기 중에 추가되었는지를 알려 줍니다.

▶ 금성 살펴보기

천문학자들이 알아낸 것을 한번 보죠. 바로 우리의 이웃인 금성의 상황을 확인해 보는 것이지요. 금성의 평균 기온은 섭씨 482도입니다. 금성에서 부는 폭풍은 엄청납니다. 시속 644킬로미터에 이르니까요. 금성에는 액체 상태로 존재하는 물이 없고, 생명체도 살지 못합니다. 자, 지금까지 여러분은 온실 기체의 진정한 영향을 보셨습니다. ▨

"우리가 온실 기체를 배출하는 행위는 더 두껍고, 더 푹신한 담요를 덮는 것과 비슷합니다. 과학자들은 때때로 온실 기체를 담요에 비유해서 설명하고는 합니다. 온실 기체는 우리 삶에 영향을 미칩니다. 그렇기 때문에 우리 모두는 온실 기체에 주의를 기울여야만 합니다. 기후 체계는 지구상의 모든 존재 하나하나에 영향을 미치기 때문입니다."

— 신시아 로젠츠베이그 박사, 기후학자

생각해 보자 ▶ 공기를 깨끗하게 하면 지구 온난화가 심해질까?

인간이 대기에 집어넣고 있는 물질이 이산화탄소만 있는 것은 아닙니다. 이산화탄소 외에도 우리는 또한 먼지며 흙이며 에어로졸[33] 등을 공기 중으로 많이 내보내고 있습니다. 이러한 물질은 태양 광선을 반사해서 우주로 되돌려 보내고 기후를 시원하게 만드는 역할을 합니다. 하지만 문제는 에어로졸이 하는 냉각 효과에 비해서 우리가 초래하고 있는 온난화가 어느 정도인지를 알 수 없다는 것입니다.

— 데이비드 린드 박사, 기후학자

"우리가 지구의 넉넉함을 헤프게 써 버리지 말아야 된다는 인식이 일반적인 태도라면 좋겠습니다. 그것이 제가 하고 싶은 말입니다."

— 데이비드 애튼버러,[1] 동식물학자

4장

공해 문제를 해결할 방법은 있나요?

식물과 동물은 살아가고 성장하며 폐기물을 만들어 낸다. 그런 의미에서 인간이 발생시키는 환경 오염은 어쩌면 완벽하게 자연스러운 것인지도 모르겠다. 하지만 산업화가 인류라는 종에 엄청난 이익을 가져다 준 것과 매한가지로 산업화로 인해 생겨난 폐기물의 영향은 단순한 불편함 정도를 넘어서고 있다. 이제 인류가 초래한 환경의 변화로 인해 우리의 존재 자체가 위협을 받고 있는 것처럼 보일 지경이다!

다행스럽게도, 우리는 뒤처리를 깨끗하게 하는 법을 배우는 중이다. 그러나 딜레마 하나를 해결해 내자마자 새로운 괴물 하나를 길들여야만 하는 상황에 처해 버렸다. 1800년대 중반 석유가 처음으로 채굴되기 전까지 인간은 고래로부터 기름을 얻었고 고래는 거의 멸종할 위기에 다다랐다. 오늘날 지하에서 화석 연료를 거두어들인 결과 셰일 가스 시추 때문에 지진이 발생하고 있다. 자동차가 등장하기 전까지 뉴욕 거리는 말의 분뇨로 뒤덮여 있었다. 이제는 스모그와 지구 온난화 문제를 마주하고 있다.

건강에 위협이 되지 않고 오염도 없는 세계를 만들기 위해 무엇을 해야 할까? 우리에게 다른 해결책이란 존재할까? 기껏 마련한 해결책이 새로운 문제를 내놓지는 않을까?

재생 가능한 에너지원으로
전환해야 할 때가 왔다.

오늘날 인류가 직면한 최대의 공학 과제

인류 최초의 대규모 공학 과제는 아마 고대 문명이 남긴 위대한 기념물을 건설하는 것과 관련이 있었을 것입니다. 이집트의 피라미드처럼 말이지요. 이후에는 로마의 수로나 현대의 후버 댐[2] 같은 거대한 공공 건축물 건설이 주요 공학 과제였을 것으로 추측됩니다. 이와 같은 엄청난 업적을 달성하기 위해 인류에게는 위대한 지성과 대규모의 자원이 필요했을 것입니다. 현재 나노 기술(세포만 한 크기의 로봇이 질병을 치료한다거나)에서부터 바이오 기술(인공 장기나 인공 팔, 인공 다리를 만들어 낸다거나), 심지어 우주에서 인간이 살아갈 수 있게 하는 기술(국제 우주 정거장처럼요. 언젠가는 화성에 사람이 살 수 있는 날이 올지도 모르겠네요.)에 이르기까지 인류가 직면한 수많은 공학 과제들

지구 온난화 문제는 숨긴다고 해결될 문제가 아니다.

> "저는 인류 최고의 공학 난제는 기후 변화라고 생각합니다. 그래서 어떻게 그 문제를 고칠 것이냐고요? 문제 해결을 위해서는 지구 전체를 공학을 통해 고쳐 나가야 할 것이라고 말씀드리고 싶습니다. 전체 지구를 하나의 체계라고 생각하고, 사람들로 하여금 지구라는 체계를 관리하기 위해 함께 일하도록 하는 것이지요."
> — 과학 아저씨 빌 나이

또한 앞서 언급된 과제들과 마찬가지로 모든 방면에서 대단히 중요한 의의를 가집니다. 하지만 순전히 규모만을 따졌을 때 공학에서 가장 거대한 도전은 과연 무엇이었을까요?

현 시점에서 보자면 인간이 지구에서 멀리 떨어진 우주 공간으로 여행을 떠난 다음 지구로 안전하게 돌아오게 하는 일이 아마도 인류의 공학 역사상 가장 엄청난 도전이 아니었을까 싶습니다. 오늘날 수백 명의 과학자와 기업가 들이 이 중요한 목표를 달성해 내기 위해 정진하고 있습니다.

공학자의 임무는 과학과 기술을 모두 사용해 문제를 해결하는 것입니다. 이제 우리의 앞날을 한번 살펴볼까요? 바로 여기 지구에서 인류가 직면할 가장 큰 문제는 과연 무엇일까요?

지구 온난화로 인한 기후 변화 등 지구 환경의 악화가 인류 최대의 공학적 과제라고 가정해 봅시다. 그렇다면 문제의 해결책 역시 범지구적이어야만 합니다. 기후 변화를 충분히 이해하기 위해서는 광범위한 고찰이 필요하므로 첫술에 배부르기를 바라면 안 됩니다. 이 엄청난 문제의 해결을 위해서는 인류의 협업과 미래에 대한 고려가 필수적입니다. 복잡한 문제에 대한 좋은 해결책이라면 응당 그러하듯이 해결책은 구체적이고 관리 가능한 세부 과제로 나뉘어야 합니다. 세부 과제의 해결책은 세부 과제와 관련이 있는 다른 모든 문제와 맥락을 고려해 고안되어야 할 것입니다. 이와 같은 고찰 없이 해결책만을 도모한다면, 의도하지 않은 결과를 초래할 수 있을 뿐만 아니라 전보다 훨씬 더 심각한 문제가 생길 수도 있습니다. ■

> "지구 공학을 통해 무언가를 만들어 내자거나, 대기에서 이산화탄소를 빨아들이는 유기체를 고안해 보자는 등의 해결책에 대해 이야기할 때 생각나는 점인데요. 만일 우리의 시도가 너무나 성공적이어서 그만둘 수 없게 되면 인류는 어떻게 될까요? 예컨대 세상의 이산화탄소가 모두 사라져 버린다면 어떻게 될까요? 아마도 우리는 모두 죽겠지요. 어느 정도의 이산화탄소는 반드시 필요하므로 모자라는 쪽으로든 넘치는 쪽으로든 심하게 적정선을 벗어나서는 안 됩니다."
> — 데이비드 그린스푼 박사, 우주 생물학자

화석 연료는
어디에서 왔을까?

오늘날 매장되어 있는 석탄, 석유, 천연 가스 등은 오래전에 죽은, 한때는 살아 있었던 생명체의 유해에서 지하 깊은 곳에서 형성되었습니다. 이들의 탄소 함량은 느린 속도로 변화해서 태우면 많은 양의 열 및 이산화탄소를 배출하는 화학적 형태를 갖게 되었습니다. 닐은 다음과 같이 설명합니다.

"석탄기[3]에는 말이지요. 나무가 죽어서도 영원히 같은 장소에 머물 것입니다. 식물은 탄소로 구성되어 있고 탄소는 식물의 주요 성분입니다. 모든 나무는 대기로부터 탄소를 얻어서 성장을 했지요. 탄소는 나무와 함께 존재하게 됩니다. 이것은 나무가 쓰러져도 마찬가지입니다. 이 과정은 계속, 또 계속되었고, 죽은 식물로 만들어진 거대한 층이 지구의 지각 아래에 잠깁니다. 이렇게 식물은 화석 연료가 되었습니다. 그러니까 우리가 수백만 년 동안 매장되어 있던 탄소를 가져와서 탄소 함량이 안정적인 균형 상태를 이루고 있는 오늘날의 대기에 주입하면 대기 중 탄소의 균형은 깨지고 말 것입니다." ▪

한 토막의 과학 상식

미국, 유럽 연합, 중국, 러시아,
일본, 인도는 화석 연료를
가장 많이 배출하는 국가이다.
이 국가들에서 배출한
이산화탄소는 2004년에 배출된
에너지 관련 이산화탄소 배출량의
70퍼센트 이상을 차지했다.

여행 가이드

알코올로 비행기를 날린다?

닐은 화석 연료 사용을 절감하기 위해 브라질이 도입한 독특한 접근법에 대해 다음과 같이 설명한다. "브라질의 항공 우주 산업은 세계 3위 규모입니다. 경제적 가치는 약 200억 달러, 고용 인력은 1만 8000명에 달합니다. 브라질에서는 순수한 알코올로 작동하는 비행기를 발명했습니다. 알코올로 작동하는 비행기는 태양 에너지를 사용하는 셈인데요. 알코올은 식물에서 추출되고, 식물은 에너지를 태양으로부터 얻기 때문이지요."

하지만 문제가 있다. 알코올은 식물로부터 추출되는데, 브라질에서는 대부분 사탕수수에서 알코올을 추출한다. 식물성 물질을 처리해 알코올을 추출한 다음, 연료화하는 과정에는 사실 아주 많은 에너지가 소모된다. 이 과정을 통해 얻은 연료는 일반적으로 제트 엔진에 사용하는 가솔린만큼의 에너지를 발생시키지 못한다. 즉 현재 수준의 알코올 동력 비행기는 에너지를 절감하지는 못한다. 하지만 연구를 계속한다면 언젠가 알코올 동력 비행기가 전 세계의 상공을 날아다닐 때가 올 수도 있을 것이다.

"우리는 비행기에서 술을 마시고,
브라질 사람들은 술로 가는 비행기를
만들고 있습니다."
— 닐 디그래스 타이슨 박사

선사 시대의 석양도 붉은색이었을까?

어떤 이들은 인간이 만든 미립자, 즉 대기 중의 미세 먼지 때문에 석양이 붉은빛으로 보이는 것이라고 말합니다. 대기 오염이 그 어느 때보다도 빛을 더 많이 산란시키고 있을 테고요. 만일 이 주장이 사실이라면 다음과 같은 질문을 던져 볼 수 있을 것입니다. 지구가 오염되기 이전 시대의 석양은 아주 시시했을까요? 전혀 그랬을 리 없습니다. 석양의 색깔에 질문에 대한 답을 하기 위해서 우선 이 질문부터 시작해 보지요. 왜 하늘빛은 푸르게 보이는 것일까요?

하늘이 푸르게 보이는 이유는 대기와 관련이 있습니다. 만일 지구에 대기권이 없다면 하늘은 낮에도 검은색으로 보일 것입니다. 하지만 우리 지구는 대기를 가지고 있고, 대기는 공기 분자로 가득

"오염 물질만이 석양이 붉은빛으로 보이는 원인은 아닙니다. 꽃가루, 수증기, 사막에서 뿜어져 나오는 먼지, 화산에서 분출된 입자 등 다양한 입자들이 석양을 붉은빛으로 보이도록 합니다."

—닐 디그래스 타이슨 박사, 천체 '석양' 학자

차 있습니다. 햇빛이 우리 지구의 대기를 통과하면 공기 분자들은 빛을 여러 방향으로 산란시킵니다. 공기 분자들은 푸른색 빛을 붉은색 빛보다 훨씬 더 효과적으로 산란시킵니다. 그 결과 우리의 눈까지 도달하는 빛의 대부분은 푸른빛입니다. 해가 질 때 햇빛은 많은 공기 분자를 통과해야만 우리의 눈까지 도달할 수 있습니다. 뿐만 아니라 햇빛은 공기 입자보다 더 크기가 큰 부유 물질 입자도 통과해야만 합니다. 더 많은 공기 입자와 미립자 물질에 의해 산란된 햇빛은 해질녘의 하늘빛을 노란색, 주황색, 빨간색으로 보이도록 만듭니다. 입자라면 그 입자가 어디서 왔는지와는 상관없이 빛의 산란을 통해 사람이 여러 가지 색을 보게 만드는 묘기를 부릴 것입니다. ■

석양이 비추는 선사 시대의 풀밭을 달리는 공룡 유타랍토르의 상상도.

에너지를 선거로
뽑는다면 어떨까?

우리가 지금 사용하고 있는 에너지는 현직 정치인과 매우 흡사합니다. 이미 한 자리를 차지하고 있고, 우리는 그들이 임무를 수행할 능력이 있음을 알고 있습니다. 때때로 사람들은 기존에 쓰던 에너지와 기득권 정치인이 그대로 유지되기를 바라기도 합니다. 지금 우리가 쓰는 에너지로는 석탄, 석유, 가스, 원자력 등이 포함됩니다. 많은 사람들은 일자리나 수익 같은 경제적인 이유로 인해 우리 삶 가까이에 존재하는 기존 에너지원에 의존하고 있습니다. 그런데 만약 투표를 통해 기존 에너지원을 해임하고 풍력, 태양 및 지열과 등의 새로운 에너지원을 당선시킬 수 있다면 어떤 일이 벌어질까요?

> "민주주의가 완벽하게 이루어진 상황에서는 과학, 객관적 기준, 경험적 데이터에 의해 추진된 정책이 만들어질 것입니다."
>
> — 로버트 F. 케네디 주니어,
> 변호사 겸 워터키퍼 얼라이언스 대표

로버트 F. 케네디 주니어는 언급합니다. "환경 운동가와 사업가가 새로이 알게 된 사실 중 하나는 바로 훌륭한 환경 정책과 훌륭한 경제 정책은 그 맥을 함께한다는 점입니다. 오염을 많이 일으키는 주체들과 이야기를 하게 된다면 그들은 경제적 이익이나 환경 보호 둘 중 하나를 선택해야만 한다고 주장할지도 모릅니다. 하지만 꼭 이 둘 중 하나만을 택해야 한다는 것은 사실과 다릅니다."

기업을 위해서 과학적 사실을 모호하게 만드는 이들을 지칭하기 위해 케네디는 생물학자와 매춘업자를 합해서 조소의 의미가 담긴 신조어[5]를 만들어 냈습니다. "특정 정치인에게 약간의 돈을 후원한 후, 소위 '자유 시장 경제' 연구소라는 단체들에 돈을 약간 지원해 주면 지구 온난화 따위는 존재하지 않는다고 말해 줄 '생물학 매춘업자', 다시 말해 가짜 과학자로 연구소를 가득 채울 수 있습니다." ▪

여행 가이드

무슨 생각이었을까?

얼마 전 알바트로스가 나오는 영화를 하나 찍었습니다. 새끼들에게 줄 먹이를 찾기 위해 남극해와 남극 대륙을 돌아다니던 알바트로스가 새끼의 입에 넣어 준 '음식'은 전부, 몽땅 다 플라스틱이었습니다. 비슷한 현상이 태평양 주변 어느 곳에서든 발생하고 있습니다. 땅에서 먹이를 구하는 새들은 모이를 모아서 새끼에게 가져다줍니다. 모은 '먹이'는 플라스틱이고, 플라스틱은 영원히 그 자리에 있을 것입니다. 우리는 한때 말했지요. '굉장해. 인류는 절대 부술 수 없는 새로운 화합물을 발견해 냈어.'라고요. 단 한 사람도 '어이, 만약 계속 플라스틱을 만들어 낸다면 세상은 어떻게 될까?'라는 질문을 던지지 않았어요. 이상하지 않나요?
— 데이비드 애튼버러 경, 동식물학자

한 토막의 과학 상식

플라스틱은 세계 해양에 존재하는
해양 파편 중 약 80퍼센트를
차지하는 것으로 추정된다.

생각해 보자 ▶ 마그마로 태평양의 쓰레기를 싹 치워 버릴 수 있을까?
마그마로 태평양의 쓰레기를 없앤다니, 이야말로 현재 우리에게 정말 필요한 창조적 사고의 일환이군요. 어떻게 해야 플라스틱을 정말로 없애 버릴 수 있을까요? 물론이죠. 플라스틱을 모아서 섭입대[6]에 갖다 놓은 다음에 플라스틱을 지구의 맨틀로 보내 버리는 거죠. 저는 이 생각에 완전히 찬성이에요, 실제 무슨 일이 일어나는지 자세히 알 수만 있다면 말이죠. 제게는 이 생각이 전혀 헛소리처럼 들리지 않는 걸요. — 데이비드 그린스푼 박사, 우주 생물학자

그냥 나무를 더 심으면
안 될까?

나무는(물론 다른 식물도) 이산화탄소를 흡수하고 산소를 내뿜습니다. 그러므로 너무 많은 이산화탄소가 지구에 온난화를 초래하는 지금, 나무를 많이 심으면 지구에 도움이 되지 않을까요? 불교계의 영적 지도자인 걀왕 둑파 법왕은 몇년 전, 괄목할 만한 프로젝트를 시작했습니다. 바로 매년 자원 봉사자 수천 명이 히말라야 라다크 지역[7]에 모여 묘목과 나무를 심는 것입니다. 자원 봉사자들은 2012년 한 해에만 한 시간에 거의 10만 그루의 나무를 심었다고 합니다!

나무를 심는다는 일 자체는 무척 간단합니다. 만약 현명하게 계획을 세워서 나무를 심는다면 생태계는 더 좋은 쪽으로 변해 갈 수도 있습니다. 한 가지 일을 통해 문제를 해결하는 방식이라면 응당 그러하듯이, 나무를 심는 일의 영향은 환경적으로나 시간적으로나 제한이 있을 수밖에 없습니다. 나무는 인간의 기준에서 보면 자라는 데 아주 긴 시간이 걸릴 것입니다. 새로 나무를 심다 보면 의도하지 않은 결과를 초래할 수도 있습니다. 혹시 새로 심은 나무 때문에 공간이 줄어 기존에 있던 나무가 모조리 죽어 버리는 것은 아닐까요? 새로 심은 나무와 기존에 있던 나무가 자원을 얻기 위해 경쟁하는 과정에서 좋지 않은 일이 생길 수도 있겠고요. 넓은 공간에 한 종류의 나무를 심다 보면 질병이 발생하거나 해충이 들끓는 것은 아닐까요? 하지만 궁극적으로 나무 심기 행사는 더 나은 미래를 위한 훌륭한 시작점이 되어 줄 것입니다. ■

나무를 더 심는 것이
유일한 해법은 아닐 수도 있다.

"지하에서 많은 양의 물을 퍼 올리다 보면 결함이 있는 부분이 느슨해지고, 지각이 이동하고, 그 결과로 지진이 발생합니다. 다행히 셰일 가스 시추 과정에서 발생하는 지진은 대개 얕은 곳에서 일어나고, 규모 또한 작은 편입니다. 심지어 시추 과정에서 발생하는 지진이 사실 좋은 현상이라는 주장도 있습니다. 지진이 지각에서 결함이 있는 부분 주변에 생겨난 압력을 풀어 주는 역할을 할 수도 있기 때문입니다. 소규모 지진이 일어나지 않는다면 계속 압력이 쌓여 그로 인해 더 큰 규모의 지진이 발생할 수도 있으니까요. 셰일 가스 시추와 지진 이야기는 우리가 어떤 일을 시작할 시점에는 몰랐던, 의도치 않은 결과가 생겨날 수도 있음을 시사합니다. 지구를 강렬한 방식으로 변화시킬 수도 있듯이 말입니다."

—데이비드 그린스푼 박사, 우주 생물학자

공해에 세금을 매기면 오염 문제가 해결되지 않을까?

세계 전역에서 탄소 배출권은 일상 생활의 일부가 되었습니다. 정부나 기업은 이산화탄소 배출량을 줄이는 조치에 대한 대가로 재정 보조를 받을 수 있습니다. 보조받은 재원을 사용해 정부나 기업은 그들이 계속해서 사용하고 싶은 탄소 배출 방식으로 탄소를 배출합니다. 탄소 배출권은 탄소 배출을 낮은 수준으로 유지하는 수단입니다. 탄소 배출권은 일부 국가에서는 경제 및 생태 역학에서 빼놓고 생각할 수 없는 존재가 되었습니다. 탄소 배출권은 미국에도 도입될 수 있을까요?

빌 나이는 앞으로 어떤 일들이 생길지에 대해 다음과 같이 소개합니다. "석유 회사 및 화석 연료 회사 들이 이미 비슷한 정책을 도입하고 있습니다. 회사들은 경제 모형에 따라 탄소 배출량 1톤당 40달러의 추가 금액이 들 것으로 예상하고 있습니다. 만일 탄소 배출권이 도입된다면 이산화탄소를 많이 배출하지 않는 국가들은 탄소가 많이 함유된 수입품에 대해 관세나 수수료를 부과할 것입니다. 탄소 배출권만 도입한다고 '다 잘될 거야.'라고 낙관할 수는 없습니다. 탄소 배출권은 해결책의 일부일 뿐입니다." ■

기본으로 돌아가기

지구를 완전히 망가뜨린 인류가 다른 행성으로 탈출한다면?

닐이 트위터에 올린 대로 "#인터스텔라의 미스테리: 웜홀을 통해 지구를 탈출하는 것이 지구를 고치는 것보다 더 나은 미래라니, 상상이 잘 안 된다." 순전히 과학적 관점에서만 생각한다면 지구를 고치는 것은 다른 행성으로 이동하는 것보다 훨씬 적은 양의 에너지를 요하는 일이다. 빌 나이는 말한다. "한 동네를 완전히 더럽히고 다른 동네로 이사를 가면서 동네를 확장하는 전통이 전진을 계속하고 있군요. 인류는 앞으로 더 나은 환경 지킴이가 되어야만 합니다. 감히 말하자면 닐, 우리는 세상을 바꾸어 가야만 해요."

한 토막의 과학 상식

중국, 미국, 유럽 연합, 인도, 러시아, 인도네시아, 브라질, 일본, 캐나다, 멕시코 등 주요 탄소 생산국들이 기후 변화를 줄이기 위해 협력한다면 전 세계 온실 기체 배출량의 70퍼센트 이상에 영향을 미칠 수 있을 것으로 예상된다.

생각해 보자 ▶ 유전자 변형 생물로 환경을 보호할 수 있을까?

유전자 변형 생물로 환경을 보호하고자 하는 첫 시도를 하기 적절한 장소라면, 석유가 유출된 지역에 석유를 대사할 수 있는 세균을 만드는 일 아닐까요? 아주 근사한 방식으로 유전자 변형 기술을 적용해서 환경을 보호할 수 있는 길 같은데요. 유기물을 대사하는 세균을 사용하고, 황산 등 유정[8]에서 배출되는 모든 물질은 그냥 두었다가 해저로 가라앉히는 거죠. — 과학 아저씨 빌 나이

과학에 대한 보고

기후 변화에 대한
논쟁은
과학적인가?

언론인들은 양쪽 편의 이야기를 다 들어보는 것이 중요하다고 생각합니다. 과학 분야에서 또한 압도적인 증거에 의해 명확한 합의가 도출될 때까지는 경쟁 구도에 있는 가설도 고려됩니다. 과학 전문 기자인 마일스 오브라이언[9]은 기후 변화에 대한 토론에서 우리가 어디쯤에 있는지에 대해 다음과 같이 말합니다. "어떤 사안에 대해서는 전 세계 과학 공동체의 95퍼센트가 한쪽 입장을 지지하는 경우도 있습니다. 지금 기후 변화에 대해 이야기를 하면서 고전적으로 언론인들이 따라왔던 '양측 입장에 똑같은 시간을 드리겠습니다.'라는 관습을 따르는 것이 과연 공정한 판단일까요? 양쪽 입장에 똑같은 시간을 배분하는 것이 진리에 부합하는 것일까요? 절대 그렇지 않다고 생각합니다. 사실을 말씀드리자면 기후 변화에 대해 논하며 양쪽 입장을 똑같이 대우한다는 것은 진리를 호도하는 것이며 잘못된 믿음, 또는 감히 말씀드리자면 거짓을 영속화하는 길입니다. 과학이라는 심판관이 바로 여기 있는데 말이지요."

> "과학적인 논쟁이란
> 더 이상 존재하지 않습니다.
> 정치적 논쟁이 있을 뿐입니다.
> 돈을 두고 하는 논쟁이
> 있을 뿐입니다. 우리가 돈을
> 어떻게 써야 하는지,
> 우리가 무엇을 해야 하는지에
> 대한 논쟁 말입니다.
> 하지만 과학적인 논쟁이란
> 존재하지 않습니다.
> 이제 그냥 그만하자고요."
> ─마일스 오브라이언,
> 과학 전문 기자

기후 변화라는 주제에 대한 자료는 지구가 점점 뜨거워지고 있으며 인류가 지구 온난화에 기여하고 있음을 분명하게 보여 줍니다. 증거에 대해 가장 공정하게 평가한 결과는 바로 이것입니다. ■

과학자 전기
👓
교황은 왜 기후 변화에 관해
이야기하는가?

프란치스코 교황[10]은 아르헨티나의 부에노스 아이레스에서 호르헤 마리오 베르고글리오라는 이름으로 태어났다. 그는 신학교에 입학하기 전 화학 기술자로 일한 적이 있다. 교황이 세계의 기후 변화 및 기후 변화가 빈민에게 미치는 악영향에 대해 이야기하면, 어떤 이들은 과학에 관심이 있는 종교 지도자에 대한 회의감을 갖기도 한다. 반면 다른 이들은 박수 갈채를 보내기도 한다. "이성과 신앙의 양립은 불가능하지 않습니다. 논리와 신앙도 양립 가능합니다. 자연히 프란치스코 교황님은 신앙심에서 비롯된, 자연계에 대한 깊은 관심을 가진 분입니다. 하느님의 피조물에 대해 더 잘 알고 싶어하시지요. 화학을 전공하지 않을 이유가 없겠지요?"라고 예수회 신부 제임스 마틴[11]은 말한다.

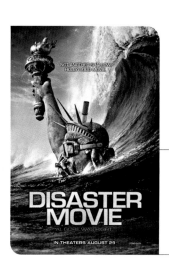

생각해 보자 ▶ 재난 영화가 토론의 방향을 좌우하게 될까?
지구 온난화로 인한 황량한 미래를 묘사한 영화가 있다면 사람들의 마음을 크게 움직일 수 있을지도 모른다. "재난 영화에 등장하는 종류의 사건들은 학계나 다른 업계의 사람들이 '재난 포르노'라고 부를 만한 사건들이지요."라고 앤드류 프리드먼 기자는 설명한다. "미묘한 것보다 엄청난 것에 이끌리기 쉬운 법입니다." 진실성을 유지하면서도 사람들의 관심을 끄는 일이야말로 도전이 필요한 과제이다. 과장을 거칠 때마다 실제적 위협이 훨씬 더 비현실적으로 느껴지기 때문이다.

스타 토크 라이브!: 우리 세기의 폭풍

화석 연료의 연소를 그만두게 할 해결책은 있을까?

어떤 사람들은 화석 연료를 인류의 미래에서 추방해야 한다고 합니다. 천체 '에너지' 학자인 닐 디그래스 타이슨 박사는 말합니다. "그들의 말에 따르면 인류는 에너지 소비를 악마화하기에 이른 것 같습니다. 제 생각에는 딱히 좋은 자세 같지는 않지만요. 무엇인가를 악마로 만들고자 한다면 당신의 주변 환경을 바꾸고 있는 바로 그것을 악마화하면 됩니다. 우주에는 무한한 에너지가 있습니다. 무한한 별빛 세례를 받으며 우주의 진공을 통과해서 방금 지구별에 도착한 우주인에게 지구에서는 석유를 채굴하기 위해서 사람들이 서로를 죽인다는 이야기를 해야 한다면 참 부끄러울 것 같습니다. 화석 연료를 태우는 것을 중지하는 것이 과연 해결책일까요? 아니면 화석 연료의 문제점을 해결할 수 있는 다른 방법은 없을까요? 이를테면 자동차가 말을 완전히 구식 교통 수단으로 만든 것처럼 말이지요."

▶ 석유를 태워서 좋은 점은 무엇일까?

사실 석유를 태워서 생길 수 있는 좋은 일들은 차고 넘칩니다. 우선 석유는 겨울에 우리를 따뜻하게 해 주고, 여름에는 시원하게 해 줍니다. 석유 덕분에 다양한 교통 수단을 통해 가까운 곳은 물론 먼 곳으로도 이동할 수 있습니다. 석유는 인류의 생산성을 증대시켰고, 지역 경제 및 세계 경제에 기여할 수 있게 해 주었습니다. 문제는 석유 사용이 환경에 미치는 중장기적(현재부터 인간 세대 기준으로 두어 세대 정도, 그보다 약간 더 긴 시간 동안의) 영향이 석유를 태워서 얻게 되는 단기적인 이익을 거의 무효화시킬 만큼 위험하다는 것입니다.

▶ 혁신적인 방법을 고안해 석유 사용을 중단할 수 있도록 한다면 어떨까?

많은 사람들이 바로 그 목표를 실현하기 위해 노력하고 있습니다. 테슬라 모터스[12]와 스페이스 엑스[13]의 창업자 일론 머스크[14] 또한 같은 목표를 향해 노력하고 있습니다. "운송을 위해서 연소되는 석유에 대한 해결책을 찾지 못한 채 석유가 고갈된다면 경제는 붕괴할 것이고 인류 문명은 우리가 알고 있듯이 종말에 다다를 것입니다. 궁극적으로 이유 여하를 막론하고 인류는 석유로부터 벗어나야만 합니다." ■

"왜 선캄브리아 시대[15] 이래로 땅속에 묻혀 있던 엄청난 양의 이산화탄소를 더해서 대기와 해양의 화학적 조성을 바꾸는 이 정신 나간 실험을 하고 있는 거죠? 미친 짓입니다. 역사상 가장 멍청한 실험이고요."

— 일론 머스크,
테슬라 모터스와 스페이스 엑스의 창업자

대폭발 때문에 기술의 발전은 필수 불가결해졌을까?

20세기에 일부 과학자들은 '인류 원리'에 대해 신중하게 고민하기 시작했습니다. 만일 우주가 존재하지 않는다면 인류는 존재하지 않을 것이라는 생각 자체에 대해 고민을 하기 시작한 것이지요. 혹시 우주의 탄생 때문에 인류는 지금껏 우리가 해 온 일들을 할 수밖에 없게 된 것일까요? 우주 태초의 시기 이래로 일어난 모든 일들, 즉 대폭발 이후로 일어난 모든 일들은 이미 예정되어 있었던 것일까요?

만일 그렇다면 인류가 발명하거나 발견한 모든 것들 역시 태초로부터 결정되어 있었던 것일까요? 불을 다룰 수 있게 되었고, 바퀴를 발명해 냈고, 그 후 최초의 자동차를 만들었고, 또 타자기를 만들었고, 또 번개같이 빠른 컴퓨터를 만들어 낸 것 등 인류의 모든 발명과 발견 모두가 말이지요. 우주 생물학자인 그린스푼 박사를 비롯한 많은 명석한 연구자들은 감히 이 난해한 질문에 용기 있게 뛰어들었습니다. 그린스푼 박사가 생각해 낸 최선의 해답은 다음과 같습니다.

"대폭발은 자연 법칙이 작용되도록 시동을 걸었습니다. 일부 행성에서는 자연 법칙이 생명의 진화를 이끌어 내는 방향으로 작용한 것으로 추측됩니다. 일부 행성에서 사는 것이 복잡하다 보니 기술이 발달하게 되었다고 저는 생각합니다. 그러니까 어떤 의미에서는 대폭발이 기술을 미리 정해 놓은 것 같습니다. 하지만 이 행성에서 그랬는지는 확실히 모르겠고요. 이 행성에서 기술이 발달한 양상 그대로의 양상이 정해져 있었던 것인지 또한 확실히 모르겠네요."

"네, 그렇습니다. 저는 기술이 우리가 가진 문제를 치유하는 데 사용될 수 있다고 생각합니다. 하지만 기술만이 문제를 치유하는 해결책은 아닙니다. 우리가 스스로를 더 잘 이해하고 더 현명하게 관리한다면 많은 문제의 해결책은 자연히 따라오게 될 것입니다. 하지만 스스로에 대해 더 많은 지식을 쌓는다는 것은 자연에 대한 지식, 자연을 어떻게 다룰 것인가에 대한 지식과 밀접하게 연관되어 있습니다. 그러니까 기술은, 네, 대폭발이 점지해 준 것이 맞네요. 기술이 어느 정도 해결사 역할을 해 줄 것도 같고요. 고마워요, 대폭발." ■

"대폭발이 일어날 때, 아주 작은 부피에 엄청나게 높은 에너지가 들어 있었고, 온도는 아주 뜨거웠습니다. 에너지의 양이 너무나 컸기에 물질이 에너지로부터 생겨났지요. 그 결과 우리는 수프를 갖게 되었습니다. 물질과 반물질 수프 말이지요."

— 닐 디그래스 타이슨 박사

광섬유도 대폭발 때문에 어쩔 수 없이 생겨난 것인지도 모른다.

"숲이 계절의 변화에 어떻게 반응하는지 한번 생각해 보세요. 숲에서는 1년 동안 여러 번의 변화가 일어납니다. 도시를 한번 살펴본다면, 음, 여러분이 살고 있는 도시도 계절에 따라 변화를 하나요? 우리는 우리가 사는 도시가 계절과 상관없이 같은 상태를 유지하는 것을 순순히 받아들이는 경향이 있습니다. 생각해 보면 도시가 계절에 따라 변하지 않아야 할 이유는 없는데 말이지요."

— 멜리사 스테리,[16] 미래학자

일론 머스크와 함께하는 인류의 미래

너무 비싼
전기 자동차와
태양광 패널

전기로 모든 것을 할 수 있다면 참 근사할 것입니다. 하지만 미래를 위해 설비를 개편하는 데는 아주 많은 비용이 듭니다. 천체 '예산' 학자인 닐 디그래스 타이슨 박사는 다음과 같은 질문을 던집니다. "그렇다면 계획은 갖고 있으신가요? 어떤 계획을 갖고 계시지요? 석유값이 싼데다가, 제가 갖고 있는 태양광 패널[17]보다 석유가 가격이 더 저렴한데 사람들이 많은 돈을 써 가면서 태양광 패널을 살 것이라고 생각하는 것은 헛된 기대 아닐까요? 돈이 많은 사람이라면 휘발유를 적게 쓰는 차를 살 수 있겠지만, 휘발유를 적게 쓰는 차는 휘발유를 아낌없이 쓰는 차보다 비싸잖아요."

닐은 과학 아저씨 빌 나이에게 질문을 던졌습니다. 어떻게 하면 사람들이 전기 자동차와 태양광 패널을 살 수 있겠냐고요. 빌 나이는 대답했습니다. "사람들이 지금 살고 있는 방식대로 계속 살아가기를 원한다면 아마 전기 자동차와 태양광 패널을 살 수밖에 없을 텐데요."

"배기 가스 관련 기준이나 비슷한 다른 규칙들에 대해 사람들은 불평을 늘어놓고는 합니다. 기후 변화에 관해서 제가 꼭 말씀드리고 싶은 중요한 이야기는 이겁니다. 현재의 정부 규제에 반대하신다고요? 정말로 상황이 나빠질 때까지 한번 두고 보시든가요. 플로리다 사람들이 집을 버리고 떠나야만 하고, 마이애미의 절반이 물속에 잠길 것입니다. 이런 큰 일이 벌어지고 나면 비로소 규제가 생기겠지요." ■

기본으로 돌아가기

에너지 저장 문제,
해결책은?

화석 연료 대비 경쟁력을 갖추려면 태양광이나 풍력 발전에 일관성, 신뢰성, 통제 가능성이 보장되어야 한다. 하지만 예기치 못한 상황에 날씨가 흐리거나 바람이 멈춘다면? 전기 자동차의 운행 거리는 제한되어 있다. 다음 충전 때까지 연료를 충분히 저장해야 한다는 문제가 있기 때문이다.

사실 작고 가볍고 대용량의 충전식 배터리가 있다면 두 문제는 해결될 수 있지만 완벽한 해결책은 아니다. 오늘날 전기차에 탑재되는 배터리는 1.8~3.6킬로그램 정도로 1.6킬로미터 거리를 갈 수 있다. 대형 충전소는 배터리로 가득 찬 대형 창고에서 관리할 수 있는 양보다 훨씬 많은 전력을 유지 분배할 여력이 있어야 한다.

낙관적 전망에 따르면 10년 후에는 현재의 리튬-이온 배터리가 신기술인 리튬-공기 배터리[19]로 대체될 것이다. 이것은 오늘날 사용 중인 배터리보다 80퍼센트 가벼울 것이다. 그러나 10년 동안 또 다른 일들이 생길 수도 있다.

태양광 전지[18] 지붕이 달려 있는 전기 자동차.

"마야 달력[1]을 읽어 보셨지요? 묵시록에 대해서도 들어 보셨을 테고요.
머릿속에서 이 단편적인 실마리들을 연결하는 큰 그림이 그려지시지 않나요?
자, 이제 곧 당신은 세상에 종말이 온다는 확신을 갖게 되실 것입니다."

— 닐 디그래스 타이슨 박사, '종말론' 학자

5장

지구의 종말은 과연
우리가 알고 있는 대로일까요?

아마겟돈.[2] 라그나로크.[3] 이 세상의 '마지막' 날. 어쩌다가 인류가 단체로 죽음을 맞이하는 날이 미신, 신화, 예언의 연대기 속에서 이토록 인기 많은 소재가 된 것일까? 종말론적 충동에 대해 연구하는 심리학자들에 따르면 어차피 저 세상에 갈 운명이라면 혼자서 쓸쓸하게, 다른 이들이 몰라주는 죽음을 맞이하느니 영광의 불길 속에서 인류가 모두 함께 죽는 편이 낫겠다고 생각하는 사람들이 꽤 많다고 한다.

인류 문화의 초창기에 모든 것을 파괴했던 주체는 바로 자연 재해였다. 인류는 이내 자연의 힘에 대해 이해할 수 있게 되었고, 사람들은 이를테면 기원후 1000년에 풀려나서 세상을 파멸에 치닫게 할 마귀 따위의 초자연적인 존재에 이끌리게 되었다. 현대 사회에서 종교적인 상징물들은 유사 과학으로 대체되는 중인 것 같다. 유사 과학에 심취한 사람들은 과학적 개념과 그럴싸한 문구들을 조합해서 현실 속에 등장할 것 같기도 한 허구적 시나리오를 만들어 낸다.

그렇다. 인류는 실제로 위험 상황과 대면하고 있다. 인류는 우리가 당면한 위험에 대비해 공부도, 준비도 할 수 있다. 어떻게 하면 진실과 엉터리를 분별해 낼 수 있을 것인가? 과학에 대한 소양으로 무장한다면 두려움 없이 미래와 마주할 수 있을 것이다.

인류는 지구라는 행성에서
종말을 보고 있는 중인가?

때가 가까웠노라?

어떤 이들은 성경 속 예수님이 다시 오는 날을 세상의 종말을 알리는 즐거운 사건으로 생각하고, 그날을 기다린다. 하지만 닐은 전혀 그렇게 생각하지 않는 것 같다. "예수님이 다시 오실 때가 언제일지를 가늠하는 일에 있어, 인류는 몹시 비참하게 실패한 과거가 있습니다. 그런데도 포기를 못 하는 것은 적어도 제 판단에는, 무의미한 것 같군요."
예수의 재림은 우리가 알고 있는 세계의 종말에 관한 다양한 해석 중 단 한 가지에 불과하다. 자, 장렬히 어긋났던 지구 종말에 대한 또 다른 여러 가지 예언들에 대해 함께 알아보자.

◀ 행성 정렬 1962년

행성 정렬[4]이 발생한 날, 지구와 달의 거리 또한 최고로 가까워졌다. 때문에 미국 동부 지역에서는 강풍과 심한 풍랑 등의 기상 현상이 발생했다. 기상학자들이 그럴 리 없다고 주장했으나, 많은 이들이 당시의 수해 경보를 지구 종말의 전조로 착각했다.

▶ 천국의 문 사건 1997년

'천국의 문'이라는 종교의 신자들은 혜성의 꼬리에 숨어 있는 우주선이 자신들을 우주로 실어 갈 것이라고 믿고 있었다. 헤일-봅 혜성[5]은 이름답게 지구 상공을 통과했고, 39명의 신자들이 자살하는 비극적인 사건이 발생했다.

◀ Y2K 2000년

컴퓨터가 1999년에서 2000년으로의 변화를 처리할 수 없을 것으로 우려되었다. 컴퓨터의 실패로 말미암아 은행부터 공항, 원자력 발전소에 이르기까지 모든 곳에서 대재앙이 발생할 것으로 예측되었다. 수백만 달러가 Y2K를 대비한 업그레이드에 사용되었다. 하지만 결과적으로 1/1/00, 00년 1월 1일은 무사히 왔다가 무사히 지나갔다.

엘레닌 혜성

▲ 엘레닌 혜성 2011년

엘레닌 혜성[6]이 지구에 점점 가까워 오자, 어떤 사람들은 사실 니비루라는 악성 행성이 지구에 근접하고 있고, 니비루의 도래가 지구를 파괴할 것이라고 주장했다. 그러나 엘레닌 혜성은 심지어 지구에 도달하기도 전에 산산조각 나부서졌다.

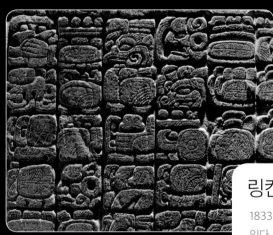

▶ 마야력 2012년

고대 마야 문명기에 사용되었던 달력의 일부가 2012년 12월 21일, 우주의 주기에 종말이 닥칠 것임을 암시한다는 루머가 있었다. 그날, 지구가 어떤 방식으로 멸망할 것인가에 대한 다양한 설 또한 떠돌았다. 아무 일도 벌어지지 않았다.

링컨이라면 어떻게 했을까?

1833년의 사자자리 유성우[7]와 링컨에 얽힌 흥미로운 일화가 있다. 닐의 이야기를 들어보자. "마을에 성경에 통달한 목사님이 있었죠. 성경의 요한 계시록에는 종말의 때에 하늘로부터 별이 떨어져 지구로 내려온다고 나와 있다고 합니다. 유성우를 본 목사님은 집집마다 문을 두드렸고, 링컨에게도 '때가 가까웠노라. 회개하라,'라고 했다네요. 집에서 뛰쳐나온 링컨도 하늘에서 아름다운 유성우를 보았습니다. 하지만 늘 보던 익숙한 북두칠성이나 북극성이 제자리에 그대로 있음을 알아차립니다. 그래서 집으로 돌아가 다시 잠을 잤다더군요. 천체 물리학을 알면 좋은 점이 많습니다. 링컨은 책을 많이 읽은 사람이었나 봅니다. 적어도 이야기 속 목사님보다는요." ■

▶ 핏빛 달 예언 2015년

기독교 목사 2명이 2015년 9월 27일과 28일에 일어날 월식 기간에 요한계시록에서 세계의 종말을 의미한다는 '핏빛 달의 예언'이 실제로 발생할 것이라고 주장했다. 하지만 그런 일은 생기지 않았다.

우주 탐구 생활: 우리 별 지구

지구 자기장의 N극과 S극이 바뀌면 살아남을 수 있을까?

자기장에도 자석처럼 N극과 S극이 있습니다. 오랜 시간에 걸쳐서 자기장은 극성, 즉 어느 방향이 N극이고 S극인지가 바뀌는 현상을 겪습니다. N극이 S극이 되고, 남쪽은 북쪽이 됩니다. 태양의 N극과 S극은 11년에 한 번씩 바뀝니다. 화석의 흔적을 추적해 본 결과 과거에 지구 또한 이와 같은 현상을 여러 차례 겪었던 것으로 추정됩니다. 가장 최근에 지구의 극성이 바뀌었던 것은 약 80만 년 전이라고 합니다.

> "화석이 남긴 흔적을 한번 보시죠. 가장 최근에 극성 때문에 자기장이 0이 된 동안에도 아기들은 잘만 태어났습니다. 그러니까 증거에 입각해 생각해 보면 자기장 0의 상태는 우리가 상상하는 만큼 심각한 상황인 것 같지는 않네요."
> ─ 닐 디그래스 타이슨 박사

최근에 과학 위성이 지구의 자기장에 약간의 변화가 있었음을 측정한 이후, 종말론을 주장하는 사람들은 지구의 자기장의 N극과 S극이 역전될 것이라고 주장하기 시작했습니다. 자기장의 극성이 완전히 역전되는 순간, 지구의 자기장은 태양풍으로부터 지구를 보호할 수 있는 능력을 잃게 될 것이라고 합니다. 그 결과 지구 생명체들은 모두 쓸려 없어지고 말 것이라고요.

정말 이런 일이 생길 가능성이 있을까요? 전혀 그렇지 않습니다. N극이 S극이 되고, S극이 N극이 된다고 해서 자기장이 사라지지는 않습니다. 자기장의 양극이 향하는 방향이 아주 느리고 불규칙하게 바뀔 뿐입니다. 그렇다 보니 자기장이 갑자기 조금 약해지는 등 자기장의 세기에 변화가 생길 수는 있습니다. 혹시 그런 일이 생긴다고 할지라도, 지구의 대기는 태양풍을 견디기에 충분한 보호 능력을 갖고 있으므로 인류에게 큰일이 일어나지는 않을 것입니다. 지구 자기장의 극성 변화는 단순한 자연 현상입니다. 이는 우리 별 지구가 갖고 있는 단순한 특성이며, 지구의 문제점이라고 볼 수는 없습니다. ■

지구 자기장은 말굽 자석보다 더 복잡하다.

우주 탐구 생활: 마야 문명의 종말과 다른 재해

반대폭발은 존재할까?

수십 년 전 인류는 우주가 팽창하고 있다는 것을 알게 되었습니다. 하지만 우주가 영원히 팽창을 계속할 것인지, 아니면 팽창을 멈추고 격한 붕괴를 가져올 '대수축'[8]의 국면으로 돌아설 것인지에 대해 알지 못했습니다. 우주의 팽창 속도는 ① 현재 우주의 팽창 속도 ② 우주의 물질 밀도 ③ 우주 상수(아인슈타인이 팽창하지 않는 우주를 모형화하기 위해 최초로 제안한 이론적 효과)라는 세 가지 변수의 조합으로 결정됩니다. 1990년대에 천문학자들은 허블 우주 망원경,[9] WMAP(윌킨슨 마이크로파 비등방성 탐사선[10]), 플랑크 우주 망원경[11] 등을 사용해 세 가지 변수를 차츰 더 정확하게 측정할 수 있게 되었습니다. 그 결과 오늘날 우주에서 대충돌은 발생하지 않을 것이라는 데 대부분 동의하고 있습니다.

"모든 데이터는 우주의 팽창은 영원히 계속될 것이며, 우주는 팽창하는 속도를 늦추지 않을 것이며, 붕괴하지도 않을 것임을 보여 줍니다. 계속되는 우주 팽창이 많은 이들의 철학적 믿음에 실망감을 불러올 수도 있습니다." 천체 '실망' 학자 닐 디그래스 타이슨 박사는 말합니다.

실망감이라고요? 어쩌면 그럴 수도 있겠군요. 특히 유통 기한이 있는 우주를 좋아한다면 말이지요. 반면 시간이 영원히 계속될 것이라는 생각 자체를 좋아한다면 과학적 사실이 실제로 위안을 줄 수도 있겠네요. ▦

많은 사람들이 인류가 일찌감치 망할 것이라는 이론을 내세웠다.

기본으로 돌아가기

조 로건의 빅뱅 머신

빅뱅 머신에 대해서 좀 알 것도 같아요. 어쩌다 이런 생각을 하게 되었냐면요. 과학자들은 누가 대폭발을 시작했는지 전혀 모르고 있는 것 같아서요. 그래서 생각을 좀 했죠. 140억 년 전에 살던 과학자들이 어느 날 빅뱅 머신을 만들었습니다. 그중 한 사람이 그래요. '버튼을 누를 거야.' 그가 버튼을 누르자, 모든 것이 다시 시작되었습니다. 바로 인류의 순환입니다. 단세포 생물이 생겨납니다. 그 후 다세포 생물이 생기고, 의식을 지닌 존재가 생기고, 빅뱅 머신을 만드는 법을 알아내는 자폐 장애가 있는 생물이 생기고, 결국 버튼을 누르는 데까지 가죠. 140억 년마다 이 빅뱅 머신 때문에 우주가 생겼다가 없어지기를 반복해요. 영원히. — 조 로건,[12] 코미디언, 「더 조 로건 익스피리언스」 사회자

"우리는 반(反)대폭발이 이미 일어났는지
일어나지 않았는지의 여부를 아직
알지 못합니다. 혹시 알아요? 대으깨기나
대짜내기가 일어났을지도요."
— 닐 디그래스 타이슨 박사, 천체 '대으깨기' 학자

빛이여 임하소서

우주는 불로 망할까, 얼음으로 망할까?

"누군가는 세계를 끝내는 것은 불꽃이라 말한다. 그러나 누군가는 얼음이라고도 말한다." 시인 로버트 프로스트[13]는 사랑과 증오에 대해 은유적으로 노래한 바 있습니다. 하지만 천체 물리학적 배경 속에서 그의 시 구절을 우주의 운명에 적용해 볼 수도 있습니다. 천체 '불 좀 끄자' 학자 닐 디그래스 타이슨 박사는 설명합니다. "우주의 온도를 측정하세요. 이 온도를 사람들은 우주 배경 복사라고도 합니다. 실제로 우주에다가 온도계를 넣고 우주의 온도를 측정할 수도 있습니다. 우주의 온도는 절대 영도보다 3켈빈 정도 높습니다. 우리 우주의 나이는 약 140억 년입니다. 280억 세가 되면 우주의 온도는 1.5켈빈으로 떨어질 것입니다. 우주의 온도는 시간이 흐를수록 낮아져 절대 영도에 가까워질 것입니다.

"우주의 온도는 점점 더 차가워질 것입니다. 별들은 갖고 있던 연료를 점점 잃어 갈 것이고, 결국에는 연료를 전부 소진하고 말 것입니다. 그러고 나서 잔해 속에 물질이 남아 있을 것입니다. 차가워져서 죽은 별

> "금속을 움직인다면, 그 결과로 전류를 만들어 낼 수 있습니다. 전류가 있는 곳에는 자기장도 있습니다."
> — 닐 디그래스 타이슨 박사, 천체 '자기장' 학자

들이 남긴 흔적이지요. 일단 에너지원이 사라지면 별들은 하나둘씩 그 빛이 꺼져갈 것이고, 은하도 어두워지며, 우주는 남아 있는 영겁의 시간 동안 어두운 채로 남아 있을 것입니다."

네, 그게 다입니다. 불 끄라고요? 하긴, 우리가 아직 영원한 어둠으로부터 적어도 수십억 년쯤 떨어져 있긴 하네요. ■

여행 가이드

태양 확장과 지구 자기장 손실 중 무엇이 먼저일까?

철과 니켈 등으로 구성된 지구의 핵[14]에서 소위 '대류 전류'[15]라 불리는 내적 움직임이 멈추면 지구 자기장도 급격히 약해질 수 있다고 한다. 최근 연구 결과에 따르면 거대한 유성과 충돌하는 등 충격으로 인해 대류 전류가 영향을 받을 가능성도 있으나, 대부분의 경우 대류 전류는 다시 흐르게 될 것이라고 한다.

한편 우리는 태양이 지금으로부터 약 50억 년 후 적색 거성으로 변하고 결국 지구를 삼켜 버릴 것이라는 사실 또한 잘 알고 있다. 그럼 어떤 일이 먼저 일어날까? "아마 지구가 죽기 전에 다이너모[16]를 잃게 될 것입니다. 다이너모는 철이 녹아서 움직이는 것을 지칭하는 용어입니다." 닐은 설명한다.

답변, 또는 뭘 좀 아는 사람만 할 수 있는 추측: 자기장이 먼저 사라진다.

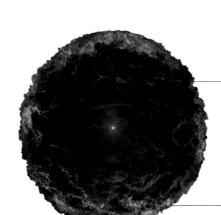

생각해 보자 ▶ 인류는 태양이 불타 없어지는 것을 막을 수 있을까?

막지 못한다. 태양이 1000분의 1초 동안 생산하는 에너지의 양은 문명사를 통틀어 인간이 만들어 낸 에너지 양을 모두 더한 것보다도 더 많다. 천체 물리학적으로 말하자면 별에 질량을 더해 핵융합이 계속되도록 유지하는 것은 가능하다. 어떤 별이 다른 별에 떨어져서 두 별이 병합되는 상황이 온다면 질량이 더해지고 핵융합이 계속될 것으로 추측된다. 인류가 이런 일을 스스로 할 수 있게 되는 날이 온다면, 인류는 엄청나게 진일보한 존재가 되어 있을 것이므로, 태양이 없어진다 하더라도 충분히 살아남을 수 있지 않을까?

인류는 공룡이 맞이했던 운명을 피해 갈 수 있을까?

허버드 박사는 전문성을 갖고 있습니다. 그는 NASA의 화성 탐사 프로그램을 운영했고, NASA 산하 우주 생물학 연구소 창립자이며, 파괴자 소행성을 탐지하는 센티넬 미션 설계자이기도 합니다. 그런데 말이지요. 허버드 박사는 공룡을 모독하지 않습니다. 공룡은 1억 5000만 년이 넘는 시간 동안 지구를 지배했습니다. (인류가 지구를 지배한 지는 채 500만 년도 되지 않았지요.) 6500만 년 전 폭이 16킬로미터쯤 되는 운석이 지구 표면에 추락하게 됩니다. 운석의 추락은 공룡의 운명을 봉쇄해 버린 진화론적 한 방이 있지요.

공룡은 도구나 기계류를 만들 수 있을 정도로 고도화된 문명을 발달시키지 못했습니다. 하지만 인류는 다릅니다. 그러므로 오늘날 우리는 적어도 살인 운석이 지구를 강타하기 전 미리 위협을 알아낼 수 있습니다. 만일 살인 운석을 발견하면 무엇을 할 수 있을까요?

천체 물리학자 마인저 박사는 살인 운석을 공격해서 부숴 버리면 된다고 말합니다. "운석을 때려서 지구에 충돌하지 않고 빗나가

> "공룡의 멸종 이유는 공룡이 우주 개발을 하지 않았기 때문일 것입니다."
> — G. 스칸 허버드 박사 전문학자 및 항공 공학자

도록 만드는 옵션이 있습니다. 그냥 때려 버리는 거죠. 실제로 2005년에 딥 임팩트[18] 미션에서 비슷한 일이 생긴 적이 있었습니다. 혜성과 우주선이 박치기를 했어요. 두 물체를 충돌시키면 그중 한 물체를 궤도로부터 이탈시킬 수 있습니다. 충분한 시간만 주어진다면 말이에요."

아니면 색칠을 해 버리는 옵션도 있습니다. 네, 정확히 읽으신 것 맞습니다. 아무래도 닐이 자신의 예술적인 면모를 우리에게 보여 주고 싶은 모양이네요. 닐은 어떻게 하면 살인 운석을 색칠해서 인류의 멸망을 방지할 수 있는지에 대해 다음과 같이 설명합니다. "운석은 색이 짙기 때문에 흰색으로 칠을 하면 햇빛을 반사하게 될 것입니다. 운석 표면에서 반사되는 햇빛은 운석에 약간의 추진력을 더할 것이고, 지구에 해를 끼치지 않는 길 쪽으로 운석을 이동시킬 수도 있을 것입니다. 그런데 문제가 있습니다. 운석을 밝게 칠해서 얻게 되는 추진력이 그다지 강하지 않을 것이라는 것입니다. 추진력이라고 해 봤자 운석을 아주 살짝 밀어낼 수 있을 정도일 것입니다." ■

공룡이 멸종하던 무렵, 큰 비가 퍼붓듯 소행성들이 지구에 떨어졌다.

우주 탐구 생활: 마야 문명의 종말과 다른 재해

우주적 규모에서도 크기가 정말로 중요할까?

만일 지구를 타격하는 물체의 크기에 관해 논하는 것이라면, 크기가 정말 중요하다는 사실을 상기할 필요가 있습니다. 수많은 것들이 지구에 계속 날아와 부딪칩니다. 별로 큰 것들이 지구로 떨어지지 않은 덕분에 우리 인류가 충돌을 그다지 느끼지 못하고 넘어가는 것뿐입니다. 닐은 설명합니다. "지구는 하루에만도 수백 톤의 유성의 틈바구니를 헤치고 나가는 중입니다. 심지어 일부 유성은 낮 시간 동안 지구로 떨어집니다. 날이 밝아서 보이지 않은 것뿐이지요. 낮 시간이 지나고 밤이 오면 하늘을 한번 보시

> "제가 제일 좋아하는 소행성은 아포피스[19]입니다. 아포피스는 지구 방향을 향해 오고 있는 로즈 볼[20]만큼 큰 소행성입니다. 그리고 아포피스는 2029년 4월 13일에 지구와 충돌하지 않을 것입니다. (혹시 궁금하실까 봐 알려 드리는데 그날은 금요일입니다.)"
> ― 닐 디그래스 타이슨 박사

겠어요? 하늘이 흐린가요? 하늘에 구름이 잔뜩 끼어 있나요? 흐린 날씨나 구름 때문에 지구로 떨어지는 유성이 보이지 않았을 수도 있습니다. 지구로 떨어지는 유성 중 대부분은 불타서 없어 집니다. 우리가 흔히 별똥별이라고 부르는 것이 불타는 유성이지요. 하지만 일부 유성은 지구 표면에 착륙할 수 있을 만큼 크기가 큰 경우도 있습니다. 그렇게 유성은 운석이 되는 것입니다."

네, 그렇네요. 설명을 듣고 보니 크기는 정말 중요한 것 같습니다. 아파트 건물만 한 물체가 지구를 때린다면 도시 전체가 평평해지고 말 것입니다. 하지만 지구를 때리는 물체의 너비가 1.6킬로미터 정도 된다면, 인류 문명은 위험에 처하고 말 것입니다. ■

> "1900년 사람들에게 인류 최대의 걱정거리가 무엇인지에 대해 물어본다면, 아마도 인구 과잉이라거나 식량 부족 같은 문제에 대해 이야기했을 것입니다. 그 시대 사람들은 소행성을 두려워하지 않았습니다. 지금으로부터 한 세기가 지난 후, 사람들에게 인류의 삶에 가장 큰 위험 요소가 무엇인지에 대해 물어본다면 그들은 어떻게 대답할까요? 전혀 모르겠네요. 그러므로 우리는 저 세상 밖에 무엇이 있는지에 대해 배워 나가야만 합니다."
> ― 닐 디그래스 타이슨 박사

생각해 보자 ▶ 그냥 브루스 윌리스[21]를 파견하면 안 될까?

영화 아마겟돈[22]에서 구 석유 노동자 현 우주 비행사들은 줌 아웃 화면을 보면서 소행성이 지구 방향으로 오지 않도록 밀어내기 위해 엄청난 핵폭발을 일으켰다. 과연 현실에서도 이런 일이 일어날 가능성이 있을까?

에이미 마인저 박사: 시간만 충분하다면 간단한 운동 충격으로 소행성을 지구와 충돌하지 않도록 밀어낼 수 있습니다.

척 나이스: 건강이랑 똑같네요. 조기에 발견하는 것이 핵심이겠군요.

"1910년 핼리 혜성[23]이 왔을 때, 사람들은 혜성의 꼬리에서 사이아노젠[24]을 처음 발견했습니다. 당시 사람들은 지구가 혜성의 꼬리를 통과하며 지나가고 있다고 알고 있었고, '우린 이제 다 죽겠구나.'라고 말했지요."

— 닐 디그래스 타이슨 박사

스타 토크 라이브!: 샌프란시스코 코미디 페스티벌 2015

러시아 첼랴빈스크 폭발

2013년 2월, 폭이 약 15미터에 달할 것으로 추정되는 혜성, 또는 소행성이 지구의 북극 지역 상공에 나타났습니다. 다행스럽게도 해당 천체는 높은 고도에서 폭발했습니다. 만약에 천체가 폭발하기 전에 지면에 닿았다면 시카고 정도의 넓이에 이르는 땅 위에 있는 나무며 건물은 전부 초토화되어 납작하게 찌그러져 버렸을 것입니다. 스캇 허버드 박사의 설명에 따르면 천체가 다른 양상으로 폭발했더라면 더 심각한 피해 상황이 생겼을 수도 있다고 합니다. "첼랴빈스크[25] 폭발은 약 1000가구에 손해를 입혔습니다. 폭발은 약 18킬로미터 상공에서 발생했습니다. 고공에서 폭발물이 터진 후 낙하하는 듯한 양상이었지요. 약 1100명의 부상자가 병원으로 이송되었지만 사망자는 없었습니다. 킬로미터 단위로 크기를 잴 수 있는 소행성에 대해 논한다면, 공룡의 멸망과 같은 종족의 멸망에 대해 이야기하는 것과 마찬가지입니다. 약간 내려가서 100미터 정도 되는 소행성에 대해 이야기한다면 도시 하나를 망가뜨릴 만한 대재앙에 대해 이야기하는 것과 마찬가지입니다. 좀 더 규모가 작은 30~50미터 되는 소행성이라면 쓰나미를 일으키겠지요. 이처럼 지구 근처에 있는 천체라면 우주 공간에 100만 개쯤은 있을 가능성이 있습니다." ■

체바르쿨 호수[26]의 얼음을 뚫고 낙하한 운석 조각의 흔적.

기본으로 돌아가기

과학적 소양이란?

과학에 대한 소양은 육감과 비슷하게 작용한다. 육감이란 우리가 보고 듣는 것들이 그럴듯한지 아니면 말도 안 되는 것인지에 대한 직관적 느낌이다. 닐은 말한다. "상식과는 달리 과학적 소양이란 두뇌가 어떻게 질문을 던지도록 되어 있는가와 관련이 있습니다. 실제로 우주가 어떻게 작동하는지에 대해 연구를 하다 보면 세계가 끝날 것이라고 굳게 믿는데다 당신을 자기네 집단에 끌어들여서 돈이라도 좀 뜯어내 보려고 하는 돌팔이들에 맞서서 예방 주사를 맞는 사람의 입장이 되기도 합니다."

정말로 다행인 점은 과학적 소양이 초자연적 존재가 선사하는 선물이 아니라는 것이다. 누구나 과학적 소양을 기를 수 있다. 우선 수 개념을 키우면 된다. 얼마나 큰지, 얼마나 많은지, 얼마인지 등에 대한 개념 말이다. 그러고 나서 숫자와 사실을 쓸 만한 정보로 재구성할 줄 알아야 한다. 즉 어떻게 자료를 해석해야 하는가, 또는 해석하지 말아야 하는가에 대해 알아야 한다. 마지막으로 주장을 검증하거나 반박하기 위해 자료를 수집하거나 종합하는 방식을 배워야 한다. 질문하는 것을 두려워하지 말아야 한다. 과학적 소양을 지닌 사람이라면 본능적으로 의심을 품게 된다. 의심을 품는 사람일수록 사실에 대해 바르게 알고 있을 가능성이 높다.

영화 속 시간 여행

핵폭탄이
폭발하다

최후의 심판에 관련된 수많은 가상 시나리오 중 적어도 한 가지는 어느 정도 현실적인 것도 같습니다. 세계의 무기고에 수납되어 있는 핵폭탄 2만여 개 중 상당수가 폭발한다면 폭 1.6킬로미터 정도의 소행성이 지구와 충돌하는 정도의 에너지가 방출될 것으로 예상됩니다. 1990년대 냉전 시대가 종식될 때까지 사람들은 핵전쟁의 위험에 대해 걱정하며 밤잠을 설치기도 했지요. 핵전쟁이 일어나서 인류가 멸망할 가능성에 대한 우려가 요즘 들어 약간은 줄어들었을지도 모르지만 핵폭탄 폭발로 인한 지구 종말의 가능성은 여전히, 실제로 존재합니다.

> "공기, 그러니까 팽창하는
> 공기가 생겨날 것입니다.
> 팽창된 공기는 세상
> 모든 것들을 바람 속에
> 휘몰아치게 할 것이고,
> 우리 인류는 바람 속의
> 티끌 신세가 되겠지요."
> — 닐 디그래스 타이슨 박사

핵탄두는 우라늄과 플루토늄 같은 큰 원자들이 붕괴되거나, 수소 같은 작은 원자들이 융합하며 발생하는 핵분열이 지닌 힘을 이용하는 무기입니다. 핵분열이나 핵융합은 물질을 에너지로 변환하는데, 이때 발생하는 에너지는 감마선[27] 에서부터 전파[28]에 이르기까지 다양한 파장을 지닌 빛이나, 충격파, 바람 등의 운동 에너지 형태로 발산됩니다. 핵분열과 핵융합은 심지어 핵탄두가 폭발한 지 수 년 후, 또는 심지어 수 세기 동안 남는 방대한 양의 방사성 물질을 생산합니다. 이와 같은 방사성 물질은 인류의 건강에 장기적 위협을 가할 수 있습니다. ■

원자 폭발 및 원자 폭발로 인한 충격파.

> "빛, 엄청나게 강렬한 빛이 날 것입니다.
> 그 빛으로 인해 인류는 증발하고 말 것입니다.
> 그냥 사람이 녹아 버릴 수준의 빛이 날 것입니다.
> 사람이 바짝 타 버릴 수준의 빛 말입니다. 그러고 나서
> 충격파가 도래하겠지요. 음속[29]으로 이동하는
> 충격파가 모든 것들을 갈가리 찢어 놓을 것입니다."
> — 닐 디그래스 타이슨 박사

ㅋㅋㅋㅋㅋ ▶ 닐, 코미디언 척 나이스와 함께

닐: 전 좀비가 공룡보다 무서워요. 이빨이 커다랗고 몸집도 커다란 공룡 말이에요. 그런데 공룡은 소행성의 공격에서부터 살아남지는 못했지요.

척: 그래서 지금 공룡은 지하에 살고 있는 겁니다. 이제 공룡은 그냥 기름일 뿐인걸요.

닐: 머지않아 공룡은 탄소 발자국을 증가시키면서 생태계에 해악을 끼쳐 나갈 것입니다. 공룡의 복수가 현실이 되는 것이지요. 사실 우리가 요즘 사용하는 기름은 주로 식물성 기름이지만 말이에요.

일론 머스크와 함께하는 인류의 미래

인공 지능은 인류에게
진정 두려운 존재인가?

월-E[30]부터 스카이넷[31]에 이르기까지, 인간이 창조한 인공 지능(AI) 시스템의 장점 및 위험성에 따라 인공 지능의 위험성에 관련된 의견은 상당히 달라집니다. 테슬라 모터스와 스페이스 엑스의 창업자인 일론 머스크와 인공 지능 아저씨 빌 나이는 다음과 같은 서로 다른 두 가지 견해를 제시합니다.

머스크는 말합니다. "오늘날의 인공 지능에 대해 저는 큰 우려를 갖고 있습니다. 제 생각에는 말이지요. 인공 지능이야말로 핵무기보다 더 위험할 수도 있다고 생각합니다. 인공 지능이 최적화하고자 하는 것은 무엇일까요? '인간의 행복을 위한 최적화'라고 쉽게 단언해서는 절대 안 됩니다. 왜냐하면 인공 지능이 인간의 행복을 위해 최적화된다면 불행한 인간을 말살한다거나, 인간을 모두 강제로 납치, 감금한 후 도파민[32]과 세로토닌[33]을 뇌에 직접 주사하는 일이 생길지도 모릅니다. 조심, 또 조심해야 합니다."

빌 나이는 인공 지능에 대해 조금 더 낙관적인 견해를 내놓습니다. "컴퓨터가 사람만큼 똑똑하다면야 당연히 특이점이 올 수도 있다고 봅니다. 하지만 컴퓨터니 양자 계산[34]이니 하는 것들은 모두 전기를 사용해서 돌아갑니다. 만일 로봇이 중국 서부에 나타났는데, 거기에 전기 플러그가 없다면 어떻게 될까요? 로봇은 별로 생산적이지 않을뿐더러 세상을 지배할 엄청난 존재가 될 수도 없을 텐데요. 인공 지능 말고도 인류가 걱정해야 될 것들이 많고 많습니다."

언젠가 인공 지능이 자연적으로 탄생한 지능을 지닌 존재와 똑같아지는 날이 올 수도 있겠지요. 인공 지능과 자연에 존재하는 지능을 지닌 존재, 이 둘 중 어떤 것이 더 위험할까요? ■

인공 지능을 설계하기 위해서는 인간의 지능과 감정을 정의해야만 한다.

여행 가이드

왓슨은 정말 똑똑한가?

IBM의 왓슨[35]은 퀴즈 프로그램 「제퍼디!」[36]에 출연할 수 있도록 프로그램되었고, 인간 경쟁자들을 상대로 낙승을 거두었다. 허니비 로보틱스[37] 회장인 스티븐 고어밴은 말한다. "왓슨이 지능을 가졌다고 생각하지만, '거의 인간에 가까운 존재'라고 생각하지는 않습니다. 축적된 지식과 체계적인 능력에는 정도의 차이가 있겠지요. 예술의 영역에서는 인간과 인공 지능의 차이가 확연하게 드러나지 않을까요?"

그렇다면 지능을 정의하는 자는 누구인가? 닐과 스티븐은 둘 다 아는 것도 많고 똑똑하다. 하지만 「제퍼디!」에 나간다면 왓슨과는 상대도 되지 않을 것이다. 왓슨이 닐과 스티븐을 '거의 왓슨에 가까운 존재'라고 부르지는 않겠지만 말이다.

"알고리듬을 사용하지 않으면서도 빠르고 재귀적으로 자기를 개선할 수 있는 딥 디지털 지능이 있다면, 그 디지털 지능은 스스로를 더욱 더 스마트하게 만들기 위해 24시간 쉬지 않고 수백만 대의 컴퓨터를 사용해 가며 프로그램을 다시 짜기를 끊임없이 반복할 것입니다. 글쎄요. 그게 전부이려나요. 만일 이런 상황이 생긴다면 인류는 애완견인 래브라도 강아지 같은 신세에 처하고 말겠지요. 만일 인류에게 운이 좀 따라 준다면요."

— 일론 머스크, 테슬라 모터스와 스페이스 엑스의 창업자

누가 더 위험한가: 인간 대 시아노박테리아?

남조류[38]라고도 불리는 시아노박테리아[39]는 광합성을 한 지구 최초의 유기체입니다. 광합성이란 이산화탄소와 물을 결합해 식재료가 되는 당 화합물을 합성하는 과정입니다. 우주 생물학자 데이비드 그린스푼 박사는 설명합니다. "시아노박테리아는 약 22억 년 전에 광합성을 하도록 진화되었습니다. 아마도 세균들은 이렇게 생각했겠지요. '우와, 이곳에는 햇빛이라는 대단한 에너지원이 있구나! 근사한데.'

미생물은 엄청나게 많고, 그래서 강력하다.

> "흥미롭게도 말입니다. 인류는 지구에 도래한 첫 번째 종도 아니고 에너지 자원을 찾는답시고 우리 별 지구를 망가뜨려 버렸습니다."
> ─ 데이비드 그린스푼 박사, 우주 생물학자

그러고 나서 시아노박테리아가 발생시킨 산소가 공기를 오염시키기 시작합니다. 그 결과로 어마어마한 재앙이 발생하죠. 시아노박테리아 때문에 당시에 지구에 살고 있던 생물 종 대부분이 거의 멸종하고 맙니다."

시아노박테리아의 존재 덕분에 광합성의 부산물인 산소라는 기체는 결국 지구 대기의 이산화탄소를 대체했습니다. 지구상에 존재하던 원시 생물이 산소를 사용하도록 진화하는 데는 오랜 시간이 걸렸습니다. 산소는 현대의 지구에 존재하는 수많은 미생물들에게 치명적인 존재입니다. 하지만 시아노박테리아가 공기를 오염시키는 데는 아주 긴 시간이 걸렸습니다.

시아노박테리아가 지구의 환경에 미친 영향과 오늘날의 우리가 직면하고 있는 기후 변화를 한번 비교해 볼까요? 온실 기체 때문에 지구의 대기는 급격히 변화하고 있습니다. 좋든 나쁘든 인간은 단지 몇 세기 만에 시아노박테리아가 수십억 년에 걸쳐 해 온 일을 달성한 것 같기도 하네요. ■

한 토막의 과학 상식

지구에는 추정치 기준 2000~8000종의 시아노박테리아가 존재한다. 시아노박테리아는 지구상에 존재하는 모든 종류의 생태계에서 생존할 수 있다고 한다.

ㅋㅋㅋㅋㅋ ▶ 코미디언 마이클 체와 함께
암소가 뀌는 방귀가 모든 것을 망치고 있다고 들은 것 같은데요. 그런데 정말 세상이 암소의 방귀로 망한다면 너무 황당하지 않나요? 만약에 말이죠. 고대의 서적에 이렇게 써 있다고 한번 상상해 보세요. 때가 오면 세상의 모든 암소가 동시에 방귀를 뀔 것이며, 이로써 인류는 멸망에 이를 것이다? 어째 지어낸 이야기보다도 더 이상한 것 같은데요?

우주 탐구 생활: 마야 문명의 종말과 다른 재해

태양 플레어와
인류 종말의 날

태양 플레어는 태양으로부터 주기적으로 발산되어 복사 에너지 및 태양 입자를 태양계로 내뿜습니다. 태양 플레어가 인류를 멸종시키지는 않을 것 같지만 강한 태양 플레어가 전기 시스템에 지장을 초래할 수는 있습니다. 닐은 말합니다. "태양 플레어가 특별히 강력한 경우, 하전 입자는 지구 대기권의 하층부까지도 도달할 수 있고, 인류가 사용하는 통신 위성에 영향을 미칠 수 있습니다. 인공 위성은 전류로 가동됩니다.

> "우리의 시스템이 대응할 수 없는 방식으로 지구의 기후가 변화한다면 세계 곳곳에서 수없이 많은 목숨을 잃게 될 것입니다. 특히 우리가 우리 자신을 위해 창조해 낸 시스템의 균형과 안정성에 얼마나 크게 의존하고 있는지를 고려한다면 말이지요."
>
> — 닐 디그래스 타이슨 박사

만일 전하가 전기 장치 근처에 돌아다니게 되면 합선이 일어날 수 있습니다. 엄청나게 거대한 태양 플레어 때문에, 통신이 완전히 먹통이 될 수도 있고요. 태양 플레어가 아주 낮은 곳까지 도달해서 합선을 일으키면 전기 그리드[40]도 영향을 받을 수 있습니다. 최고의 기술자들이 태양 플레어가 일으키는 장애에 대비하고 있지만, 인류는 여전히 태양 플레어의 영향권에 있습니다." ■

여행 가이드

금성의 온실 효과가
또 일어날까?

연구 결과에 따르면 한때 금성에도 바다가 있었으나 모두 끓어 없어졌다. 걷잡을 수 없는 온실 효과로 인해 금성의 표면 온도는 점점 상승해 섭씨 약 480도에 이르렀다. "최악의 상황을 가정해 봅시다. 만일 인류가 지구에 있는 석탄 전부, 역청탄 전부를 태우고 지구가 산산조각 날 때까지 셰일 가스를 뽑아냈다면 말입니다. 인류로 인해 지구가 금성같이 되어 버리는 것은 아닐까요?" 우주 생물학자 그린스푼 박사는 묻는다. "사실 어떤 일이 생길지는 아무도 모릅니다. 다양한 견해가 존재할 수 있어요. 지금 논의 자체가 탁상공론일 수도 있습니다. 바다가 다 끓어 없어질 지경인 온실 속으로 지구를 몰아넣지는 않는다고 할지라도 말입니다. 인류가 생존할 수 없는 지경에 처할 때까지 지구를 몰아붙일 테니까요."

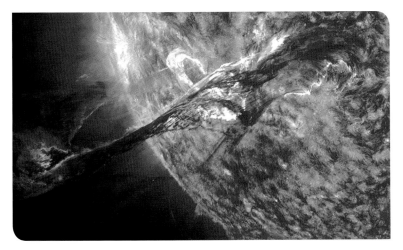

태양 플레어는 태양의 표면에서부터 수천 킬로미터에 이르는 거리까지 뻗어 나갈 수도 있다.

> "나는 인류를 위해 일어서고 싶습니다. 인류는 이처럼 대화를 나누고 있습니다. 인류는 우리가 지구에서 담당하는 역할에 대해 점차 깨달아 가는 중입니다. 바로 이런 점이 인류와 다른 생물의 차이점이 아닐까요? 인간은 미물이지만, 똑똑합니다."
>
> — 데이비드 그린스푼 박사, 우주 생물학자

3부

인류
LTT

||||||||||||||||||||||||||||||||||||||||||||||||

인류는 건설자이다. 인류는 많은 것들을 창조했다. 인류는 달 위를 걸었다.

공동체를 건설했고, 거대한 도시와 위대한 기념비들을 만들었다.

웃고, 노래하고, 놀고, 먹고, 마시고, 사랑을 나눈다. 인류로 살아간다는 것은

실로 엄청난 일이다! 인류는 무너뜨린다. 인류는 파괴자이다. 인류는 생태계를 초토화했다.

전쟁을 일으켰고, 도시를 폐허로 만들었고, 끔찍한 폭력을 저질렀다. 울고, 비명을 지르고,

싸우고, 토하고, 목을 조르고, 서로를 증오한다. 인류로 살아간다는 것은 이토록 무서운

일이다! 인류는 어쩌다가 이렇게 된 것일까?

앞으로 인류는 어떻게 변해 갈 것인가? 인류로 살아간다는 것이 어떤 것인지,

참된 의미를 이해하고 있는 인류만이 이 질문에 대한 대답을 찾을 수 있을 것이다.

"바로 이 때문에 우리 모두가 세상에 존재하게 되었습니다. 바로 이 때문에 모든 생명체들이 존재하게 되었습니다. 이 행성에서 물리 법칙이 다윈이 말한 자연 선택을 통한 진화라는 놀라운 과정을 통해 우리와 같은 생명체를 만들어 냈다는 사실은 참으로 놀랍습니다."

— 리처드 도킨스 박사, 진화 생물학자

1장

인류가 원숭이로부터 진화했다면, 왜 지금도 지구상에 원숭이가 있나요?

자연 선택을 통한 진화 이론만큼 논란의 여지로 충만한데다 오해를 사기도 십상인 과학적 이론은 거의 없다. 자연 선택을 통한 진화가 우리를 더 좋은 생명체로 만들어 준 것은 결코 아니다. 자연 선택을 통한 진화는 우리를 변화시켰다. 자연 선택과 진화는 마지못해 일어나는 듯, 예측할 수 없이 시작되었다가 중단되기도 하고, 견디기 어려울 만큼 느린 속도로 인간을 변화시켜 왔다. 자연 선택을 통한 진화는 아주 잘 작동할 수 있고, 생명체를 아주 오랜 시간 동안 이 세상에 살아갈 수 있도록 할 수도 있다. 그러고 나서…… 저런! 자연 선택과 진화는 동일한 생명체가 계속 살아갈 수 있도록 절대 내버려 두지 않는다. 안타깝게도, 또 다른 어떤 종의 떼죽음을 통해 우리는 자연 선택과 진화의 또 다른 얼굴을 마주하게 된다.

그렇다. 인간은 원숭이로부터 진화했다. 인간은 원숭이로부터 진화했다는 명제에 동의하든 말든 진화론적으로 말하자면 인간이 원숭이보다 더 나아야 할 이유는 전혀 없다. 인간과 원숭이는 그저 다를 뿐이다. 지구에는 여전히 원숭이가 살고 있으며, 원숭이는 숲에서 살기에 적합하도록 진화했기 때문에 이 세상에 존재하는 것이다. (당연히 숲에서는 원숭이가 인간보다 훨씬 더 잘 살아갈 수 있다.) 우리는 이와 같은 진화론의 기본 전제를 기억하기 위해 노력해야만 한다. 진화론을 잊지 않을 때 우리는 우리가 무엇이고, 어디서 왔으며, 어디로 가고 있는지에 대해 더 잘 이해할 수 있을 것이다. 우리가 가고 있는 그곳이 우주일 수도, 텔레비전 앞일 수도 있겠지만.

인류와 고릴라는 수백만 년 전, 공통 조상으로부터
별개의 종으로 분리되었다.

한 토막의 과학 상식

한때 지구에 존재했던 모든 생물 종 중에서 99.9퍼센트 이상은 멸종했다.
그럼에도 불구하고 현재 지구에는 800만여 종의 생물이 살아가고 있다.

스타 토크 라이브!: 리처드 도킨스와 함께하는 진화 이야기

다윈의 자연 선택 이론은
어떤 이론인가요?

진화 생물학자 리처드 도킨스[1] 박사는 컴퓨터를 예로 들어 번식과 진화에 대해 다음과 같이 설명합니다. "생명체 내에는 마치 컴퓨터 언어처럼 무척 정확하고 오류와 왜곡이 없는 정보가 존재합니다. 이 정보는 세대를 걸쳐 한 세대에서 다음 세대로 복제되어 전달됩니다. 각 세대 내에서 복제되어 전달되는 정보에 따라 생명체의 신체가 발달하게 됩니다. 즉 프로그램의 운명은 프로그램이 내장되어 있는 생명체의 운명에 달려 있습니다."

지구상의 생명체에서 실행되는 이 프로그램은 생명체의 DNA로 암호화되어 있습니다. 만약 프로그램이 성공적으로 실행된다면 생명체는 번식할 수 있고 프로그램 또한 생명체의 자손을 통해 생존할 수 있습니다. 만일 원본 프로그램이 완벽하게 복사되지 않았다면 자손 세대에서는 부모 세대의 생명체와는 또 다른, 새 생명체가 탄생할 것입니다. 세대를 걸쳐 일어난 변화가 생명체의 재생산을 돕게 된다면 변화한 프로그램은 다음 세대를 통해 살아남을 것입니다. 이 과정은 수천 세대의 후손이 태어날 때까지 계속 반복되며, 그 결과로 오늘날 지구상에는 엄청나게 다양한 생명체들이 발견되는 것입니다. ▣

갈라파고스 제도[2]에서 발견되는 특징적인
종인 다윈의 되새[3] 종 중 하나.

기본으로 돌아가기

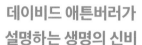

데이비드 애튼버러가
설명하는 생명의 신비

아주 짧은 기간에 놀랍도록 상세한 방법으로 생명의 역사를 시간 순서대로 훑어볼 수 있습니다. 생명체가 깊은 바닷속에서 발생했다는 것은 이미 아시고 계시겠지요. 심해에서 발생한 생명체로부터 다양한 유형의 무척추 동물, 조개류, 갑각류, 새우류 등이 발생합니다. 척추가 있는 어류가 생겨나는데, 땅 위로 나와 살게 되는 척추가 있는 어류는 젖은 피부의 양서류가 됩니다. 젖은 피부의 양서류의 피부가 마르고, 파충류가 생겨납니다. 파충류 중 일부는 비늘이 있는 가죽을 깃털로 바꾸어 새가 됩니다. 파충류 중 다른 일부는 깃털 대신 털을 갖게 되고 포유류가 됩니다. 생명의 역사는 이와 같이 진행되어 왔습니다. 이 큰 틀에 원하시는 만큼의 살을 붙여 가면서 생명의 역사를 훑어보세요. ─데이비드 애튼버러 경, 동식물학자

"우리는 인간의 생애 동안 새로운 종류의
곤충이 탄생하는 장면을 목격했습니다.
이론은 예측을 가능하게 하고, 바로 이곳에서
이론이 예측한 바가 실제가 되었습니다."
─ 진화론 아저씨 빌 나이, 런던 지하철 모기[4]에 대해서

중력은 지구에서 일어난 진화에 어떤 영향을 끼쳤을까?

지구 중력은 우리가 지금 알고 있는 삶의 배경을 결정하는 데 중대한 영향을 미쳤습니다. 중력이 있었기에 우리 별 지구 표면에 존재하는 물이 액체 상태로 존재하고 유지될 수 있을 만큼의 압력이 생성될 수 있었습니다. 물이 아래로 흐르며 빨라지는 현상 덕분에 지구상에는 다양하고 중요한 물질이 존재할 수 있게 되었습니다. 특히 암석, 탄소, 물 등의 중요한 물질이 탄생할 수 있었지요. 위에서 아래로 흐르며 빨라지는

아이작 뉴턴이 중력에 대해 생각하고 있다.

물의 흐름 덕분에 탄생한 물질들은 지표면 근처에서 위아래로 순환을 거듭했고, 흐르는 물은 생명의 태동기에 필수 불가결한 원료 성분들을 혼합하는 역할을 했습니다. 달의 중력 역시 진화에 중요한 역할을 했습니다. 많은 생물학자들은 밀물과 썰물 덕분에 점차 습한 환경에서부터 건조한 환경으로 변해 가는 생태계가 만들어졌고, 그 결과 수중 생물이 육지 생물로 진화하는 과정이 촉진되었을 것으로 가정하기도 합니다.

일상 생활에서 생명체가 중력에 의해 지대한 영향을 받는 것은 아닙니다. 예컨대 연못 한 방울 속에서 돌아다니는 세균은 중력보다는 물의 표면 장력과 더욱 단단히 밀착되어 있습니다. 세균의 질량은 작고, 중립 부력을 갖고 있습니다. 반면 대부분의 생명체는 중력의 영향을 심오하게 느끼고 있습니다. 일반적으로 말하자면 질량이 크면 클수록 중력의 영향을 더 많이 받는다고 할 수 있습니다.

대화

왜 인간에게는 날개가 없을까?

닐

> 날개가 있다는 것이 번식에 유리하다는 뜻은 아닐 텐데요.

리처드 도킨스

> 현존하는 인간 크기 생명체에 새의 날개가 달려 있다면 땅바닥에서 날아오를 수조차 없을 겁니다.

유진 머먼

> 요정처럼 몸 크기에 비해 커다란 날개를 가진 인간은 생겨날 수 없나요?

빌 나이

> 인간도 모든 생명체와 똑같이, 물리적 법칙의 한계 속에서만 존재할 수 있습니다.

"왜 인간에게 날개가 없냐고요?
날개가 없는 편이 사는 데 유리하기 때문입니다.
날개는 인간의 삶에 도리어 방해가 될 수 있습니다."
— 리처드 도킨스, 진화 생물학자

생각해 보자 ▶ 진화론은 창조의 기적일까?

저는 진화론을 굳게 믿습니다. 진화를 믿을 수 없다는 사람들을 이해하지 못하겠어요. 신이 진화를 통해서 천지를 창조할 수 있다는 사실을 왜 납득할 수 없어 하는지, 1000만 년, 또는 1500만 년의 시간 동안 일어난 창조의 기적 또한 7일간 일어난 창조의 기적만큼이나 기적적이라는 것을 왜 사람들은 받아들이지 못하는 걸까요? — 제임스 마틴 예수회 신부

지구상에서 일어난 진화

오늘날 지구상에서 발견되는 생명체들이 얼마나 복잡한지에 대해 생각해 보자면 어떤 무엇인가가, 또는 어떤 누군가가 이 모든 것들을 사전에 계획했음에 분명하다고 믿고 싶어지기도 한다. 하지만 누군가가 미리 해 놓은 계획 같은 것은 필요하지 않다. 충분한 DNA, 환경적 조건, 시간, 일련의 환경 스트레스 요인을 합쳐 놓기만 하면 모든 것은 자연스럽게 생겨날 수 있다.

◀ 눈

광수용 세포[5] 다발에서부터 상세한 이미지를 생성하는 장기에 이르기까지의 진화 경로는 동물계에서 수십 여 번에 걸쳐 독립적으로 발생했다. 예컨대 문어의 눈에는 망막 뒤에 시신경 섬유가 있기 때문에 인간의 눈에 존재하는 맹점이 존재하지 않는다.

◀ 반향을 통한 위치 측정

돌고래는 헤엄치는 포유류이고, 박쥐는 날아다니는 포유류이다. 고래와 박쥐는 고음의 소리를 내고 소리의 울림을 감지하는 방식을 통해 먹이를 사냥하는 방식을 개발했다. 연구에 따르면 돌고래와 박쥐의 반향 위치 측정 능력은 서로 독립적인 방식으로 진화했다고 한다. 그러나 반향 위치 측정 능력과 관련된 진화는 동일한 유전자 변이를 기반으로 하고 있다.

◀ 늑대와 포메라니안

수천 세대에 걸친 진화와 번식은 무섭고 사나운 포식자인 늑대로부터 다양한 종류의 가축 개에 이르기까지의 종을 창조해 냈다. 귀엽고 깜찍하고 조그만 애완견 종류에 이르기까지 말이다.

▲ 침

일부 곤충의 암컷은 복부에 있는 침투성 부속 기관을 통해 알을 낳는다. 일벌(모두 암컷이다.) 또한 비슷한 기관을 갖고 있다. 하지만 일벌의 침은 알을 낳는 대신, 벌떼에서 알을 낳는 일을 담당하는 여왕벌을 지키기 위한 무기용 독을 쏘기 위해 존재한다.

◀ 기린

더 길고 뼈 개수가 더 많은 척추를 갖도록 진화한 아파토사우루스[6]나 바로사우르스[7]와 달리, 기린의 목뼈 수는 사람의 목뼈 수와 같다. 비로 이 목뼈의 차이로 인해 수백만 년에 걸쳐 목이 짧은 기린과 목이 긴 기린이 모두 생겨날 수 있었다.

◀ 영장류

공룡이 멸종되고 나서 지구상에는 최초의 초기 영장류[8]가 등장하기 시작했다. 약 1500만 년 전 유인원들의 진화적 분화가 시작되어 오늘날 존재하는 세 가지 종의 영장류 오랑우탄, 고릴라, 침팬지 및 인류로 나뉘게 되었다.

▲ 호모 사피엔스 대 네안데르탈 인

오랜 기간 동안 인류는 우리의 고대 조상이 네안데르탈 인이라고 생각했다. (인류 중 대부분은 사실 네안데르탈 인의 DNA 일부를 갖고 있다.) 하지만 최근의 과학적 검증의 결과 네안데르탈 인은 사실 우리 현생 인류가 속해 있는 사람과의 다른 종에 속할 가능성이 높다는 것이 밝혀졌다.

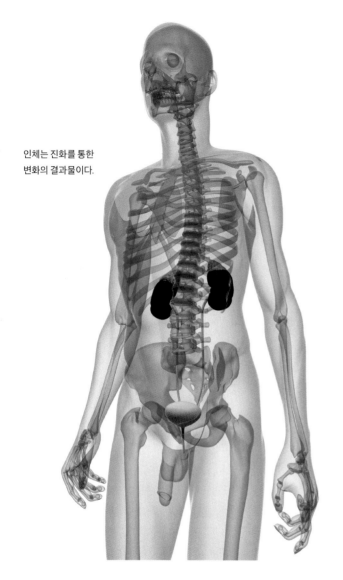

인체는 진화를 통한 변화의 결과물이다.

스타 토크 라이브!: 리처드 도킨스와 함께하는 진화 이야기

인체가 지적으로 설계된 이유는?

어떤 사람들은 자연 선택을 통해 진화가 발생했다는 것을 받아들이지 않습니다. 자연 선택과 진화를 믿지 않는 사람들 중 일부는 지적 설계라는 가설을 지지하기도 합니다. 생명은 복잡하고도 아름다워서 경이롭기 그지없으므로, 감수성이나 의식을 가진 어떤 존재가 의도를 가지고 모든 생명체를 만들어 낸 것임에 분명하다는 주장입니다. 만일 이것이 사실이라면 진화는 불가능할 것입니다. 왜냐하면 인간이라는 생명체처럼 복잡한 존재가 단순한 사고로 인해 우발적으로 생겨났을 리 없기 때문이지요.

과연 그럴까요? 인체는 잘 설계되어 있는 것이 맞나요? 사실 인체 중 일부는 디자인이 잘 되어 있는 것 같지만은 많다고 닐은 주장하네요. "어쩌자고 인간의 사타구니는 즐거운 놀이터 한복판에 하수 처리장이 있는 것 같은 모양새를 하고 있는 걸까요? 공학자라면 절대 이렇게 설계했을 리가 없을 거라고 저는 확신합니다."

"연료 탱크도 문제입니다. 연료 탱크용 노즐은 어쩌자고 공기 필터 바로 옆에 있는 걸까요?" 과학 아저씨 빌 나이도 동의합니다. 닐은 말합니다. "맞아요. 그러다 보니 몇몇 인류는 질식해서 죽기까지 하지요. 우리는 인체의 설계에도 불구하고 살아 있습니다." ∎

> "완벽하게 자연스러운 과정을 통해 이와 같은 웅대한 복잡성, 아름다움, 환상적인 디자인이 생겨난 것입니다. 한 세대에서 다음 세대에 걸친 아주 느린 변화에 의해 진화는 작동합니다."
>
> —리처드 도킨스 박사, 진화 생물학자

한 토막의 과학 상식

인간의 유전체[9]에는 유전자 약 2만 개가 들어 있다. 인류는 이 유전자 중 대부분이 과연 어떤 역할을 하는지에 대해 아직 거의 알지 못한다.

ㅋㅋㅋㅋㅋ ▶ 빌 나이, 코미디언 짐 개피건[10]과 함께

짐: 유전자가 있다면 왜 나는 열성 유전자만 잔뜩 갖고 태어난 걸까요? 대머리에, 근시, 뽀얗고 섹시한 피부까지 말이죠.

빌: 진화에 대한 주목할 만한 통찰 중 하나를 소개해 드리죠. 생명체는 그럭저럭 쓸 만하기만 하면 됩니다. 아, 짐 씨 개인에 대해 이야기하는 것은 아니고요. 우리 모두에게 해당하는 이야기입니다.

혹성 탈출

인간과 원숭이는 얼마나 유사한가?

현생 인류, 오랑우탄, 고릴라, 침팬지는 모두 동일한 유전적 조상으로부터 약 1500만 년 전에 진화했습니다. 고인류학자 이언 태터솔[11]은 다음과 같이 인간과 유인원의 행동을 비교합니다. "원숭이는 거울 속에 비친 자기의 모습을 알아봅니다. 원숭이는 공정함이라는 개념에 대해서도 생각할 줄 압니다. 확실히 애착도 갖고 있고요. 원숭이도 싫은 것은 확실히 싫어합니다. 긍정적이거나 부정적인 느낌을 느끼기도 하고요."

침팬지가 하고 있는 다음의 세 가지 행동을 한번 살펴보세요. 침팬지를 보고 있으니 혹시 아는 사람 누군가가 생각나지는 않나요? ■

편안하고 여유로워 보이는 침팬지. 입을 살짝 옆으로 벌리고 있다. 이것은 침팬지가 주변 환경에 대해 전반적으로 만족하고 있으며 마음이 편안하다는 뜻이다.

두 침팬지가 씨름을 하고 있다. 눈을 크게 뜨고 입을 가볍게 벌리는 것은 침팬지들이 적대감을 갖고 폭력을 행사하는 것이라기보다는 장난치며 놀고 있다는 뜻이다.

이를 넓게 드러내고 눈을 가늘게 떠서 눈이 조그만 구슬처럼 보이는 침팬지를 보면 조심하자. 이런 표정을 짓는 침팬지는 당신이 근처에 있는 것이 썩 마음에 들지 않는 것이다.

"나는 고민을 좀 해 보았다. 인간과 상당히 비슷한 생명체를 만들어 내고 싶었다. 그 인간 비슷한 녀석이 인간과 비슷한 짓을 하면 정말 웃길 것 같아서 말이다. 그래서 원숭이를 만들었다. 이것이 바로 영장류 전반에 대한 기본 원리이다. 원숭이 웃겨. 침팬지 웃겨. 고릴라 웃겨."
— @ THETWEETOFGOD

여행 가이드

침팬지 연기 비결

앤디 서키스[12]는 세계 최고의 모션 캡처 연기자 중 하나다. 모션 캡처 연기란 연기자의 움직임을 센서로 감지한 후 컴퓨터 생성 그래픽으로 변환하는 과정이다. 최근에 제작된 「혹성 탈출」[13] 영화에도 서키스의 움직임이 등장한다. 서키스는 기술의 진화 덕에 진화를 역행해 인류의 진화적 조상의 움직임을 재연하는 연기를 해낼 수 있었다고 한다. 「킹콩」[14]이 만들어졌던 시대에는 132개의 작고 둥근 3차원 센서를 얼굴 전체에 붙이고 연기를 했지요. 눈꺼풀에도 센서를 붙였어요. 얼굴 표정 캡처 기술은 엄청나게 진화하는 중입니다. 이제는 센서를 얼굴 곳곳에 붙이고, 머리에 착용하는 비디오 카메라를 사용해서 고성능 화면의 기준점을 잡습니다. (현재의) 기술은 이 정도 수준까지 와 있습니다. 하지만 곧 센서 대신 완전히 광학적인 방법으로 움직임을 캡처할 날, 또는 아무 장비도 없이 움직임을 컴퓨터 그래픽화할 날이 곧 올 것 같네요."

ㅋㅋㅋㅋㅋㅋ ▶ 크리스틴 샬과 함께

보노보들은 참 엄청납니다. 당신에게 올라타 붕가붕가를 하는 행위가 보노보의 말로는 '안녕'이라는 뜻입니다. 대단하지요. 혹시 인류가 옛날 옛적에 정글 속에서 보노보와 함께 살면서 보노보의 언어를 배운 것은 아닐까요. 보노보에게 있어 섹스는 의사 소통의 수단입니다.

평화주의자인 보노보는 서로의 털을 골라 주는 과정을 통해 유대감을 형성한다.

혹성 탈출

그냥 서로서로 잘 지내면 안 될까?

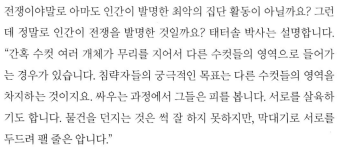

네안데르탈 인은 현생 인류의 조상인 호모 사피엔스와 전쟁을 했을 수도 있다. 만일 네안데르탈 인과 호모 사피엔스 사이의 전쟁이 실제로 일어났다면, 네안데르탈 인이 전쟁에서 패배했을 것으로 추측된다.

전쟁이야말로 아마도 인간이 발명한 최악의 집단 활동이 아닐까요? 그런데 정말로 인간이 전쟁을 발명한 것일까요? 태터솔 박사는 설명합니다. "간혹 수컷 여러 개체가 무리를 지어서 다른 수컷들의 영역으로 들어가는 경우가 있습니다. 침략자들의 궁극적인 목표는 다른 수컷들의 영역을 차지하는 것이지요. 싸우는 과정에서 그들은 피를 봅니다. 서로를 살육하기도 합니다. 물건을 던지는 것은 썩 잘 하지 못하지만, 막대기로 서로를 두드려 팰 줄은 압니다."

원한다면 진화의 사슬을 더 타고 올라가 볼 수도 있습니다. 개미 군락에서도 엄청난 전투가 벌어지고 있습니다. 개미의 일부 종은 그들이 정복한 군락의 일개미들을 노예로 삼아서 승리자 개미 군락을 위해 일하기를 강요하기도 합니다. 가끔 노예가 된 일개미들이 반란을 일으켜서 노예 일개미가 돌보아야 하는 유충을 죽여 버릴 때도 있습니다.

긍정적인 측면을 살펴보자면 보노보는 서로 참 사이좋게 지냅니다. 보노보는 함께 먹고, 함께 자고, 종종 성행위를 하는 등 집단 행동을 자주 하는 것으로 잘 알려져 있습니다. 보노보는 침팬지 속에 속합니다. 다른 어떤 동물보다도 인류와 유전적으로 가깝다는 의미이지요. ▪

우주 탐구 생활: 영장류의 진화

인간? 바나나?
침팬지?

인류의 DNA 중 절반 이상은 사실 바나나의 DNA와 동일합니다. 인간과 버섯의 유전적 유사성은 인간과 녹색 식물의 유사성, 또는 버섯과 녹색 식물의 유전적 유사성보다 훨씬 더 높다고 합니다. 사실 인류가 갖고 있는 유전 물질 중 상당 부분은 다른 생명체의 유전 물질과 동일합니다. ■

세균: 7퍼센트

겨자: 15퍼센트

회충: 21퍼센트

초파리: 36퍼센트

바나나: 60퍼센트

제브러 다니오[15]: 85퍼센트

고릴라: 98퍼센트

오랑우탄: 97퍼센트

침팬지: 99퍼센트

과학자 전기
👓
찰리 D는 어쩌면 그렇게 대단할까?

부유하고 교육 수준이 높은 영국의 가정에서 태어난 찰스 다윈의 부모는 찰스 다윈이 의학과 종교를 공부하기를 바랐고, 다윈은 부모님의 바람을 충실히 따랐다. 하지만 다윈은 과학의 길을 택하기로 다짐하고, 대학을 졸업한 후 영국 왕립 해군 군함 비글 호[16]에 몸을 싣고 비글호의 동식물학자로서 5년간 전 세계를 항해하게 된다. 여행, 수집품, 저작 덕분에 영국의 고향 집으로 돌아갈 즈음 그는 존경받는 동식물학자가 되어 있었다. 다윈은 18년간 진화론을 발전시켰으나 진화론이 엄청난 논쟁을 불러일으킬 것을 잘 알고 있었기에 진화론에 대한 저작을 출판하지는 않았다. 결국 당시 젊은 학자였던 앨프리드 러셀 월리스[17]가 자기도 진화론과 비슷한 이론에 도달했음을 다윈에게 알렸고, 두 사람은 동시에 그들의 이론을 발표했다. 1년 후 다윈은 후대에 엄청난 영향력을 미치는 『자연 선택에 의한 종의 기원』을 출간했다.

"정말, 다윈은 그냥 슬렁슬렁, 자기가 모아 놓은 수집품들을 보고 놀라운 결과를 도출해 냈죠. 세계를 변화시킨 결론이었어요. 존경할 수밖에 없죠."
— 빌 나이, 슬렁슬렁 아저씨

기술이
진화를 도울까?

원래 다윈이 고안한 자연 선택을 통한 진화론은 아주 초기 단계의 이론이었습니다. 비록 자연 선택을 통한 진화 이론의 근본 원리는 대체로 정확했지만, 다윈은 자신이 품고 있던 모든 질문에 대한 답을 진화론으로부터 찾을 수는 없었습니다. 이 때문에 과학자들은 그 때부터 지금까지 끊임없이 진화론에 도전하고, 진화론을 테스트해 보며 진화에 대한 이론을 다듬어 나가고 있는 것입니다.

인류의 진화 단계. 인류는 앞으로 어떻게 진화해 갈 것인가?

요즘 들어 진화론에 또 다른 오점이 생기고 있는 것 같습니다. 의학, 농업, 전산학 등 다양한 분야에서의 진보에 힘입어, 불과 몇 년 전까지만 해도 생존 확률이 아주 낮았을 인간 개체가 수명을 다할 때까지 생존할뿐더러 자신의 DNA를 후대에 전달할 수도 있게 되었습니다. 다윈의 정의에 따르자면 이와 같은 '인공' 기술의 수준이 '자연' 선택과 전혀 다를 바가 없어진 것으로 보입니다. 자연 선택처럼 어떤 종이 수백 세대에 걸쳐서 환경에 적응하는 것과 달리, 인공 기술은 단 한 세대도 되지 않는 기간 안에 생물 종이 환경에 적응할 수 있도록 해 준 셈이지요.

> 빌 나이는 의료 기술 덕분에 자신과 자신의 DNA가 인간 진화에 어떻게 기여할 수 있었는지에 대해 다음과 같이 이야기합니다. "어떤 남자가 내 맹장을 꺼내 갔어요. 그렇지만 나는 아직 죽지 않았답니다. 아기라든가 다른 것들을 갖지 못할 이유가 없지요."

인류가 생존하고 후손을 생성하는 능력은 급속히 향상되고 있습니다. 이와 같은 향상된 생존력과 생식력으로 인해 진화는 방해받는 것일까요? 과학 기술의 진보가 진화에 미치는 영향에 대해 좀 더 확실히 알고 싶다면 더 많은 세대를 거치며 인류를 관찰해 보아야만 할 것입니다. 하지만 현재까지의 결과만 종합해 보자면 인간의 개체 수는 빠르게 증가하고 있고, 수명 또한 급속히 늘어나는 중입니다. 생물학적으로만 따지자면 진화에 성공했다는 뜻이겠군요. ■

이언 태터솔 박사
당신의 DNA를 손상시킬 약물은 세상에 널리고 깔려 있습니다. 하지만 지능을 높여 주는 약물은 존재하지 않습니다.

유진 머먼
DNA를 손상시키기는 쉽지만 슈퍼맨이 되기는 어렵다고요? 흠, 어쩔 수 없죠. 모든 것을 가질 수는 없으니까요.

생각해 보자 ▶ 우리는 현생 인류에서 후생 인류로 진화해 가는 중인가?
우리 인류는 분명 자신의 생명 활동에 땜질을 하게 될 것입니다. 생물학이 정보 기술학이 되는 시점이 온다면, 우리는 생물체가 정보를 처리하는 방식을 아주 잘 알게 될 것입니다. 즉 생명체라는 장 자체 내에서 생명체 내의 정보를 다시 프로그래밍하는 수준에 다다르겠지요. 인류를 업그레이드할 수 있게 되는 것이죠. 인류는 자신을 후생 인류(포스트 휴먼)로 변화시킬 수 있을 겁니다. 후생 인류는 현생 인류보다 훨씬 흥미로운 존재일 것입니다. 후생 인류는 현재 우리가 가지고 있는 한계에 종속되지 않을지도 모르겠네요. —제이슨 실바, 미래학자

새로운 인류 종이 출현할 가능성이 있나요?

새로운 종은 계속해서 만들어지고 있습니다. 이미 존재하는 어떤 종에서 번식이 가능한 개체를 격리해서 새로운 환경으로 옮겨 놓고, 자연 선택이 일어나서 유전적 변이가 생길 때까지 기다리기만 하면 새로운 종이 창조됩니다. 닐은 설명합니다. "만약에 화성에 인간이 살 수 있는 거주지를 만든다면 말이지요. 화성 거주지에 사는 인간과 지구 거주지에 사는 인간이 서로 교배하지 않고 1000세대 정도가 지나간다면, 인류가 다른 종으로 변할 위험성도 있을 것 같은데요? (위험한 일일지, 원해서 만들어 낸 결과일지는 잘 모르겠지만 말이지요.) 거주지의 특성에 따라서 생존하기에 유리한 종으로 인류가 변할 수도 있잖아요. 재미있을 것도 같은데요."

흥미롭기는 하네요. 하지만 문제가 있습니다. 적어도 척 나이스는 그렇게 생각합니다. "그런데 화성에 살던 인류가 지구에 사는 인류를 정복하기 위해서 지구로 돌아온다면 문제가 생길 것 같은데요. 화성에 살던 사람들이 지구를 정복하러 올 것이라는 것은 우리 모두 잘 알고 있지 않나요."

마시미노 박사도 나이스의 말에 동의합니다. "그럼 안 되지요. 절대 지구로 돌아오는 길을 알려 주면 안 됩니다. 그냥 화성으로 사람들을 보내고 비디오만 찍어서 보내 달라고 합시다." ■

SF 드라마 「더 익스팬스」[18]에서 화성에 사는 인류는 지구에 사는 인류와 대항해 전쟁을 할 계획을 세운다.

여행 가이드

남자에게서 젖이 나오도록 인간을 교배할 수 있을까?

코미디언 매브 히긴스[19]는 언젠가 어머니로부터 다음과 같은 엄청나게 신기한 이야기를 들은 적이 있다. 일본의 해안에 어떤 배가 난파되었는데, 남자들과 아기 1명만이 살아남았다고 한다. 구명보트에서 남자들 중 한 사람에게서부터 젖이 나와서 아기가 살아남을 수 있었다고 한다.

이 이야기가 사실일 가능성이 있을까? 정말 인간 남성에게서 젖이 나올 수 있을까? 하긴, 남성에게도 젖꼭지가 있기는 하다.

진화 생물학자인 도킨스 박사는 말한다. "남성에게 호르몬을 주입한다면 젖이 나오게 할 수도 있지요. 호르몬 주입은 항상 존재해 왔던 유전적 변이를 표면으로 나타나게 하는 방식으로 사용됩니다."

ㅋㅋㅋㅋㅋㅋ ▶ 코미디언 짐 개피건과 함께

닐과 초대 손님들은 인간이 유전적으로 변형된다면 어떤 것들을 이룰 수 있는가에 대해 이야기하고 있었습니다. 유전적 변형을 통해 인류의 음악적 재능이 더욱 뛰어나게 변형될 수 있을 것이라는 데에 모든 사람들이 동의했습니다. "음악가를 만들려다가 바리스타만 왕창 만드는 것 아닌가요? 맞죠?"라고 개피건은 말한다.

인류는 점점 더 작아지고, 점점 더 멍청해지는 중일까?

"20세기를 거쳐 오며 인류의 평균 IQ는 엄청나게 높아졌습니다."라고 진화 생물학자 도킨스 박사는 말합니다. "솔직히 말하자면 저는 인류의 IQ가 높아졌다는 사실을 느끼지는 못하겠습니다. 하지만 인류의 IQ가 높아졌다는 조사 자료가 실제로 있는 것 같고, 저는 그 자료가 사실이기를 바랍니다."

　　지난 세기에 이루어진 다양한 측정 결과는 선진국 사람들의 평균 키는 점점 더 커지고 있고, 지능도 더 높아지고 있음을 시사하고 있습니다. 왜 이러한 경향성이 발견되는지 설명하기 위한 가설 중에는 선진국의 영양 상태가 더 나아서, 질병이 더 적게 발생해서, 선진국에서 교육을 더 많이 해서, 선진국의 생활 환경이 전반적으로 더욱 활기차고 고무적이기 때문이라는 가설 등이 있었지요.

　　인류는 지금처럼 계속 더 키가 커지고 똑똑해질까요? 인류는 책상에 구부정하게 앉아서 정크 푸드를 먹으면서 찌푸린 얼굴로 전자 기기의 화면을 쳐다보고 있습니다. 인류는 아이들의 학교 생활에서 쉬는 시간을 줄이고 있습니다. 좋든 나쁘든 간에, 한 세대가 지나면 우리는 인류가 어떻게 변화하고 있는지에 대한 답을 찾아낼 수 있을 것입니다. ■

여행 가이드

박사 학위에 사이드로 감자 튀김?

고정 관념에 따라 사람의 지능을 판단하려는 유혹에 빠져들 때, 공학자이자 「로켓 시티의 레드넥들」의 사회자 트래비스 테일러[21] 박사가 해 주는 재미있는 이야기를 잊지 말기 바란다. "앨라배마 북부, 특히 헌츠빌-디케이터[22] 지역 주변을 흔히 로켓 시티라고 부르는데요. 이 동네 사람들의 평균 지능 지수가 미국 전역에서 제일 높다고 하네요. 제가 물리학과에서 첫 번째 박사 학위를 받으려고 학교에 다닐 시절의 이야기인데요. 물리학과 박사 과정에 다니는 여학생이 있었어요. 천체 물리학을 전공하는 학생이었는데 후터스[23]에서 일하면서 생활비를 보탰더라고요. 그 시절 그 동네 식당에서 일하는 사람들은 남녀를 막론하고 학교 학생들이었죠. 식당에서 이 문제를 어떻게 풀까, 이걸 어떻게 해결할까 등에 대해 이야기하는 사람들은 없었습니다. 같은 장소에 있는 누군가가 뭔가 할 말이 있을 것임에 분명했거든요. 후터스에서 일하는 웨이트리스도 말이죠."

이 얼굴이 IQ가 높아진 세대의 얼굴이라니?

우주 탐구 생활: 빌 나이와 함께하는 유전자 변형 생물

유전자 변형과
진화는 같은가?

인류는 지난 1000년 동안 생물의 유전자를 조작해 왔습니다. 심지어 슈퍼마켓에서 파는 식품은 거의 유전자 변형을 통해 생산된 것들입니다. 유전자 변형 과정은 다양한 실험으로부터 탄생하게 되었습니다. 고대 인류가 종자를 선발했던 것에서부터 시작해, 작물을 심기 위한 플랜팅 베드,[24] 가축을 기르기 위한 축사 및 실내의 실험실 등의 장소에서 유전자 변형 실험은 지금도 계속되고 있습니다.

인간의 활동 덕분에 환경은 역사 시대 이래로 가장 빠르게 변화하는 중입니다. 수백, 또는 수천 세대가 아니라 단 몇 세대 정도 동안 식물의 생장을 변화시키는 일은 어쩌면 인간이 환경에 적응하는 방법의 일환일지도 모릅니다. 식물의 생장을 변화시키는 일이야말로 미래에 어떻게 우리 인류를 먹이고, 입히고, 보호할 것인가와 관련된 일일 수도 있습니다. 과학-음식 아저씨 빌 나이는 말합니다. "세계 식량 대상[25]을 수상한 사람을 만나 보았는데요, 세계 식량 대상은 농업 분야의 노벨상 같은 상입니다. 세계 식량 대상 수상자는 인류가 더 좁은 면적의 땅에서 더 많은 식량을 생산할 수 있다고 믿습니다. 그와 동료들은 2퍼센트 더 좁은 면적의 땅에서 90억 인구를 먹여 살릴 수 있는 식량을 구할 수 있다고 생각합니다. 대단한 목표이지요." ■

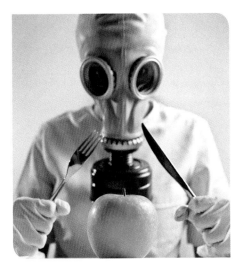

슈퍼마켓에서 파는 사과는 모두 유전적으로 변형된 사과이다.

대화

진화 때문에 우리는 리얼리티 프로그램을 사랑하게 된 것일까?

조 로건

> 인류의 리얼리티 프로그램 사랑은 인간 DNA에 있는 원초적 보상 시스템과 관련이 있는 것 같은데요?

> 그러니까 인류의 리얼리티 프로그램 사랑은 우리 안에 존재하는 진화적 특징들이 변형된 결과 같군요.

닐

조

> (인간은 텔레비전이나) 영화를 말이 되는 방식으로 해석하도록 설계된 것 같지는 않군요.

> 그러니까, 인간이 인간에게 느끼는 진화적 매력은 왜곡된 것이군요.

닐

조

> 당연하지요. 단지 텔레비전에 나온다는 이유만으로 인간이 다른 인간을 숭배하고 있지 않습니까?

ㅋㅋㅋㅋㅋ ▶ **GE의 상주 예술가 샐리 르 페이지[26]와 함께**

멸종한 동물들 중 되살리고 싶은 동물이 무엇이냐는 질문을 받자, 빌 나이는 털이 북슬북슬한 매머드나 날개 달린 랩터[27]를 되살리고 싶다고 대답했습니다. 반면 닐은 애완 동물 공룡, 더 정확히 말하자면 '무릎 공룡 티. 렉스[28]'를 되살리고 싶다고 하는군요. "그러니까 우리의 과학적인 쥬라기 세계에서, 우리는 공포스러운 날아다니는 공룡과 깃털이 달린, 꼭 껴안아 주고 싶은 애완 동물 공룡을 원하는 것이군요. 아주 보들보들하고 폭신폭신한 공룡 말이죠."라고 샐리 르 페이지는 정리합니다.

"저는 실험실에서 섹스를 더 많이 해야 된다고 생각합니다. 실험실에서 진짜로 섹스를 하는 사람들이 있다고 확신합니다. 그러니까 아시다시피 늦은 밤 같은 때 말이죠. 어쨌든."

— 크리스틴 샬, 『섹시한 섹스에 대한 섹시한 책』의 공저자

2장

과학이 진정한 사랑을 찾도록 도와줄 수 있나요?

도처에 널려 있는 게시판에 붙어 있는 전단지에는 전단지를 가로지르며 커다랗게 "섹-스(S-E-X)"라는 글씨가 적혀 있다. 그 밑에는 훨씬 더 조그만 글씨로 "비로소 당신의 관심을 끄는 데 성공했군요. 다음 주에 뜨개질 클럽은 주민 센터에서 모입니다. 꼭 참석해 주세요."라는 식의 문구가 적혀 있다. 섹스라는 말은 항상 성공적으로 사람들의 주의를 끌고는 한다. 왜 그럴까?

번식을 하지 않는다면 인류는 멸종하고 말 것이다. 하지만 어떤 면에서는 섹스의 생물학적 요소에는 아주 많은 다른 요소들이 주입되어 있다. 인류라는 종 전체의 사회적, 심리적인 구조는 사랑과 성과 관련된 목표를 달성하는 데 성공할 것인가, 실패할 것인가와 밀접한 관련을 갖고 있는 것 같다. 실제로 재생산이 일어날 것인가, 말 것인가와는 상관없이 말이다.

로맨스와 재생산에는 수많은 사회적 관습, 지침, 금기 등이 따른다. 마치 로맨스와 재생산에 대해 공개적으로 이야기하는 것이 예의 바른 사람들의 모임에서는 적절치 않은 것처럼 말이다. 하지만 여기 이 책에 금기란 없다! 예의는 지키되 괜한 두려움에 사로잡히지 않는 선 안에서, 과학자와 비과학자로서 우리 모두, 우리로 하여금 사랑을 나누고 싶게 하는 것이 과연 무엇인지에 대해 공부하고 고민해 보면 좋겠다. 사랑을 나누기를 원하는 인류의 두뇌와 육체에는 어떤 일이 생기며, 어떻게 정신적 사랑과 육체적 사랑이 그 모습을 드러내는지에 대해 함께 알아보자.

사랑과 매혹의 이면에는 진짜 화학이
존재한다.

댄 새비지와 함께하는 사랑과 성의 진화

첫눈에 반한다는 것은 정말일까?

두 사람 사이의 육체적 이끌림은 거의 즉각적으로 발생할 수 있습니다. 반면 심리적, 정서적 애착은 좀 더 긴 시간을 필요로 합니다. 현재까지의 연구 결과에서 시사된 바와도 같이, 만일 사랑이 육체적, 정신적 등 모든 종류의 이끌림의 총체라면 '첫눈에 반하는' 현상은 아마도 사랑의 열병이나 불끈대며 솟는 욕정이 아닐까요? 처음으로 느낀 직관적 감정을 더욱 깊이 살펴 갈 때, 사랑의 열병과 욕정은 사랑으로 꽃피게 될 것입니다.

생물학적으로 살펴보자면 처음 만난 두 사람이 서로 감정적으로 이끌리고 영원히 함께하게 되는 것은 충분히 가능한 일입니다. 하지만 무엇이 처음 만난 두 사람을 서로에게 이끌리게 하는지는 여전히 미스터리로 남아 있습니다. 연구를 통해 신장, 체중, 얼굴의 특징, 팔 길이, 심지어 체취까지도 포함하는 다양한 요인들이 매력에 미치는 영향이 검증되어 왔고, 아직 일관된 결론이 나오지는 않은 상태입니다. 생물 인류학자 헬렌 피셔[1] 박사는 말합니다. "첫눈에 사랑에 빠진 사람들에 대해서 아주 간단하게 설명할 수 있습니다. 낭만적인 사랑에 빠진 사람의 뇌 회로는 공포감을 느끼는 기작과 비슷합니다. 즉각적으로 공포심을 느낄 수 있듯이, 즉각적으로 사랑에도 빠질 수 있지요." ■

아직 과학자들은 '사랑의 불꽃'의 왜 생겨나는지 완벽하게 파악하지 못하고 있다.

대화

우리를 성적으로 흥분시키는 것은?

조시 그로번

그러니까 제 말은요. (닐이) 다중 우주에 대해서 이야기를 시작하기만 하면 바지가 그냥 내려갑니다.

섹스가 없다면 당신의 유전자는 절대로 오랫동안 살아남을 수 없을 겁니다.

빌 나이

동의한 어른들이 하는 모든 것이죠. 부엌 바닥에서든, 거실 소파에서든, 침실에서든, 장소는 어디든 전혀 상관없습니다.

루스 웨스트 하이머[2] 박사

헬렌 피셔 박사:
나는 사람들을 뇌 활동 스캐너에 넣고 낭만적인 사랑의 뇌 회로에 대해 연구합니다.

척 나이스:
섹스 전에 나누는 사랑에 대해 이야기해 보세요.

생각해 보자 ▶ 사랑이란 마약인가?

사랑은 도파민, 세로토닌, 옥시토신,[3] 바소프레신[4] 등 온갖 종류의 호르몬과 화학 물질을 분비시키고, 이 화학 물질들로 인해 뇌와 신체는 별별 가지 일을 다 하게 된다. 마약도 마찬가지이다. 그렇다면 사랑과 마약, 둘 중에 어떤 것이 더 강력할까? 피셔 박사는 설명한다. "섹스는 마약입니다. 그럼요. 엄청난 마약이지요. 하지만 섹스보다도 더 엄청난 마약은 낭만적인 사랑입니다. 어떤 사람에게 격이 없이 '같이 자자.'라고 청했다고 합시다. 상대가 '싫은데?'라고 거절할지라도 사랑에 빠진 인간은 자살하지 않더라고요."

일부일처제스럽게 살아가기

인간이 이 세상에 산 지는 꽤나 오래되었습니다. 인간이 살아가는 동안 적절한 사회적 행위가 무엇인가에 대한 정의는 끊임없이 변화를 거듭해 왔습니다. 현재 주류 미국 사회에서는 엄격하게 일대일로 이루어지는 성적인 관계가 칭송받는 경향이 있습니다. 그런데 이 같은 엄격한 일대일의 성적 관계는 자연스러운 것일까요? 이 주제와 관련된 과학적 연구에서 아직 확실한 결과는 나오지 않았습니다. 조언 칼럼니스트인 댄 새비지[5]는 설명합니다. "영장류와 포유류에 관해 우리가 알고 있는 바에 따르면 자연 상태의 인류는 일부일처제를 유지할 생물 종 같지는 않습니다. 인류는 짝을 짓고 유대감을 느끼는 종이기는 합니다. 하지만 짝짓기를 통해 유대감을 느끼는 사회적 일부일처제가 있는가 하면 성적인 일부일처제도 있습니다. 자신의 성기로 다른 사람을 다시는 건드리지 않는 것이 성적인 일부일처제인데요. 인류의 고환 정도 크기의 고환을 가진 영장류 중에 성적인 일부일처제를 유지하는 동물은 없습니다. 인류에게 성적인 일부일처제는 고난의 싸움이지요."

하지만 간단한 해결책이 있는 것도 같네요. 새비지 역시 간단한 해결책을 갖고 있고요. 일부일처제를 원하는 것도 같은 인간의 욕망을 조금 더 잘 반영할 수 있도록 관계의 본질을 살짝 비틀어 보는 것인데요. 새비지는 이를 '일부일처제스러운 관계'라고 부릅니다.

일부일처제스러운 관계라니. 이미 인간 사회 전반에 걸쳐 나타나는 현상에 대한 깜찍한 이름이 아닌가요? 그럴 수도 있겠네요. 그 문화권의 구성원들이 부정적 사회적 낙인에서 거의 자유로운 상태에서 '일부일처제스럽게' 살아갈 수 있는 하위 문화가 이미 현대 사회에 존재합니다. 하지만 때로는 예기치 않은 생물학적 결과가 발생할 수도 있습니다. 예컨대 결혼한 남편들이 여러 명의 섹스 파트너를 두는 것이 보편화되어 있는 스와질란드[6]에서는 AIDS 감염률이 극도로 높다고 합니다. 우울할 지경으로 말이지요. ■

사랑하는 사람과 결혼한다는 것은 인류 역사에서 비교적 새롭게 생겨난 개념이다.

여행 가이드

최고의 섹스를 나누는 사람은 누구?

(섹스를 연구하는 유명한 심리학자들인) 매스터스와 존슨은 실제로 이성애자 커플, 동성애자 커플, 오랫동안 사귄 커플, 만난 지 얼마 되지 않은 커플에 대한 연구를 했습니다. 잘 살고 있는지, 오르가슴은 느끼는지, 얼마나 쉽게 오르가슴을 느끼는지 등등을 살펴보았는데요. 연구 결과는 이렇습니다. 흥미롭게도 만난 지 오래된 커플이 최고의 섹스를 즐기고 있었다고 하네요. 그들의 비결은 다른 것들을 의식하지 않고 그 순간에 몰입해 즐기고 있었기 때문이지요. 정신 줄을 놓고서요. 동성애자 커플이 이성애자 커플보다 더 즐거운 섹스를 하고 있었습니다. 사귄 지 오래된 동성애자 커플은 특히 그랬지요. 동성애자 커플은 성과 관련된 이점을 갖고 있었습니다. 동성애자들은 내게 쾌락을 주는 것이 상대에게도 쾌락을 줄 것이라는 것을 알고 있거든요. 왜냐하면 같은 신체 기관을 갖고 있기 때문이지요.
— 메리 로치, 『봉크』의 저자

"저는 손이 많이 가는 것이라면 종류를 막론하고 집 안에 두지 않아요. 애완 동물도, 식물도, 남편도 말이죠."

— 캐롤린 포르코 박사, 왜 아직 독신인지를 묻는 기자에게

실험실에서 성 연구하기

성적 흥분, 또는 솔직히 말하자면 인간의 성적 활동과 관련된 거의 대부분의 양상은 통제된 실험실의 조건에서 연구하기 까다로운 측면이 있습니다. 아마도 성과 관련된 사회적인 금기 때문이겠지요. 심지어 기꺼이 관찰과 실험, 실험 중의 자극에 스스로를 노출시켜 줄 피험자가 있다고 하더라도 피험자의 반응이 자연스러운 것인지를 어떻게 알 수 있을까요? 어쩌면 적당한 실험 환경과 적당한 피험자를 찾는 것이야말로 문제의 본질일 수도 있겠습니다. 혹시 포르노 영화 세트장에서 실험을 하는 것은 어떨까요?

실험실에는 무드등도 없다.

"인간 남성이 사정을 할 때,
1억 2000만 마리의 정자가
평균 시속 약 45킬로미터의
속도로 수정관[7]을 통해서
이동합니다. 하지만 일단 정자가
음경까지 이동하면, 정자의 속도는
시속 약 1.8미터까지 느려집니다."
— 닐 디그래스 타이슨 박사, 천체
'정자' 학자

너무 급하게 결정을 내리면 안 되겠군요. 『봉크』의 저자 메리 로치는 말합니다. "사실 포르노 영화 세트장에서 성과 관련된 실험을 한다는 것은 좋은 생각이 아니예요. 매스터스와 존슨은 성에 직업적으로 종사하는 전문가들을 대상으로 연구를 한 적이 있는데요, 직업적 성 관련 업종 종사자들은 연기를 너무 잘 한다는 것이 밝혀졌습니다. (따라서 연구자들은) 좀 더 일반적인 사람들을 대표할 만한 피험자를 찾기를 원했을 것이고요."

그럼에도 불구하고 과학자들은 힘겨운 여정을 계속해 나가고 있습니다. 많은 연구들에서 성적 흥분을 연구하기 위해 자극에 대해 혈류량, 동공 확장, 호흡, 심박수 등등이 어떻게 반응하는가를 측정합니다. 하지만 대부분의 자극은 둔감화되어 있습니다. 예컨대 성을 연구하는 연구실에서 포르노 등 음란물은 '시각적-관능적 시뮬레이션'이라고 불린다고 하네요. ■

"여기 4차원 초음파 동영상이 있습니다.
둥글게 오므려진 입술과 발기한 남성기가 보이지요.
이 이미지는 병원에서 여러분이 해야만 했던
이상야릇한 동작보다 훨씬 덜 섹스처럼
느껴질 수도 있습니다. 독자 여러분을 위해
동영상을 찍어 왔습니다."
— 메리 로치,
가장 이상한 장소에서 섹스했던
경험에 대해

생각해 보자 ▶ 감기라도 걸린 걸까?
　그냥 나를 만나서 기분이 좋은 걸까? 의학적으로 살펴보면 발기와 관련된 성기 조직은 혈액 등 다양한 체액으로 인해 부풀 수 있는 혈관 공간을 아주 많이 가지고 있다. 생식기 주변이 신체에서 발기할 수 있는 유일한 조직은 아니다. 로치는 다음과 같이 설명한다. "코도 발기할 수 있습니다. 감기에 걸리면 코가 발기하기도 하지요. 젖꼭지가 발기하는 메커니즘은 성기 발기와는 조금 다릅니다. 젖꼭지는 발기 때문이 아니라 근육이 쪼그라들기 때문에 빳빳하게 서는 것입니다."

천체의 음악[8]

이토록
매혹적인 음악

뇌 과학자들이 알고 있는 바에 따르면, 청력은 아주 복잡한 체계에 의존하고 있습니다. 고막을 향해서 움직이는 공기의 아주 미세한 진동에서부터 뇌의 광대한 감각 및 분석망에 이르기까지 말이지요. 현재의 연구에 따르면 소리는 뇌에서 가장 원시적인 핵심부에서부터 고도의 실행 기관에 이르기까지 뇌의 거의 모든 부분에 영향을 미친다고 합니다. 특히 음악은 인식(어떤 곡의 멜로디를 알고 있거나, 이미 알고 있는 곡의 멜로디와 비슷하다는 것을 아는 것)과 쾌락(도파민, 세로토닌 방출) 등을 포함한 다양한 뇌의 반응을 유발하는 것 같습니다.

음악인인 모비[9]는 다음과 같이 말합니다. "음악은 어느 곳에나 존재할뿐더러, 음악은 우리 삶의 일상적인 부분에 속합니다. 하지만 음악이 할 수 있는 일은 매우 다양합니다. 음악은 장례식에서 연주됩니다. 결혼식에서도 음악이 연주됩니다. 사람들은 섹스를 하기 위해서 음악을 틉니다. 울고 싶은 사람도 음악을 틉니다. 군대가 전쟁에 나가기 위해 행진을 할 때도 음악이 나옵니다. 제가 생각하기에 음악의 정말 놀라운 점은, 음악이 실제로 존재하지 않는다는 것입니다. 음악이란 결국 공기가 약간 평소와 다른 방식으로 움직이는 것에 불과합니다. 그런데 어떻게 된 영문인지 이상한 방식으로 조금씩 움직이는 공기가 사람을 훌쩍거리며 눈물짓게 하고, 펄쩍 펄쩍 뛰게도 하고, 어떤 사람으로 하여금 먼 동네까지 이사를 가게 하고, 머리를 자르게 합니다. 굳이 음악이 어떻게 이런 일을 하는지 알아내고 싶은 마음은 없어요. 나는 그냥 음악에 이런 놀라운 힘이 존재한다는 사실 자체를 사랑할 뿐입니다." ∎

"음악이 어디에서 왔는지,
무엇이 음악을 우리에게 오도록 했는지에
대해 생각하면 나는 경이로움에 취해
눈을 번쩍 뜨게 됩니다."
— 조시 그로번, 음악인

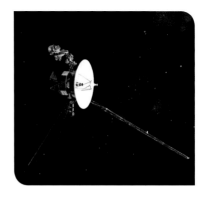

여행 가이드

사람은 어떤 소리를 낼까?

낭만적인 발라드 음악을 부르는 발라드 왕자들은 어떻게 하면 가사가 있는 멜로디를 인간의 욕망과 열정으로 바꿀 수 있는지를 알고 있는 것 같다. 보통 연구에 따르면 노래를 얼마나 정확하게 전달하는가로 인해 사람들이 음악에 미치는 것은 아니라고 한다. 오히려 (음악가들이 '루바토'라고 부르는) 약간의 템포 변화가 있는 친숙한 멜로디, 리듬, 가수의 음색 등이 합쳐진 결과 음악은 듣는 사람을 미치게 만든다고 한다.

그런데 이와 같은 미묘함은 어떻게 두뇌에 저장되거나 기록되는 것일까? 이런 미묘함을 다른 사람이나 심지어 외계인도 인식할 수 있을까? 닐은 칼 세이건의 아내이자 텔레비전 프로그램 「코스모스」의 연출자 앤 드루얀[10]에게 보이저 호에 실려 태양계 저 너머까지 여행을 하고 있는 '골든 레코드'에서 가장 좋아하는 소리가 무엇인지 질문을 해 보았다.

"음, 굳이 말하자면, 뇌파요. 칼과 서로 만나서 미친 듯한 사랑에 빠진 지 이틀이 지난 후의 제 뇌파요. 이 뇌파에서 만들어진 소리는 제가 한 시간 정도 명상하는 동안 신경에서 일어난 전기 자극을 전부 기록한 후, 기록된 자료를 소리로 옮긴 것입니다. 먼 미래에 이 소리를 들을 외계인이 살아간다는 것이 과연 어떤 것인지에 대해 조금이나마 이해할 수 있도록 말이지요."

섹스는 지금껏 어떻게 변해 왔을까?

사회적으로 말하자면, 지난 수십 년에 걸쳐 세계 대부분의 지역에서 섹스는 크게 변화해 왔습니다. 연구자들에 따르면 피임이 가능해지고 여가 시간이 늘어난 것이 섹스의 변화에 가장 큰 영향을 미친 것으로 추정된다고 합니다. 섹스 테라피스트 루스 웨스트하이머 박사는 설명합니다. "우선 인류의 근로 조건이 바뀌었습니다. 그러다 보니 달라진 근로 조건에 따라 섹스의 양상 또한 변화하게 되었지요. 요즘 사람들은 옛날 사람들처럼 12시간 동안 일하지 않습니다. 현대인은 8시간 정도 일을 합니다. 여유 시간이 조금 더 생긴 셈이지요. 또 다른 변화가 하나 더 있었는데요. 바로 경구용 피임약입니다. 경구용 피임약을 복용하면 원치 않는 임신을 피할 수 있다는 사실이 섹스와 관련된 모든 메커니즘, 전반적 태도 등 모든 것을 바꾸어 놓았어요. 여성이 임신 여부를 통제하는 것이 가능해졌을뿐더러, 원치 않는 임신에 대해 염려할 필요 또한 없어진 셈이지요. 물론 경구용 피임약으로 인해서 딱히 긍정적이라고 볼 수 없는 부작용도 발생합니다. 이를테면 점심 시간 동안 애인이나 배우자 외의 사람과 하는 섹스 또한 피임약의 부작용에 속한다고 볼 수 있겠네요."

피임이 가능해져 성관계가 더욱 활발해졌는가의 여부와는 상관없이, 피임약에는 한 가지 엄청난 효능이 있는 것 같습니다. 바로 피임약 덕분에 임신 중절률이 줄어든다는 것입니다. 예를 들어 낙태가 불법이며 성교육이 금욕에 초점을 두고 있는 우간다의 낙태율은 미국의 2배, 서유럽의 4배에 달합니다. 미국에서도 서유럽에서도 낙태와 피임은 모두 합법이며, 많은 이들이 낙태와 피임을 택할 수 있습니다. ■

여행 가이드

비아그라는 여성에게도 효과가 있을까?

여성기, 즉 신체와 뇌는 단절되어 있습니다. 비아그라를 복용하면 성기 주변의 혈류량이 증가하지만 여성들이 이같은 신체적 변화를 인식하지는 못한다고 합니다. 성적으로 흥분하지 않는 것이지요. 비아그라가 여성의 신체에 미치는 효과는 분명히 있습니다. 하지만 섹스하고 싶게 만드는, 비아그라의 효능은 나타나지 않습니다. 비아그라는 여성의 성욕에 영향을 미치지 않습니다. 여성의 성기와 뇌 사이의 단절은 남성에게서는 발견되지 않는 흥미로운 양상입니다.

— 메리 로치, 『봉크』의 저자

"여성들도 남성과 비슷한 주기로 밤에 발기합니다. 음핵이 아주 조금 발기하지요. 밤에 음핵이 발기한다는 사실을 밝혀내기 위해 누군가는 꽤 커다란 음핵에다가 스트레인게이지(또는 변형도 측정기)[11]를 매달아야만 했을 것입니다."

— 메리 로치, 『봉크』의 저자

생각해 보자 ▶ 여성도 포르노를 보면 성적으로 흥분할까?
남성들은 자신의 성적 취향에 맞는 포르노를 보면 성적으로 흥분한다는 것이 밝혀졌습니다. 하지만 신기하게도 여성은 종류를 막론하고, 대부분의 포르노에 반응해 성적으로 흥분한다고 합니다. 흔히들 남성은 시각적 자극에 성욕을 느끼고 여성은 시각적 자극에 덜 민감하다고들 합니다. 여성에게 물어본다면 '포르노를 본다고 성적으로 흥분하지는 않는데요.'라고 대답할 수도 있습니다. 하지만 여성들의 성기는 전혀 다른 메시지를 전달하고 있었습니다. — 메리 로치

댄 새비지와 함께하는 사랑과 성의 진화

오래 가는
결혼 생활의 비결

결혼한 많은 부부들에 대해 다년간의 연구를 수행한 과학자들은 이혼한 부부 가운데 93퍼센트가 경멸, 비판, 자기 방어, 고집 부리기라는 네 가지 파괴적 행위를 범하고 있음을 밝힌 바 있습니다.

　　전문가들은 이 같은 파괴적 행동 양상이 부부 사이를 끝낼 수 있다는 것에 대해 일반적으로 동의합니다. 전문가들은 또한 어떤 행동 양상이 부부 사이를 잘 유지되도록 하는지에 대해 조언을 하기도 합니다. 조언 칼럼니스트 댄 새비지는 말합니다. "서로에게 친절하게 대하고, 서로를 돌보고, 서로를 당연한 존재로 여기지 않는다면 부부 사이가 잘 유지될 것이라고 생각합니다. 또한 객관적으로 부부 사이를 살펴보기 위해 노력하는 것 또한 필요하겠지요. 아무리 불평불만을 해도 절대로 변하지 않을 것들에 대해서는, 불평을 하지 말아야 하고 상대가 항상 죄책감에 사로잡히게 하지 말아야 합니다. 불평불만을 해도 변하지 않은 것들은 그냥 견디세요. 더 이상 변하지 않는 것들에 대해 말하지 마시고요."

　　뇌 과학자이자 생물 인류학자인 헬렌 피셔 박사 또한 비슷한 견해를 나타냅니다. "우리는 행복한 관계를 맺는 이들의 뇌를 연구하며, 아주 좋은 관계가 지속될 때 뇌의 어떤 부분이 활성화되는지를 살펴봅니다. 아주 좋은 부부 관계가 지속될 때 활성화되는 뇌의 영역은 학자들이 '긍정적 환상'이라고 부르는 현상과 관련이 있는 부분입니다. 상대방이 갖고 있는 마음에 들지 않는 면모를 간과하고, 상대가 갖고 있는 마음에 드는 부분에 집중하는 간단한 능력을 뜻하지요." ▪

"전 항상 제 신체를 최후의 보루 같은 존재로 생각하고 있습니다. 제 G 스팟[12]은 감히 인류가 도달할 수 있었던 곳이 아니거든요."
— 조앤 리버스,[13] 코미디언

"여성은 스스로의 성적 만족에 대한 책임을 져야만 합니다. 아무리 훌륭한 섹스 상대도, 심지어 제가 트레이닝한 분이라 해도 모든 여성에게 성적 만족감을 줄 수는 없어요. 어떻게 해야 자신이 성적 만족감을 느끼는지에 대해 여성 본인이 직접 말을 하지 않는다면 말이죠."
— 루스 웨스트하이머 박사, 섹스 테라피스트

기본으로 돌아가기

크기는 정말 중요한가?

명왕성이 왜소 행성이라는 주장에 대한 가장 강력한 근거 중 하나는 명왕성이 나머지 8개의 행성에 비해 작다는 것이다. 하지만 인간 사이에서는 크기가 작기 때문에 다른 그룹으로 강등되는 일은 생기지 않을 것 같다. 크기에 대해 웨스트하이머 박사는 단언한다. "닐, 시청자 모두에게 말해 주세요. 우리가 이야기하고 있는 남성기의 해부학적 부분, 즉 음경의 크기는 중요하지 않습니다. 여성의 성기는 모든 크기의 남성기와 문제없이 성교를 할 수 있습니다. 그런데 남성기가 너무나 작다면 이야기는 좀 달라집니다. 저는 그런 분들을 비뇨기과 전문의에게 보냅니다."

수전 서랜던과 함께하는 세상 넓게 보기

남자의 몸을 가진 여자로 살아가게 된다면?

생물학적 성과 사회적 성에 대한 인류의 과학적 이해는 아직 초기 단계에 머물러 있습니다. 그러나 타인에 의해 '부여'되는(일반적으로 출생 시 외부 생식기 관찰을 통해 부여되는) 생물학적 성 및 사회적 성과 성 정체성(한 개인이 경험을 통해 자각하게 되는 본인의 성적 특징)이 반드시 동일할 필요가 없다는 의식이 점차 높아져 가는 것 같습니다. 생물학적 성과 성 정체성을 설명할 수 있는 신체적 차이가 존재하는 것은 아닐까요?

새비지는 말합니다. "테스토스테론[14]도 남성과 여성의 차이를 발생시키는 요인 중 하나인 것 같은데요. 태어날 때는 여성의 몸으로 태어났거나, 타인에 의해 여성이라고 규정지어졌지만 이후에 남성의 몸으로 살아가고 있는 사람들이 남긴 아주 재미있는 기록이 있어요. 여성에서 남성으로 성 전환을 한 사람들은 테스토스테론 호르몬 주사를 맞습니다. 테스토스테론 투여 이후 성 전환자들이 갖고 있는 성에 관한 생각, 성적 판타지 및 성에 관련된 모든 것들이 얼마나 갑작스럽고 크게 변화했는지에 대한 기록이 있습니다."

> "자유. 자유란 모든 이들이 자신이 누구이며, 자신이 어떤 사람이 되고 싶은지에 대한 정의의 가능성을 열어 주는 존재입니다. 성기에 대한 묘사로 자신의 정체성을 국한하지 않을 때 진정 자유로워질 수 있습니다."
> —수전 서랜던,[15] 배우 겸 사회 운동가

과학적인 면을 고려한다면 성 전환자에 관한 문제는 성적 지향, 즉 낭만적 또는 성적으로 매력을 느끼는 대상에 대한 문제와는 별개의 문제인 것 같습니다. 과학적 이해는 우리 사회가 사랑과 삶을 대하는 방식을 어떻게 바꾸어 나가게 될까요? ■

여행 가이드

쌍절곤을 돌리는 여성 수도자

불교의 종교 지도자인 갈왕 둑파 법왕은 여성 수도자들에게 무술을 가르친다는 혁명적인 결정을 내렸다. 코미디언 제이슨 서데이키스는 "그래서 쌍절곤[16]이 생긴 건가요?"라고 묻는다.

무술을 하는 여성 수도자 때문에 쌍절곤이 만들어진 것 같지는 않다. 하지만 갈왕 둑파 법왕은 새로운 교육을 도입한 훌륭한 이유를 소개한다. "여성 수도자에게 무술을 가르치게 된 주요한 목표 중 하나는 바로 성 평등 때문입니다. 무술 수련은 수련자에게 자신감을 부여하고 스스로를 지킬 수 있는 방어력을 함양할 수 있도록 합니다. 교육의 목표는 타인을 해치는 것이 아니라 호신술을 익히라는 것입니다. 일부에서는 무술 수련을 하는 여성 수도자들에 대한 저항감이나 불편함을 느낄 수도 있겠지만, 저는 포기하지 않을 겁니다. 지금부터라도 무술을 하는 여성 수도자들에게 익숙해지셔야 할 겁니다. 저는 계속 여성 성직자들의 무술 수련을 독려할 것이고, 성 평등을 위해 평생 헌신할 것이니까요."

생각해 보자 ▶ 한번 더 타임 워프

남성과 여성의 차이는 흑백처럼 딱 떨어지는 것이 아니라 회색처럼 불분명한 것이라고 생각합니다. 문제 해결, 상상력, 공감 능력 등의 제반 영역에 있어 양성성을 갖는다면 유리할 것입니다. 오늘날 우리 사회에는 성전환자들도 있습니다. 즉 우리가 갖고 있는 크레용 상자가 더 커진 셈이지요. 누구나 선 바깥의 어느 곳에든 색칠을 할 수도록 말이에요. — 수전 서랜던, 배우, 성에 관한 고정 관념을 뒤집는 뮤지컬 영화 「록키 호러 픽처 쇼」[17]의 주인공

남자 아이? 여자 아이? 무엇이 다를까?

남성과 여성의 생물학적 차이는 분명합니다. 하지만 인간의 생리와 행동에서 나타나는 복잡함에 의해 성별의 차이는 종종 흐려지기도 합니다. 생물 인류학자인 헬렌 피셔 박사는 말합니다. "나는 남성과 여성이라는 존재는 두 발과 비슷하다고 생각합니다. 남성과 여성은 앞으로 나아가기 위해 서로를 필요로 합니다. 하지만 지난 수백만 년 동안 남성과 여성은 서로 다른 일을 해 왔고, 그러다 보니 실제로 남성의 뇌와 여성의 뇌 사이에 차이점이 생겨나게 되었습니다."

성별 차이에 대한 질문은 날마다 그 폭을 넓혀 가고 있습니다. 천체 물리학자이자 트랜스젠더 여성인 레베카 오펜하이머[18] 박사는 다음과 같이 자신의 경험에 대해 이야기합니다. "나는 항상 내가 누구인가에 대한 자각을 갖고 있습니다. 하지만 나는 이 행성에 존재하는 수십억의 사람들 중 하나의 존재에 불과합니다. 그렇지만 많은, 아주 많은 사람들은 저에 대해 꽤 다른 생각을 갖고 있지요. 과학은 단순히 분류에 대한 학문이 아닙니다. 성 정체성으로 인해 자신이 누구인가에 대해 개개인이 타고난 감각에 대한 깊은 의문이 생겨나기도 합니다."

▶ 성별에 따른 편견은 타고나는 것일까?

과학적 연구에 따르면 모든 종류의 편견은 거의 항상 학습된 행동에 기인한 것입니다. 많은 경우 편견은 아주 일찍 학습되며, 우리가 깨닫지 못하는 사이에 인간의 모든 지각과 행동 양상에 스며들어 있습니다. "사람들은 스스로 인정하는 정도보다도 훨씬 더 편견에 사로잡혀 있습니다."라고 작가인 맬컴 글래드웰은 말합니다.

수십 년 전 미국의 한 주요 교향악단에서는 블라인드 오디션을 통해 성 차별을 줄이기 위해 노력한 적이 있습니다. 오디션 기간 동안 심사 위원이 오디션을 받는 사람을 볼 수 없도록 한 것입니다. 하지만 남성 심사 위원들은 여전히 여성 지원자를 차별하는 심사 결과를 내놓았습니다. 심사 위원들은 높은 구두를 신은 여성 지원자들의 발자국 소리를 듣고 지원자의 성별을 알아낼 수 있었던 것입니다! 오늘날 미국 오케스트라 단원의 성별 균형은 예전보다 대폭 개선되었으며, 오케스트라에서는 오디션에 지원하는 이들에게 발소리가 나지 않는 신발을 신고 오도록 요청하고 있습니다. ■

2015년 버락 오바마 미국 대통령은 백악관에 성 중립 화장실을 도입했다.

"송로 버섯[1]은 1,500달러입니다. 복숭아는 1달러입니다. 둘 중 어떤 음식이 더 좋은 음식이냐고요? 송로 버섯은 희귀하고 더 비쌉니다. 그런데 송로버섯이 제철에 수확한 아주 잘 익은 복숭아보다 더 맛있을까요? 또는 배보다 더 맛있을까요?"

— 앤서니 보뎅, 셰프 겸 방송 진행자

3장

인생의 참맛은 어디에 있나요?

음식! 영광스러운 음식! 수천 년의 세월에 걸쳐 먹거리를 재배하고, 성장시키고, 요리한 결과 인류는 미식이라는 유산을 창조했다. 보통 사람들의 향신료 저장 공간에는 조미료 수십 가지가 놓여 있고, 보통 사람들의 부엌에도 약 100가지에 이르는 식재료가 구비되어 있다. 연습만 충분히 한다면 누구나 먹고 싶은 것이라면 무엇이든 요리할 수 있는 능력을 갖출 수 있는데다 먹고 싶은 것을 먹고 싶을 때에 만들어 내는 능력 또한 갖출 수 있다.

사실 인류는 모든 이들에게 필요한 최적의 양의 음식을 생산해 내는 단계를 넘어, 지나치게 많은 양의 음식을 생산해서 산더미처럼 쌓아 놓는 경지에 이르렀다. 그 후에도 인류는 계속해 더 많은 양의 식품을 생산하는 일에 몰두하고 있다. 인류 역사를 통해 거의 항상, 영양을 섭취한다는 일은 생사를 건 투쟁과도 같은 일이었다. 오늘날, 점점 더 많은 사람들은 음식을 너무 많이 먹은 나머지 건강을 망치기도 한다. 어쩌면 현재 인류의 식생활은 설탕, 소금, 지방을 갈망하던 고대인의 욕구와 사업적 이익을 염두에 둔 이들로부터 지원을 받은 과학이 결합된 결과물이 아닐까? 다행히 일상적인 식탐으로 인한 악영향을 피하기 위해 할 수 있는 일은 꽤나 많다. 집에서, 또는 여행 중에 좋은 음식을 잘 먹어 가면서도 말이다.

그러니까 먹고, 마시고, 즐기시라! 다만 너무 많이 먹지는 마시기를! 내일을 위해서. 내일 우리는 또 내일의 끼니를 먹어야만 할지니.

음식의 과학이란 향신료와 허브의 배열
사이에 존재하는 것은 아닐까?

우리가 소금에 대해
알고 있어야 할 모든 것

고대 로마 병사들의 급여는 소금으로 지불되었으므로, 급여를 뜻하는 말 '샐러리'는
어원상 소금과 관련이 있다. 오늘날 사람들은 싼 값에 소금을 살 수 있지만, 소금은 엄청난 위력을
지닌 물질이다. 소금은 음식의 보존 상태를 유지할뿐더러 맛을 향상시키는 역할을 한다.
이와 같은 소금의 속성은 인류의 사회와 인류의 신체를 형성하는 데 큰 영향을 미쳤다.

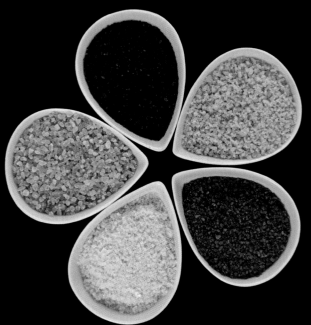

◀알록달록한 고급 소금

"현대에 이르기까지, 소금을 생산하는 이들의 목표
는 소금으로부터 모든 불순물을 제거해 가능한 한 하
얀 소금을 만들어 내는 것이었습니다. 색을 지닌 모
든 요소는 불순물로 여겨졌지요." — 마크 쿨란스키,[2]
『소금: 인류사를 바꾼 하얀 황금의 역사』의 저자

▶소금은 얼마나 다양한
용도로 사용될까?

"미국은 세계 최대의 소금 생산 및 소비국
입니다. 게다가 소금 중 단 8퍼센트만이
식용으로 사용됩니다. 업계에서는 소금의
용도는 1만 4000여 가지라고 주장한 바
있습니다." — 닐 디그래스 타이슨 박사,
천체 '소금' 학자

▲ 닐이 브로콜리를 선명한 녹색으로 유지하는 비결

"야채를 익힐 때 소금을 조금 넣어 보세요. 소금을 넣고 익히면 보르콜리가 밝은 녹색을 띠게 될 겁니다. 통조림 야채 같은 칙칙한 녹색 말고요."
— 닐 디그래스 타이슨 박사, 천체 '브로콜리' 학자

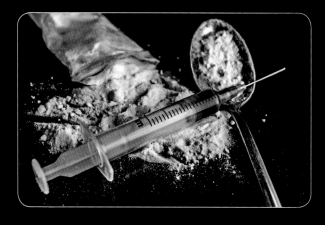

▲ 소금과 헤로인의 공통점

"소금이 뇌에서 처리되는 생물학적인 방식은 일부 중독성 약물이 신경 세포에서 처리되는 방식과 비슷한 경로를 따릅니다." — 닐 디그래스 타이슨

▲ 소금 때문에 죽을 수 있을까?

한꺼번에 너무 많은 양의 소금을 섭취하면 발작 및 사망이 일어날 수 있지만 흔한 일은 아니다. 소금을 먹고 죽으려면 몇 컵이나 한꺼번에 먹어야 한다. 소금을 아주 조금씩 더, 이를테면 매일 평소보다 0.03온스, 또는 약 1,000밀리그램 정도 더 먹는 것이야말로 한꺼번에 먹는 것보다 은근히 더 위험하다.

우리는 소금값을 하는 사람일까?

고대인들은 소금을 값비싼 상품으로 간주했다. 현대 영어의 "소금값[3]을 해라." 등의 표현에서 소금에 대한 고대인들의 생각을 미루어 짐작해 볼 수 있다. "기본적으로 전반적 식품 무역은 소금에 의존하고 있었지요." 『소금의 세계사』의 저자 마크 쿨란스키는 말한다. "산업 사회 이전에 소금은 무역에서 큰 비중을 차지하고 있었습니다. 소금이 없었다면 국제 경제도 없었을 것이라는 말은 과장이 아닙니다."

소금의 가치가 높았던 것이 비단 고대 서유럽 역사에만 국한된 것은 아니다. "북아메리카 대륙 남서부 푸에블로[4] 사람들에게도 소금은 교역의 대상인 상품이었습니다. 소금 교역의 역사는 3000~4000년 전까지 거슬러 올라갑니다. 호피[5] 인디언들은 소금 순례를 수행합니다. 오늘날에도 여전히 말이지요." 라고 인류학자 피터 화이틀리[6] 박사는 말한다. ■

포도주에 대한 위트와 지혜

효모는 살아 있을까?

효모는 단세포로 이루어져 있는 곰팡이 생물입니다. 효모는 우리 인류처럼 당을 먹고 이산화탄소를 방출합니다. 효모는 부산물로 알코올을 생산합니다. 그러므로 음식에 기체나 술기운을 주입하기 위해서 효모가 단골 재료로 사용되고는 합니다. 제다이 와인 마스터 제니퍼 시모네티브라이언[7]은 설명합니다. "자연 상태로 내버려 둔다면 수천 가지, 아니 수백만 가지에 이를 정도로 수많은 종류의 효모가 존재할 것입니다. 서로 다른 방식으로 활동하고, 다른 모습을 띠고, 체취도 다른 우리 인류와 별 다를 바 없이 다양한 이스트도 서로 다른 방식으로 활동하고, 다양한 모습을 띠고, 향도 다양합니다. 다양한 효모가 동시에 일을 하게 만든다면 다양한 효모는 각자 다른 물질들을 생산해 낼 것이고, 다양한 풍미가 겹겹이 생겨날 것입니다. 포도주에 대해 이야기할 때 이와 같은 다양한 풍미를 '복잡성'이라고 부르기도 하지요."

"그러고 나서 효모는 자신의 배설물 속에서 죽음을 맞게 되겠지요. 이 과정이 바로 포도주 만들기의 기본 중의 기본입니다."라고 닐은 덧붙입니다.

정상적인 조건에서, 많은 종류의 효모는 인체에 무해하다고 합니다. 효모 적분에 인류는 포도주, 맥주, 위스키 등을 얻을 수 있었습니다. 빵, 케피르,[8] 김치, 된장 등의 음식은 물론이고요. ■

오크 통은 발효 중인 포도주에 특유의 풍미를 더한다.

"바닐라는 정말로 대단해요. 사람들은 바닐라 맛은 지루하다고도 합니다. 누군가 바닐라가 지루한 맛이라고 말하면 저는 말하죠, '지금 장난하시는 건가요?' 바닐라는 완벽하다고요. 바닐라는 정말 완전무결한 맛입니다. 민트 초콜릿 칩을 먹고 싶다고요? 페퍼민트 사탕맛을 원한다고요? 많이 드세요. 여러분이 다른 맛을 고르면 고를수록 내 차지가 될 바닐라가 더 많아질 테니까요."

— 바닐라 아저씨 빌 나이

생각해 보자 ▶ 맛있거나 치명적이거나

'천연 성분'이 항상 건강에 좋은 음식을 뜻하는 것만은 아니다. 꽤 많은 식물 종이 인간을 빠른 시간 내에 죽일 수 있는 독소를 생산해 낸다. 하지만 사실 인류는 독성을 지닌 식물로부터 많은 약재를 얻기도 한다. 약재뿐만 아니라 향신료도 마찬가지로 독성을 지닌 식물로부터 얻을 수 있다. 니코틴, 카페인, 계피, 바닐라는 사실 모두 유력한 살충제이다. "식물은 도망을 갈 수 없습니다. 그러다 보니 스스로를 곤충류라거나 초식 동물로부터 보호하기 위한 물질을 생산하게 된 것입니다."라고 생물학자 마크 시덜[9] 박사는 설명한다.

닐의 트위터

닐이 가장 좋아하는 칵테일

여성스럽다고들 하는 음료를 좋아합니다. 보통 위스키를 주문할 때 저는 파인애플과 우산 장식이 꽂힌 칵테일을 주문해요. 저 스스로의 남성성에 편안하고 내면의 여성성과도 친화적이기 때문인 것도 같아요. 부드럽고 크리미한 음료를 좋아해서 추수감사절이나 성탄절에는 스파이크드 에그노그[12]를 마십니다. 아내와 저는 내킬 때면 직접 만들어요. 손은 가지만 공들일 만하죠. — 닐 디그래스 타이슨 박사, 천체 '여성스러움' 학자

포도주에 관한 위트와 지혜

테루아르란 무엇인가?

포도 재배 환경이 중요하다는 데 대다수의 사람들은 동의할 것입니다. 제다이 와인 마스터인 제니퍼 시모네티브라이언은 설명합니다. "프랑스 어에 테루아르라는 말이 있는데요. 테루아르란 포도나무에서 수확한 포도주용 포도가 특유의 풍미를 갖게끔 하는 포도나무 재배와 관련된 모든 요소를 일컫는 말입니다. 사람마다 테루아르를 서로 다르게 정의하기도 하는데요. 포도가 특유의 맛을 띠게끔 하는 '알 수 없는 무언가'라고 생각하시면 되겠어요."

정말 그렇다 치더라도 테루아르의 중요성은 얼마나 대단한 것일까요? 사실 포도주 병을 따고 나서도 이런 저런 방식으로 포도주의 맛을 바꾸는 다양한 방법이 존재합니다. 닐은 묻습니다. "어떤 사람들이 포도주가 숨쉬게 하기 위해서 디캔팅을 하는 방식에 대해 알고 있나요? (쿠킹 랩[10]의 설립자인 네이선 미어볼드[11]는) 포도주를 블렌더에 붓는다고 하더군요. 그리고 나서 포도주 테이스닝 전문가에게 맛을 보게 했더니 테스트해 본 모든 포도주의 맛이 현저히 좋아졌다는 평가를 받았다고 합니다. 평가를 받은 후 사람들에게 사실은 방금 맛본 포도주가 블렌더에 넣었던 포도주라는 사실을 말하면, 갑자기 사람들이 포도주 맛을 별로 좋아하지 않게 된다고 하네요." ▪

이탈리아 토스카나 지방의 포도 농장.

생각해 보자 ▶ 사브르 검으로 샴페인 따기?

사브레이지[13]란 검으로 샴페인 병의 목을 쳐서 병을 따는 기술이다. 물론 사브레이지는 오래도록 인상에 남는 의식이지만, 과연 위험을 감수할 가치가 있을까? 가끔은 그런 것도 같다. "실제로 사브레이지 방식으로 샴페인을 열어야 했던 적이 있는데요. 병이 엄청나게 거대한 임페리얼 사이즈 병(보통 병 8병에 해당하는 양)이었고요. 코르크의 반 정도가 병 안에 들어가 있었거든요. 위험한 상황이었습니다. 제 사무실에 우연히 검이 있었던 덕분에 무사히 병을 딸 수 있었지요." 시모네티브라이언은 말한다.

앤서니 보뎅과 함께하는 식사 자리

맛있다, 맛없다는 감각은
후천적 학습의 결과인가?

영국의 소비자들은 이상한 맛의 워커스 칩을 맛 본 후, 자신이 가장 좋아하는 제품에 투표를 했다. (사진은 토스트 위에 콩을 올린 후 치즈를 뿌린 맛이다.)

보뎅은 그가 세계 각국의 요리를 즐기는 방식을 소개합니다. "저는 진즉에 다른 나라 사람들이 먹는 것이며 먹는 방식에 대해 '괴상하다.'라는 표현을 그만두었습니다. 다른 나라, 다른 문화권에서는 당연하거나, 반드시 필요한 맛에 대한 스펙트럼이 존재합니다. 예컨대 필리핀 음식에는 일부 문화권 사람들이 본능적으로 좋아하지 않는 쓴맛이 기본적인 맛으로 존재합니다. 필리핀에서는 쓸개즙을 요리에 넣어서 음식에 쓴맛을 더하기도 하지요."

"맛의 스펙트럼이 상당히 한정적인 스칸디나비아 문화권 같은 문화권도 있습니다. 전통적으로 사용되는 향신료의 종류가 딱히 많지도 않고요. 스칸디나비아에서는 신선한 생선 맛, 신선한 생선 맛, 냉동 생선 맛, 또 신선한 생선 맛, 또는 저장 생선 맛 등의 맛이 있습니다. 남태평양 일부 문화권에는 다양한 달콤하고 신선한 생선 맛이 있습니다. 생선을 발효시키는 등 썩게 만드는 전통도 있습니다. 아무래도 심심해서 저질러 본 일이 아닐까 싶기도 해요. 제 생각에는요. 서구인 기준으로 생각해 보면 생선을 썩힌다니, 딱히 좋지 않으면서도 이상한 일이지요. 게다가 서구 사회에서도 한때는 비슷한 식문화가 있었다는 점 또한 주목해 보아야 할 것입니다. 로마 시대에 많은 사람들이 먹었던 조미료 중 가룸[14]은 알고 보면 썩은 생선 내장과 썩은 생선 소스였습니다. 썩은 생선 내장, 썩은 생선 소스가 유럽 전 지역에서 소금 같은 조미료 역할을 했던 것이지요. 서구인의 취향도 변화를 거쳐 왔습니다." ■

한 토막의 과학 상식

1985년 의학 연구팀은 코카콜라, 특히 다이어트 콜라가 효과적 살정제임을 증명했다. 연구팀은 코카콜라가 효과적인 피임 방법이라는 것은 발견하지 못했다.

생각해 보자 ▶ 사탕이나 초콜릿이 사람을 더 똑똑하게 만들 수 있을까?

마이엄 비얼릭 박사: 결국 중요한 것은 동기이지, 기술, 인지 능력, 또는 기술적인 능력은 아닌 것 같은데요. 그러니까네, 맞아요. 달달한 것을 먹으면 기분이 좋아집니다. 배우고자 하는 내용과는 상관없이 말이지요. 달달한 사탕이나 초콜릿은 아주 강한 동기를 부여할 수 있으니까요.

헤더 벌린[15] 박사: 달달한 것이 수학 실력을 더 좋게 하지는 못하겠지만, 공부를 더 오래하게끔 할 수는 있겠군요.

너무 적게, 너무 많이

전 세계 수십억 인류는 충분한 식량을 섭취하지 못하고 있습니다. 반면 미국인들은 점차 뚱뚱해지고 있습니다. 세계 대부분의 장소에서도, 너무나 슬프게도 미국에서와 비슷한 일이 벌어지고 있습니다. 『식품 정치』의 저자 매리언 네슬[16] 박사는 설명합니다. "개발 도상국에서 현재 일어나고 있는 일은 다음과 같습니다. 사람들이 돈을 좀 더 잘 벌기 시작하면 좀 더 많이 먹기 시작합니다. 그 후, 미국인들처럼 먹기 시작하죠. 체중이 늘고 2형 당뇨병이 발생하는 등의 문제가 생겨납니다. 심지어 이 같은 현상을 일컫는 용어도 있습니다. 이와 같은 현상을 '영양 전환'이라고 부릅니다."

▶ 어떻게 해야 그만 먹어야 하는 시점을 알 수 있을까?

네슬 박사는 설명합니다. "인간이 더 많은 음식을 섭취하도록 만드는 생리학적 요인은 100여 가지 있습니다. 인간은 자신이 처해 있는 환경에 아주 잘 적응하지는 못하고 있습니다. 게다가 인간의 생리는 '먹어라, 먹어라, 먹어라, 먹어라. 너는 배가 고프다. 어서 빨리 뇌에 포도당을 공급해라.'라는 메시지를 아주 잘 보내는 반면 그만 먹으라는 메시지는 효과적으로 보내지 못하는 편입니다."

▶ 왜 아직 산업화가 이루어지지 않은 국가에서의 비건 채식인들의 상황이 더 좋을까?

셰프 겸 방송 진행자 보뎅은 말합니다. "제가 제일 좋아하는 통계 중 하나는 산업화된 국가의 비건들보다 아직 산업화가 이루어지지 않은 사회의 비건 채식인[17]들의 건강 상태가 더 좋다는 것입니다. 산업화가 아직 이루어지지 않은 사회에서 쌀에 벌레의 신체 일부나 벌레 시체가 들어 있을 가능성이 더 높을 것 같은데요. 그러다보니 산업화된 지역의 비건 채식인보다 산업화가 아직 이루어지지 않은 지역의 비건 채식인들이 동물성 단백질을 더 많이 섭취하게 되는 것 같습니다. 벌레에는 단백질이 아주 많이 들어 있습니다."

▶ 미국에서 비만 때문에 소요되는 비용은 얼마일까?

네슬 박사는 다음과 같은 수치를 제시합니다. "대략적인 추정 비용이 있긴 한데 말이지요. 이 추정값이 얼마나 정확한지는 확실히 모르겠네요. 과체중 때문에 미국이 한 해에 지불하고 있는 비용은 약 1900억 달러(약 200조 원)에 이릅니다."

"그 돈이면 화성에 두 번 갈 수 있겠는데요."라고 닐이 덧붙이네요. ■

인류를 죽이는 식품 산업?

태곳적부터 인류는 다른 이들에게 다양한 물건들을 팔아 왔습니다. 파는 물건이 다른 사람들에게 이로운지 아닌지와는 상관없이 말이지요. 보뎅은 말합니다. "요즘 슈퍼마켓의 진열칸도 마찬가지입니다. 호사다마라고 하지요. 좋은 일이 생기면 나쁜 일도 생기기 마련인데요. 식품 산업에서 발생할 수 있는 나쁜 일 중 하나는 사람들이 나쁜 음식을 먹거나 너무 많은 양의 음식을 먹는 것이 막대한 영향력과 거대한 규모를 지닌 기업들의 경제적 이익과 맞물려 있다는 것 아닐까요? 모든 기업이 그렇듯 식품 회사들도 사람들이 자기 회사 상품을 계속해서 소비하게 하도록 하기 위해 막대한 자본을 투자할 것입니다. 식품 회사에서 대규모 자본을 투자해서 생산된 식품 중 대다수는 사실 일상적인 주식으로 섭취하기에 이상적이지 못한 경우가 많습니다."

간혹 식품 산업에서 어떤 일이 일어나고 있는지를 어느 정도 엿볼 수 있을 때도 있습니다. 최근에 벌어진 '핑크 슬라임' 소동에 대해 알아봅시다. 보뎅은 다음과 같이 설명합니다. "법률에 따르면 핑크 슬라임은 식재료가 아니라 식품 제조 공정입니다. 이 공정을 거치면 분쇄육 제조업자들이 기존에는 버려야 했던 쇠고기의 바깥쪽 껍질 부분을 사용해서 간 쇠고기를 만들 수 있습니다. 쇠고기의 바깥쪽 부분은 대장균을 함유할 가능성이 있어서 버려야 한다고 여겨졌거든요. 제가 알고 있는 범위 내에서 설명해 드리자면 암모니아를 뜨거운 증기로 만들어 분사한 후에 암모니아와 고기, 압출된 지방을 휘저어서 짚더미 같은 반죽으로 만든다고 하네요. 결국 핑크 슬라임은 쇠고기에서 버릴 부분을 슬라임과 섞고, 암모니아로 가공해서 분쇄육을 만드는 과정인데요. 이 과정을 통해 고기에 대장균이 섞일 가능성을 감소시킵니다." ■

악명 높은 '핑크 슬라임' 쇠고기.

식품 회사 연구소에 있는 비밀 공간에서 과학자들은 오랜 시간에 걸쳐 우리가 알고 있는 음식의 맛, 냄새와 질감을 분리하거나 합성하기 위해 노력해 왔다. 벨비타,[18] 젤로, 탱 등의 인공 식품은 현대의 식품 문화에 깊이 침투해 있다. 식품 공학의 고급 버전이라고도 볼 수 있는 분자 요리의 유행에 대해 한번 알아보자.

보뎅은 설명한다. "분자 요리란 새로운 방식으로 식재료를 처리하는 방식을 뜻합니다. 분자 요리를 만들기 위해서는 기존의 식재료에 조작을 가해서 전례 없는 방식으로 조리하는 과정이 필요합니다. 딸기같이 생기지 않은 딸기, 캐비어 같은 모양과 식감을 가진 사과 등 분자 요리를 먹는 사람의 고정 관념을 비트는 방식으로 식품을 조리하는 것이지요. 분자 요리와 화학 수업은 분명 서로 다르지만 분자 요리를 만드는 과정을 보면 꼭 실험실에서 하는 실험과 비슷해 보이기도 한답니다."

"맥도널드나 다른 업체들에서 '더 이상 핑크 슬라임을 사용하지 않겠습니다.'라고 말한다고 해서 식품 업체들이 선한 결정을 내렸다고 보기는 어렵습니다. 사실 그들은 먼 미래를 보고 있는 겁니다. '언젠가 핑크 슬라임이 우리 발목을 잡는 날이 오겠구나.'라고 예측한 것이지요."

— 앤서니 보뎅, 셰프 겸 방송 진행자

앤서니 보뎅과 함께하는 식사 자리

여행 중 배앓이를 피하는 비결

여행 중에는 이국적인 현지 음식이라면 무엇이든 먹어 보고 싶은 유혹에 사로잡히게 됩니다. 길거리 음식은 종종 견딜 수 없을 만큼 유혹적입니다. 하지만 대개는 제대로 씻은 음식, 잘 익힌 음식을 먹는 편이 건강에 더 좋을 것입니다. 비록 잘 씻은 음식, 제대로 익힌 음식만 먹으려다 보면 여행지에서 가장 유혹적이고 가장 특색 있는 음식을 먹어 보겠다는 신나는 기분에 찬물을 끼얹은 셈이 될 수도 있겠지만, 건강을 위해서는 음식에 들어 있는 몸에 해로운 미생물을 전부 죽이는 편이 좋습니다.

세계를 종횡무진 누비며 활약하는 셰프 보뎅은 배앓이를 피하는 비결을 소개합니다. 안 가 본 곳이 없다 보니 절대 하면 안 되는 일에 대해 잘 알고 있다고 하는군요.

> "요리는 마치 마법을
> 부리듯이 먹거리를
> 안전하게 만듭니다. 물이
> 깨끗하지 않은 곳에서는
> 잘 익힌 음식을 먹는 것을
> 강력 추천합니다."
> —매리언 네슬 박사,
> 『식품정치』의 저자

▶ **비결 하나.** "합리적으로 판단할 수 있는 범위 내에서 주의를 기울이도록 하세요. 미국의 농촌 지역에서 여행을 할 때와 마찬가지로 말이지요. 당신의 여행지가 어디든 상관없이 합리적인 판단 하에 주의를 기울이는 일은 꽤나 쓸모 있는 작업입니다."

▶ **비결 둘.** "스스로에게 항상 질문을 던져 보세요. 이 음식은 이 동네의 보통 사람이 먹는 음식인가? 이 식당에 사람이 많은가?"

▶ **비결 셋.** "여행 중인 지역에 조류 독감이 돈다는 소문이 있다면, 덜 익힌 가금류로 만든 요리를 먹겠다는 생각은 그다지 좋지 않은 생각 같습니다. 지역에서 일어나는 일에 대해 잘 생각해 보셔야 합니다. 광우병이 도는 동네에서 여행을 한다면 미심쩍어 보이는 술집에서 송아지 뇌 요리를 먹는 것은 당연히 피하셔야 되고요."

▶ **비결 넷.** "그냥 상식을 탑재하는 겁니다. 러시아에서 사람들이 수돗물을 마시지 않는다면 러시아에 여행을 가서도 수돗물을 마시지 않는 것이 좋겠지요." ◼

셰프이자 방송 진행자인 앤서니 보뎅은 자신의 위장을 대상으로 다양한 실험을 해 보았다.

> "사람들이 복어 초밥을 먹는 이유는
> 복어 초밥에 독이 있기 때문이라고
> 생각합니다. 테트로도톡신[19]은 독극물입니다.
> 복어 독의 신기한 점은 복어의 독이 심장에
> 영향을 미치지 않는다는 것입니다.
> 그러다 보니 복어를 먹은 사람은 죽어
> 가면서도 살아 있을 수 있는 것입니다."
> —마크 시덜 박사, 생물학자

생각해 보자 ▶ 두근두근 뛰고 있는 코브라의 심장에서 나온 피, 과연 마셔도 안전한가?

신선한 코브라 피를 마실 사람이 정말로 세상에 있을까? 보뎅은 신선한 코브라 피를 마셔 볼 의향이 있을뿐더러, 실제로 마셔 본 적도 있다고 한다. 그는 코브라 피를 마시고도 살아남았고, 다음과 같이 자신의 경험에 대해 이야기한다 "한때 무모하게도 편하게 생각하는 범위를 한참 넘어서는 음식을 마구 먹어 보던 시절도 있었는데요. 덕분에 친구들에게 코브라의 피를 마신 이야기해 줄 수 있게 되긴 했어요. 하지만 이제 닥치는 대로 먹어 보는 일은 그만할 것입니다. 사람들에게도 닥치는 대로 먹지는 말라고 할 것 같고요." 사실 코브라 피에는 독이 없다. 독 때문에 죽고 싶지 않다면 코브라의 송곳니만 잘 피하면 된다.

"나는 과학, 공학, 등등을 공부하거나, 예술 학교에 가고 싶다고
생각했습니다. 저에게 있어서 다양한 영역으로 진출하기 위해
필요한 창의력과 상상력에는 별다른 차이가 없는 것 같았어요.
다양한 분야에 필요한 창의력과 상상력은 거의 동등합니다."

— 데이비드 번,[1] 음악가

4장

창의성은 어디에서 오나요?

1930년에 아인슈타인은 미지의 대상에 대해 알고 싶어하는 충동이야말로 '모든 진정한 예술과 과학의 원천'이라는 글을 쓴 바 있다. 그런데 미지의 대상에 대해 알고 싶어하는 충동은 어디에 있는 것일까? 과학자들은 아직 이 질문에 대한 답을 찾아내지 못했다. 혹시 알고 싶어하는 충동은 뇌세포 사이의 공간과 연결을 관장하며 무수히 얽혀 있는 시냅스[2] 속 어디엔가에 갇혀 있는 것은 아닐까? 어쩌면 알고 싶어하는 충동은 인체 외부의 어떤 장소에 존재하는지도 모른다. 신이 내린 불꽃이라거나 갑자기 떠오르는 의식처럼 말이다. 혹시 알고 싶어하는 충동이 우리의 꿈 속에 숨어 있는 것은 아닐까? 우리가 잠에 빠져 들면 마음 속 쓰레기통에 적절하게 배치되는 순간을 기다리면서 말이다. 상상만으로도 재미있지 않은가!

아인슈타인은 아마도 20세기의 인류 중 가장 창의적인 사람이었을 것이다. 그는 '평범한'사람과는 거리가 먼 사람이었다. 당시 세상은 보통이 아닌 사람이 살아가기에 더 좋은 곳이었다. 그렇다면 '평범한' 사람이란 어떤 사람을 의미하는가? 충분한 자각을 갖고 전형적인 사람이란 어떤 사람인지에 대한 선입견을 배제하며 생각해 본다면, 전혀 예상치 못했던 방향으로부터 새로운 영역을 발견하게 될 것이며 창의성을 발휘할 수 있을 것이다. 이는 모두에게 좋은 일이 될 것만 같다. 그리고 인류를 기분 좋게 해 줄 것이다.

스타 토크 라이브!: BAM에서 만난 똑똑이들

창의력의 기반이 되는
신경 작용은 무엇?

생물학적으로 말하자면, 창의성은 인간의 생존에 필수적입니다. 인간은 생존을 위해 이전에 전혀 경험해 본 바도 없고, 들어본 바도 없는 생명을 위협하는 상황에 처했을 때 즉각적인 해결책을 제시할 수 있어야 합니다. 창의력은 싸울 것인가, 도망칠 것인가를 택해야 하는 상태[3]에서 인류라는 종이 지금껏 생존하게끔 해 주었습니다.

　따라서 인간의 두뇌는 창의적 활동을 지원하는 일종의 회로를 개발해야만 했을 것이며, 분명 창의적 활동을 위한 회로를 지니고 있는 것 같습니다. 창의성은 뇌에서 어떻게 작동할까요? 신경 과학자인 헤더 벌린 박사는 다음과 같이 설명합니다. "즉흥 재즈 연주이든, 즉흥 코미디이든 상관없이, 사람들이 즉흥적으로 하는 창작 활동에 관련된 일련의 신경 활동이 있습니다. 창의성과 연관된 뇌 기작을 연구하기 위해 과학자들은 사람들을 스캐너에 들어가게 합니다. 프리스타일을 전문으로 하는 래퍼에게 우선 암기해서 랩을 한 후 프리스타일로 랩을 하게 합니다. 또는 음악가가 스캐너에 들어가 암기한 작품을 연주한 후 즉흥 연주를 하게 합니다. 사람들이 즉흥 연주를 할 때 내측 전전두피질[4] 중 일부가 강하게 활성화되는 것을 발견할 수 있었습니다. 내측 전전두피질 중 일부는 사람들이 내적으로 만들어 낸 사고와 관련이 있는 것으로 알려져 있습니다. 즉흥 연주를 하는 사람들의 전두엽[5] 후측부의 피질은 비활성화됩니다. 전두엽 후측부는 자각 또는 스스로의 행위를 면밀히 검토하는 기작과 관련이 있습니다. 즉흥 연주를 할 때, 인간의 마음은 자유롭게 유영하는 상태로 들어갑니다. 너무나 자신을 의식하고 있다면 실수를 할 것이며, 즉흥 연주를 잘 못 하게 되겠지요. 즉흥 연주를 잘 하려면 소위 정신줄을 약간 놓아야 합니다." ■

뇌는 순수한 즉흥 연주를 하기 위해 자각을
관장하는 스위치를 끈다.

"대학 시절 웃음의 생리학에 대한
보고서를 쓴 적이 있습니다.
잘못된 내용 투성이었지만,
그냥 '삐' 처리를 해 버렸습니다."
— 유진 머먼, 코미디언

생각해 보자 ▶ 재능이란 타고나는 것일까?
의심의 여지없이 진짜 천재는 세상에 존재한다. 어떤 사람들은 다른 사람들이 아무리 노력을 한다고 해도 할 수 없는 일을 쉽게 해 낼 수 있다. 하지만 많은 이들은 타고난 재능만으로는 충분치 않다고 말한다. 심지어 타고난 재능과 성취는 별로 상관이 없다고 주장하기도 한다. 재능만으로는 성공할 수 없다고 믿는 이들은 시간, 연습, 경험이 가장 중요하다고 한다. "모차르트의 천재성을 보여 주는 작품들은 주로 모차르트가 작곡을 시작한 후 14, 15년차에 작곡한 곡들입니다. 이렇게 생각해 보면 매혹적이면서도 정신이 번쩍 들지 않나요?" 라고 작가 글래드웰은 말한다.

나도 피아노를
칠 수 있을까?

영감이 어느 곳에서부터 번쩍 떠오르는지도 중요한 요소일까요? 신경 의학자이자 작가인 올리버 색스[6] 박사는 번개에 맞은 후 새로운 성격 특성을 갖게 된 지인에 대한 이야기를 들려줍니다. "번개를 맞고 거의 죽을 뻔한 지 3주 후, 이상하면서도 감정적, 음악적인 변화가 일어났다고 합니다. 그는 음악에 전혀 관심이 없던 사람인데요. 갑자기 고전 음악에 대한 열정이 생겨났다고 합니다. 처음에는 음악을 듣고 싶어하다가 나중에는 연주도 하고 싶어했다고 해요. 그리고 나서는 작곡까지 하고 싶어했다고 합니다. 음악뿐만 아니라 신비한 감정도 느끼기 시작했다고 해요. 신이 자신에게 번개를 내려 그가 다시 살아나도록 관장했다고 느꼈다고 합니다. 세상에 음악을 전파하는 소명을 절대자로부터 받았다고 느끼기도 했다는군요."

"제 지인은 자신에게 일어난 일에 대해서 초자연적으로 설명했습니다. 과학에 대해 잘 모르는 사람은 아닙니다. 사실 그 사람도 신경 과학 박사예요. 신경 과학자로서, 신비 체험을 평가 절하한다거나 기분을 상하게 하지 않으면서 그에게 일어난 일을 어떻게 신경 과학의 언어로 설명할 것인가는 전적으로 나에게 달린 일입니다. 그래서 이렇게 말했죠. '너도 잘 알다시피, 나는 네가 어떤 일을 겪었고, 그 일이 왜 너에게 일어났는지에 대해 네가 어떻게 생각하는지 잘 알겠어. 하지만 네 신체 안에서 무슨 일인가가 일어났을 여지가 있다는 것 또한 생각해 주겠니? 초자연적인 존재가 실제로 존재하는 신경적 구조를 이용하는 등의 개입을 했다든가 하는 식으로 말이지.' 그랬더니 그러더군요, '알았어. 그렇다고 치자.'"

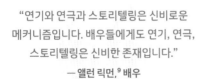

"연기와 연극과 스토리텔링은 신비로운 메커니즘입니다. 배우들에게도 연기, 연극, 스토리텔링은 신비한 존재입니다."
— 앨런 릭먼,[9] 배우

한 토막의 과학 상식

평범한 인간은 뇌 세포를 약 900억 개 가지고 있다. 이 900억 개의 뇌 세포 중 20~25퍼센트 정도는 언어와 의식을 관장하는 대뇌 피질[7]에 위치하고 있다.

대화

수술을 받는 이유는 무엇일까?

새로운 일을 해 본다거나 완벽을 기하기 위해 지속적인 활동을 하는 것에는 다양한 동기가 있다. 새로운 시도와 지속적 활동 중 무엇이 더 중요할까?

대단한 질문이네요. 우리가 왜 어떤 일에 이끌리게 되는지의 핵심을 관통하는 질문이군요.

맬컴 글래드웰

어려운 일이니까 인간이 하고 싶어하죠. 인간은 쉬운 일이라면 별로 하고 싶어하지 않아요.

닐

그래서 제가 수술을 하는 겁니다. 저는 수술을 정말 못하지만, 수술에 최선을 다하지요.

유진 머먼

가끔 수술을 꽤 잘 하실 때가 있어요. 제 라식 수술을 해 주셔서 고마워요.

와이엇 시낵[8]

인식과 의식

17세기 합리주의 철학자 르네 데카르트는 "나는 존재한다."라는 명제는 논박하기가 불가능하기 때문에 참이어야만 한다고 주장하며 "나는 생각한다. 고로 존재한다.(*Cogito, ergo sum.*)"라는 말을 남겼습니다. 21세기 과학 연구자들은 인식과 의식이 어떻게 연결되어 있는지에 대해서 더 깊이 알고 싶어합니다. 신경 과학자인 헤더 벌린 박사는 다음과 같이 말합니다. "의식은 아주 간단하게, 1인칭으로 서술되는 주관적 경험이라고 정의할 수 있습니다. 그러니까 누군가가 의식을 갖고 있다는 사실은 당사자 자신만이 인식할 수 있습니다. 타인의 의식에 대해서는 전혀 알 수 없습니다. 나는 내 경험으로 비롯된 나의 의식과 나의 내면에 대해서만 알 수 있습니다. 의식과 인식은 뇌와 어떤 관련을 갖고 있을까요? 연구자들은 여전히 의식, 인식, 뇌의 관계에 대해 파악하기 위해 노력하고 있습니다. 그런데 의식은 자아 인식과는 별개의 문제입니다. 의식이 있는 사람들 중에 자아 인식이 없는 사람도 있습니다. 예를 들면 아기들 말이죠. 아기들이 의식이 있을 수는 있습니다. 의식이 있다는 것은 원시적인 감각이 있다는 뜻인데요. 아기들은 붉은색을 볼 수도 있고, 부드러운 촉감을 느낄 수도 있고, 장미꽃 향기를 맡을 수도 있습니다. 아기들은 스스로에 대한 인식 없이도 이 모든 일을 해낼 수 있습니다. 아기들은 생각에 대해서 생각한다거나, '오직 나만이 이런 생각을 하고 있겠지.'라고 생각하는 등 메타 인지적인 과정 없이도 이 모든 일을 해낼 수 있습니다. 사람들이 자신에 대한 감각을 상실하는 해리 장애[10]가 존재합니다만, 이 장애를 가진 사람들도 의식은 갖고 있습니다."

　머먼은 인식과 의식에 대해 설명합니다. "그러니까 말씀하신 바에 따르면, 아기가 브루스 스프링스틴[11]을 들을 수는 있지만, 아기가 왜 자기가 그 음악을 들으면서 너무 재미있어하는지에 대해서는 잘 모른다는 뜻이군요." ■

저녁의 한잔

굳어 버린 머리

이 근사한 칵테일은 닐 디그래스 타이슨 박사와 브루클린 음악 학교의 바텐더인 브라이언 폰스가 제조했다.

보드카 약 60밀리리터
트리플 섹[12] 2~3밀리리터
라임 주스 2~3밀리리터
크랜베리 주스 2~3밀리리터
얼음

텀블러 잔의 3분의 2 지점까지 얼음을 채운 후 모든 재료를 넣어서 흔든 후, 마티니 잔에 붓는다. 이 세상에 초록색 별이 존재하지 않는다는 사실에 경의를 표하며 초록색 라임 조각으로 장식한다.

생각해 보자 ▶ 데자뷔(기시감)의 원인

특정 목적지에 도착하는 데는 다양한 경로가 있습니다. 가끔은 친숙하게 여겨지는 경로들이 함께 활성화되기도 하지요. 문자 그대로 뇌가 중복되는 불필요한 경로마저 활성화하기 때문에, 뇌에서는 여러 경로가 한꺼번에 활성화됩니다. (뇌에서 한꺼번에 많은 경로를 활성화하면) '어, 내가 지금 겪고 있는 일을 예전에도 언젠가 겪은 것 같은데.' 라는 감각을 불러일으키지요. 그 결과 당신의 뇌는 당신이 현재 하고 있는 일을 전에 해 본 일이라고 생각하게 됩니다.
— 마이엄 비얼릭 박사, 신경 과학자 겸 배우

매년 약 6000만 명의 미국인이
수면 장애로 인한 고통에 시달리고 있다.

왜 사람은 자야 할까?

알츠하이머를 앓고 있는
환자 뇌의 단면. 심각한
퇴화 양상을 보이고 있다.

정말요? 8시간이나요? 천체 '쿨쿨' 학자 닐 디그래스 타이슨 박사는 불만을 쏟아놓습니다. "세상에. 왜 인간은 잠을 자야 하는 걸까요? 자는 것이 야말로 엄청난 시간 낭비잖아요. 외계인이 지구에 찾아왔다고 가정해 봅시다. 외계인과 근사한 대화를 한참 나누는 도중에 인간이 이렇게 말하는 거죠. '실례할게요. 제가 지금부터 향후 8시간 동안 반쯤 혼수 상태로 누워 있어야만 해서 말이죠. 이따 뵙겠습니다.' 외계인 입장에서는 얼마나 황당할까요? '지구인은 참 이상하구나.' 생각하겠죠."

과학자들은 '왜 잠을 자는가?'라는 질문의 매력에 깊이 사로잡혀 있습니다. 벌린 박사는 다음과 같이 대답합니다. "신경 과학에 기반한 대부분의 과학적 근거가 시사하고 있는 바에 기초한 최신 이론에 따르면 잠을 자는 시간 동안 뇌에서는 청소와 비슷한 기작이 발생한다고 합니다. 낮 동안 뇌가 받아들이게 되는 자극이 너무나 많다 보니, 뇌에서 매일 낮 동안 받아들인 자극을 통합하는 일은 거의 불가능하다고 하네요. 뇌는 아마 온갖 정보로 꽉 차 있겠지요. 그러다 보니 가지치기와 비슷한, 잠이라는 작업이 밤 동안 일어납니다. 잠을 자는 동안 뇌에서는 유지하고자 하는 정보를 확고히 하는 작업이 일어납니다. 잠을 못 잔 사람들을 연구해 보면 수면 부족이 얼마나 다양한 문제를 발생시키는지 알 수 있습니다. 수면 부족은 알츠하이머[13] 등의 질환과도 관련이 있습니다." ■

정신 질환이 끊임없이 계속되는 이유?

인간의 두뇌는 매우 복잡하게 서로 연결되어 있기에, 두뇌에 문제가 생겼을 때 정확히 어떠한 원인으로 인해 문제가 발생했는지를 파악하기가 매우 어렵습니다. 그렇다 보니 인간의 두뇌에서 발생한 문제를 고쳐 나가는 일은 문제를 파악하는 일보다도 심지어 더 어렵다고도 볼 수 있습니다.

정신 질환 치료가 어려운 이유 중 하나는 정신 질환에 대한 인식이 필요하다는 점입니다. 인간의 정신 세계에 대해 고려할 때, 어떠한 행동이 정상적인 행동이며 어떠한 행동이 정신 질환에 의해 비롯된 행동일까요? 벌린 박사는 말합니다. "정신적으로 정상인 사람은 없다고 보는 것이 맞습니다. 하지만 모든 질병 중 환자들을 가장 고통스럽게 만드는 것은 정신 질환이라는 연구 결과가 있습니다. 인간이 정신 질환으로 인해 사망하는 것은 아니지만, 정신 질환을 앓

"종종 인류는 정신병에 걸릴 가능성이 높은 유전자를 아이들에게 전달합니다. 참으로 슬픈 일이지요."
— 마이엄 비얼릭 박사, 신경 과학자 겸 배우

─────────

으며 살아가야 하기 때문 아닐까요?"

사회는 가끔은 정확하게, 가끔은 정확하지 못하게도 비정상적이거나 불안정한 정신 상태를 고집 또는 천재성과 관련짓곤 합니다. 물론 사회가 창의력이라거나 사고와 행동의 다양성 등을 억누르는 것에 치중하고 있는 것은 아니지만 말이지요.

벌린 박사는 말합니다. "어떤 것들은 계속해서 살아남고 끊임없이 되풀이됩니다. 예컨대 감각 추구 성향이 있다거나 심하게 충동적인 등의 성격 특성들이 있는데요. 세상 사람들 중에 이런 특징을 가진 사람들이 꼭 있어요. 북아메리카 대륙을 발견한 사람들도 감각 추구 성향이 강하거나 충동적인 사람들 아니었을까요?"

정신 질환이 발생한 이유가 무엇이든 간에, 정신 질환을 적절하게 진단하지 못한다면 그 결과는 비극적일 수도 있습니다. ■

정신 질환에 대한 사회적 낙인은
정신 질환 치료에 장벽이 된다.

「빅뱅 이론」 다시 보기

신경 과학자 비얼릭은 「빅뱅 이론」[14]의 에이미 역할로도 유명하죠. 특이한 개그 포인트로 유명한 이 시트콤의 등장 인물들은 정말 인상적입니다. 비얼릭은 어떻게 생각할까요?

"이론적으로는 전부 신경 정신 질환의 영역에 속하는 사람들입니다. 흥미롭고도 나름 괜찮은 점, 사람들이 꼭 기억해 주었으면 하는 점을 꼽자면 등장 인물들이 병자 취급을 당하고 있지 않다는 점 아닐까요? 약물 치료나 성격을 고치라는 이야기는 하지 않습니다. 가벼운 놀림이나 조롱을 당하는 사람, 저래서 누가 사랑해 주나, 인정이나 받겠냐는 말을 들을 법한 사람일 뿐입니다. 직업 전선에서는 꽤 성공적인데다 「던전 앤드 드래곤」[15]이나 전자 오락 취미를 공유하는 친구도 있는데다 심지어 연애도 하니까요. 상당히 충실하고 만족스러운 인생을 살아가고 있는 셈이죠." ■

닐이 「빅뱅 이론」의 등장인물들과 금세 사랑에 빠진 것 같다.

기본으로 돌아가기

서번트 증후군이란?

심리적 증후군에 속하는 서번트 증후군을 보이는 이들은 한 가지, 또는 복수의 위중한 정신적 장애를 앓고 있을 가능성이 있다. 한편 특정 영역에서는 거의 초인적인 수준의 인지 기능을 수행하는 특징을 보인다. 일상에서 가장 흔히 접할 수 있는 서번트 증후군의 예시는 달력 계산의 달인들인데, 이들은 과거 시점의 특정 날짜를 말하면 그날이 무슨 요일이었는지 계산해 낼 수 있다. 수학에 뛰어난 서번트들도 있는데, 이들은 특정 종류의 암산을 정확히 해낼 수 있다. 음악에 뛰어난 서번트들은 베토벤의 소나타를 듣기만 하고도 완벽하게 연주할 수 있다. 절반 이상의 경우, 서번트 증후군 환자는 자폐 스펙트럼 장애 역시 갖고 있다고 한다. 하지만 과학자들은 아직 어떻게, 왜 서번트 증후군이 나타나는지에 대해 거의 밝혀내지 못하고 있다.

생각해 보자 ▶ 시각적으로 사고한다는 것은 무슨 뜻일까?

유명한 동물학자이자 자폐 권리 운동가인 템플 그랜딘[16] 박사는 공식적 진단을 통해 자폐 스펙트럼 장애를 갖고 있는 것으로 밝혀졌다. 그랜딘 박사는 실사 사진처럼 사고하는 경향이 있는데, 이와 같은 시각적 사고 방식이 자폐 스펙트럼 장애를 갖고 있는 사람들과 전형적인 사람들의 뇌가 어떻게 다른지를 보여 주는 예가 될 수 있다고 설명한다. 시각적 사고 덕분에 그랜딘 박사가 '소의 머릿속으로 들어가서' 소들이 왜 그림자나 물에 비친 모습을 무서워하는지를 깨달을 수 있었던 반면 다른 사람들은 전혀 소의 두려움을 느낄 수 없었다고 한다. "내 정신이 사고하는 방식은 이미지를 구글에서 검색하는 것과 어느 정도 비슷하답니다."

코미디에 과학이 있을까?

닐은 「스타 토크」에 출연한 모든 코미디언들에게 코미디에 과학이 있는가에 대해 물어보았다. 모든 코미디언들이 단 하나의 공식에 대해 동의하지는 않은 것 같다. 그러나 그들 모두는 코미디의 기술에 대해 아주 진지하게 받아들였으며, 나름대로의 과학적 방법을 적용해 코미디의 기술을 구현했다. 한 명은 예외였지만. 다음 글에서 조앤 리버스가 독자들에게 해 주고픈 말을 찾아볼 수 있다.

"코미디는 사실 완전히 수학입니다. 정해진 만큼만 말을 해야 하니까요. 완벽한 코미디를 하기 위해서 해야 하는 말의 양은 정확하게 정해져 있습니다. 딱 정해진 양만큼 하고 나면, 끝입니다. 당신이 연기하는 코미디는 끝난 거죠. 그 후에는 다음으로 넘어가야만 합니다."

— 래리 윌모어[17]

"다른 코미디보다도 시트콤에서 구조 내지는 과학을 발견하기 쉬울 것 같아요. 시트콤에서는 상황, 전개, 빵 터트리기, 상황, 전개, 빵 터트리기가 일어나니까요. 시트콤은 공식대로 진행됩니다. 스케치 코미디[18]는 시트콤보다 좀 덜 공식에 따라 진행되고, 더 황당하게 전개되는 경향이 있어요. 스케치 코미디의 결말은 누구도 알 수 없으니까요. 그렇다 보니 어떻게 하면 이 장면을 절정으로 이끌어 갈 것인가, 절정 다음에 어떻게 어이없게 결말을 지을 것인가, 어떻게 마무리할 것인가 등에 대해 의식을 덜 하게 됩니다. 스케치 코미디는 짧고 덧없기도 합니다. 가장 순수한 형태의 코미디라 아무래도 세컨드 시티[19]에서의 즉흥 코미디 아닐까요? 마치 화성이 테이블 위를 가로질러 굴러 가다가 조그만 작은 공으로 쪼개지는 것마냥 진행됩니다. 시트콤이나 영화는 좀 더 짜임새가 있고, 분자 구조처럼 나뉘어 있습니다. 제작자나 연기자들이 실제로 구상이나 설계를 하고 한계를 만들어 내기도 하니까 말이죠."

— 댄 애크로이드[22]

"코미디에는 과학이 있습니다. 여러분이 알 수 있는 한 가지는 말이죠. 배경 설명이 장황하면 장황할수록 보상을 받을 가능성이 줄어든다는 겁니다. 배경 설명이 짧으면 짧을수록 보상이 커집니다. 보상이란 곧 재미를 의미합니다."

— 척 나이스

"오랜 시간 동안 심슨 가족을 제작하고 있는 앨 진[20]의 이야기인데요. 코미디는 앨 진에게 수학 같은 존재라고 생각해요. 대본이란 앨 진이 알아낸 방정식 같은 것이고, 정확한 장소에서 웃음이 나오게 하지요."

— 행크 아자리아[21]

"스탠드업 코미디야말로 과학적 방법론과 비슷하다고 생각합니다. 무대에 올라가서 뭔가를 시도해 봅니다. 효과가 있다면 계속합니다. 실패한다면 그만둡니다."

— 유진 머먼

"배우이자 과학자로서 저는 우리가 끊임없이 조사와 추적을 하고 있다는 사실을 의식하게 됩니다. 이와 같은 조사와 추적은 타인에게 무엇인가를 느끼거나 믿게 하기 위해서, 모든 사람들이 일련의 감정을 느끼게끔 하기 위해서 우리가 거치는 참으로 복잡한 절차입니다. 스탠드 업 코미디언[23]은 공연장에 있는 사람들과 함께 일을 하는 것과 마찬가지입니다. 라이브 공연 무대 앞에 있는 청중을 마주하면서 모든 관객들이 무언가를 느끼기를 바라게 되는데요. 공연이 이루어지는 동안 정말로 복잡한 상호 작용이 이루어지고 있는 것이죠."

— 마이엄 비얼릭

"0 아니면 1으로 생각을 간소화시키는 사람들은 무엇이 코미디를 위대하게 만드는지를 잊은 사람들입니다. 그러니까 말이죠. 스케치 코미디 대본을 다시 쓸 때, 해 보고 잘 안되면 고치는 식으로 대본을 다시 쓴다면 이렇게 말하는 것과 다름이 없죠. '이거 봐. 스케치 코미디 500편을 이미 본 사람 입장에서 말하는 건데, 이 코미디는 웃길 것 같아.'라고요. 약간의 실험과 결과를 발견하는 과정, 그 과정을 추적하는 작업은 이루어지지만 이 작업이 절대적인 규칙인 것은 아닙니다."

— 세스 마이어스[24]

"코미디는 통제 불가능입니다. 어떤 사람에게는 참 재미있는 코미디가 다른 사람들에게는 하나도 재미없을 수도 있으니까요. 하지만 기하학은 통제가 가능합니다. A대B는 X와 같다는 식으로요. 기하학의 법칙은 나도, 당신도, 세상의 어떤 사람도 바꿀 수 없는 법칙입니다. 하지만 코미디는 기하학이 아닙니다. 코미디는 과학도 아닙니다. 코미디에 과학 같은 것은 존재하지 않습니다. 코미디를 가르치려고 하는 사람들은 그냥 잔인한 사람들입니다."

— 조앤 리버스

ㅋㅋㅋㅋㅋ ▶ 존 스튜어트와 함께

닐은 배우이자 코미디언인 존 스튜어트[25]에게 주기율표에서 어떤 원소를 가장 좋아하는지 물어보았다. "오, 저는 탄소가 진짜 좋아요. 원소들로 이루어진 표에서 탄소는 화학 분자로 이루어진 바람둥이 같은 존재이지요." 왜 그렇게 복잡하게 말을 하죠? 쉽게 좀 말해 보세요. 존이 말하네요. "탄소는 아무 원소하고나 쉽게 결합하잖아요."

이모티콘은 감정을 표현하는 지름길이다.

앨런 릭먼과의 대화

자, 어떤 기분이었는지 말해 주세요.

과학자들은 감정을 일곱 가지의 서로 다른 범주로 구분했습니다.

▶ **행복감** 과학자들은 기쁨이야말로 행복감의 가장 기본적인 요소라고 생각합니다. 기쁨을 나타내는 표정은 거의 모든 사회와 문화권에서 찾아 볼 수 있습니다.

▶ **슬픔** 타인의 죽음이나 고통으로 인한 비통감은 슬픈 감정의 기초가 됩니다. 슬픈 감정은 실망감부터 절망감과 가슴 아픔 등 다양한 정도로 나타납니다.

▶ **분노** 주로 무언가가 잘못됐음을 느낄 때 불만감을 느낍니다.

▶ **놀람** 놀란 감정의 기본 요소는 급격한 감정 변화입니다.

▶ **두려움** 투쟁 또는 도피의 감정은 다량의 아드레날린[26]을 방출시킵니다. 아드레날린은 즉각적으로 심박수를 빠르게 하고 혈압을 상승시키고 힘을 강하게 하고 속도를 빠르게 하며 감각을 더욱 예민하게 만듭니다.

▶ **역겨움** "우웩!"이라고 말할 때 눈은 찡그려지고, 코에 주름이 생기고, 윗입술은 올라가고, 아랫입술은 축 처집니다.

▶ **경멸** 경멸은 아마도 분노감과 역겨움의 조합이 아닐까요? 경멸은 지위가 낮은 대상을 향해 표출되는 감정입니다. ■

"얼굴 표정에서 나타나는 감정 연구에서 흥미로운 점은 사람들이 얼굴 표정으로 감정을 표현하는 방식이 문화 차이를 막론하고 아주 비슷하다는 것입니다. 특정 문화에서 화난 것 같이 보이는 표정을 짓는 사람은 다른 문화권 사람에게도 화가 난 사람처럼 보입니다."
— 닐 디그래스 타이슨, 천체 '열받음' 학자

생각해 보자 ▶ 괜찮은 개그는 우리를 어디까지 데려갈 수 있을까?

전파의 속도, 지구와 다른 별들 사이의 엄청나게 먼 거리 때문에 우리 인류가 오늘 방송한 모든 것들은 지구로부터 연간 약 96조 5억 킬로미터의 속도로 퍼져 나가고 있다. 천문학자이자 예술가인 카터 에마트는 다음과 같이 말한다. "우리가 하늘에 있는 아르크투루스[27] 옆에 주차를 했다고 칩시다. 그곳에서는 지금부터 40년 전에 방송된 라디오나 텔레비전 방송이 나올 것입니다." 그러니까 개그가 지금은 물론 먼 후세에도 즐길 가치가 있는지를 확실히 해 두는 것이 좋을 것 같다.

욕실에서 노래를 부르는 사람들은 기본적인 음향을 활용한다.

샤워에서 노래를 부르면 왜 노래를 잘 하는 것처럼 들릴까?

"샤워를 할 때 노래를 대충 부르는 사람은 별로 없습니다. 대신 오페라 디바나 록 스타처럼 노래를 부르게 되겠지요. 샤워실에서 노래하는 사람치고 제임스 테일러[28]같이 노래하는 사람은 없습니다. 샤워실에서는 모 아니면 도일 뿐이더라고요."

— 조시 그로번, 음악인

샤워실 칸막이의 음향적 특징은 누구에게나 적용되는 되먹임 고리를 만들어 냅니다. 하나의 음을 소리 내어 부르면 6개의 울림이 되돌아오는 것과 같은 효과를 만들어 내는데요. 그로번은 말합니다. "샤워실에서는 소리가 참 위대하게 울립니다. 꼭 노래방 같은 에코가 있는데요. 샤워실에서는 누구든지 노래를 잘 하는 것처럼 들리지요."

하지만 샤워실의 근사한 음향 효과는 울림 때문에만 생기는 것은 아닙니다. 물이 뿜어져 나오는 소리는 백색 소음 칸막이를 만들어 내는데, 백색 소음은 틀린 음정이나 듣기에 좋지 않은 주파수를 가려 줍니다. 그러다 보니 샤워실에서 노래를 하면 노랫소리 중에서 가장 듣기 좋은 기본 톤만 들리게 되는 것입니다. (비슷한 이유로 음악실 문을 통해서 흘러나오는 학교 합창단의 노랫소리도 참 괜찮게 들리지요.)

고려해야 할 또 다른 요소는 바로 심리적 요소입니다. 샤워실에서 나는 온갖 소리 때문에 샤워실 바깥에서 나는 소리는 전혀 들리지 않게 됩니다. 샤워실 밖에 있는 사람도 내 노래를 듣지 못할 거라고 생각하게 되지요. 덕분에 노래 부르는 사람의 근심 걱정도 사라집니다. 노래 선생님들은 사람들이 자신감을 갖고 의식하지 않을 때 훨씬 더 노래를 잘 하게 된다고 주장합니다. 샤워실에서 노래가 더 잘 된다고 생각하는 사람은 당신뿐만이 아니랍니다. ∎

> "위대한 예술 작품이란 감상하는 사람으로 하여금 '아, 이 예술 작품은
> 내게 의미 있는 작품이야,' 라는 말을 나오게 하는 작품이라고 생각합니다.
> 예술가가 어떻게 느끼고, 무엇을 느꼈는지와는 상관없이 말이죠."
>
> — 닐 디그래스 타이슨 박사, 천체 '예술가' 학자

데이비드 번과 함께하는 창의성의 과학

과학은 예술에 영감을 제공할까?

과학은 미지의 대상을 탐구하고자 하는 인류의 노력의 결정체입니다. 과학은 늘 예술에 영감을 불러일으켜 왔으며 앞으로도 계속 예술에 영감을 제공할 것입니다. 과학과 예술은 영향을 주고받습니다. 오늘날 인류가 사용하고 있는 수많은 발명품 중 상당히 많은 것들이 SF 소설, 영화, 또는 텔레비전 프로그램에 처음 등장했듯이 말이지요.

'과학이 예술에 영감을 주는가?'라는 질문을 조금 바꾸어 볼까요? 순수하게 과학적인 원리를 '영혼 없는' 체계에 적용해서 예술 작품을 만들어 낼 수 있을까요? 예

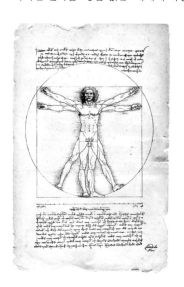

레오나르도 다 빈치의 수학적 예술.

를 들어 컴퓨터가 작곡을 할 수 있게 하는 컴퓨터 프로그램을 짤 수 있을까요? 전자 음악 작곡가인 데이비드 코프[29] 박사는 컴퓨터가 작곡을 할 수 있다고 믿습니다. "1980년경 처음으로 만들어진 악명 높은 컴퓨터 프로그램이 하나 있는데요. 고전 음악 작곡자들이 작곡한 음악 데이터베이스를 바탕으로 한 프로그램이었습니다. (왜 고전 음악 작곡가 중에 이미 고인이 된 사람들이 많기 때문에 자기들의 음악 스타일을 표절했다는 이유로 저를 고소할 수 없기 때문이지요.) 고전 음악 데이터베이스를 분석해서 기본적으로는 고전 음악 스타일인 새로운 음악을 작곡하는 것을 목표로 한 프로그램이었지요." ■

여행 가이드

과학과 예술의 만남

"사람들이 무엇을 진정 즐기는지, 무엇을 진정 원하는지를 이해하는 사람은 언제든 훌륭한 기술을 만들 수 있습니다." — 클라이브 톰슨[30], 『생각은 죽지 않는다』의 저자

어느 대학 졸업 축사에서 애플 사의 공동 창업자인 스티브 잡스[31]는 대학 시절의 타이포 그래피 교실 덕분에 최초의 매킨토시 컴퓨터라는 혁명적 업적을 이룰 수 있었다고 했다.

트위터의 공동 창업자인 비즈 스톤[32]은 말한다. "저는 여전히 약간 예술가처럼 사고합니다. 시스템을 구축할 때, 시스템 사용자들이 어떤 느낌을 받을지, 시스템 사용자들이 다른 이들에게 어떤 느낌을 줄지에 대해 생각하니까요."

생각해 보자 ▶ 당신의 뮤즈는 과학인가?

"'노바'라는 단어를 사용한다면 나는 별에 대해 이야기를 하게 되겠지요. 주로 자동차에 대해서 이야기하는 평범한 다른 래퍼들과는 좀 다르게 말이에요."라고 우-탱 클랜[33]의 공동 창립자인 GZA[34]는 말한다. 물론 우주에 대한 비과학적인 견해도, 과학적인 견해도 예술적안 표현에 영감을 줄 수 있다. "우주의 경이로움은 사람들이 맑은 밤에 나와 있을 때에만 보입니다. 사람들은 별에 완전히 홀딱 반해 버리겠지요. 바로 그 순간을 나는 사람들에게 전하고 싶어요."라고 음악인인 데이비드 크로스비[35]는 말한다.

예술은 어디에 살고 있을까?

예술적 표현은 뇌의 특정 영역에 존재하지 않을 수도 있습니다. 어쩌면 예술 작품을 창조해 내는 인간의 창의력은 사실 창의성과 예술성 없이는 닿을 수 없는 영역들 사이, 또는 그 너머에 도달하는 능력일 수도 있습니다. 예술가 피터 맥스[36]는 말합니다. "우리는 너무나 거대한 어떤 존재의 일부입니다. 과학이 존재합니다. 과학의 신비도 존재합니다. 왜냐하면 인류가 아는 것보다 모르는 것이 훨씬 많기 때문이지요. 명상을 통해서 저는 아주 평화롭고 조용한 마음 상태에 이를 수 있지만 우주를 살펴보면 무척 흥분하게 될 것입니다. 이 평화로움과 우주 사이에 존재하는 어떤 공간에 예술이 존재하는 것 아닐까요?"

예술 작품을 창조하는 컴퓨터는 어디에 살고 있을까요? 닐은 인류의 현재 기술 수준으로는 아직 컴퓨터가 예술 작품을 창조하는 경지에 이르지 못했다고 생각합니다. "제 생각에는 컴퓨터는 아직 감정을 느끼는 방법을 모르는 것 같습니다. 감정이 없는 예술이란 무엇인

> "마음의 상처를 입을 수 있는 컴퓨터가 필요한 거네요."
> — 척 나이스, 코미디언

가요? 어떤 알고리듬에 따라서 음표를 연주하는 컴퓨터가 있다고 칩시다. 과연 이 컴퓨터가 인간이 도달한 것과 비슷한 높은 예술적 경지에 이르렀다고 볼 수 있을까요?"

철학자인 임마누엘 칸트[37]에 따르면 아름다움을 경험하는 인간은 실제적인 목적을 위해서 아름다움을 향유하는 것이 아니라고 합니다. 반면, 아름다움을 경험한다는 것은 우리가 전 우주에 존재하는 것들 중 가장 숭고하고 가장 좋은 것들을 볼 수 있는 기회이며, 아름다움을 경험하는 우리 자신을 위해서가 아니라 아름다운 존재들 자체를 위한 경험이라고 합니다. 칸트에게 예술이란 평범함과 숭고함 사이에 존재하는 간극을 메우는 매개자이자, 평범함과 숭고함 사이의 역동적인 공간에 살고 있는 존재로 여겨졌습니다. 혹시 평범함과 숭고함 사이의 역동적인 공간은 컴퓨터와 감정 사이에 존재하는 공간과 비슷한 것 아닐까요? 또는 평화와 우주 사이의 공간과 비슷한 것은 아닐까요? ■

유화는 예술가의 손 안에서 원래의 형태를 초월한다.

> "아이들과 어른을 나누는 경계선을 만들고 놀아야 할
> 이유는 전혀 없는 것 같습니다. 아이들은 자신들이
> 경험하고 있는 작은 실험, 또는 일련의 모험을 통해
> 그들의 세계를 이해해 나가고 있는 것이니까요."
>
> — 제이미 하이네만, 「호기심 해결사」의 공동 진행자

5장

한번 놀아 볼까요?

다음과 같은 상황이 있다고 한번 가정해 보자. 우리가 지금 당장 하게 될 일은 현실 세계에서 벗어난 일일 것이다. 우리는 잠시 현실에서 벗어나 휴식을 취할 것이고, 우리가 한 행동의 결과에 대한 책임을 질 필요 또한 없을 것이다. 이런 경험을 해 본다면 어떨까?

미안하지만 실제로 이런 식으로 인생을 살아갈 수는 없을 것 같다. 오늘날 실제 상황이 아닌 것은 아무것도 없다. 심지어 가상 세계마저도 실제 상황이다. 인류는 더 이상 현실과 상상 속의 세계의 차이를 분별할 수 없게 되어 버렸다. 과학이 인공과 자연의 경계를 혼돈스럽게 만들고 있다. 인류가 가장 좋아하는 스포츠는 너무 잔인해져 스포츠를 하면서 놀기도 어려워져 버렸다. 인류의 정신과 감각조차도 인류를 속이는 상황이 되었다. 인류가 새롭고 특이한, 때로는 위험할 수도 있는 방식으로 주변 환경을 인식하기를 꾀하며 향정신성 물질을 사용함에 따라서 말이다.

그렇다면 현실 세계에서 한번 놀아 보는 것은 어떨까? 인류는 우주의 작동 원리에 대해 탐구하면서 즐거움을 느낄 수 있을 것이다. 비디오 게임을 즐기며 사회성 기술을 향상시킬 수도 있을 것이다. 기울어진 채로 질주하는 자동차를 관찰하며 과학 법칙이 실제로 작용하는 장면을 한번 즐겨 보는 것은 어떨까? 높게, 또는 낮게 굽이치는 금속으로 된 파도를 한번 타 보자. 우리는 인류의 엔터테인먼트 미디어가 어떻게 세상을 더 근사한 곳으로 만들고 있는지를 보게 될 것이다. 그럼 함께 떠나 볼까?

비디오 게임은 가상 세계로부터의
즐거움을 무한히 제공한다.

온라인 게임이 현실적인
폭력을 모방할 수도 있다.

다음 레벨로 올라가기: 비디오 게임의 과학

비디오 게임이
폭력적인 인간을
양산할까?

태블릿과 스마트폰
덕분에 어디에서든
게임을 즐길 수 있게
되었다.

태곳적부터 게임과 스포츠는 아이들을 실제 생활에 익숙해지도록 훈련하기 위해 고안되어 왔습니다. 아마도 새끼 호랑이나 새끼 늑대가 진짜 사냥을 하기 위한 훈련을 목적으로 레슬링을 하곤 하는 동물의 왕국과 같은 연장선상에 있는 것 아닐까요? 오늘날의 게임은 정말로 과거의 게임과 다른 것일까요? "흥미롭게도 말이죠. 비디오 게임이 없던 시절 아이들은 카우보이와 인디언 놀이를 하거나, 경찰과 강도 놀이를 하고는 했지요."라고 게임 「심즈」[1]의 디자이너 윌 라이트[2]는 말합니다.

기성 세대 부모들과 정책 입안자들은 아이들에게 좋지 않은 영향을 끼치는 수많은 것들에 대해 계속해서 걱정하곤 합니다. 만화책, 텔레비전 프로그램, 랩 음악, 풋볼, 물론 비디오 게임 등에 대해서 말이죠. 비디오 게임의 영향 때문에 게임을 하는 사람들이 실제 상황에서도 게임 스크린에서 행동했던 것처럼 행동하는지에 대해 과학자들은 아직 합의에 이르지 못하고 있습니다. 다만 특정한 가상 행위에 오랜 기간 동안 노출되다 보면 특정 자극에 둔감해지거나 지나치게 민감해질 수도 있다고 합니다. 즉 실제로 일어나는 폭력에 대해 신경을 덜 쓰게 된다거나, 실제로 일어나는 폭력에 대해 지나치게 신경을 쓰게 된 나머지 폭력을 과도하게 두려워하게 될 수도 있다고 하네요. 다른 많은 것들과 마찬가지로 적당하면서도 합리적인 제한이 필요한 것 같군요. ■

다음 레벨로 올라가기: 비디오 게임의 과학

현실과 가상 현실

비디오 게임의 초창기에는 단순하기 그지없는 가상 현실 시뮬레이션조차 아이들을 홀딱 반하게 하던 시절이 있었습니다. 일론 머스크는 어린 시절에 사용하던 가정용 컴퓨터인 코모도어 VIC-20[3]에 대해서 이야기합니다. "제가 9세, 또는 10세 때였는데요. 컴퓨터로 작은 우주를 건설할 수 있었죠. 실제로 어떤 사건이 생기게 만들 수 있었거든요. 명령어를 입력하면 화면에서 어떤 일이 일어나는 거죠. 당시의 제게는 꽤나 놀라운 일이었답니다."

　　비디오 게임 초창기에 출시된 아케이드 폭격 게임 중 하나인 1979년 작 「소행성」에서는 플레이어가 살아남기 위해서 우주에서 날아오는 암석이나 비행 접시를 폭파해야 합니다. 천체 물리학자인 마인저 박사는 말합니다. "어린 시절에 저는 소행성 게임을 좀 과할 만큼 많이 했는데요. 실제로 소행성을 전공하는 과학자가 되고 나서 생각해 보니 소행성 게임이 그렇게 나쁜 게임이었던 것 같지는 않아요. 소행성 게임에서 꽤 큰 소행성에 부딪칠 때가 있는데, 그러면 소행성이 작은 조각으로 부서지거든요. 실제로, 그리고 당연하게도 말이지요. 소행성이 외부 물체와 충돌을 하면 작은 조각으로 부서진답니다."

> "심지어 이라크에서도 정찰을 마친 군인들이 텐트로 돌아와서 엑스박스로 「카운터 스트라이크」[4]를 플레이합니다."
> —윌 라이트, 전쟁에 기반한 비디오 게임을 하는 군인들에 대해 이야기하며

　　오늘날 인류는 원격 제어가 가능한 전쟁 기계들을 젊은 군사 요원들의 손에 쥐어 주고 있습니다. 라이트는 말합니다. "지금 군대에 입대해서 전투용 드론을 띄우는 군인 세대는 컴퓨터 게임을 하면서 성장한 세대입니다. 요즘 젊은 군인들은 여전히 컴퓨터 게임을 합니다. 제가 알기로는 많은 군인들이 팀워크를 다지기 위해서 게임을 활용한다고 하더군요." ■

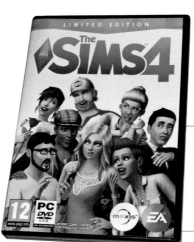

여행 가이드

비디오 게임은 정말로 튜링 테스트를 통과했을까?

전산학자 앨런 튜링[5]은 1950년에 인공 지능을 시험하는 일종의 테스트를 제안한 바 있다. 인공 지능이 주어진 질문에 대해 대답을 했을 때, 대답을 접한 사람이 대답을 한 주체가 동료 인간인지, 기계인지를 판별할 수 없다면 인공 지능은 튜링 테스트에 합격한 것으로 간주된다. 비디오 게임 전문가인 제프리 라이언은 말한다. "10여 년 전에 더글러스 애덤스가 제작한 「스타십 타이타닉」은 사람들과 문자 언어를 통해 자연스러운 대화를 할 수 있도록 고안되었습니다. 사실 몬티 파이톤 팀[6]이 게임 개발에 참여해서 실제로 「스타십 타이타닉」의 농담이 사람들을 웃길 수 있는지 확인을 하기도 했고요. 이 게임은 튜링 테스트를 통과했습니다."

생각해 보자 ▶ 비디오 게임을 하면 EQ가 높아질까?

컴퓨터 게임 전문가인 제프리 라이언은 말한다. "가장 교육적인 비디오 게임은 아마 「심즈」 같은 게임이 아닐까요? 「심즈」가 가장 교육적인 이유는 말이죠. 인생을 살아 가면서 얼마나 자주 우리가 다른 사람들과 이야기하는지 한번 생각해 보세요. 「심즈」를 하려면 실제 일어나는 의사 소통과 같은 종류의 상호 작용을 할 수밖에 없고요." 사회적인 존재로서 스스로를 인식하는 일을 통해 인류는 '감정 지능', 또는 EQ를 향상시킬 수 있지 않을까?

"투어 쇼를 마치며 우리는 이렇게 말합니다.
누군가 예전에 말했듯이 진정한 발견을 상징하는 말은
'유레카'가 아니라 '오! 이거 참 재미있네.'라고 말이지요."

— 애덤 새비지, 「호기심 해결사」의 공동 진행자

호기심 해결사

규칙 없이 놀면서 과학을 할 수 있을까?

과학자들은 그들이 만들어 내고 합의한 몇 가지 규칙을 따라 과학을 합니다. 예컨대 과학자들은 가설을 검증하기 위해서 실험을 한다거나 관찰을 하지요. 하지만 대체로 과학은 자연의 규칙에 대해 알아내고자 하는 시도에서부터 시작됩니다. 자연의 규칙에 대해 알아가는 과정으로부터 과학자들은 즐거움을 맛보기도 합니다. 텔레비전 프로그램 「호기심 해결사」에 등장하는 사람들이 단언하듯이 놀면서 새로운 생각들을 시도해 보는 것이야말로 진정한 과학적 발견의 본질 아닐까요?

"「호기심 해결사」 시즌 2쯤에서 알게 된 것이 있는데요. 와우, 우리가 정말로 재미있어 할 때야말로 프로그램의 구조가 정말 재미있게 돌아가거든요."라고 새비지는 말합니다.

공동 진행자 하이네만도 동의합니다. "놀고 있는 아이를 보면 이런 생각이 들죠. 아이는 재미있으니까 그냥 놀고 있는 것이라고요. 하지만 사실 아이들은 그들이 경험하게 되는 작은 모험이나 실험을 통해서 세상을 이해해 나가고 있는 것입니다. 이 과정이 항상 순차적으로 이루어지는 것은 아니지만, 아이들은 놀면서 세계를 이해하기 위한 토대를 쌓아 가고 있어요. 어른들도 아이들과 딱히 크게 다르지는 않아요. 많은 과학자들이 순차적인 과정을 따라 과학을 하고, 과정을 순차적으로 밟는 것이 아주 생산적인 경우도 있지요. 하지만 아주 중요한 과학적 발견 중 상당수는 곁다리로, 또는 딴짓을 하던 중에 얻어 걸린 것입니다." ■

호기심 많은 아이들은 더 재미있게 놀 수 있다.

기본으로 돌아가기

랩 음악으로 과학 수업을

서 믹스어랏[7]("난 빅뱅을 좋아하지, 그리고 난 거짓말을 할 수 없지!") 오마주[8]로부터 지구는 평평하다고 주장하는 사람과 닐의 랩 배틀에 이르기까지, 랩과 과학 사이에는 자연스러운 연결 고리가 존재한다. 우 탱 클랜의 원년 멤버인 GZA는 말했다. "과학이 지금의 저를 만들었어요. 수업 시간에 모든 것이 시작되었죠. 지구 과학도 공부했어요. '비, 우박, 눈, 지진을 일으키는 것은 무엇인가?' 같은 내용 말이죠. 행성의 둘레, 빛이 초속 30만 킬로미터로 이동한다는 사실도요. 공부한 내용 덕분에 가사는 서정적이면서도 언어 유희를 담고 있고, 부드럽게 흘러가고, 지식을 담고 있고, 말 그대로의 사실을 담고 있는 등의 장점을 갖게 되었습니다. 물론 우주에 대해서도 더 잘 알게 해 주었고요."

랩을 한다는 것은 단순히 단어의 운율을 맞추는 것을 넘어서는 활동이다. 교육학자인 크리스토퍼 엠딘[9] 박사는 랩의 내용이 되는 지식 기반을 구축하는 과정이 우선적으로 필요하다고 설명한다. "비유, 은유, 결론 짓기, 이야기 구성 등 MC진이 풍성하면 풍성할수록 가사는 더욱 복잡해질 수 있어요. 가사가 복잡해진다는 것은 전문적 지식이 없는 사람이라면 파악할 수 없는 연결을 만드는 과정을 뜻하는데, 이 과정은 본질적으로 과학적인 과정입니다."

약물은
모두 위험한가요?

날카로운 칼을 쥔 장인의 손길이 닿는다면 나무토막도 아름다운 조각 작품으로 변모할 수 있습니다. 날카로운 칼이 솜씨 없는 이의 손 안에 있다면, 재앙이 발생할 수 있겠지요. 비슷한 이유로, 모든 종류의 약물은 좋은 영향도, 나쁜 영향도 줄 수 있습니다. 약과 마약처럼 말이지요. 과학 커뮤니케이터 카라 산타 마리아[10]는 다음과 같이 말합니다. "예컨대 흔히 마약이라고 생각하는 엑스터시는 커플 치료에 사용되기도 했습니다. 다양한 항정신성 약물이 치료 목적으로 처방되기도 했고요. 주의력 결핍 및 과잉 행동 장애에서부터 조현병, 우울증, 불안 장애에 이르기까지, 이 모든 이상 징후에는 약물 치료가 필요합니다. 항정신성 약물을 사용하는 약물 치료 말이지요."

매드 해터[11]가 등장하는 LSD 한 알.

신경 과학자 벌린 박사는 덧붙입니다. "요즘 우울증을 치료하기 위해서 케타민을 사용하는 연구도 있습니다. '스페셜 케이'라고도 불리는 케타민은 클럽에서 흔히 사용되는 마약인데요. 만일 케타민을 과다 복용하면 해리 상태를 경험할 수 있습니다. 좋지 않은 일이지요."

"치료 목적으로, 그리고 고도로 훈련된 아주 정교한 수준의 감독하에서는 엑스터시도 아주 도움이 되는 약의 역할을 할 수 있답니다."라고 비얼릭 박사는 말합니다. ■

여행 가이드

마리화나가 미치는 영향

현재 미국 일부 지역에서 기호품으로서의 마리화나 사용이 합법화됨에 따라 항정신성 의약물로서의 마리화나와 그 효과에 대한 주목도가 높아지고 있다. 사용자들은 마리화나로 인해 다양한 경험을 할 수 있다. 코미디언 척 나이스에게 한번 물어보자. "두 가지 방식으로 작용합니다. 마리화나를 하다 보면 절로 '우와' 소리가 나올 때도 있는데요. 예컨대 마리화나를 절대 하면 안 될 때처럼 말이죠. 또는 마리화나가 이미 당신의 마음을 온통 사로잡고 있는 무언가에 더욱 집중하게 만들 수도 있어요. 꼭 한 우주에서 다른 우주로 무언가가 튕겨 나가거나 튕겨져 들어오는 것처럼요. 양자 역학 수준에서 생각해 보면 우리라는 원자가 튕겨져 나가거나 튕겨져 들어오고요, 온 세상이 통통 튀는 원자처럼 되어 버리지요. 거 보세요. 엄청 대단하죠!"

생각해 보자 ▶ 어디로 여행을 갔을까?

1960년대 초반에는 말이죠, 다른 많은 이들처럼 저도 마약을 꽤나 했습니다. 책에서 읽어 본 다양한 형태의 의식을 꼭 직접 경험해 보고 싶기도 했고요. 세상은 어느 정도로 나를 향해 열려 있는 것일까? 마약이 혹시 자연적이거나 초자연적인 아름다움이나 의미 같은 새로운 영역을 우리에게 펼쳐 보여 주는 것은 아닐까? 저는 『편두통』이라는 책을 썼고, 그 후로는 절대로 마약을 하지 않았습니다. ─올리버 색스 박사, 신경 의학자 겸 작가

> "목 아래로 내 몸 전체의 감각이 없어졌습니다. 그냥 그곳에
> 누워 있었던 기억이 납니다. 그때 신께 기도했지요. 부디 다시
> 일어날 수 있게 해 달라고, 다시 걷게 해 달라고 말이에요."
>
> — 코리 부커,[12] 미국 상원 의원

아폴로에서 함께하는 스타 토크 라이브!

미식 축구는 왜 위험할까?

미식 축구에서부터 폭력이 사라진다면 미식 축구는 여전히 위대한 운동 경기일까요? 운동 경기에서 우리가 보는 기술, 전략, 운동 능력은 물론 아름다운 것들입니다. 하지만 모든 신체 부위에 가해질 수 있는 치명적인 위해 또한 스포츠의 지배적인 특징 중 하나가 되고 말았습니다. 특히 미식 축구를 하는 과정에서 발생할 수 있는 가시적이지 않은 부상은 더욱 위험한 존재일 수 있습니다. 바로 수십 년 전 미식 축구 선수들을 보호하고자 하는, 선의로부터 시작된 노력이 실제로는 만성 외상성 뇌병증(CTE) 이라는 심각한 병증을 유발하는 것으로 추측되기 때문입니다.

재료 과학자이자 『뉴턴의 풋볼』의 공저자인 애이니사 라미레스[13] 박사는 설명합니다. "미식 축구 종목에서 뇌진탕이 발생할 확률이 가장 높습니다. 미식 축구를 할 때 헬멧을 쓰기 때문입니다. 일단 미식 축구를 할 때 헬멧을 쓰게 된 이유는 사람들이 경기 중에 사망하는 사고가 발생했기 때문입니다. 두개골에 골절을 입은 선수들이 사망하는 사고가 일어났지요. 1950년대에는 경기를 할 때 얼굴에 마스크를 쓰는 것이 표준이 되었습니다. 미식 축구 마스크의 도입은 선수들이 태클을 하는 방법에 변화를 가져왔습니다. 마스크가 도입되기 이전에는 어깨로 태클을 했지요. 마스크 도입 이후에는 선수들이 머리로 태클을 하기 시작했습니다. 안면 마스크를 착용하자 헬멧은 무기처럼 사용되기 시작했지요. 그러다 보니 뇌진탕 사고가 일어나게 된 것입니다." ■

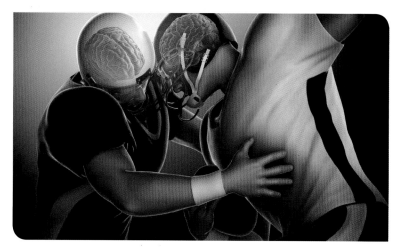

미식 축구에서는 헬멧의 도입으로 인해 치명적인 충돌 사고가 발생하게 된다.

기본으로 돌아가기

나스카가
알려 주는 물리학 상식

대학에서 물리학을 전공한 사람이라면 누구나 자동차 경주장에 대한 문제가 숙제로 나온 경험을 갖고 있을 것이다. 자동차 경주 트랙의 기울기가 자동차의 속도를 연료 소비로 변화시키는 데 일조하는 것부터, 우승한 레이서가 승리를 기념하기 위해 연기로 도넛 모양의 원을 그리는 과정에 이르기까지 물리학은 자동차 경주의 모든 면모에서 그 모습을 드러낸다. 천체 '핸들돌리기' 학자인 닐 디그래스 타이슨 박사는 말한다. "도로 경사면을 운전할 때 제대로 된 속도로만 운전한다면, 핸들을 돌릴 필요가 전혀 없습니다. 트랙이 알아서 차를 회전시켜 주니까요. 자동차는 직선 경로로 주행하게 될 것입니다. 비스듬한 각도로 커브를 틀기 위해서 핸들을 돌릴 필요가 절대로 없다니까요. 그러니까 나스카(NASCAR)[14] 트랙이라는, 휘어진 경로의 시공간 연속체를 따라 일직선으로 운행하는 자동차는 존재합니다."

한 토막의 과학 상식

나스카 차량은 데이토나 국제 자동차 경주장[15] 등의 슈퍼 스피드웨이 경기장에서는 으레 시속 320킬로미터를 초과하는 속도로 달리기도 한다. 데이토나 국제 자동차 경주장의 경주로 트랙은 18~31도 경사면을 이루고 있다.

롤러코스터의 작동 원리는?

롤러코스터는 이름 그대로 작동합니다. 바퀴가 굴러가고, 롤러코스터의 차량은 관성에 의해 이동합니다. 사실 롤러코스터의 차량 자체에는 독립적 추진 수단이 없습니다. 롤러코스터의 이동 원리는 다음과 같습니다. 롤러코스터의 차량이 위로 또는 아래로 이동함에 따라, 롤러코스터의 차량이 지닌 위치 에너지가 운동 에너지로 전환되고, 다시 운동 에너지가 위치 에너지로 전환되는 과정이 반복됩니다.

물체가 지구 표면으로부터 멀리 떨어져 있으면 멀리 떨어져 있을수록 물체가 지닌 중력 잠재 에너지의 양은 더욱 많아집니다. 일단 물체를 높은 곳으로부터 떨어뜨려서 물체가 낙하하기 시작하면, 잠재된 중력 에너지는 운동 에너지로 바뀌기 시작합니다. 물체가 가파르게 떨어지면 떨어질수록 에너지의 전환은 빨라집니다. 롤러코스터가 주행하는 동안, 차량은 바퀴의 마찰력 때문에 느려질 수도 있습니다. 바퀴의 마찰력을 극복해야만 차량이 계속 이동할 수 있습니다.

마지막으로 롤러코스터의 수직 루프에 대해 이야기해 보지요. 롤러코스터가 수직 루프를 지나기 위해서는 차량이 충분한 속도로 이동해야 하는데, 빠른 속도로 인한 원심력이 차량을 트랙에 고정하는 역할을 하기 때문입니다. 심지어 차량이 거꾸로 매달려 있는 경우에도 말이지요. 롤러코스터의 루프는 완벽한 원형이 아닙니다. 롤러코스터의 루프는 세로로 뻗은 모양새를 하고 있는데, 그래야만 하강 운동 시에 차량이 가파른 길을 내려오기 때문입니다. 또한 세로로 뻗은 루프 모양 덕분에 루프를 빠져나오는 차량이 부드럽게 주행하게 됩니다. ■

> "롤러코스터가 도달하는 최고점은 본질적으로 롤러코스터를 타는 사람이 경험하게 될 최고 속도를 결정하게 됩니다. 바로 에너지 보존 법칙 때문이지요."
> — 닐 디그래스 타이슨 박사

독일 뒤스부르크[16] 소재의 산책로.
롤러코스터를 모방해 조성되었다.

인터넷 트롤은 익명성 속에 숨어 있다.

애리애나 허핑턴과 함께하는 디지털 혁명

트롤에게 먹이를
주지 마세요

두려워할 필요가 없는 트롤.

인터넷 트롤은 타 사용자를 모욕하고 거친 언어를 사용하면서 온라인 토론을 불쾌하기 그지없는, 전파상의 고성이 오가는 결투로 전락시키는 사람들을 의미합니다. 이들은 여러 모로 학창 시절 운동장에서, 또는 직장에서 동료를 괴롭히던 이들과 비슷한 행동을 합니다. 인터넷 트롤은 타인을 놀리기도 하지만 타인에게 폭력적으로 위협을 가하는 등 심각한 공격성을 보이기도 합니다. 출판업계에 종사하는 애리애나 허핑턴[17]은 다음과 같이 트롤을 상대하는 요령을 소개합니다. "트롤들을 믿기 어려울 만큼 독창적입니다. 트롤들은 기술을 우회하는 것 말고 삶에서 원하는 게 없는 사람들처럼 행동하지요. 익명성에는 뭔가 특별한 게 있어요. 익명성은 인간이 지닌 최악의 요소들을 끌어낸답니다. 트롤에게 먹이를 주지 마세요. 관심도 주지 마세요. 트롤에게 보상을 해 주지 마세요. 웃지도 마세요. 관심과 웃음이야말로 트롤이 원하는 것이니까요." ■

한 토막의 과학 상식

성인 인터넷 사용자를 대상으로 한 어느 설문 조사에서는
응답자의 28퍼센트가 트롤링을 한 적이 있음을
고백했다고 한다. 이들 중 대다수는 남성이었다.

니셸 니콜스와의 대화

텔레비전은 인종주의와 맞서 싸울 수 있을까?

"런던에서 「스타 트렉」 컨벤션이 열렸을 때의 일입니다. 그곳에서 스킨 헤드[18] 남성을 만난 적이 있었지요. 그 사람은 줄의 앞쪽에 서 있었고, 겨우 18~19세 정도밖에 되어 보이지 않았었어요. 하지만 인상이 꽤 험했어요. 삭발한 머리, 근육, 문신 때문이었겠지요. 그가 테이블을 향해 걸어오자 보안 팀은 긴장했어요. 그가 말했습니다. '사실 여기에 팬으로서 온 것이 아닙니다, 니콜스 씨. 당신이 「스타 트렉」에 출연했기 때문에 예전의 내가 크게 변했다는 것을 알려 드리고 싶어서 왔어요. 당신 덕분에 나는 예전에 하던 짓을 그만두었습니다. 저는 지금 여기에 예전에 옷을 입던 방식대로 옷을 입고 왔습니다. 제가 예전에 무슨 짓을 했는지 당신이 쉽게 아실 수 있도록 말이에요." 그의 눈에는 눈물이 맺혀 있었습니다. 나는 그를 올려다보았습니다. 그가 말했습니다. "다시는 그 짓을 못할 것 같아요. 저는 이 세상은 어떤 곳이며, 미래가 어떤 모습으로 펼쳐질 지에 대해 조금씩 알아가게 되었어요. 「스타 트렉」이 그려 나가는 세상과 미래의 모습 말이에요. 하지만 내가 모든 고통과 내 과거의 삶을 모두 극복한 것은 아닙니다. 나는 진짜 비열한 짓을 하면서 살았고, 부디 내 죄를 만회할 기회가 있기를 바랄 뿐입니다."

나는 일어서서 테이블 건너편 쪽으로 기대어 섰습니다. 그리고 말했죠. "이리 오세요." 나는 팔을 내밀었고, 그의 눈에서 눈물이 흘렀습니다. 나는 그를 포옹하며 말했습니다. "어디에서도 용서를 구하지 마십시오. 신은 이미 당신을 용서하셨어요. 당신의 선택이 당신을 온전하게 만들었습니다." 그는 내게 감사 인사를 하며 걸어 나갔습니다. 나는 보안팀 쪽으로 고개를 돌렸습니다. 그들은 마치 손에서 힘이 다 빠져나간 사람들처럼 그냥 서 있었습니다. 보안팀의 어떤 분이 말했지요. "아, 무슨 이런 일이 다 생기나 모르겠군요. 난 저주받을 것 같아요." 나는 말했습니다. "아니예요. 당신은 축복을 받을 겁니다. 방금 축복을 받으신 거라고요."
— 니셸 니콜스, 「스타 트렉」에서 우후라 대위 역할을 담당한 배우 ■

한 토막의 과학 상식

술루[19]는 「스타 트렉」의 파일럿 에피소드에서 물리학 연구 담당 직원이었다가 「스타 트렉」의 나머지 시리즈에서는 조타수 역할을 담당했다.

「스타 트렉」 초연 당시(1966년)의 출연자들.

"「스타 트렉」의 창조자인 진 로든베리[20]가 꿈꾸던 비전은 이런 것이 아니었을까요? 우주선에서 함께 일하는 사람들은 지구라는 우주선에서 함께 살아가는 사람들에 대한 은유일 것입니다. 우주선이 지닌 힘은 다 함께 모여 조화롭게 일하는 이들이 보이는 다양성에서 찾아볼 수 있을 것입니다. 다른 이들은 그런 생각을 하지 못했을 것 같아요."
—조지 타케이,[21]「스타 트렉」의 술루 역 배우

"모든 물리 법칙이 이미 계획되어 있다고 생각해 본다면, 천문학과 우주론이 지금과는 무척 다르게 느껴질 것 같지 않나요? 만일 모든 물리 법칙이 실제로 이미 계획되어 있었다면, 이야말로 너무나 굉장한 과학적 사실 아닐까요?"

— 리처드 도킨스, 진화 생물학자

6장

신은 정말 존재하나요?

종교학자들은 유일신에 대한 믿음, 다양한 신에 대한 믿음, 조상신에 대한 믿음, 또는 어떠한 초자연적인 존재에 대한 믿음이 인간의 사회가 환경을 통제하도록 진화하는 데 영향을 미쳤다고 제안한 바 있다. 예컨대 폭풍우 때문에 배가 가라앉는 일이 벌어지지 않기를 바라는 인간은 신에게 바다를 잔잔하게 만들어 달라는 기도를 드렸을 것이다. 인간의 찬양에 만족한 전능한 신은 기도하는 인간을 위험에서부터 보호해 줄 것이다.

그런데 과연 정말 인간의 간청이 세상을 바꿀 수 있는 것일까? 신은 정말로 인류의 목소리를 들었을까? 게다가 신이 과연 실제로 존재하기는 할까? 과학적 검증을 통해 이와 같은 질문에 대한 답을 찾는다는 것은 불가능한 일이다. 고도의 기술과 훌륭한 기상 예측 시스템이 존재하는 오늘날, 신이라는 존재가 이제 더 이상 필요하지 않게 되어 버린 것은 아닐까?

인류가 위대한 신비와 위대한 고민에 직면하고 있는 한, 과학적으로는 검증할 수 없는 대상인 신이라는 존재에 대한 필요성이 갑자기 사라지는 일은 생기지 않을 것이다. 사회 과학자들에 따르면 이보다도 더 중요한 것은 신은 어쩌면 사회 구성원들이 공통적으로 믿을 수 있는 무엇인가를 제공하기 위해 존재하는 것인지도 모른다는 사실이다. 사회 구성원들이 따를 수 있는 규범을 제공하고, 사회 구성원들이 향해야 할 목표점을 제공하는 것이야말로 신의 존재 이유일 수 있다는 사실 말이다. 궁극적으로 현재의 자신보다 더 위대해지고, 자신이 감당할 수 있는 일보다 더 훌륭한 일을 해야 한다는 점이야말로 인류라는 존재가 지니고 살아가는 강력한 무엇인가가 아닐까?

대부분의 종교에는 높은 권력에 대한
믿음이 포함되어 있다.

빅뱅이 먼저냐?
신이 먼저냐?

서구 문명에서는 한 가지 사건이 다른 사건을 발생시켰을 것이라는 근본적인 철학 사상이 존재합니다. 이와 같은 사상은 시간을 거슬러 올라가 보자면 플라톤과 아리스토텔레스의 우주론에도 반영되어 있습니다. 수 세기 후 '원인 없는 원인'[1]이라거나 '시동자'[2] 같은 아이디어가 점차적으로 종교적인 생각들과 섞였고, 유대교, 기독교, 이슬람교 같은 종교의 '신' 또는 '창조' 같은 현대적 개념과 합쳐지기에 이릅니다.

그 종류를 막론하고, 세계가 창조되었다는 주장에 기반한 서사는 항상 문제에 직면하게 됩니다. 머지않아 누군가가 '무엇이 가장 먼저 창조되었는지'에 대한 의문을 품게 되기 때문이지요. 무엇이 창조라는 과정을 일어나게 했을까요? 일반적으로 '존재하는 모든 것'으로 정의되는 우주는 우주의 창조를 촉발한 것들 이전에 존재하고 있었을까요? 아니면 우주 또한 다른 어떤 대상에 의해 창조되었을까요? 혹시 그렇라면 모든 것이 존재하기 전에 무엇인가가 존재해야 되는 상황이 되는 것은 아닐까요?

이와 같은 순환 논증은 끝없이 되풀이될 수 있습니다. 적어도 현재 인류는 우주의 기원에 대한 불확실성을 받아들이거나, 인류가 생각해 낸 수많은 창조 이야기 중 하나를 선택해서 받아들여야만 합니다. 아니면 우주의 기원에 대한 불확실성과 창조 이야기, 둘 다를 받

> "만일 누군가가 우주를 설계했다면 우주의 설계자가 존재한다는 사실이야말로 엄청나고 대단한 과학적 사실이겠지요. 너무나 엄청난 사실이다 보니 사람들이 쉽사리 '글쎄, 우리 이제 일요일에만 우주의 설계자에 대해서 생각하도록 하자.'라고 말할 만한 거리가 아닐 것 같은데요."
> — 리처드 도킨스 박사, 진화 생물학자

아들일 수도 있겠군요.

"나는 세상 모든 일에 이유가 꼭 있어야 한다고는 생각하지 않습니다." 닐은 말합니다. "지금까지 이 세상이 보여 준 바에 따르면 마치 세상일에는 이유가 있기 마련인 것 같기도 하지만 말이에요. 나는 다른 가능성에 대해서도 충분히 열려 있습니다. 이를테면 우주는 항상 그래 왔을 수도 있겠죠. 우주가 항상 인간이 보기에 일리가 있고 논리적으로 말이 되는 것처럼 보일 필요는 없으니까요."

"하느님도 마찬가지입니다." 제임스 마틴 신부는 지적합니다. ■

과학자 전기
👓
신은 누구인가, 신은 무엇인가?

만일 신이 전지전능하지 않다면 신은 아주 심각한 정체성의 위기를 겪게 될 것이다. 구약 성경에 등장하는 신은 유대 민족에게 자신 외의 모든 신을 배제하며 오직 자신만을 경배할 것을 요구하는 유일하고 강력한 존재이자, 유일신을 모시는 길에서 벗어난 자들에게 진노를 내리는 권능을 가진 존재이다. 신약의 신은 성부, 성자, 성령이라는 세 가지 형태로 나타날 수 있다. 신약 성경에서의 신 또한 유일한 존재이며 신을 찾는 이들에게 자비를 베풀고 그들의 죄를 사해 준다. 몰몬경에서의 하느님, 예수님, 성령은 서로 분리된 세 가지 존재이다. 하지만 그들은 공통된 목표를 지니고 있다. 세계에 존재하는 수많은 전통에는 우주를 창조했다고 믿어지는 셀 수 없을 만큼 다양한 창조자가 존재한다.

생각해 보자 ▶ 인간은 신을 시험에 들게 할 수 있을까?

구약 성경에는 다음과 같은 이야기가 나온다. 하느님이 기드온에게 이스라엘 민족을 이끌고 전투에 나가라는 명을 내린다. 의심 많은 기드온은 신을 시험해 보기로 한다. 기드온은 신에게 땅이 메마른 날 밤새도록 양털이 젖어 있도록 하고, 땅이 축축이 젖어 있는 날 밤새도록 양털이 말라 있도록 해 줄 것을 청한다. 이 약간 과학 비슷한 실험은 기드온에게 확신을 주었고, 기드온은 이스라엘 민족을 전쟁의 승리로 인도한다. 기드온의 시험보다 더 현대적이고 더 과학적인 신에 대한 테스트는 아직 수행된 적이 없다.

창조 박물관에는
어떤 사연이 있는 것일까?

2007년 5월 '창세기의 해답'이라는 단체가 켄터키 주 피터스버그에 창조 박물관을 개관했습니다. 개관 첫해에는 약 40만 명이 창조 박물관을 방문했습니다. 그 후로는 방문자의 수가 꾸준히 줄어들고 있다고 합니다. 닐은 주장합니다. "문제는 사람들이 무엇을 믿는가가 아닙니다. 미국은 자유 국가입니다. 누구나 자신이 믿고 싶은 바를 믿을 자유가 있는 거죠. 저는 다른 사람들에게 어떠어떠한 것을 믿으라고 말하는 것이 아닙니다. 내가 말하고자 하는 바는 다음과 같습니다. 만일 당신이 객관적인 진리에 근거하지 않는 무언가를 믿고자 한다면, (일반적으로 계시된 진리로 알려진 무언가에 기초하고 있는 경우도 있고요. 또는 누군가에게 진리를 전해 주기 위한 신성한 문서가 존재하는 경우도 있지요. 무엇이 되었든 간에 당신이 믿는 종교에서 당신이 받아들이도록 강요되는 그 무엇인가 말입니다.) 당신이 믿고자 하는 진리가 객관적으로 입증 가능한 진리와 상충된다면, 그리고 그럼에도 불구하고 당신이 믿는 바를 과학이라고 가르치기를 원한다면 말이죠. 이야말로 당신이 믿는 종교 문화의 기술적인 토대가 멸망하기 시작하는 것 아닐까요?" ■

선사 시대의 상상도. 켄터키 소재 창조 박물관에 전시되어 있다.

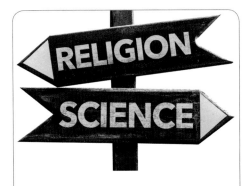

여행 가이드

창조론자와 합리적으로
논쟁하는 방법은?

과학 연구에 따르면 비합리적 신념을 지닌 이들과 합리적인 논쟁을 한다는 것은 아주 어렵다고 한다. "만일 사람들이 신이 아담을 비몽사몽하게 만든 다음에 옆구리에서 갈비뼈를 하나 뽑아서 최초의 여자를 만들었다고 생각한다면 말입니다. 만일 정말 누군가가 이런 것을 사실이라고 믿는다면 합리적 논쟁 자체가 불가능해집니다. 합리적 논증이 이루어질 수 없으니까요."라고 동식물학자 데이비드 애튼버러 경은 말한다.

때로는 불합리한 신념이 도움이 되는 경우도 있다. '진정한 사랑은 모든 것을 이긴다.'라는 신념은 이성에 기반한 신념이 아닐 수도 있다. 하지만 진정한 사랑이 실제로 모든 것을 극복해 내는 상황은 꽤나 근사하다. 반면, 불합리한 신념에 필연적으로 부정적 결과가 따라오는 경우도 있다. 특히 과학 분야에서는. 닐은 다음과 같이 불합리한 신념이 과학에 끼치는 부정적 영향에 대해 설명한다. "문제는 과학을 배우고자 하는 이들이 창조론을 과학이라고 생각할 때 생깁니다. 이런 사람들은 우주 탐구의 최전방에 설 수 없지요."

별로 놀랍지 않게도, 불합리한 신념은 대개 감정에의 호소 등 불합리한 주장으로 받아치는 것이 가장 쉽다고 한다.

비현실적 사고의 마법

점성술. 미신. 산타클로스. 이빨 요정. 마법에 마음껏 빠져드는 것은 무척이나 재미있는 일입니다. 하지만 종종 인류는 마법을 마법이라고 인식하지 않기도 합니다. 인류는 이성의 지배를 받는다고 믿고 싶어하는 반면 인류의 행동 중 대부분은 생물학적 필요 및 감정 등 이성보다는 훨씬 더 본능적 충동에 뿌리를 두고 있습니다. 따라서 인류 행위의 모든 면이 합리적인 것은 결코 아닙니다. 그렇다면 마법으로부터 우리 자신을 지키기 위해 우리가 할 수 있는 일에는 어떤 것들이 있을까요?

다행히 닐에게 대책이 있는 것도 같군요. "과학적 소양이죠. 과학적 소양이란 정신 상태 비슷한 것인데요, 유사 과학의 방법론에 입각해 이야기를 풀어 나가는 사람들에 대한 예방 주사라고 생각하시면 되겠습니다. 인류의 뇌가 경험한 바를 해석하는 능력은 아주 나쁘다고 합니다. 반면 인간이 인지 실패를 겪게 될 가능성은 엄청나게 높습니다. 결국 이 때문에 인류가 다양한 방법론이며 도구를 발명해야 하는 겁니다. 왜냐하면 자신이 실패할 가능성, 자신이 지닌 한계에 대해 솔직해져야만 하니까요. 바로 이것이 과학이자, 과학적 방법론의 정수입니다. 그릇된 사실을 참이라고 믿어 버리거나 그릇된 사실에 속아 넘어가지 않을 수 있도록 최선을 다 하는 자세를 갖는 것 말이에요."

물리학자인 브라이언 콕스[3] 박사는 말합니다. "과학 책들은 대개 '음, 물론 우리가 틀릴 가능성도 있습니다.'라는 식으로 시작합니다. 우리가 틀릴 수도 있다는 가능성은 모든 과학 서적에 숨어 있습니다. 그런데 한번 상상해 보세요. 모든 책, 그러니까 철학이며 종교에 관련된 모든 문서가 '이 책의 주장은 틀릴 가능성이 있다.'라는 문구로 시작한다면 어떤 일이 벌어질까요?" ■

한 토막의 과학 상식

인류는 현재 지구의 나이(45억 4000만 세)와 우주의 나이(138억 세)를 오차 범위 1퍼센트 이내의 정확도로 알고 있다. 대부분의 사람들이 지구와 우주의 나이를 자기 친구나 이웃의 나이보다 더욱 정확하게 알고 있는 셈이다.

생각해 보자 ▶ 다윗이 골리앗을 해치운 비결은?

성경 속 양치기 소년 다윗은 슬링[4]을 사용해 블레셋의 거인 골리앗을 살해했다고 전해진다. 알고 보면 슬링이 엄청나게 강력한 미사일 무기가 될 수도 있었던 것이다. 특히 슬링으로 머리에 무기를 발사하면 치명상을 입힐 수도 있다. 작가 글래드웰은 말한다. "다윗이 갖고 있었던 기술이 뛰어났을뿐더러 다윗의 적은 눈이 안 보이는 사람이었습니다. 그러니까 이와 같은 특별한 상황에서 누가 진짜 약자인지를 확실히 해 두자는 말입니다."

@neiltyson: "아주 여러 해 전 바로 이 날, 30세에 이 세상을 변화시킬 아이가 탄생했습니다. 생일 축하합니다. 아이작 뉴턴. 1642년 12월 25일생."

우주 탐구 생활: 마야 문명의 종말과 기타 등의 재해

교황 그레고리우스 13세가 달력을 바꾼 이유는 무엇?

율리우스 카이사르[5]의 이름을 따서 명명된 율리우스력[6]은 고대 로마의 천문 계산에 그 기초를 두고 있습니다. 율리우스력은 수 세기 동안 별 큰 문제없이 잘 작동했습니다. 하지만 지구가 태양 주기를 도는 궤도와 율리우스력 사이에 약간의 오차가 발생하기에, 시간이 가면 갈수록 오차가 누적되어 커지게 된다는 문제점은 있었습니다. 1582년 교황 그레고리우스 13세[7]는 새로운 달력을 도입합니다. 그레고리우스 13세가 도입한 달력은 오늘날 사용하는 달력과 아주 흡사한데, 아주 약간의 조정만 거친다면 오늘날 통용되는 달력과 동일합니다.

천체 '달력' 학자 닐 디그래스 타이슨 박사는 말합니다. "그레고리우스 13세는 역법에 대해서 아주 깊이 고민했다고 합니다. 춘분점이 달력상에서 점점 늦어지고 있었기 때문이지요. 춘분점이 늦어지다 보면 춘분이 지난 후 첫 번째 일요일로 정의된 부활절이 유월절[8]과 날짜가 겹쳐서, 결국 기독교인과 유대교인이 같은 날에 각자의 종교적 의식을 치르게 될 위험성이 발생하게 되었습니다. 그러자 교황은 말했겠지요. '부활절과 유월절이 절대 겹치지 않도록 해야겠군.'이라고요. 그래서 부활절과 유월절이 절대 겹치지 않도록 달력을 개정한 것입니다. 교황이 달력을 개정한 동기는 종교적 이유였어요. '오, 나에게는 시간을 정확하게 지켜야만 하는 우주적 사명이 있어.'라는 이유 때문이 아니라 '부활절이 유월절같이 보이면 안 될 텐데.'라는 이유 때문에 달력이 바뀌게 된 것이지요." ■

과학자 전기
👓
아이작 뉴턴, 인간이자 신화

영국 웨스트민스터 성당에 있는 묘비에 따르면 아이작 뉴턴 경의 실제 생일은 1642년 12월 25일이다. 뉴턴이 살던 시대의 영국에서는 여전히 율리우스력이 사용되고 있었다. 만일 시간을 거슬러 올라가 그의 생일을 그레고리력 기준으로 변환한다면 1643년 1월 4일에 해당할 것이다. 하지만 역사가들은 그레고리력 사용 이전 시대에 태어난 이들의 생몰 시기를 따질 때에 역법의 변화를 고려하지 않는 경향이 있다. 뉴턴의 실제 생일이 언제였는가는 사실 그리 중요하지 않다. 뉴턴은 출중한 인물이었고, 수학 분야에서 천재성을 발휘했고, 새로운 종류의 망원경을 발명했으며, 현대 물리학을 발전시켰고, 심지어 영국 왕립 조폐국장직을 맡아 영국의 동전을 디자인하는 데 기여하기도 했다. 많은 이들의 전언에 따르면 뉴턴과 잘 지내는 것은 쉽지 않았다고 한다. 하지만 그의 친구들과 지지자들은 뉴턴의 엄청난 지적 능력이 세계와 공유되고, 세계를 변화시킬 수 있도록 보장하는 역할을 했다.

율리우스력 기준으로 영국의 새해는 3월 25일에 시작된다.

"그러니까 산타는 아이작 뉴턴이 갖지 못한 무언가를 갖고 있었음에 분명합니다. 산타는 마법 같은 존재예요! 게다가 산타는 우리가 세계 곳곳으로 이동할 때 시간을 엄청나게 줄일 수 있도록 해 주지요."

— 산타 아저씨 빌 나이

아인슈타인이 '신'이라는 단어를 그토록 많이 쓴 이유는 과연 무엇일까?

종교인은 물론 종교에 대해 부정적인 사람들조차 아인슈타인이 과학 이외 분야의 저작에서 신에 대해 자주 언급한 이유에 대해 궁금해하고 있습니다. 아인슈타인이 신에 대해 언급함으로서 과학에 해를 끼쳤다고 생각하는 사람들도 있습니다. 도킨스 박사는 말합니다. "유감스럽게도 아인슈타인이 '신'이라는 단어를 꽤 자유롭게 사용하는 바람에 혼돈이 생겼습니다. '신'이라는 말을 썼다는 이유로 사람들이 아인슈타인은 신앙인이었다고 주장하고 싶어하는 것이지요. 아인슈타인이 사용한 '신'이라는 단어는 은유적으로 쓰였습니다. 아인슈타인은 예컨대 다음과 같은 말을 하기도 했지요. '내가 정말로 알고 싶은 것은 바로 이것이다. 신은 과연 이 세상을 창조할 선택권을 갖고 있었던 것일까?' 아인슈타인은 단순히 '이 세상은 과연 한 가지 양상으로만 존재하는가?'라는 말을 한 것뿐입니다."

후에 밝혀진 바에 따르면 아인슈타인은 유대인이라는 자신의 유산을 중요하게 여겼으며, 종교에 관해서는 스스로를 종교에 대한 호의도, 적개심도 지니지 않은 불가지론자로 간주했다고 합니다. 사실 그는 1930년 《뉴욕 타임스》에 다음과 같은 글을 쓴 적이 있습니다. "종교가 없는 과학은 절름발이이고, 과학이 없는 종교는 장님이다." ▨

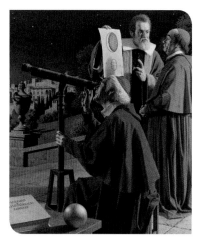

과학자 전기

👓

갈릴레오 갈릴레이는 누구인가?

많은 이들이 최초의 과학자로 간주하곤 하는 갈릴레오 갈릴레이는 뛰어난 작가이자 과학 커뮤니케이터이기도 했다. 그는 자연 세계에 대한 진실은 철학뿐만 아니라 관찰에 근거해야 한다고 주장했다. 갈릴레오는 피사의 사탑에서 쇠공을 떨어뜨려서 중력과 관련된 최초의 실험을 수행한 것으로 알려져 있다. 갈릴레오는 지구가 태양 주위를 움직이는 것을 증명했다는 이유로, 이단 혐의를 받아 종교 재판에 회부되기도 했다. 심지어 종교 재판을 받은 후 가택 연금에 처해진 상태에서도 갈릴레오는 이론 물리학 연구의 시작점이 된 책을 썼다. 이론 물리학은 추후에 (갈릴레오가 사망한 해에 태어난) 뉴턴이 완성했다.

물리학을 통해 우주의 신비를 찬미한 과학자 아인슈타인.

"이 문제가 똑똑한 사람들은 모두
무신론자이고 멍청한 사람들은 모두
'괴상하게 종교적'이라고 말하는
것만큼 간단하다면, 해답 또한 매우
간단하겠지요. 하지만 이 문제는 그렇게
간단하게 해결될 문제가 아닙니다."
— 빌 마,[9] 코미디언이자 방송 진행자, 작가이자
다큐멘터리 영화 「신은 없다」의 주인공

종교의 기원은 합리적인가 불합리적인가?

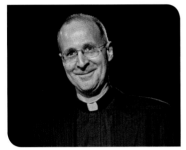

리처드 도킨스: 어느 정도의 비논리성이 필요한 것 같기는 합니다. 만약 나무 수풀 속에서 부스럭거리는 소리가 들려온다고 생각해 봅시다. 표범이 내는 소리일 수도 있겠지만요. 표범보다는 바람 때문에 소리가 날 가능성이 훨씬 높겠지요. 하지만 당신의 생존 여부가 달려 있다면 표범이 나무 수풀 속에 있을 수도 있다고 생각하는 신중한 사고 방식이 과학자의 사고 방식보다 위험을 회피하는 데 도움이 될 것 같네요. ■

제임스 R. 마틴 신부: 종교는 사람들이 신을 경험하는 방식에 기반하고 있다고 저는 생각합니다. 종교는 인간이 신과 공감하고, 다른 사람들과 서로 공감하며, 이 공감을 통해 다시 신과 소통하는 방식입니다. 합리성과 신앙이 공존할 수 없는 것은 아닙니다. 논리와 신앙 또한 공존할 수 없는 것이 아닙니다. 하지만 이따금씩 사람들이 비논리적으로 생각하는 경우가 있기는 하죠. 예컨대 사랑에 빠진다거나 할 때 말이에요. ■

> "나는 라운지에서 졸고 있다가 40분쯤이 지나고 소란스러운 소리에 잠에서 깨어났습니다. 옆방으로 옮겨 가서 첫 번째 비행기가 세계 무역 센터 건물과 충돌하고 난 바로 다음 장면을 보게 되었지요."
>
> — 세스 맥팔레인,[10] 코미디 각본 작가

여행 가이드

기적일까, 우연일까?

맥팔레인은 2001년 9월 11일에 세계 무역 센터 건물과 충돌한 비행기를 타고 여행할 예정이었다. 가까스로 9.11 테러를 피해간 일은 맥팔레인을 종교적 경험으로 인도했을까? 그가 자신의 경험을 어떻게 이해했는지에 대해 함께 들어 보자. "나중에 알게 되었지요. '오 세상에, 저 비행기가 내가 탔어야 할 비행기였다니.' 사건 당일이 아니라 한참 이후에, 이런 경험 후에도 내 합리적 신념에 별 변화가 생기지 않았다는 점을 깨닫자 나는 기뻤습니다. 진지한 마음으로 앉아서 그날 일어난 일에 대해 차분히 생각해 보았습니다. 아시다시피 전에도 비행기를 여러 번 놓친 적이 있습니다. 이륙하는 모든 비행기마다 그 비행기를 놓친 사람은 존재하는 법이지요. 그러니까 비행기를 놓치는 바람에 큰 사고를 가까스로 피한 경험이 내 삶의 철학을 근본적으로 바꿀 이유는 없는 것 아닐까요?"

생각해 보자 ▶ 어떻게 다른 모든 면에서는 합리적이기만 한 사람들이 이럴수가?

어떻게 다른 모든 면에서는 지적인 사람들이 말하는 뱀이 있다고 믿을 수 있을까요? 어떻게 사람들은 정신 세계의 일부인, 자신들이 알아야만 하는 것들을 거짓이라 믿으며 마음의 벽을 쌓고 살아갈까요? 어떻게 그 와중에 자신의 신념을 유지하며 살아가고 있는 것일까요? 사람들의 이와 같은 행동 양식은 종교에 대해 제가 가장 큰 매혹을 느끼게 된 계기였습니다. 게다가 그 어떤 누구도 왜 인간이 그렇게 살아가는지에 대해 진정한 대답을 해 줄 수 없었지요. 하지만 이 질문에 대한 답을 찾아내는 것은 재미있을뿐더러, 근사한 희극의 소재가 되어 주었습니다. — 빌 마

과학은
종교를 부정하는가?

역사는 종교를 믿는 과학자 또는 과학적인 신학자들의 사례로 가득합니다. 예컨대 바티칸 천문대는 신앙심이 깊은 종교인인 예수회 사제들이 운영하는 연구 기관인데, 이 천문대에서는 대학원 수준의 강의가 개설되고, 애리조나 주 소재의 첨단 기술 망원경을 관리, 운영하며, 매년 천체 물리학 여름 캠프를 주최하기도 합니다.

허핑턴은 말합니다. "우리 편집자에게 과학과 종교의 교차성에 깊은 관심을 기울여 줄 것을 당부했습니다. 과학자들은 모두 반종교적인 사람들이라는 환상, 과학이 종교를 부정한다는 환상을 깨 줄 것을 부탁했지요. 당연한 이야기지만 과학자 중에서도 종교적인 이들이 있고, 과학이 항상 종교를 부정하는 것은 아니니까요. 최고의 과학자들은 아주 겸손하다는 것을 깨닫게 되었습니다. 왜냐하면 아주 많은 것들을 알아내면서도, 앞으로 더 알아 가야 할 것들이 얼마나 많은지에 대해 잘 알고 있기 때문이 아닐까요? 우리 인류가 삶과 이 세상에 대해 사실 잘 알지 못한다는 사실이야말로 종교의 본질이 아닐까요?"

흥미롭게도, 대부분의 종교적인 과학자들이 종교와 관련된 고대의 문서를 액면 그대로 믿는 것 같지는 않습니다. 사실 17세기 초, 갈릴레오 갈릴레이는 다음과 같이 자신의 친구인 로마 가톨릭 교회의 추기경 체사레 바로니오[11]의 말을 인용한 바 있습니다. "성경은 어떻게 하면 인간이 천국에 갈 수 있는지는 알려 주지만, 천국이 어떻게 돌아가는지에 대해서는 알려 주지 않는다." ■

여행 가이드

나무와 대화하기

걀왕 둑파 법왕: 나무가 인간에게 말을 걸어 올 것입니다. 식물들도 당신에게 이야기할 것입니다. 자연은 존중받아야만 합니다. 불교적, 종교적, 기독교적 관점에서뿐만 아니라 우리는 그저 현실에 대해서 이야기 합니다. 종교는 우리가 어떻게 해야 하는지에 관해 논합니다. 저는 그렇게 생각합니다. 우리는 항상 현실과 함께해야만 합니다. 그런데 잘 모르겠네요. 제가 잘못 생각하고 있다면 지적해 주세요.

유진 머먼: 그래요, 닐. 법왕님이 잘못 말씀한 것을 좀 고쳐 주세요. 우선 나무는 사람들의 말을 참 잘 들어 주죠. 하지만 나무가 말을 잘 하는 것 같지는 않은데요.

제이슨 서데이키스: 저분 좀 말려 주세요. 정상이 되게 말이죠.

닐: 법왕님, 법왕님께서 말씀하신 바에서 제가 덧붙이거나 뺄 수 있는 것이 전혀 없는 것 같습니다.

생각해 보자 ▶ 신앙은 지성을 반영할까?

빌 마는 다음과 같이 종교적 신념에 대한 강한 의견을 피력한다. "만일 산타클로스든 신이든 예수님이든 자신이 믿고자 하는 존재를 믿는 사람이 있다면 말이지요. 제 생각에 그 사람의 사고 능력은 최고 수준에 미치지 못한다고 볼 수밖에 없어요. 아, 제가 '오, 나는 판테온 신전 수준인데 당신은 그 수준이 못 되는군요.'라고 말하려는 것은 아니고요. 그저 '당신이 믿는 바를 나도 함께 믿을 수는 없겠군요.'라고 말하고 싶은 것입니다."

정신이 좀 이상해진 것 아닌가요?

천사를 믿나요?

신경 의학자이자 작가인 올리버 색스는 말합니다. "약물에 의해서 보게 된 환상, 꿈에서 본 환상 같은 환상 체험은 설화부터 종교까지, 거의 모든 이야기의 탄생에 영향을 미쳤을 것으로 생각됩니다. 예컨대 어떤 이유에서건 환각에는 신경 과학적인 이유가 있기 마련입니다. 소위 릴리투피안 환각이라고 불리는 환각은 꽤 흔한 편인데요. 상상 속에서 사람들을 조그맣게 인식하는 시각적 환각입니다. 우리는 다양한 문화권에서 엘프, 요정, 트롤 등 작은 인간들이 등장하는 설화를 찾아볼 수 있지요. 사람들은 아마도 엘프, 요정, 트롤 등이 천사만큼 고귀한 수준의 존재는 아니라고 말하고 싶어할 수도 있겠네요. 하지만 엘프, 요정, 트롤 등은 사실 또 다른 현실을 표상합니다. 저는 환상적인 존재에 대한 개념이 문화뿐만 아니라 뇌 속에 거의 내장되어 있다고 생각합니다."

색스 박사는 분명히 뭔가 볼 일이 있는 것 같군요. 인간은 모두 밤에 꿈을 꾸면서 환각을 체험합니다. 때때로 인간은 꿈에서 깬 후에 꿈 속의 환각을 기억하기도 하지요. 의학적으로 말하자면 꿈을 꾸는 데 사용되는 메커니즘 중 일부가 인간이 깨 있는 동안 비현실적, 감각적 경험을 생산하는 데에 사용되기도 한다는 점은 극히 정상입니다. 우리의 의식적인 마음은 사실 우리의 마음이 천사와 대화를 나눈다는 상황에 처하게 할 수도 있습니다. 또는 스스로의 마음을 '말이 되는' 어떤 상황에든 처하게 할 수도 있겠고요. ■

기본으로 돌아가기

신이 주신 사명?

1980년 명작 영화 「블루스 브라더스」[12]에서 형제들이 운전하는 차인 블루스모빌은 경건한 사명을 수행하고 있기 때문에 마력을 지니고 있다고 여겨진다. (변전소에서 블루스모빌이 '충전'되는 장면은 영화의 길이를 고려해 삭제되었다.) 「블루스 브라더스」의 대본 집필에 참여했으며 엘우드 블루스[13] 역을 맡은 댄 애크로이드는 다음과 같이 말한다. "일단 우리가 신이 주신 사명을 수행하면 우리 뒤에는 성부와 성자와 성신의 힘이 존재하게 됩니다. 우리 뒤에 신성한 힘이 존재하는 것이죠. 우리에게는 믿음이라는 힘이 있었습니다. 우리에게는 세상에 대한 보편적인 감각과 공통의 목표로부터 오는 힘도 있었지요. 그래서 저는 블루스모빌이 신성한 면을 지니고 있다고 생각합니다. 바로 그 순간 블루스모빌은 신성한 유물이 됩니다."

베들레헴 소재 목자의 들판 성당에 있는 프레스코화.

한 토막의 과학 상식

1980년작 영화 「블루스 브라더스」의
제작 과정에서 경찰차 60대가 파괴되었다.
당시 기준으로 영화 1편의 제작을 위해
가장 많은 자동차가 충돌한 사례로
기록되어 있다.

댄 애크로이드와의 대화

유령을 퇴치하기 위해서는
어디에 전화를 해야 할까?

1998년 영국의 엔지니어이자 파트타임 심령술사 빅 탠디[14]는 초저주파음, 즉 인간이 들을 수 있는 가청 주파수 대역보다 낮은 대역의 소리는 사람들로 하여금 으스스한 불쾌감 또는 유령을 본 듯한 시각적 환각을 경험하게 할 수 있음을 보인 바 있습니다. 이와 같은 감각 현상에 대해 좀 더 깊이 조사해 보는 작업은 과연 가치 있는 작업일까요?

영화 「고스트 버스터즈」[15]에 출연한 배우이자 감독인 댄 애크로이드는 기괴한 감각에 대한 과학적 연구는 의미 있는 작업이라고 생각하는 것 같습니다. "저는 과학자들이 이런 연구를 좀 해 보면 좋겠다고 생각해요. 미립자란 무엇일까요? 전기적으로 어떤 일이 벌어지고 있는 것일까요? 무엇이 이상한 감각을 발생시키는 것일까요? 산소일까요, 질소일까요? 사람들의 시각에서 죽은 사람의 혼령이 보이는 듯한 환영을 발생시키는 공기에는 대체 무엇이 존재할까요? 저는 바로 이곳에 심령술이 도달해야 한다고 생각합니다. 과학의 한 가운데에 말이지요. 바로 그 이유로 우리는 진지한 과학적 연구가 심령 현상에 관심을 갖도록 유혹해야만 합니다. 현재까지는 아무도 심령 현상의 과학적 연구에 관심을 갖고 있는 것 같지 않아요. 저만 빼고 말이죠." ■

> "만약 당신이 살아 있고, 그러고 나서 당신이 죽은 상태로 있고, 그러고 나서 당신이 체중계에 올라간다면, 당신의 체중에는 변화가 없을 것입니다. 그렇다면 이제 영혼에 대해서 한 번 생각해 볼까요? 만일 영혼이라는 것이 존재한다고 믿고 싶다고 할지라도 영혼이 질량을 갖고 있다는 증거는 없습니다."
>
> ─ 닐 디그래스 타이슨 박사,
> 천체 '영혼' 학자

1984년 「고스트 버스터즈」의 출연자들. 심하게 공격을 당한 모습이다.

한 토막의 과학 상식

1900년경, 수많은 과학자들이 당시로서는 최신 기술이던 엑스선 촬영 기술을 이용해 인간의 영혼을 촬영하고자 했다. 하지만 인간의 영혼을 엑스선으로 촬영하는 것은 불가능했다.

생각해 보자 ▶ 지옥은 블랙 홀 안에 존재하는 것일까?

몇 년 전, 2명의 텔레비전 전도사가 미국 텔레비전 방송에 출연해서 블랙홀이 성경에 묘사된 지옥이 갖추어야 하는 모든 기술적인 요소를 충족한다는 주장을 한 적이 있다. 그들은 노고를 인정받아 이그노벨상을 수상했다. 과학적인 생각을 종교적 맥락 속에 집어넣고자 한 시도는 이 사례에 그치지 않는다. 예컨대 천국이 지옥보다 온도가 높아야 한다는 것을 계산을 통해 증명하고자 한 시도도 있었다. 1951년 교황 비오 12세[16]는 교황 회칙에서 대폭발은 하느님이 존재한다는 증거라고 단언한 바 있다.

타운 홀에서 버즈 올드린과 함께하는 스타 토크 라이브!

인류가 달에 정말 다녀왔냐고요?

수백 시간 분량의 비디오, 수천 장의 사진, 아폴로 프로젝트를 위해 작업한 수십만 명의 사람들, 수백만 페이지에 달하는 아폴로 프로젝트 관련 문서가 존재합니다. 하지만 이 방대한 자료도 어떤 이들에게는 인간이 달 표면을 걸었다는 사실을 믿기에는 충분치 못한 근거일 뿐입니다. 작가 앤드루 체이킨[17]은 말합니다. "정말로 깔끔한 증거 중 하나는 버즈가 달에서 달리는 장면을 찍은 비디오와 그 이후의 비행에서 찍은 비디오와 영화 장면인데요. 화면 속에서 먼지가 이동하는 장면을 한 번 보세요. 달에서 찍힌 화면은 지구에서 볼 수 있는 장면과는 완전히 판이합니다. 가짜로 달 표면을 걷는 비디오를 만들어 내는 것도 불가능합니다. 특히 1960~1970년대에는 정말로 불가능한 일이었지요."

그러면 실제로 달에서 걸어 다녔던 사람들 중 단 한 명과 이야기를 해 보는 것은 어떨까요?

우주 비행사 올드린 박사는 말합니다. "발을 바닥에 내려놓고 발을 차면 여기 지구에서는 그냥 앞쪽으로 움직이게 되지요. 하지만 달에서 똑같이 움직이고자 한다면 발걸음은 바깥쪽으로 떨어지고 반원 모양처럼 이동합니다. 달에는 공기가 없기 때문에 지구와는 정말로 다릅니다." ■

플로리다 주 소재 케네디 우주 센터에서 전시물을 조정 중인 직원.

기본으로 돌아가기

결정의 매력

독특한 모양과 선명한 모서리, 납작한 면을 지닌 광물의 대형 결정은 특정 지질 조건에서만 형성된다. 어쩌면 당연하게도 결정에 초자연적 속성이 있을 것이라고 상상하는 이들도 있다. 만일 결정에 별 초자연적 속성이 없다고 할지라도 결정은 여전히 아름답다. 천체 '결정' 학자 닐 디그래스 타이슨 박사는 결정체의 위력에 대해서 다음과 같이 설명한다.

"결정은 세계 최초의 투명하고 견고한 고체입니다. 생각해 보세요. 일반적으로 고체라고 하면 다른 물질이 고체를 통과해 지나갈 수 있을 것이라고 생각하지 않습니다. 자, 그런데 이제 빛이 통과해 지나갈 수 있는 고체가 있습니다. 결정은 아주 단순히 다른 물질과 다르다는 이유로 그 가치를 인정받았습니다. 결정은 투명합니다. 일반적인 사물과 다른 무엇인가를 택해서 집에 갖고 오고 싶어하는 마음은 인류의 호기심에서 비롯한 자연스러운 행동입니다."

"결정은 과학을 탄생하게 한 씨앗입니다. 우리가 다른 것들과 다른 어떤 것들에 대해 궁금증을 갖고 있다는 사실 말이지요."

— 닐 디그래스 타이슨 박사

4부

상상 속 미래

좀비! 슈퍼 히어로! 워프 드라이브! 외계인! 그리고 아마도 제일로 환상적일 듯한 시간 여행! 알베르트 아인슈타인이 말했듯 "상상력은 전 세계를 포용하고, 진보를 자극하고, 진화를 낳는다. 엄밀히 말하자면 상상력이야말로 과학 연구의 진정한 요소이다." 우리 인류가 언제나 우리가 상상한 바를 창조해 낼 수 있었던 것은 아니다. 하지만 인류는 의도적으로 상상해 보지 않은 것을 만들어 낼 수도 없다. SF 소설은 인류에게 발생할 수 있는 최선과 최악의 면면에 대해 고찰한다. 지구와 우주의 무한한 가능성에 대해서 말이다. 마음의 눈은 끊임없이 '무엇인가'의 경계를 '무엇이 될 수 있는가'로 확장해 나갈 것이다. 이제 한계점을 향해 나아가 보자. 한계에 도달한다면 한계를 넘어 질주해 보자!

"좀비들은 바이러스를 퍼뜨리고자 하는 생물학적 사명을 지니고 있습니다.
좀비가 먹는 것은 영양을 섭취하기 위해서가 아니라 먹는 행위가 그들의 DNA에 친숙하기
때문입니다. 좀비들은 어떻게 먹어야 하는지 알고 있고 먹는 행위야말로 그들이
바이러스를 퍼뜨리는 적절한 방법입니다. 좀비는 걸어 다니는 재앙입니다.
좀비는 문자 그대로 바이러스 그 자체입니다."

— 맥스 브룩스,[1] 소설 『세계 대전 Z』[2]의 저자

1장

좀비들은
언제 오나요?

그들은 아무 생각이 없다. 그들은 막을 수도 없다. 그들은 무시무시하다! 좀비는 공포 영화(「28일 후」)와 텔레비전(「워킹 데드」)뿐만 아니라 SF 컨벤션(『살아 있는 트레키들의 밤』), 수학 수업(『좀비와 미적분』), 빅토리아 시대 문학(「오만과 편견 그리고 좀비」)에 이르기까지 온갖 장소에 다 등장을 한다.

현대의 좀비는 허구의 창작물이다. 그러나 좀비 현상은 재앙, 죽음, 문명 사회의 종말에 대한 우화이기도 하다. 게다가 좀비 재해를 발생시킬 수 있는 현미경 크기의 병원균은 너무나 현실적이다. 기술의 발전으로 의학 또한 발전함에 따라 인류가 우리 자신을 파괴하는 씨앗을 뿌릴 수 있을 것만 같기도 하다. 예컨대 바이러스나 세균에 대한 실험 등의 생물학적 방법으로, 또는 인공 나노 침입자 등의 기계적 방법으로 말이다.

하지만 절망은 금물이다. 과학 연구와 의학을 통해 허구를 주의 깊게 들여다보고 허구로부터 현실을 추출해 낼 수 있을 것이다. 우리가 얻게 될 지식은 권력이 될 것이다. 인류가 질병을 근절할 능력과 해악보다는 이득을 가져다주는 방향으로 바이러스를 활용하는 능력을 갖게 된다면 말이다.

좀비는 다양한 모습으로 그려져 왔다. 하지만 대부분의 경우
좀비는 인간을 죽이려 들며 피에 굶주려 있는 것으로 상상된다.

좀비 아포칼립스

좀비가 실제로 존재할 수 있을까?

좀비에 대한 인류의 시각은 오랜 시간에 걸쳐 변화해 왔습니다. 검과 마법이 등장하는 「던전 앤드 드래곤」 등과 같은 게임에 묘사된 환상 속의 고대에서 좀비는 흡혈귀나 시체와 비슷한, 상상 속의 '죽지 않는' 생명체로 묘사됩니다. 약 1세기 전 아이티에서 좀비는 흔히 악한 부두교 주술사에 의해 통제되는 되살아난 인간의 시체로 설명되었습니다.

> "누군가가 당신을 물었다고 해서, 당신이 무는 사람으로 변하는 것은 아닙니다. 만일 이와 같은 변신이 실제로 가능하다면 에반더 홀리필드는 오래 전에 마이크 타이슨으로 변했을 것입니다."
> ─ 닐 디그래스 타이슨 박사, 천체 '늑대 인간에 대해 들어본 적 없음' 학자

또는 좀비는 향정신성 약물의 영향 하에서 살아가는 '좀비화된' 인간이라고 설명하는 견해도 있었지요. SF 세계의 좀비는 「외계로부터의 플랜 나인」(1959년, 지금껏 제작된 영화 중 최악의 영화라고 간주하는 이들도 있음)이나 「살아 있는 시체들의 밤」(1968년) 등 할리우드 B급 영화와 함께 주류 세계에 진입하게 되었습니다.

오늘날 상상 속 좀비는 전염성 바이러스를 통해 좀비가 되기에 생물학적 요소를 지니고 있습니다. 게다가 요즘 좀비는 수십 년 전보다 훨씬 치명적입니다. 우리 시대의 좀비는 인간을 죽일 수 있을 뿐만 아니라 만족시킬 수 없을 만큼 탐욕스럽게 인간의 살을 탐합니다. 좀비에게 물리면 물린 사람은 '좀비스러움'에 감염되고 마는데요, 사망하는 날까지 좀비와 똑같은 신세로 살아갈 수밖에 없습니다. 「레지던트 이블」 등의 비디오 게임에서부터 『세계 대전 Z』와 같은 소설에 이르기까지, 요즘 좀비들은 과거 좀비보다 더욱더 악랄하고 피에 굶주려 있는 것으로 묘사됩니다. 광견병 등의 몇 가지 무서운 질병이 타액을 통해 감염될 수 있다는 사실을 우리는 잘 알고 있지만, 광견병 증상이 나타나는 데는 몇 초가 아니라 몇 주의 시간이 소요됩니다. 좀비 세균이라니, 참으로 어마어마한 상상의 산물입니다. ∎

여행 가이드

좀비용 무기

좀비로 인한 세계 종말에 대한 소설 『세계 대전 Z』의 저자 브룩스는 좀비와 싸우려면 에너지 효율이 가장 높은 방법으로 좀비를 죽이는 수 밖에 없다고 한다. 싸움에 가담하지 말고 도망을 쳐서 살아남자. 브룩스가 고를 무기는 다음과 같다.

총

"방아쇠를 당길 때마다, 다음 총알은 어디에서 올까요? 총알은 누가 만드는 것일까요?"

칼

"마체테[3] 칼이 최고입니다. 삽도 쓸 만한 무기고요. 손에 들고 쓰기 좋은 무기지요."

활과 화살

"모두가 로빈 후드처럼 명사수는 아니거든요. 지금 당장 연습을 시작하시는 게 좋겠군요."

생각해 보자 ▶ 좀비에 대한 환상이 사회에 대해 시사하는 바는 무엇일까?

"사람들이 한창 좀비 열풍에 미쳐 있는 이유는 우리가 이처럼 불안에 휩싸인 시대에 살고 있기 때문이라고 생각합니다. 좀비로 인해 세상이 종말에 이른다는 것은 우리가 힘을 실감할 수 있는 종말론의 시나리오 중 하나이지요. 머릿속에서 신용 파산 스왑에게 한 방 맞을 수는 없지 않나요. 머리를 차갑게, 그러니까 영국인들이 말하듯이 진정하고 하던 일을 한다면 우리는 별 문제 없이 생존할 수 있을 것입니다."─ 맥스 브룩스, 『세계 대전 Z』의 저자

한 토막의 과학 상식

브룩스는 『세계 대전 Z』에서 '자원 대 살해 비율'이라는 개념을 도입했다.
"액면 그대로 좀비 한 마리를 죽이기 위해서 필요한 자원의 소비량을 뜻합니다.
왜냐하면 좀비 전쟁은 자본 환경 전쟁이 되어 버릴 것이기 때문입니다."

우주 탐구 생활: 바이러스, 발병, 그리고 전염병

좀비 곰팡이는 존재할까?

네, 정말입니다. 좀비 곰팡이가 돌아다니고 있습니다. 거의 그렇습니다. 과학 저널리
스트 로리 개럿[4]은 말합니다. "실제로 인간을 좀비로 만드는 곰팡이를 목격한 바가
있는지는 모르겠습니다. 하지만 포자를 쉽게 퍼뜨리기 위해서 다른 개체를 감염시키
고, 감염시킨 개체의 행동 양식을 강제할 목적으로 온갖 약아빠진 짓은 다 하는 균류
는 분명히 지구에 존재합니다. 체육관의 무좀균과 뭔가 비슷하다고 주장하는 분들도
계실 것 같군요."

실제로 다른 개체에 기생해 살아가는 균류가 이 지구상에 존재합니다. 찰스 다
윈과 함께 자연 선택을 통한 진화론을 개척한 유명한 영국의 동식물학자인 앨프리드
러셀 월리스는 소위 좀비 곰팡이(*Ophiocordyceps unilaterali*)를 발견했습니다. 좀비 곰팡이
는 열대에 서식하는 목수개미를 감염시키고, 감염된 개미에 기생합니다. 감염된 개미
는 몸을 부들부들 떨다가 정글의 땅 위로 떨어지고, 다시 나무 꼭대기로 올라갑니다.
좀비 곰팡이에 감염된 개미는 나무 위로 다시 올라가다가 나뭇잎을 세게 꽉 깨무는
데, 개미의 턱은 나뭇잎에 단단히 고정됩니다. 개미는 며칠에 걸쳐 죽어 갑니다. 곰팡
이는 죽은 개미의 머리를 관통해 싹을 틔우고, 곰팡이의 새 포자가 세상에 나와 다음
의 희생자를 찾아 나섭니다. ■

기본으로 돌아가기

소금으로 좀비를 치료하는 방법

마크 쿨란스키는 아이티의 좀비 치료법에 대해 다
음과 같이 이야기한다. "저는 아이티에서 오랫동
안 일을 했습니다. 그래서 소금을 사용해서 좀비
를 치료한다는 것을 이미 알고 있었지요. 왜냐하
면 소금은 악을 제거하는 역할을 하니까요. 소금
으로 좀비로 변한 사람을 정상으로 되돌릴 수 있
습니다. 그런데 꼭 말씀드리고 싶은 것은 말이죠.
제가 직접 소금으로 좀비를 치료해 본 적은 없다
는 사실입니다. 하지만 소금은 악한 기운을 막고
악한 기운을 치료하는 것과 연관되어 있습니다.
왜냐하면 소금은 부패를 멈출 수 있으니까요."

동충하초[7] 곰팡이가 희생당한 개미로부터 싹을 틔우고 있다.

"여러분은 아마 '캣 레이디'에
대해서 들어 보신 적이 있을 겁니다.
수백 마리의 고양이를 기르고,
아주 특이한 방식으로 행동하시는
분들이지요. 어쩌면 많은
'캣 레이디'들은 이 기생충에
감염된 것은 아닐까요."

— 마크 에이브람스,[5] 이그노벨상의 설립자,
톡소포자충[6]에 대해서

좀비 아포칼립스

좀비 바이러스가 퍼지는 단계

바이러스는 복제물을 만드는 데 반드시 필요한 유전 물질의 묶음에 지나지 않습니다. 전염병을 연구하는 학자들은 생물학적 질병의 매개체(공기, 물, 혈액 등)와 인간의 행동을 모두 고려해 질병이 어떻게 확산되는지를 모형화합니다.

브룩스는 자신의 소설에 등장하는 좀비 바이러스는 AIDS에 기반을 두고 있다고 말합니다. "나는 좀비 바이러스를 아주 감염되기 어렵게 만들고 싶었습니다. 마치 AIDS처럼 말이죠. 그러다보니 스토리텔링의 관점에서 보자면 우리가 바로 실수를 저지른 당사자가 되고 말았습니다. 한번 진실과 직면해 봅시다. 만일 1980년에 레이건이 텔레비전에 출연해서 '저의 동료인 미합중국 국민 여러분, 정말로 걸리기에 어려운 병이 있는데, 이 병에 걸리면 정말 괴롭습니다. 그 병에 걸리지 않기 위한 열 가지 비결을 알려 드리겠습니다.'라고 했다면 어떻게 되었을까요? 와! AIDS는 의학 학술지에서 겨우 한 문단을 차지하는 정도의 지위를 차지하고 있을 것입니다. 심지어 안내문만 갖고도 후천성 면역 결핍 증후군을 퇴치할 수 있었을지도 모르지요. 이렇게만 했다면 AIDS를 멈출 수 있지 않았을까요?"

> "제가 정말 좋아하는 점은 진정한 사상가들이 생겨나기 시작했다는 것입니다. 진정한 의미의 학술인들과 똑똑한 사람들이 학술적 관점에서 좀비 전염병에 대해 고찰하기 시작했다는 것이지요."
>
> — 맥스 브룩스, 소설 『세계 대전 Z』의 저자

전염병을 연구하는 학자인 이언 립킨[8] 박사는 다음과 같이 주장합니다. "글쎄요. 정말 그랬을까요? 안내문으로 후천성 면역 결핍 증후군이 어떤 병이 되었는지를 바꿀 수 있을 것 같지는 않은데요." ∎

좀비는 떼로 다닐 때에 특히 강렬한 분노를 내뿜는다.

한 토막의 과학 상식

천체 물리학자 데이비드 브린[9]이 쓴 『아낌없이 주는 전염병』[10]에서 저자는 사람들로 하여금 헌혈을 하게끔 만드는 바이러스에 대해 묘사한 바 있다. 단지 이 방법만으로 한 숙주에서 다른 숙주에게로 바이러스가 퍼져나갈 수 있다.

ㅋㅋㅋㅋㅋ ▶ 미국 질병 통제 센터와 함께

"장비 세트를 구하라. 계획을 세우라. 준비하라."라는 문구가 적힌 포스터에 무서운 얼굴로 우리를 쳐다보는 좀비가 그려져 있다. 2011년 미국 질병 통제 센터[11]의 알리 칸[12] 박사의 주도 하에 『좀비 아포칼립스와 좀비 비상 대책』[13] 등 좀비와의 대항을 소재로 한 재미있는 자료가 배포되었다. 이것은 재난과 질병에 대해 과도하게 진지한 자세를 취하지 않는 선에서 십대들과 어린이들로 하여금 비상 상황에 대비하고 사전에 계획을 세우는 작업에 대해 흥미를 갖게 하기 위함이었다. 좀비가 등장하는 자료 덕분에 질병 통제 센터 홈페이지에의 접속은 쇄도했고, 그 결과 질병 통제 센터 홈페이지의 인터넷 트래픽이 역대 최고치에 달했다고 한다.

PREPAREDNESS 101:
ZOMBIE PANDEMIC

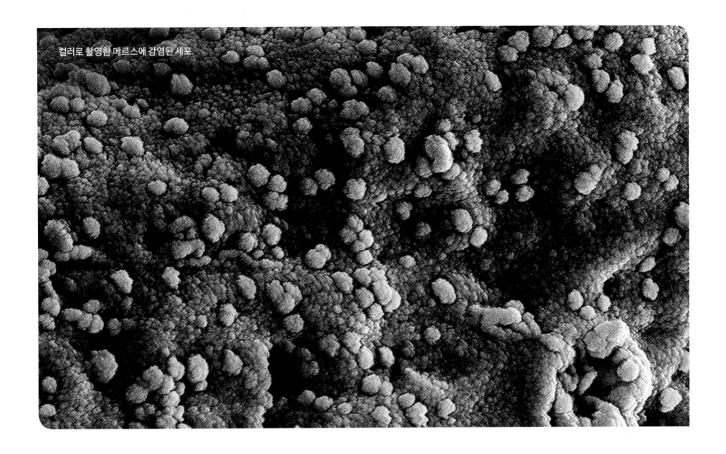

컬러로 촬영한 메르스에 감염된 세포.

좀비 아포칼립스
바이러스 작동 원리

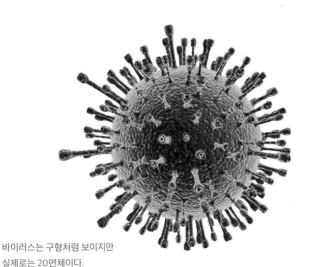

바이러스는 구형처럼 보이지만
실제로는 20면체이다.

비록 전염병학자 립킨 박사는 "언젠가 어떤 유명한 바이러스 학자가 바이러스란 겉면을 단백질로 포장한 나쁜 소식이라고 칭한 적이 있습니다."라고 말했지만 바이러스 그 자체가 선악과 관련된 개념을 품고 있을 것 같지는 않습니다. 사실 모든 바이러스가 나쁜 것은 아닙니다. 하지만 바이러스는 모두 똑같은 기작에 의해 활동합니다. 바이러스는 세포 내에 스스로를 주입시킨 다음, 세포 조직을 납치해서 세포로 하여금 유전 물질과 바이러스를 복제하는 데 필요한 단백질을 만들도록 강요합니다. 바꾸어 말하자면 바이러스는 세포를 노예, 또는 심지어 좀비로 만드는 작업을 합니다!

세포의 내부 면역 반응이 바이러스에 저항해 싸울 만큼 강하지 못하다면, 일단 바이러스에 완전히 감염된 세포는 죽고 말 것입니다. 거기에서부터 복제된 바이러스의 복제본들은 노예로 만들 다음 희생양 세포들을 찾기 위해 점차 퍼져 나갈 것입니다. 이렇게 바이러스는 계속 생존할 것이고, 한 번에 한 세포씩 바이러스의 영향권 내에 들어가겠지요. ◼

> **"사악한 쇠고기 육포 같으니라고."**
> — 유진 머먼, 바이러스에 대해서

좀비 바이러스와 진짜 바이러스: 어느 쪽이 더 위험한가?

소설 속에서 좀비 전염병은 거의 항상 건강한 인간이 잘못된 행동을 하거나 잘못된 계획을 세웠기 때문에 발생한다. 그렇다면 어떻게 좀비 바이러스의 공격을 지구상에 존재하는 수천, 수백만 가지의 진짜 바이러스의 공격과 견주어 볼 수 있을까?

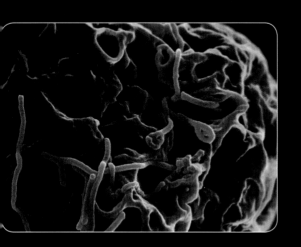

▼ 잠복기

다양한 기간의 잠복기 동안 병원체는 잠복 또는 재생산된다. 잠복기 동안에 바이러스에 감염된 이들에게는 바이러스 감염 증상이 나타나지 않는다. 잠복기가 오랫동안 지속되면 유행병이 발병되기 전까지 더 많은 사람들이 바이러스에 감염될 위험성이 있다. 좀비 바이러스의 잠복기는 보통 아주 짧다.

▲ 감염

에볼라 등의 바이러스는 액체 상태로 공중에서 수 미터 정도 이동할 수 있다. 예컨대 에볼라 바이러스에 감염된 환자가 기침을 하며 혈액이 배출될 때 바이러스가 이동할 수 있다. 좀비 바이러스는 직접 접촉 및 체액 교환으로 감염된다.

◀ 전염성

홍역과 유행성 감기 등의 바이러스는 먼 거리에서 공기를 통해 이동하는데다 오랜 기간 동안 공기 중에 머무를 수도 있다. 좀비가 만지지만 않는다면 좀비 바이러스에 전염될 위험은 높지 않다.

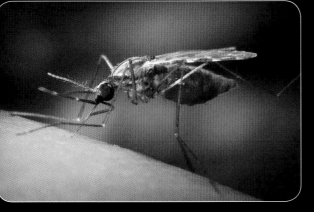

뎅기열과 지카 바이러스 등의 바이러스는 모기를 매개로 전염된다. 모기는 장거리를 이동하며 바이러스를 운반할 수 있다. 좀비 바이러스는 대개 인간만을 매개체로 전염된다.

▶ 사망률

바이러스에 감염된 사람이 모두 죽어 버린다면 전염병 또한 알아서 제한될 수 있다. 더 이상 전염병을 옮길 대상이 존재하지 않기 때문이다. 반면 좀비 바이러스에는 제한이 없다. 숙주가 사망한 후에도 좀비는 영원히 살아 있기 때문이다.

▲ 치사율

추정값에 따르면 전염병인 메르스로 인해 사망한 사람은 연간 약 600명에 이른다. 사스는 800명, 에볼라는 만 1300명, 1918년의 독감은 5000만 명의 사망자를 기록했다. 현재까지 좀비 바이러스로 인해 사망한 사람은 0명이다.

3대 바이러스

"세계의 현 상황을 고려할 때 제가 가장 심각하게 생각하는 바이러스를 꼽으라면 단연 인간 면역 결핍 바이러스를 꼽을 것입니다. 2위는 독감입니다. 3위는 저도 잘 모르겠네요. 매번 새로운 바이러스가 발견되기 때문이지요."라고 전염병 학자인 이언 립킨 박사는 말한다.

후천성 면역 결핍 증후군을 유발하는 바이러스 HIV는 체액에 직접 접촉할 때에만 전염된다. 하지만 인간 활동으로 인해 일부 아프리카 국가에서는 기대 수명이 10년 이상 단축되기도 했고, 무방비 상태의 성행위와 HIV에 감염된 바늘 공유는 HIV를 전 세계로 맹렬히 퍼뜨리고 만다. 독감 바이러스는 변이 속도가 너무나 빨라서 독감으로 인한 사망자는 해마다 끊임없이 수백, 수천 명에 이른다. ■

기후 변화와
바이러스성 질병

지구 온난화로 인해 전 세계의 기후대 사이의 경계가 변화하고 있습니다. 기후대 변화로 인해 이전에는 특정 생명체가 생존할 수조차 없었던 장소에서 그 생명체가 번성하기도 합니다. 한편, 인간은 전 세계에서 생명체의 서식지를 변화시키고 있습니다. 정글이나 숲, 늪 등이 인류의 생활과 농업을 목적으로 변형되고 있습니다. 이처럼 경계를 변화시키는 일은 인간과 다른 종 사이에 더 많은 상호 작용을 초래합니다. 그 결과 다른 생물 종으로부터 인류로 바이러스가 전파될 기회 또한 증가합니다. 오늘날 연구자들은 예컨대 AIDS가 오래전 서아프리카의 적도 부근에서 인간이 잠복 바이러스를 갖고 있던 침팬지와 접촉한 것에 기인해 유래했을 것이라고 추정하기도 합니다.

　　과학 저널리스트인 로리 개럿은 설명합니다. "기후 변화와 서식지 침범이 연계되어 발생하는 장소마다 우리는 지금껏 인간이 한 번도 노출된 적이 없는 바이러스를 운반할 수밖에 없는 생물 종들을 발견하게 됩니다. 지난 약 10년 이상의 시간 동안 인류가 목도한 대다수의 대규모 전염병은 열대 우림에서 꽃가루를 나르는 과일 박쥐로부터 기인한 것입니다. 열대 우림에 스트레스가 가해지고 열대 우림에 우거진 나뭇가지가 과하게 뜨거워졌기 때문에 박쥐 떼는 필사적으로 인간의 서식지와 더 가까운 영역으로 계속해 이동하고 있습니다. 그 결과 박쥐에게 잠복되어 있던 바이러스는 인류가 기르는 가축, 결과적으로는 인류에게까지 전달되기에 이릅니다. 이런 식으로 옮겨진 바이러스에 어떤 바이러스들이 포함되어 있는지 한번 생각해 보세요. 사스도 있고요. 에볼라 또한 박쥐가 매개인 바이러스로 밝혀졌습니다. 리사 바이러스, 헨드라 바이러스도 있고요. 게다가 이런 바이러스가 실제로 발생할 위험을 예측하거나 계량화할 수조차 없습니다." ∎

저녁의 한잔

기생하는 독

제조: 닐 디그래스 타이슨 박사,
벨 하우스의 바텐더 킴

크리스털 헤드 보드카[14] 약 30밀리리터
(상표가 정말 중요합니다.)
실버 데킬라[15] 1키스
비터스[16] 약 3밀리리터
진저 비어 약 30밀리리터
레몬 조금
체리 1개

얼음을 담은 텀블러에 모든 재료를 붓고
세게 흔들어 섞는다.

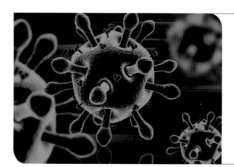

생각해 보자 ▶ 전 세계에 바이러스성 질환이 발병하는 것을 어떻게 막을 수 있을까?

재앙은 대개 가난으로 고통받고 소외된 사람들로부터 시작될 것이라고 개럿은 말한다. "아주 많은 전염병은 단순히 빈곤한 국가에서 한 번 사용한 주사기를 재사용하기 때문에 발생합니다."

　　샌프란시스코에서 남아프리카까지 퍼져 있는 HIV 또는 후천성 면역 결핍 증후군 전염병에 대해 현재까지 파악된 최선의 해결책은 감염자 집단과 협력하는 것이 아닐까? 간혹 한 번에 한 사람과 협력하는 것 역시 해결에 도움을 줄 수 있다. 감염자 집단 또는 감염자 개인과 협력하는 방식을 통해 바이러스의 확산을 지연하거나 방지할 수 있을 것이다.

좀비 아포칼립스

사스의 유행

개럿은 말합니다. "전염병이 도는 상황에서 두려움은 위험 요소입니다. 두려움에 빠진 이들은 정말로 어리석게 행동하고, 스스로를 더 큰 위험에 빠뜨리기도 합니다. 중증 급성 호흡기 증후군(사스)이 유행하는 동안 저는 홍콩에 있었습니다. 사스에 감염된 환자 중 대부분이 홍콩 소재의 주요 병원 두 군데에 갔는데요. 사스는 중국에서 시작되었고 은폐되었습니다. 2002년 11월에 사스가 시작되었고, 홍콩까지 사스가 번지기 전까지는 사스에 대해 알 수 없었지요. 그 후 사스에 감염된 환자 하나로 인해 사스는 홍콩을 강타하게 됩니다. 그 환자는 공포에 빠졌고 자신이 어떤 병에 걸렸는지도 알았지요. 환자 자신이 의사이기도 했거든요. 그는 비틀거리며 국경을 건너서 홍콩 도심에 있는 메트로폴 호텔로 가서, 9층의 객실에 머물렀습니다. 그 결과 9층 객실에 머물렀거나 엘리베이터의 9층 버튼을 누른 사람들 모두가 사스에 감염되고 맙니다. 호텔 객실에 머물렀던 이들은 여행자들이었고요. 사스에 감염된 여행자들은 각자 목적지의 공항으로 갔습니다. 바이러스를 베트남, 토론토, 전 세계로 실어 나른 셈이지요." ■

2003년 베이징 소재의 공장 노동자. 사스 감염 방지를 목적으로 마스크를 착용하고 있다.

기본으로 돌아가기

DNA는 서로 다른 종 사이를 뛰어넘을 수 있을까?

식물 유전학자들의 최근 프로젝트에 따르면 일반적인 고구마의 유전체에는 많은 나무와 관목의 관근[17]에 비정상적 성장을 초래하는 토양 세균의 DNA가 들어 있다고 한다. 이 현상은 전형적으로 교배를 통해 DNA가 전달되는 양상과는 다르며, 오히려 자연적으로 일어나는 유전자 변형과 훨씬 더 유사하다. 즉 인간이 개입하지 않은 GMO와 비슷한 셈이다.

어떻게 세균의 DNA가 고구마의 유전체에 들어가게 되었을까? 혹시 예전에 바이러스가 고구마의 세포를 공격해서 갖가지 종류의 외래 DNA를 주입한 것은 아닐까? 고구마의 세포는 바이러스의 공격을 받았으나, 면역 체계 덕분에 살아남은 후 DNA와 세포 간의 통합이 이루어졌을 수도 있다.

한 토막의 과학 상식

암 같은 심각한 질병과 싸우기 위해 의사들이 개발한 최신 유전자 치료법 중에는 외부 DNA를 도입해 인간 세포를 유전적으로 변형하는 치료법도 있다. 일부 경우, 바이러스는 외부 DNA의 도입 또는 유전 물질의 전달에 사용되기도 한다.

"저는 가나의 대통령을 세 번 찾아갔습니다.
그리고 그에게 기니벌레[18]라는 이름을
'가나벌레'로 바꾸겠다고 말했습니다."
— 지미 카터, 미국의 제39대 대통령

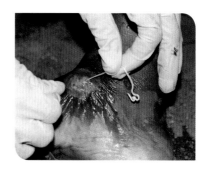

여행 가이드

기니벌레를 몰살시키는 것은 대량 학살에 해당할까?

2015년, 전 세계에서는 단 22건의 드래컨큘러스증, 또는 기니벌레 병의 사례가 보고되었다. 인간 숙주가 기니벌레의 생명 주기에 있어 핵심적인 부분을 차지하고 있으므로, 머지않아 세계에서 기니벌레가 완전히 박멸될 가능성은 분명히 존재한다. 우리는 어떤 생명체 종 전체를 몰살시키는 것을 주저해야만 할까?

생물학자 마크 시덜은 말합니다. "나는 기생충에 대해 생각하면 무척 감상적이 되지만, 8세인 제 딸을 생각해도 감상적이 됩니다. 인류가 멸종한다면 인류와 함께 멸종할 기생충도 존재하겠지요. 그렇다면 인류에게는 기생충을 살려 둘 도덕적 책무가 없다고 생각합니다. 기니벌레가 멸종하지 않기 위해서는 누군가가 기니벌레에 감염되어야만 합니다. 여러분의 자녀가 기니벌레 병에 걸려야 할까요? 아니면 제 아이가 기니벌레 병에 걸려야만 할까요? 이상한 생태학적 죄책감에 기반해서 굳이 자신을 희생해서 기니벌레를 보호할 사람이 과연 있을까요?"

지미 카터와 함께하는 질병 퇴치

정치: 병마와 맞서는 최선의 무기

39대 미국 대통령 지미 카터는 기니벌레로 인한 질병을 근절하기 위해 외교 기술을 발휘했습니다. 열대성 기생충이 원인으로 발병하는 기니벌레 질병은 기니벌레의 애벌레가 들어있는 물을 마신 사람들을 감염시키고 신체적 손상 및 쇠약 증상을 유발합니다. 카터 대통령은 카터 센터를 통해 기니벌레를 근절하고자 노력했는데, 그는 내전 중이었던 수단을 비롯해 다양한 장소를 방문하기도 했습니다.

수단에서 보낸 시간에 대해 카터 대통령은 다음과 같이 이야기합니다. "저는 수단에 가서 남수단과 북수단 측과 오랜 시간에 걸쳐 협상을 했습니다. 결국 남수단과 북수단은 휴전에 동의했지요. 기니벌레를 남수단과 북수단 모두에서 없앨 수 있도록 말이에요. 사람들은 여전히 당시의 휴전을 '기니벌레 휴전'이라고 부릅니다. 그들은 6개월 이상 전투를 중단했습니다. 이와 같은 사례를 통해 빈곤에 시달린 나라에서 사람들에게 그들이 갖고 있는 문제를 바로 잡을 수 있는 기회를 제공한다면, 그들이 훌륭하게 문제를 해결해 낼 수 있다는 것을 알 수 있습니다." ■

지미 카터 미국 전 대통령.

한 토막의 과학 상식

중앙아프리카에서 기니벌레의 유충은 물벼룩을 감염시킨다.
감염된 물벼룩이 사는 물을 마신 사람의 몸속에서 기니벌레는
1년간 60~90센티미터까지 자라며 몇 주에 걸쳐 체내 조직을
뚫고 다리나 발을 통해 빠져나온다.

지미 카터와 함께하는 질병 퇴치

인간은 소아마비 퇴치에 성공했는가?

소아마비는 20세기인이 가장 두려워한 질병 중 하나였습니다. 소아마비는 매우 전염성이 강한 바이러스성 질병으로 별다른 경고 없이 부자와 가난한 이들을 차별 없이 공격했으며, 해마다 수십만 명의 사람들이 소아마비 바이러스로 인해 마비를 겪거나, 불구가 되거나, 사망하기에 이르렀습니다. 그 후 조너스 소크[19] 박사와 앨버트 세이빈[20] 박사가 소아마비 백신을 개발했습니다. 백신의 개발 이후 한 세대가 지나지 않아 미국 내에서 소아마비 발병 사례 수는 0에 수렴하게 되었습니다.

현재 진행 중인 소아마비 퇴치 프로그램 덕분에 전 세계적으로 보고된 소아마비 사례 수는 1988년의 40만 명에서 2015년의 100명 미만으로 감소했습니다. 하지만 소아마비는 완전히 근절되지 않았습니다. 무척추 동물을 연구하는 생물학자 시덜 박사는 다음과 같이 말합니다. "현재의 소아마비 발병 건수는 500건 미만이지만 발병 사례는 와지리스탄,[21] 시리아,[22] 남소말리아,[23] 북나이지리아[24] 등에서 여전히 관찰됩니다. 소아마비가 발병하는 장소는 분쟁 지역입니다. 전쟁으로 폐허가 된 장소에서는 의료 행위가 어렵고 사례를 추적해 어디에서 소아마비가

"결핵, 인간 면역 결핍 바이러스 등 다양한 전염병을 통해 우리가 얻을 수 있는 최고의 교훈은 다음과 같습니다. 인간은 권리가 박탈된 집단, 또는 더 큰 사회가 멸시하는 집단에 속하고자 하지 않습니다. 왜냐하면 사회는 권리가 박탈되고 멸시당하는 집단의 일원을 위해 존재하지 않으니까요."
— 로리 개럿, 과학 저널리스트

발병하는지 또한 알아낼 수 없습니다. 이 두 가지 모두, 그러니까 전방과 후방 모두에서 사람들은 보건 관리와의 연계를 상실합니다. 끔찍한 일이지요." ▨

"질병의 과학을 이해함으로써 우리는 전 세계 수백만 명의 사람들의 삶을 지켜낼 수 있었고, 삶의 질을 격상시킬 수 있었고, 인류의 생산성이 높아졌으며, 그 결과 이 세상 모든 곳에 사는 사람들이 좀 더 오랫동안 건강하게 인생을 즐길 수 있게 되었습니다. 멋진 일이죠."
— 공중 보건 아저씨 빌 나이

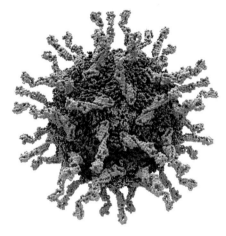

소아마비 바이러스. 돌출된 단백질이 숙주를 찾고 있다.

한 토막의 과학 상식

소아마비 예방 접종 및 박멸과 관련된 글로벌 프로그램이 오늘 중단된다면, 전 세계에서 발생하는 소아마비 발병 건수는 10년 안에 20만 건에 이르기까지 급증할 가능성이 있다. 소아마비 예방 접종 및 박멸 프로그램의 운영 비용은 연간 10억 달러를 웃돈다.

생각해 보자 ▶ 빈 라덴을 잡기 위해 CIA가 사용한 백신?

미국 중앙 정보국은 파키스탄에서 오사마 빈 라덴[25]을 찾기 위해 가짜 예방 접종 캠페인을 실시했다. 개럿은 말한다. "빈 라덴을 잡기 위해서 가짜 간염 백신 캠페인을 벌였지만 실제로 빈 라덴의 아이들과 접촉할 수는 없었다고 합니다. 그럼에도 불구하고 이야기는 점점 더 심각해집니다. 지금 이슬람 근본주의자들, 그러니까 탈레반,[26] 알 카에다,[27] 알 카에다의 후예들은 파키스탄, 아프가니스탄, 예멘, 나이지리아에서 소아마비 근절 활동가들을 마구 죽이고 있습니다. 거의 사냥 허가 기간 수준으로 말이지요."

종비 아포칼립스

백신 반대 음모론

2012년 11월부터 2013년 7월까지 웨일스[28]에서 홍역 감염 사례가 1400건 이상 보고되었습니다. 그중 1200건은 스완지[29] 지역에서 발생했습니다. 한 사람이 목숨을 잃었습니다. 10년 전 웨일스의 백신 접종률은 80퍼센트 이하로 떨어졌으며, 스완지 지역의 백신 접종률은 70퍼센트 이하로 떨어졌습니다. 백신 접종률의 감소폭은 전염병이 맹렬한 기세로 복귀하기에 충분할 정도였습니다. 개럿은 다음과 같이 설명합니다. "백신이 아기에게 자폐증을 일으킨다는 과학적 근거가 희박한 주장을 신봉한 이들이 있었기 때문입니다. 영국인 앤드루 웨이크필드[30]라는 사람으로부터 시작된 운동이었는데요. 그의 주장에 따르면 백신의 위험성을 증명할 수 있다고 합니다. 후에 완전히 거짓으로 밝혀졌지만요. 그럼에도 불구하고 백신의 위험성은 일종의 음모론으로 계속 퍼져나가고 있습니다." ■

미국의 국회 의사당에서 시위대가 백신에 수은 사용을 금할 것을 요구하고 있다.

기본으로 돌아가기

진정 두려워해야 하는 것

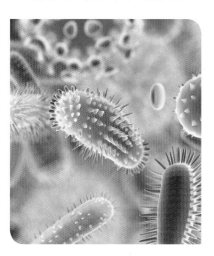

인간처럼 커다란 생물이라면, 자신의 적이 사자, 호랑이, 곰이라고 생각할 수도 있겠지만 말입니다. 사실은 그렇지 않아요. 당신의 주적은 세균이나 기생충 같은 아주 작은 생명체입니다. 그 작은 것들이 흑사병, 에볼라, 독감 같은 병을 통해서 사회 전체와 문명을 통째로 쓸어 버렸습니다. 또 다른 어떤 세균, 기생충, 감염병 등이 있는지 어떻게 알 수 있겠습니까? 인류는 그저 공격당하기를 기다리는 신세일 뿐입니다. 작은 주적들을 실제로 보기 위해서 현미경과 특수 기술이 필요합니다. 그래서 지구상의 수많은 사람들이 세균과 기생충의 위험성을 쉽게 받아들이지 못하고 있는 것입니다. — 전염병 아저씨 빌 나이

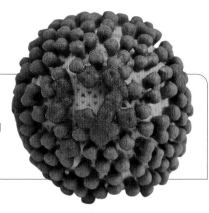

생각해 보자 ▶ 연구원이 바이러스 아포칼립스를 창조할 수 있을까?

전염병을 만들어서 전염병을 연구하는 것도 가능할까요?

로리 개럿: 이제 "음, 왜 사상 최악의 전염병을 발생시키는 바로 그 유기체를 만들어 낸 다음에 유기체에 대해 연구실에서 연구하면 안 되는 거죠?"라고 말하는 사람들도 요즘 있는 거죠.

유진 머먼: 모든 영화의 최초에 등장하는 세계의 종말과 관련된 시나리오와 정확히 똑같은 이야기 같은데요.

우주 탐구 생활: 바이러스, 발병, 그리고 전염병

자가 인식이 가능한 나노봇은 인류를 바이러스로 만들 수 있을까?

"우리는 '자가 복제 능력을 가진 나노봇을 만드는 방법이 있는가?'라는 질문을 던져 보아야만 합니다. 만일 나노봇이 자가 복제를 할 수 있다면, 통제 불가능한 감염 문제가 실제로 발생할 수 있을 테니까요."

— 로리 개럿, 과학 저널리스트

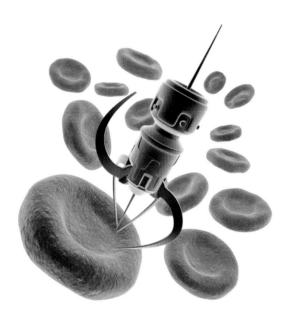

혈액 세포에 작용하고 있는 나노봇의 상상도.

「스타 트렉」 세계관에서 보그 족은 생명체와 기계의 융합을 통해 창조된 존재로, 엄청나게 강력한 힘과 초인적 능력을 지닌 종으로 묘사됩니다. 하지만 보그 족은 독립적 사고 능력이 없는 드론으로 구성되어 있습니다. 수백만 개의 나노 로봇이 드론의 몸통을 관통하며, 드론의 모든 활동을 통제하고 드론에게 자율권을 부여합니다. 할당된 과제를 수행하지 않을 때 보그 족의 임무는 다른 유기체들에 나노봇을 주입해 다른 유기체들을 보그 족 집단으로 동화시키는 것입니다. 드론과 보그 집합체 사이의 연결 고리를 깨고 보그 족의 일원이 된 드론이 자유와 자유 의지를 갖게 되기 위해서는 막대한 노력이 필요합니다.

무서운 이야기 같지 않나요? 하지만 보그 족과 드론 이야기가 말도 안 되는 이야기는 아닙니다. 결국 헤로인 같은 약물, 즉 생화학적으로는 바이러스보다 훨씬 단순한 약물이 약물 중독자의 뇌에서 발생하는 화학 작용에 영향을 미쳐서 더 많은 헤로인을 원하도록 강제한다면, 기본적으로 기계적 바이러스와 다름없는 나노봇이 숙주를 자동화된 바이러스로 만들지 못할 이유가 없지 않나요? 이와 같은 기술이 가까운 미래에 준비될 것 같지는 않습니다. 바로 지금, 비생물학적 바이러스에 대한 연구는 아주 초기 단계에 있습니다. ■

한 토막의 과학 상식

미래의 유전학 연구를 위해
인류가 사용할 수 있는 방법 중 하나는 다음과 같다.
컴퓨터에 DNA 염기 서열을 작성한 후, 3D 프린터를 사용해
원격으로 DNA 염기 서열의 물리적 사본을 만드는 것이다.
(이미 쇠고기 줄기 세포에서 자란 고기를 인쇄할 수 있다고 한다.)

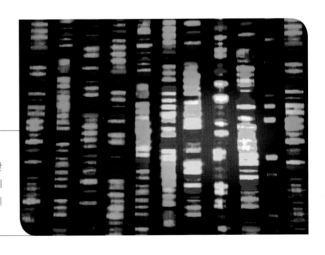

생각해 보자 ▶ 인간의 유전체를 조작해야만 할까?

무엇이 가장 큰 가치를 갖고 있을까요? 어떤 특징을 선택하기를 원하나요? 어쩌면 50년 후에 인간이 지니게 된다면 가장 좋은 요소는 에볼라 바이러스에 대한 저항일 것 같군요. 에볼라 바이러스에 대한 저항이야말로 훨씬 더 괜찮을뿐더러 더 쓸모도 있을 겁니다. 푸른색 눈이나 금발보다 말이지요. — 유전학 아저씨 빌 나이

"맨손으로 강철을 구부린다니, 그럴 수도 있죠. 파란색 스타킹을 신고 날아다닌다니, 뭐, 그럴 수도 있죠. 그런데 태양으로부터 에너지를 얻는다고요? 아니예요, 그럴 리 없어요. 적어도 100만 년 안에는 일어나지 않을 일이라고요."

— 닐 디그래스 타이슨, 천체 '슈퍼 히어로' 학자

2장

슈퍼맨은 블랙홀에서 살아남을 수 있나요?

벽을 오르거나, 벽을 진동하게 만들거나, 한 번의 눈빛만으로도 벽을 증발시킬 수 있는 것보다 더 재미있는 것이 또 있을까? 초자연적 능력을 지닌 생명체는 역사 전반에 걸쳐 등장했지만, 희안한 의상을 입고 활약하는 슈퍼 히어로가 대중 문화에 등장한 지는 채 한 세기도 지나지 않았다.

슈퍼 히어로가 대중 문화에 데뷔한 시기는 우주 팽창, 양자 역학, 대양 횡단 비행 등 현대 과학 기술을 인류가 손에 넣은 시기와 일치한다. 딱히 놀라울 것도 없지만, 슈퍼맨은 외계인이었다. 배트맨은 과학에 기반한 탐정이었고, 원더 우먼은 보이지 않는 비행기를 타고 날아다니는 용감무쌍한 여성이었다. 우리의 지식이 발전함에 따라 히어로들도 발전해 갔다. 예컨대 판타스틱 포[1]는 우주선에 의해 창조되었고, 헐크[2]는 감마선의 희생양이며, 파이어스톰[3]은 원자력 인간이고, 노바[4]와 퀘이사[5]는 우주의 슈퍼 히어로이다.

만화책이 등장하는 상상으로 가득한 유사 과학은 우리로 하여금 질문을 던지고 즐거움을 맛보며 그 질문에 대한 답을 찾아 나갈 수 있는 영감을 제공한다. 물론 우리는 궁금증을 갖게 된다. 혹시 우리도 슈퍼 히어로가 될 수 있는 것은 아닐까?

인류는 블랙홀에서 빠져나올 수 없다. 슈퍼
히어로는 블랙홀에서 빠져나올 수 있을까?

"그가 빛의 속도로 달리려고 노력하자,
그는 더 느리게 이동하게 되었지요. 정말 아름답게
아인슈타인의 법칙을 보여 준 사례였습니다."
— 제임스 카칼리오스,[6] 『슈퍼맨 그게 과학적으로 말이 되니?:
슈퍼 영웅들을 통해 배우는 물리학 강의』의 저자

헐크는 브루스 배너보다 몸집이
훨씬 클 수도 있다. 하지만 헐크와
브루스 배너의 몸무게는 동일할
것이다.

우주 탐구 생활: 슈퍼 히어로

헐크, 마시멜로가 되다

만화책에서 물리 법칙은 대충 표현되고 있지만 물리 법칙을 대충 받아들일 수는 없습니다. 닐은 말합니다. "실제로 빛보다 빠른 속도로 이동할 수 있다면 블랙홀에서 탈출할 수 있을 것입니다. 무엇도 빛보다 빠른 사람을 막을 수는 없지요. 하지만 특이점에 이르기까지의 여정은, 밤이 지나면 반드시 낮이 오는 정도로 확실하게, 사람을 스파게티로 만들어 버리고 말 것입니다. 이론적으로는 (미스터 판타스틱[7]처럼) 몸이 늘어날 수 있는 사람은 스파게티처럼 되는 것을 피할 수 있을지도 모르지요."

▶ 헐크가 커졌다 작아졌다 하는 비결은?

"동일한 질량을 가진 것이 아니라면, 헐크가 그냥 커지기만 할 수는 없습니다." 닐은 설명합니다. "만일 몸집만 커진다고 칩시다. 그렇다면 헐크인 상태에서는 브루스 배너[8]인 상태에서보다 밀도가 낮아야만 합니다."

"마시멜로 같은 건가요?"라고 척 나이스가 질문합니다.

"물론이죠. 아니면 비치볼과 비슷하겠지요."라고 닐은 대답합니다.

▶ 매그니토는 지구의 핵을 통제할 수 있을까?

"네, 매그니토[9]는 지구의 핵을 통제할 수 있습니다. 금속으로 만들어진 모든 것을 통제할 수 있기 때문이 아니라 모든 금속이 자성을 띠기 때문에 매그니토가 지구의 핵을 통제할 수 있습니다. 매그니토는 분명히 별에서 핵을 뜯어낼 수 있을 텐데요, 왜냐하면 기체 발생 지점과 작용을 관장하는 자기장과 상호 작용할 수 있기 때문입니다."라고 닐이 설명합니다.

▶ 플래시가 불타 버리지 않는 비결은 무엇?

플래시[10]는 중력처럼 우주의 기본 요소인 허구의 '속도 힘' 때문에 초고속 비행을 할 수 있습니다. 플래시가 달리면 에너지의 기운이 침투해 그를 감싸게 됩니다. 바로 이 에너지 기운 덕분에 달리는 플래시는 불타지 않습니다. 만일 에너지 기운이 없다면 플래시는 마찰 때문에 불타 버릴 수도 있고, 초고속으로 달리다 물체와 부딪치면 뭉개져 버리겠지요. ■

우주 탐구 생활: 슈퍼 히어로

캡틴 아메리카의 비밀

캡틴 아메리카[11]는 인간인 동시에 초인입니다. 어떻게 인간 겸 초인이 될 수 있을까요? 우리도 인간 겸 초인이 될 수 있을까요? "하루를 마치는 시점에 우리는 모두 인간입니다." 천체 '근육' 학자인 닐 디그래스 타이슨 박사가 말합니다. "근육의 크기와 근력 사이에는 상관 관계가 있습니다. 고로 캡틴 아메리카의 경우 몸매가 괜찮다면 피트니스 센터에서 시선을 좀 받을 수는 있을 겁니다. 그렇지만 근육의 힘은 유전자 조작에 의한 강점이 발휘될 만큼 강하지는 않을 겁니다. 근육은 여전히 생물학적 조직이니까요."

> "생물학적 존재가 행하는 특별한 모든 것은, 이론상으로는, 인간과 융합될 수 있습니다."
> ─리 실버[13] 박사, 분자 생물학자

하지만 닐의 설명에 빠진 부분이 좀 있는 것 같군요. 만일 슈퍼솔저 세럼[12]이 캡틴 아메리카의 근육을 조립하는 방식을 바꾸었다면 어떨까요? 즉 캡틴 아메리카는 인간이지만 일반적인 인간을 넘어 약간 진화한 존재가 되겠군요. 신체의 근육 섬유가 감당할 수 있는 장력을 증가시키는 방식으로 캡틴 아메리카의 근육이 조합되어 있다면, 몸집의 크기가 비슷하다고 해도 더 많은 힘을 쓸 수 있을 것입니다. 잊지 마세요. 캡틴 아메리카는 사람 치고 정말 강한 사람입니다. 하지만 헐크처럼 강한 것은 아닙니다. ■

기본으로 돌아가기

방사성 거미에게 물리면?

흥미롭게도 스파이더맨[14] 원작 만화에서 피터 파커[15]가 방사성 거미에게 물리면서 얻게 된 '거미 파워'에는 거미줄이 포함되어 있지 않았다. 피터 파커는 사실 고등학생 시절 웹 플루이드[16]와 웹 슈터[17]를 발명했는데, 과학 경진 대회에 출품했더라면 상을 받고도 남을 작품들이 아닐까? 스파이더맨은 어떤 이들보다도 능숙하게 웹 플루이드와 웹 슈터를 사용한다. 사실, 누구나 충분히 연습만 한다면 웹 플루이드와 웹 슈터를 사용할 수 있을 것이다.

애국심이 강한 슈퍼 군인인 캡틴 아메리카. 인간이 가질 수 있는 최고 수준의 능력치를 갖고 있다.

생각해 보자 ▶ 인간이 뇌 전체를 사용한다면 능력이 더 좋아질까?

실은, 인간이 뇌의 10퍼센트만 사용한다는 생각은 결코 정확한 사실이 아닙니다. 인간이 뇌의 10퍼센트만 사용한다는 말은 100년 전 어느 신경 과학자가 한 말을 잘못 옮기다가 생긴 오해인데요. 사실 그 신경 과학자가 한 말은 다음과 같습니다. '인간의 뇌는 너무나 복잡하기 때문에 인간은 뇌의 10퍼센트가량이 어떤 기작을 위해 활용되는지 정도만 알고 있다.' 그러니까 X 교수[18](텔레파시)와 루시[19](텔레키네시스)와 관련된 모든 것들은, 허구입니다. ─닐 디그래스 타이슨 박사, 천체 '진실파헤치기' 학자

한 토막의 과학 상식

2014년의 설문 조사에 따르면 오스트레일리아 어린이들이
가장 좋아하는 5대 슈퍼 히어로는 배트맨, 스파이더맨,
슈퍼맨, 아이언맨, 원더 우먼으로 밝혀졌다.

슈퍼 히어로의 물리학

양자 역학으로
초능력자 되기

기술의 발달은 이미 슈퍼 히어로가 하는 일을 인간도 할 수 있게 만들어 줄 수 있는 수준에 도달해 있습니다. 제트 엔진이 달린 윙팩 덕분에 인간은 비행기처럼 날 수 있습니다. 후방 산란 엑스선을 탑재한 영상 장치며 밀리미터파 스캐너 덕분에 인간도 슈퍼맨[20]처럼 물체를 꿰뚫어보는 시각을 가질 수 있게 되었습니다. 어쩌면 초능력과 관련된 가장 흥미진진한 기술의 진보를 양자 역학 분야에서 발견할 수 있을지도 모르겠군요. 미래에 양자 얽힘이 순간 이동을 가능하게 할 가능성이 있습니다. 양자 컴퓨팅이 인공 지능을 만들어 낼 가능성 또한 있습니다. 이론 물리학자인 미치오 카쿠[21] 박사 또한 이와 같은 가능성들에 대해 동의합니다. "만일 인류가 양자 법칙을 통제할 수만 있다면, 인류는 실제로 SF 소설에 등장하는 초능력의 대부분을 가질 수도 있겠는데요."

다양한 기술이 갖고 있는 문제점 중에서도 가장 중대한 문제점은 이동성입니다. 예컨대 머리 위에 후방 산란 엑스선을 탑재하고 공중을 비행하는 것이 과연 가능할까요? 그러므로 기술을 소형화할 필요가 있습니다. ■

닐의 트위터

배트맨이 되고 싶어요

배트맨[22]이 좋다. 배트맨이 되어 보고 싶다. 도구나 장비를 좋아하지 않는 사람이 어디 있을까? 자동차를 싫어하는 사람이 어디 있을까? 배트카가 제일 멋지다. 배트맨이 되려면 차를 좋아해야 한다. 차도 멋지고 능력치도 대단하다. 차는 허리에 차고 다니는 유틸리티 벨트를 좀 더 근사하게 만든 확장판이다. 그러니까 어떤 슈퍼 히어로가 되고 싶은지 묻는다면 나는 배트맨이 되고 싶다고 대답해야지.

— 닐 디그래스 타이슨 박사, 천체 '박쥐' 학자

「엑스맨」[23](2000년)에 등장하는 사이클롭스. 바이저를 통해 레이저 블라스트를 발사하고 있다.

"만일 제가 「왓치맨」[24]의 닥터 맨해튼[25] 역을 맡을 수 있었다면 너무나 좋았을 것 같아요. 하지만 닥터 맨해튼 역을 맡았던 빌리 크루덥[26]과 같이 작업해 본 적은 있었지요. 빌리는 엄청나게 연기를 잘했어요."

— 로런스 피시번,[27] 연기자, 어느 슈퍼 히어로 역할을 맡고 싶냐는 질문에 대해

투명 인간이
될 수 있을까?

이론적으로 살펴보면 어떤 대상을 투명화해서 보이지 않게 만들기는 쉬운 일입니다. 그저 투명화하고 싶은 물체 뒤에 있는 빛을 굴절시켜서 물체의 배경과 물체를 똑같아 보이게 만들어 버리면 됩니다. 우리는 이미 자연에서 투명화가 어떻게 이루어지는지에 대해 알고 있습니다. 예컨대 블랙홀이나 은하단, 좀 더 약하게는 태양 등 질량이 거대하게 집중되면, 질량의 집중은 중력 렌즈처럼 작용해서 빛을 굴절시킬 것입니다. 하지만 우주에서는 렌즈 효과 때문에 뒤에 있는 사물의 모양이나 밝기에 왜곡이 생깁니다. 보이지 않는 슈퍼 히어로가 어딘가 존재한다는 결정적 증거가 되는 셈이지요.

이보다 좀 더 실용적이면서도 활용성이 더 좋은 투명화 장치인 연속 다방향 3차원 클로킹[29] 장치도 개발되었습니다. 이 장치는 손이나 얼굴 등 아주 작은 대상만 투명화시킬 수 있는데요, 한 사람의 몸 전체를 투명화할 수는 없다고 합니다. 하지만 언젠가 휴대 가능한 투명화 시스템이 개발된다면 인비저블 우먼[30]이 갖고 있는 능력이 별 것 아닌 것처럼 보일 날이 올 수도 있겠군요. (하지만 인비저블 우먼의 포스 필드[31]는 그때에도 상당히 근사하게 느껴질 겁니다.) ▧

> "저는 어린 시절에 마이티
> 마우스[28]가 되고 싶었습니다.
> 악당들이 여자들을 해치려고
> 할 때, 제가 구해 내고 싶었기
> 때문이지요. 사람들을
> 악당들로부터 구해 내면서
> 오페라에 나오는 노래를
> 부르고 싶었거든요."
>
> ― 닐 디그래스 타이슨 박사, 천체
> '설치류' 학자

「판타스틱 포: 실버 서퍼의 위협」(2007년)에 등장하는 인비저블 우먼.

> "재료 과학의 관점에서 원더 우먼의 팔찌를
> 분석해 보았는데 대체 팔찌를 어떤 재료로 만들면
> 총알의 방향을 꺾이게 할 수 있는 것일까요? 냉간
> 압연강재[32]라면 충분히 강력할 것입니다. 물론
> 손목이 부러지지 않은 것으로 미루어 보아, 원더
> 우먼은 엄청나게 강력한 것 같군요."
>
> ― 제임스 카칼리오스, 『슈퍼맨 그게 과학적으로 말이
> 되니?』의 저자

생각해 보자 ▶ 운동복과 운동화가 슈퍼 히어로 영화의 의상에 미친 영향은?
나는 항상 스포츠와 관련된 인물들이 무엇을 하는지, 특히 선수들이 올림픽 경기를 위해 무엇을 하는지를 면밀히 살펴봅니다. 올림픽 무렵이야말로 운동 선수들을 위해 많은 혁신적 기술이 탑재된 섬유가 개발되는 시점이거든요. 이런 식으로 스포츠의 영향이 영화까지 스며들게 되는 것입니다. 예를 들자면, 스파이더맨의 영상을 디자인한 사람들이 말했지요. '스피드 스케이트 선수들 너무 멋지지 않나요? 그러니까 스피드 스케이트 선수 복장을 도용해 보는 건 어떨까요?' 라고 말이죠. ― 제임스 아귀아르, 패션 디자이너

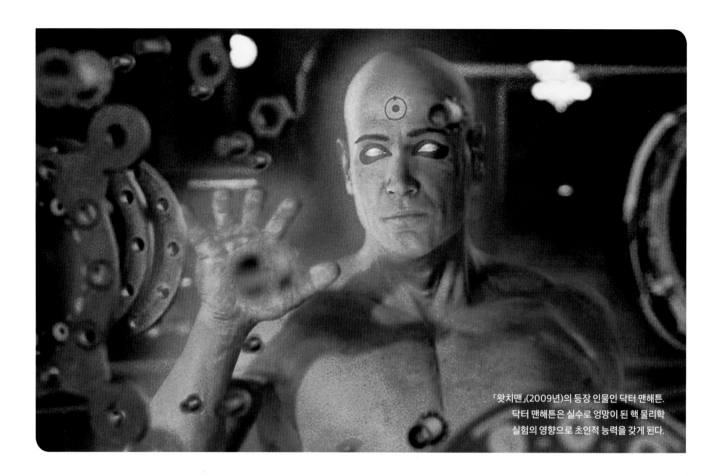

「왓치맨」(2009년)의 등장 인물인 닥터 맨해튼. 닥터 맨해튼은 실수로 엉망이 된 핵 물리학 실험의 영향으로 초인적 능력을 갖게 된다.

슈퍼 히어로의 물리학

슈퍼 히어로는 과학을 가르쳐 줄 수 있을까?

"마이티 마우스한테는 망토가 있고 슈퍼맨도 망토가 있고요. 저에게는 분명한 사실 같아 보였죠. 망토가 있어야만 하늘을 날 수 있구나. 정말 망토가 있어야 하늘을 날 수 있다고 생각했죠. 제가 초등학교 3학년 때쯤에 말이에요."

— 닐 디그래스 타이슨 박사, 천체 '망토' 학자

스파이더맨의 분신인 피터 파커(예일 대학교에 재직하다 은퇴한 원자 물리학 교수님 중에도 피터 파커 교수님이 계셨다고 하네요.)는 한 학기 정도 대학원생이자 강의 조교 일을 한 적이 있었습니다. 하지만 진지하게 생각해 보자면 「스타 트렉」에 등장하는 커뮤니케이터[33]와 트라이코더[34]가 휴대 전화와 의료용 영상 기기 발전에 영감을 제공한 것과도 비슷하게 슈퍼 히어로 또한 인류로 하여금 아직 우리가 채 발견해 내지 못한 것들에 대해 생각해 볼 수 있도록 해 줍니다.

예컨대 푸른 피부를 가진 닥터 맨해튼의 권력욕과 사뭇 비슷한 닐의 권력에 대한 욕구에 대해 한 번 이야기를 들어봅시다. "「왓치맨」에 나오는 닥터 맨해튼은 거시적 양자 물질[35]이 된 것과 다름 없습니다. 즉 닥터 맨해튼은 '나는 스스로 입자-파동 이중성[36]이 될 수 있다. 나는 파동이 이동한 곳으로 이동해서 내 자신을 재조립할 수 있다. 나는 그렇게 할 것이다. 그렇게 했다.'라고 말할 수 있는 것입니다." 왜 우리는 닥터 맨해튼처럼 될 수 없을까요?

카칼리오스 박사는 간단하게 설명합니다. "왜냐하면 우리 인류는 양자 역학적 파동에 대한 독립적 통제력을 갖고 있지 않기 때문이지요." ■

우주 퀴디치 경기

마법을 쓰는 슈퍼 히어로도 여럿 있습니다. 「어벤져스」[37]에 등장하는 스칼렛 위치[38]와 「저스티스 리그」[39]에 등장하는 자타나[40]가 떠오르는군요. 하지만 마법을 쓰는 이들은 그다지 유쾌하지 않습니다. 하지만 빗자루를 탄 마녀들과 마법사들이 공중에 떠 있는 경기장에 가득 있다면 어떨까요? 이제는 스포츠가 된 퀴디치[41] 이야기입니다. 퀴디치는 소설 속에서 만들어진 후 현실이 된 게임 중 가장 위대한 게임이 아닐까요? 대학의 클럽 리그에서 실제로 경기하는 버전은 엄연히 말하자면 2차원이라는 사실만 빼면 말이지요.

하지만 조금만 수정을 가하면 추격꾼(체이서), 몰이꾼(비터), 파수꾼(키퍼), 수색꾼(시커) 모두가 우주 공간에서 퀴디치 경기를 할 수 있습니다. 마법의 빗자루 대신 로켓 팩을 사용해야 하겠지만 말입니다. 퀴디치 득점 링은 어떻게 해서든 고정 해야 할 텐데, 아마도 궤도를 선회하는 경기장 가장자리에 고정해야 할 것 같군요. 퀴디치 선수들이 입을 우주 퀴디치 경기복은 내구성이 뛰어나야만 합니다. 블러저[42]가 헬멧이나 바이저를 강타하는 바람에 진공 유지용 마개를 잃어 버리는 불상사만 생기지 않는다면 우주 공간에서의 퀴디치는 정말 재미 있는 경기가 될 것입니다. ■

> "(골든) 스니치는, 물론 우리가 짐작할 수 있는 바와 같이 빗자루로부터 오는 동력을 갖고 있지는 않습니다. 하지만 스니치는 벌새처럼 펄럭이는 날개로 스스로를 공기 역학적으로 지지하고 있습니다. 무중력 상태에서 날개는 쓸모가 없습니다. 공기가 없는 행성에서 새는 벽돌과 다를 바가 없습니다. 그러므로 우주에서 퀴디치 경기를 하려면 스니치를 다시 설계해야만 할 것입니다."
>
> — 닐 디그래스 타이슨 박사, 천체 '퀴디치' 학자

기본으로 돌아가기

금속 해골

「엑스맨」의 울버린[43]부터 틴 타이탄[44]의 사이보그,[45] 600만 불의 사나이,[46] 소머즈[47](바이오닉 우먼)에 이르기까지, 독특한 인공 기관을 체내에 삽입하는 유사 기술은 수많은 슈퍼 히어로에게 초능력을 부여하는 역할을 담당해 왔다. 이와 같은 전략으로부터 닐은 약간의 결함을 발견한 것 같다. "인체가 작동하기 위해서는 금속을 조직에 접목해야만 한다는 것을 잊지 마시기 바랍니다. 인류의 근육은 건과 연결되어 있고, 건은 인대와, 인대는 뼈와 연결되어 있습니다. 이 모두가 생물학적으로 작동합니다. 만일 외부 물질을 삽입하고자 한다면 이 모든 기관을 조금 다른 방식으로 붙여야만 할 텐데요."

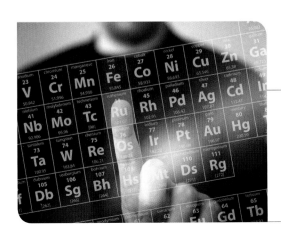

생각해 보자 ▶ 만일 당신이 원자력을 갖게 된다면?

원자력 인간 솔라[48] 박사는 1962년 이래로 다양한 방식으로 구현되어 왔다. 특히 그는 원하는 대로 물질을 변질시키는 능력의 소유자이다. 자, 당신에게 주기율표상의 물질을 자유 자재로 바꾸는 능력을 갖고 있다면 무엇을 할 것인가? 물리학자인 미치오 카쿠 박사는 설명한다. "별것 아닌 물질에서부터도 금을 만들어 낼 수 있겠는걸요." 코미디언인 척 나이스는 아주 신이 난 모양이다. "그래요. 금은 당신이 가지세요. 네, 감사합니다. 저는 물질을 바꾸는 능력을 갖고 싶군요."

▶ 노란 태양

"우리는 노란색 별과 붉은색 별이 어떻게 다른지 알고 있습니다. 그냥 빛이 다를 뿐입니다. 그러니까 만일 빛이 슈퍼맨에게 능력을 주고, 붉은색 빛은 슈퍼맨에게서 능력을 빼앗아간다면, 우리가 할 수 있는 일은 간단합니다. 그냥 슈퍼맨에게 붉은색 빛을 비추기만 한다면 슈퍼맨은 별 볼 일 없는 울보가 되어 버릴 테니까요."

▲ 슈퍼맨은 천문학을 알까?

"슈퍼맨은 자신의 고향별인 크립톤[49]을 찾으려고 했습니다. 왜냐하면 예전에 파괴된 크립톤의 빛 신호가 지금쯤이면 인류에게 도달할 것으로 여겨졌기 때문이지요. 그리고 그는 천체 투영관을 찾아왔습니다. 저는 천체 투영관 관장인데요. 그러므로 제가 천체 투영관에 슈퍼맨과 함께 있는 셈이지요."

◀ 슈퍼맨에게 방사능이 필요할까?

"(태양) 에너지를 무한정으로 저장하면 열이 올라갈 수밖에 없습니다. 방사능도 마찬가지입니다. 에너지가 열로 나타나는 것은 그저 자연 법칙일 뿐입니다. 슈퍼맨은 몹시 뜨거울 것입니다. 우리는 슈퍼맨이 아주 먼 곳에서부터 왔다는 것을 알 수 있겠지요."

◀ 슈퍼맨은 어떻게 날까?

"표면 중력이 아주 강할 것으로 추측되는 행성에서 슈퍼맨은 강한 근력을 얻었습니다. 날기 위해서는 슈퍼맨처럼 강한 근력에 의존해야만 합니다. 만일 당신이 슈퍼맨처럼 강인하다면, 하늘을 뛰기만 해도 나는 것처럼 보일 것입니다."

◀ 슈퍼맨과 로이스 레인[50]의 2세

"제 생각에는 말이지요. 슈퍼맨이 너무 인간같이 생겼기 때문에 실제로 인류와 유전자가 많이 겹쳐서 혼종으로 아이가 생길 수 있을 것도 같은데요. 다만 조심하시길 바랍니다. 아기가 박차고 나올 수 있을 것 같으니까요. 「에일리언」에서처럼 말이죠."

▲ 슈퍼맨이 더 셀까, 엔터프라이즈가 더 셀까?

"나는 슈퍼맨이 엔터프라이즈 우주선과 승무원 전원을 이길 수 있다고 의심의 여지없이 확신합니다. 만일 슈퍼맨이 엔터프라이즈의 꼬리쪽으로 가서 펀치를 날리거나 올가미를 던지듯이 우주선을 휘두른다면 엔터프라이즈호는 끝장이 날 텐데요."

▲ 슈퍼맨의 시력은 어떻게 엑스선일까?

"만일 슈퍼맨이 정말 엑스선 시각을 탑재하고 있다면 엑스선으로 속옷 색깔을 보지는 않을 것입니다. 엑스선은 속옷을 뚫을 것이니까요."

▲ 슈퍼맨의 방귀와 입김 중 무엇이 더 치명적일까?

닐: 물리학은 어디에든 있습니다. 그 말씀만 드리기로 하지요.

척 나이스: 이 질문을 한 것에 대해 얼마나 미안하게 생각하는지를 말로 표현하기 어려울 만큼 미안해요. 제가 상상한 장면이 머릿속을 계속 맴돌 것만 같아요.

"SF 소설은 과연 무엇일까요? SF 소설은 훌륭한 목표가 되어 줍니다.
목표를 제시해 주고, 아무것도 없는 곳에 기준점을 설정해 주기 때문입니다.
우리는 SF 소설이 제시하는 그 목표와 기준점을 달성하기 위해 일하게 될
것입니다. 그리고 그때, 또는 바로 지금, 우리는 목표를 능가하게 됩니다."

— 조지 타케이, 배우

3장

왜 아직 하늘을 날아다니는 자동차가 없는 것일까요?

20세기 SF 소설가들은 지금 쯤이면 모두 자동차를 타고 도시 상공을 쌩 하고 날아다니리라 상상했다. 로봇이 모든 일을 해 줄 것이라고 상상했다. 또한 다른 행성들, 그리고 그 너머에서도 살 수 있게 된다고 상상했다.

인류는 행운의 별들에게 SF 속 상상이 현실이 되지 않았음을 감사해야 할지도 모른다. 만일 SF에서 상상한 세계가 모두 현실이 되었다면, 요즈음 우리는 파괴된 사회를 필사적으로 운영하고자 노력하고 있을지도 모른다. 또는 기계의 노예가 되었을지도 모른다. 또는 알 수 없는 먼 곳에 좌초된 채, 고향 마을 푸른 바닷가를 그리워하고 있을지도 모른다. 적어도 우리에게는 스마트폰, 태양광 전지 패널, 우주 정거장이 있다. 미래는 훨씬 더 나쁜 곳이었을 수도 있다.

SF 소설은 우리가 상상할 수 있는 가능성이 무엇인지를 제시한다. SF 소설은 사고 방식, 사는 장소, 유러 코드, 심지어 입는 의복에까지도 영향을 미친다. SF 소설은 현실적이기 위해 노력을 기울일 수도 있지만, 그렇지 않을 수도 있다. SF 소설은 어느 정도 현실적이어만 한다. SF 소설이 인류로 하여금 환상 너머를 보며, 인류란 누구이며 어떤 존재인지에 대한 핵심을 파악할 수 있게 할 수 있도록 말이다. SF는 우리 자신을 외부자 입장에서 생각해 보게 해 준다. 자, 이제 SF 속에 무엇이 있는지 함께 들여다보자!

인류는 아직 하늘을 나는 자동차의 시대에 도달하지는 못했다.
하지만 인류는 하늘을 나는 자동차의 시대에 근접해 있을까?

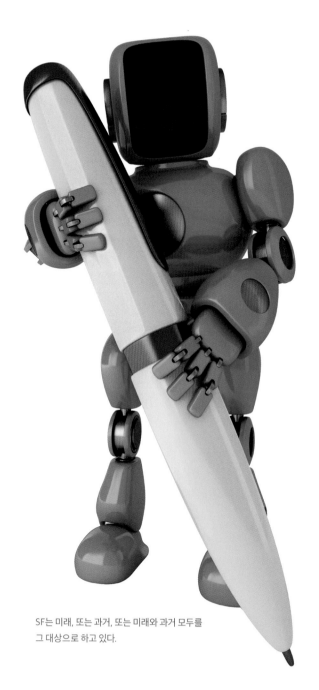

SF는 미래, 또는 과거, 또는 미래와 과거 모두를
그 대상으로 하고 있다.

SF 소설이란?

캔자스 대학교의 건 SF 문학 연구 센터에 따르면, SF는 근본적으로 '인간이라는 종이 마주하고 있는 변화에 관한 문학'입니다. SF는 우리에게 영감을 제공하고, 우리를 즐겁게 해 주며, 우리에게 과거, 현재, 가능한 미래에 대한 경고의 메시지를 전달합니다.

SF 문학은 대체로 미래를 소재로 하고 있습니다. 하지만 SF 문학이 과거를 소재로 할 수도 있습니다. 특히 시간 여행이라거나 대체 현실에 대한 이야기들이 과거를 소재로 하는 경우도 많습니다. H. G. 웰스[1]의 소설 『타임머신』[2]이나 2006년 영화 「천 년을 흐르는 사랑」[3]처럼 과거와 현재 모두를 소재로 하는 SF 작품도 있습니다.

▶ 날아다니는 자동차는 어디에 있을까?

테슬라 모터스와 스페이스엑스의 설립자인 일론 머스크는 "정말로 하늘을 날아다니는 자동차를 원하시나요?"라는 질문을 던집니다. "그렇다면, 음, 날아다니던 자동차가 당신의 머리 위로 떨어질 수 있는 가능성을 지닌 차원을 확실히 추가하게 될 겁니다."

▶ SF에 등장하는 과학은 얼마나 현실적일까?

때로는 SF 속의 과학도 정말 현실적입니다. 하지만 SF 속의 과학이 현실적이지 않은 경우도 있습니다. 예컨대 케셀 런[4]을 만든 한 솔로[5]같이 말이지요. 닐은 다음과 같이 말합니다. "파섹은 거리 단위입니다. 한 솔로는 밀레니엄 팰컨[6]의 속도가 12파섹이었다며 자랑하고 있었지요. 그러니까 한 솔로는 완전히 과학적으로 말이 안 되는 이야기를 한 것입니다. 나중에 이 오류를 고쳐 보려는 사람들끼리 토론을 좀 했나 봅니다. '앗, 안 돼! 실제로 한 솔로가 하려던 말은 밀레니엄 팰컨이 뒤틀린 시공간을 지나갔다는 뜻일 것이고, 그러다 보니 거리가 더 짧아진 것이겠지.'" ■

"우리는 허리춤에 이 놀라운 장치를 갖고 다녔습니다. 걸어 다닐 때도 항상 그것을 갖고
다녔고요. 그러다가 누군가에게 이야기하고 싶어지면 허리춤에서 장치를 뜯어 내서,
덮개를 열고, 말을 하기 시작했지요. 이 시점에서도 그 장치는 너무나도 경이로운 기술의
성과였지요. 오늘날 인류는 이와 같은 기술 수준을 크게 넘어섰습니다."
— 조지 타케이, 「스타 트렉」에서 술루 역을 담당한 배우,
「스타 트렉」에 등장하는 무선 통신기 커뮤니케이터를 묘사하며

트라이코더에서
MRI까지

「스타트렉: 더 넥스트 제너레이션」에서 웨슬리 크러셔[8] 역을 연기한 배우인 윌 휘턴[9]은 다음과 같이 토막 상식을 소개합니다. "여러분도 아시다시피, MRI[10]를 발명한 사람은 「스타 트렉」 오리지널 시리즈를 시청했다고 합니다. 닥터 맥코이[11]가 물체를 스캔하는 장면에서 아, 우리도 저렇게 해야겠구나 생각했다고 하네요. 그러니까 사람의 몸을 절개해서 열어 보지 않고도 인체 내부를 살펴볼 수 있는 방법이 필요하다고 생각한 거죠."

　MRI, 또는 자기 공명 영상 장치는 훌륭한 진단 도구입니다. 하지만 MRI는 소음을 발생시키고, 부피가 크고, 비싼데다가 검사 시간도 오래 걸립니다. 그렇다면 MRI는 어떻게 진화해 가야 할까요? 진짜 트라이코더 같은 물건이 생길 수 있을까요? "트라이코더 X 상은 일반적인 소비자가 사용할 수 있고, 비용이 저렴하고, 기계에게 말을 걸 수 있고, 손가락을 찔러서 채혈을 한 후 혈액 검사를 할 수 있고, 협회의 인증을 받은 의사로 구성된 팀보다도 환자를 더 잘 진단할 수 있는 그런 기계를 만들기 위해 도전하는 사람들을 위한 상입니다." X 상의 설립자인 피터 디어먼디스는 말합니다. ◼

맥코이 박사의 트라이코더 모형.

닐의 트위터

「스타 트렉」과 「환상 특급」

닐은 말합니다. "「스타 트렉」은 기존에 없던 대작이었습니다. SF는 전에도 있었으나, 「스타 트렉」만의 차별성은 작품 속 이야기들이 사실 실제 상황에서 다루어졌어야 하지만 그럴 수 없었다는 데 있습니다. 아마 다른 이들에게 불쾌감을 주거나, 우리의 괴이한 사회적 관습을 샅샅이 탐구했기 때문이겠지요. 그래서 배경을 우주로 옮긴 후, 하고 싶은 이야기를 전달한 것입니다. 「환상 특급」[12]도 「스타 트렉」처럼 스토리텔링을 도모하기 위한 설정을 갖고 있었고요."

"생명 보존과 수명 연장은 사이보그를 개발할 때
자연스러운 고려 대상이 될 것입니다. 인간이 인공 심장,
인공 장기 등 인공적인 구성 요소를 갖게 된다는 뜻이지요.
오늘날을 살아가는 인류 중 누군가는 이와 같은
사이보그를 보게 될 것이라고 생각합니다."
— 스티븐 고어밴, 로봇 기술자 겸 우주 과학자

생각해 보자 ▶ 「스타 트렉」에 나오는 조르디의 바이저가 투박한 이유
"저는 바이저가 좋아요,"라고 「스타트렉 : 더 넥스트 제너레이션」에서 조르디 라포지[13] 역을 연기한 배우인 레바 버튼[14]은 말한다. "하지만 항상 궁금했어요. 만일 우리의 기술이 그렇게나 정교하다면 왜 바이저보다 훨씬 작은 장치에 기술을 탑재하지 못한 것일까요?" SF 속에서도 기술은 진보한다. 「스타 트렉」 시리즈의 여덟 번째 영화에서 조르디는 인공 눈으로 세상을 꿰뚫어 보게 된다.

「스타 트렉」(1966년)의 첫 화에서 엔터프라이즈 호의 승무원들은 트랜스포터를 통해서 우주선을 떠난다.

트랜스포터에서는 실제로 어떤 일이 벌어질까?

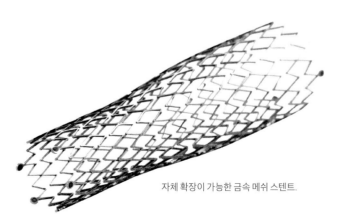

자체 확장이 가능한 금속 메쉬 스텐트.

「스타 트렉」에 등장하는 트랜스포터에서는 여러분의 원자와 그 정보가 기록되고, 해체된 후 에너지 빔으로 전송된 다음, 멀리 떨어진 장소에서 원자가 재조합됩니다. "이런 식의 트랜스포터에는 문제가 있는데요. 만일 사람 한 명의 질량을 에너지로 변환한다면 지구상에 있는 핵폭탄 전부보다도 더 큰 에너지 폭발이 일어나게 된다는 것이죠. 끔찍하겠는걸요."라고 천체 물리학자이자 『나쁜 천문학: 오해와 남용 풀기』의 저자 필 플레이트 박사는 말합니다.

원격 이동의 복잡성은 양자 수준에서도 발생합니다. 인간은 누구나 몸속에 원자를 적어도 10^{27}개 이상 갖고 있습니다. 그래서 심지어 단 한 사람의 몸속에 있는 가장 기본적인 원자 정보만을 스캔한다 하더라도 현재 지구에 존재하는 컴퓨터의 저장 용량을 엄청나게 초과할 것입니다.

"동맥에 스텐트를 심어서 원격으로 이동시킨다면 어떨까요? 그러면 수술을 할 필요가 없어질 텐데요." 천체 물리학인 찰스 리우 박사는 질문합니다.

현재로서는 간단한 것에서부터 시작해야 겠지요. 유용한 무생물을 원격 이동시키는 방법부터 연구해 나가는 것이 좋을 것도 같네요. ■

스타 토크와 바바 부이[15] 락 코믹콘[16]

죽음의 별은 행성을 정말로 폭발시킬 수 있었을까?

강력한 에너지 빔으로 행성 크기의 물체를 파괴하는 스타 워즈 스타일의 폭발은 보기에는 근사하지만 실제로는 일어날 수 없는 일 같습니다. "알고 보면 이런 스타일의 폭발은 거의 불가능합니다." 플레이트 박사는 말합니다. "화성 크기의 물체를 가지고 지구를 때린다고 하더라도 지구를 완전히 파괴하지 않을 수 있습니다. 그러니까 한 행성을 완전히 박살내려면 엄청난 양의 에너지가 필요하답니다. 계산을 해 보면 말이죠. 태양이 방출하는 에너지보다도 더 많은 양의 에너지가 필요합니다."

"「스타 트렉」 최근판에 등장하는 행성 폭발, 그러니까 행성이 자체 중력 때문에 붕괴되고 특이점에 도달하게 되는 과정이 에너지 및 질량을 고려하면 더 말이 되는 것 같습니다. 하지만 이런 폭발도 나름대로 현실 파악이라는 숙제를 갖고 있습니다. 소위 '적색 물질'[17]이 완전히 불가능하다는 점 등의 문제점도 있고요.

천체 '망했구나' 학자 닐 디그래스 타이슨 박사는 다음과 같이 설명합니다. "그러니까 행성의 결합 에너지를 계산해 보세요. 만약에 결합 에너지보다 더 높은 에너지를 행성으로 보낸다면, 행성은 죽음의 별이 행성을 파괴하는 것과 같은 방식으로 폭발할 것입니다. 행성의 내장을 갖고 스위스 치즈를 만들어 버린다면 행성을 불안정하게 만들 수 있습니다. 분명히 그렇죠. 하지만 저는 스타 워즈 스타일의 파괴를 좋아합니다. 멋지고 고풍스러운 행성 폭발이죠." ■

닐의 트위터

닐과 브라이언 콕스의 광선검 트위터 전쟁

만약 빛으로 광선검을 만든다면 광선검끼리는 서로 통과해 지나갈 것 같은데요.

@NEILTYSON

광자가 갖고 있는 에너지가 충분히 높다면 꼭 그렇진 않을 겁니다.

@PROFBRIANCOX

빠져나가는 입자를 광선검 안에 잡을 수 있을 것 같군요.

@NEILTYSON

하전 입자가 생성되면 자기적으로 격납될 수도 있겠네요.

@PROFBRIANCOX

"아무래도 그냥 이름이 잘못된 것 같습니다. 사람들이 그냥 광선검이라고 부른 모양이에요. 광선으로 만들었다는 뜻은 아니고요. —필 플레이트 박사, 천체 물리학자이자 『나쁜 천문학: 오해와 남용 풀기』의 저자

생각해 보자 ▶ 광선검은 실제로 어떻게 작동할까?
브라이언 콕스 박사: 에너지가 아주 높다면, 그러니까 매우 높은 에너지가 충돌한다면 광자가 서로 쳐내거나 튕겨낼 가능성도 있습니다.
필 플레이트 박사: 아무래도 그냥 이름이 잘못 된 것 같습니다. 사람들이 그냥 그것을 광선검이라고 부른 모양이에요. 이름이 광선검이라고 해서 검이 광선으로 만들어졌다는 뜻은 아니잖아요. 만약에 광선검에서 나오는 것이 역장이고, 역장이 플라스마 같은 것으로 채워져 있다면 말이에요.

"음, 영화 「아마겟돈」에는 오류가 좀 있습니다.
깜짝 놀라셨죠? 쇼킹하시죠? 하지만 「아마겟돈」에서
거의 정확하게 그려진 사실도 있습니다.
매우 큰 행성이 진입해 오게 되면 확실하게
강력한 파괴가 일어날 것이라는 점입니다."

— 에이미 마인저 박사, 천체 물리학자

「아마겟돈」(1998년)에 출연한 브루스 윌리스.

한 토막의 과학 상식

「아마겟돈」에서는 텍사스만 한 크기의 소행성이 지구에
충돌하기 단 몇 주 전에 발견된다. 태양계 전체에 그
정도로 거대한 소행성은 단 4개뿐이며, 천문학자들은
이 네 소행성 모두를 1849년 이전에 모두 발견했다.

우주 탐구 생활: 소행성, 혜성, 유성우

「아마겟돈」은 정확했을까?

영화 「아마겟돈」은 어떤 면에서 정확하지 못했을까요? 만일 악성 행성이라거나 다른 천체가 외부 태양계에서 대규모 중력 간 상호 작용을 일으킨다면, 소행성의 궤도는 흐트러질 수 있습니다. 소규모의 태양계 천체들이 지구에 퍼붓듯 충돌해 올 것입니다. 이와 같은 일은 과거에 한 번 일어난 적이 있습니다. 소위 '후기 대폭격기'라고 불리는 시기에 일어났었는데요. 우리 인류에게는 다행스럽게도 후기 대폭격 시대는 약 38억 년 전에 끝이 났다고 합니다.

▶ 왜 엔터프라이즈 호는 타이탄에서부터 떠올랐을까?

행성 과학자 포르코 박사는 2009년 판 「스타 트렉」 영화에 대해 다음과 같이 이야기합니다. "감독인 J. J. 에이브럼스에게 이렇게 말했어요. '타이탄의 대기 안에서 일어나는 워프 드라이브에서부터 엔터프라이즈 호를 나오게 하세요. 잠수함처럼 엔터프라이즈 호를 떠오르게 하신다면 아주 끝내주는 장면이 연출될 겁니다.' 라고요."

▶ 우주에서 산소를 제거하면 어떻게 될까?

1970년대 후반에 방영된 텔레비전 시리즈 「별들의 전쟁: 25세기의 벅 로저스」[18] 에서 지구 당국은 지구의 산소 공급이 줄어드는 것을 보충하기 위해서 대량의 냉동 산소를 지구로 운반해 옵니다. 정말 이런 일이 가능할까요? 천체 '방화' 학자 닐 디그래스 타이슨 박사는 말합니다. "실제로 일어날 일은 다음과 같습니다. 산소 공급이 줄어든다면 일단 불이 붙는다고 해도 오늘날 지구에서처럼 불이 잘 타지는 않을 것입니다. 불이 타려면 산소가 필요하거든요. 숲을 아주 엄청나게 태워 버릴 수 있게 되겠군요."

▶ 「닥터 후」에 등장하는 도구들은 얼마나 과학적일까?

전혀 과학적이지 않습니다. 과학적이지 않다고 해서 허구의 설정이 재미없다는 뜻은 아닙니다. 천체 물리학자 플레이트 박사는 말합니다. "'굉장한 걸. 말이 되는 것 같아.'라고 말한 후 조금 지나서는 '앗, 잠깐!'이라고 말하게 되지요. 바로 이런 요소 때문에 저는 「닥터 후」를 정말 좋아한답니다. 이런저런 설명은 들을 수 있겠지만, 얻을 수 있는 지식은 별로 많지 않아요." ■

"다른 신체 기관에 대해서는 그냥 잊어버리십시오.
뇌에 대해서만 생각하세요. 영원히 살아 있는 기계를 구한 다음,
당신의 뇌를 기계에 넣으십시오."

— 닐 디그래스 타이슨 박사,
천체 '미친 과학자' 학자

스타 토크 라이브!: 나, 로봇

인간의 뇌를 로봇에 넣을 수 있을까?

42대 미국 대통령 빌 클린턴은 로봇 공학과 의학의 미래에 대해 다음과 같이 이야기 합니다. "양쪽 고관절, 양쪽 무릎 관절 등등을 새로 해 넣은 친구들을 계속 만나게 되는데요. 우리는 모든 기관을 대체할 부품을 갖게 될 것 같군요. 하지만 만일 여러분의 뇌를 대체한다고 가정해 봅시다. 뇌를 대체한 사람도 뇌가 대체되기 이전의 사람과 같은 사람일까요? 심카드나 하드 드라이브처럼 뇌에 있는 모든 것을 꺼내 두었다가, 새 부품으로 다시 뇌에 바꾸어 끼울 수 있는 부위는 과연 존재할까요?"

대통령님, 뇌는 무척 복잡하고 오늘날 인류가 갖고 있는 컴퓨터 디스크나 메모리 카드 저장 용량을 훨씬 넘어섭니다. 뇌의 시냅스 구조는 너무나 빠르게 변화하기 때문에 뇌를 디지털로 백업한다고 해도 1분 전, 아니 1초 전의 뇌와는 또 다른 백업본이 필요할 것입니다. 그러므로 뇌를 백업하는 것보다는 뇌를 이식하는 편이 더 나을 것 같군요. ■

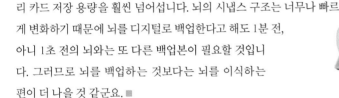

여행 가이드

드론은 아시모프의 로봇 공학 3원칙을 준수할까?

아이작 아시모프[19]의 로봇 소설에서는 특정 일부 조건을 제외한 경우 인간에게는 ① 인간을 해치지 않고, ② 인간의 명령에 불복하지 않으며, ③ 로봇이 스스로를 파괴하지 않도록 로봇을 프로그래밍하는 지혜가 있다고 가정되어 있다. 오늘날 군용 무인 항공기가 갖고 있는 자율성, 예컨대 원격 제어 신호를 상실했을 때 기지로 가는 길을 지도에 표시하는 능력 등은 아시모프의 위대한 원칙에서 제시된 로봇의 지능을 뛰어넘는 수준은 아닐 것이다. 만일 드론이 높은 수준의 지능을 갖게 된다면 로봇이 어떻게 프로그래밍될지, 혹은 스스로를 어떻게 프로그래밍하겠노라고 결정할지에 대해서는 누구도 알 수 없다.

"음, 묻히거나, 화장당하거나,
또는 업로드되고 싶으십니까?
한번 선택해 보시지요."

— 제이슨 서데이키스, 코미디언

생각해 보자 ▶ 인조 인간은 인권을 갖고 있는가?

「스타트렉 : 더 넥스트 제너레이션」[20]에서 인간을 닮은 로봇인 데이터[21] 역을 연기한 배우 브렌트 스파이너[22]는 그에게 큰 의미가 있는 에피소드를 다음과 같이 소개한다. "'사람이 되는 기준'이라는 제목의 에피소드에서는 데이터가 재판을 받게 됩니다. 근본적으로 인간을 닮은 로봇이 과연 지각이 있는 존재인지 아닌지에 대해 결정하기 위한 재판이었습니다. 만일 인간형 로봇에게 감정이나 지각이 없다면, 우리는 노예 부족을 만들어 내고 있는 것일까요? 인간형 로봇은 자기 존재에 대한 권리를 지니고 있는 것일까요?"

SF 속의 패션: 진보적인가, 아니면 복고적인가?

"디자이너가 상당한 시간을 투자해서 의상을 디자인한 미래를 소재로 한 영화나 SF 영화를 보면 마치 우리가 지금 살아가는 시대를 보는 것처럼 느껴질 때가 있어요. 그렇다면 우리는 정말 미래를 디자인할 수 있는 것일까요?"— 제임스 아귀아르,[23] 패션 디자이너

◀「스타 트렉」 1966년

고고 부츠,[24] 미니스커트, 나팔바지는 1960년대 패션의 최첨단이었다.

◀「매드 맥스: 분노의 도로」 2015년

종말 이후의 오스트레일리아를 그린 이 영화에서는 밀레니엄 시대의 고급 펑크 의상이 등장했다. 이 작품은 오스카 상 의상상을 수상했다.

▲「인터스텔라」 2014년

그리 멀지 않은 미래를 배경으로 한 영화인만큼 「인터스텔라」에는 오늘날의 패션과 크게 다르지 않은 정장 셔츠와 티셔츠가 등장한다.

▶「2001: 스페이스 오디세이」 1968년

영화에 등장하는 면분할된 색상, 정방형으로 분리된 스튜어디스와 우주 비행사의 의상은 영원한 미래주의적 이미지를 창출한다.

◀「스타 워즈」1977년

헐렁하고 펄럭이는 옷은 이국적 매력을 불러일으켰고, 제국의 스톰트루퍼[25]들이 입은 악랄해 보이는 흰색 방호복과의 대비 효과를 보여 주었다.

◀「마션」2015년

영화 속 인물들은 편안해 보이면서도 몸에 꼭 맞는 우주복 아래에 몸에 꼭 끼지만 실용적인 유니섹스 티셔츠와 플리스를 입고 있다.

▲「듄」1984년

약 1만 년 후의 미래에 기술을 두려워하는 봉건 사회에서 착용하는 의복. 중세, 군대, 1980년대의 패션 감각이 어우러져 있다.

◀「혹성 탈출」1968년

유인원이 입고 있는 의복은 일종의 은유이다. 겉치장에 불과한 옷 한 겹 아래에 자리한 우리의 내면은 동물과 한 치 다를 바가 없다.

▲「아바타」2009년

넓게 드러난 맨살, 길게 땋은 가닥머리는 우리가 감히 힙스터[26]라 부르기도 하는 원시적이며 자연으로의 회귀를 떠오르게 하는 이미지를 연출한다.

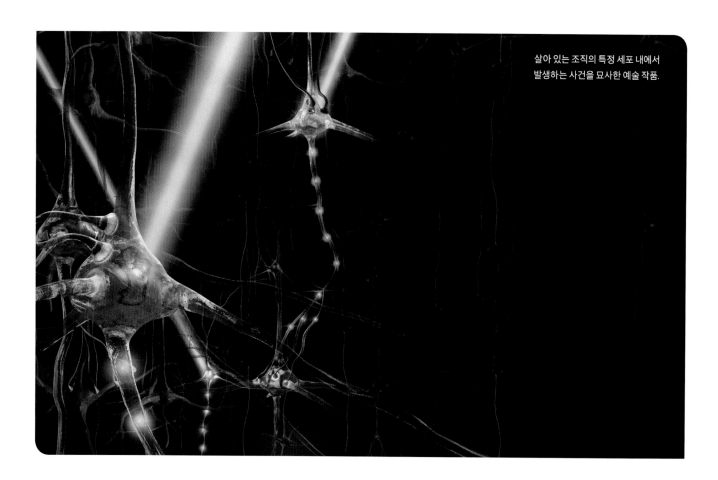

살아 있는 조직의 특정 세포 내에서
발생하는 사건을 묘사한 예술 작품.

실제로 다른 사람을
세뇌할 수 있을까?

최면술사는 흔히 진동하는
회중 시계를 들고 있는 것으로
묘사된다.

인간의 뇌, 행동과 성격은 쉽게 변할 수 있습니다. 급진적 테러리스트나 사이비 종교 광신도들을 보면 알 수 있듯이 말이지요. 이처럼 사람의 뇌, 행동, 성격을 통제하는 일을 이제 기계도 할 수 있는 것은 아닐까요?

신경 보철술, 즉 청력을 위해 인공 달팽이관을 삽입한다거나, 통증을 완화하기 위해 척수를 자극하는 등의 기술은 이미 인체를 대상으로 한 의학 분야에서 널리 통용되고 있습니다. 신기하게도, 과학자들은 신경 보철과 비슷한 기법을 통해 동물의 간단한 행동 또한 제어할 수 있다고 합니다. 예를 들자면 두뇌에 전극을 부착한 날아다니는 곤충에게 명령을 내릴 수 있다고 하는데요, 컴퓨터나 조이스틱을 사용해서 곤충이 왼쪽 또는 오른쪽으로 돌며 비행하도록 할 수 있다고 하네요.

신경 과학에 속하는 광유전학에서는 빛 신호를 사용해서 뇌의 일부를 검사하거나 자극할 수 있다고 합니다. 광유전 장치는 의사 소통을 목표로 하는데, 이때 의사 소통이란 뇌의 전기적 신호를 해석한 후에 빛으로 메시지를 되돌려 보내는 것을 뜻합니다. 기억과 지령을 주입하는 것 또한 가능할까요? 기술이 갖고 있는 의학적 잠재력, 또는 첩보 행위에 발휘될 수 있는 잠재력은 정말로 엄청납니다. ■

우주 탐구 생활: 천체 샘플링

날씨 조작하기

1993년부터 2015년까지 미국 공군은 고주파 활성 오로라 연구 프로그램(HAARP)을 구축하고 운영해 왔습니다. HAARP의 목적은 전리층[27] 조사를 통해 의사 소통, 또는 감시에 사용되는 무선 신호가 대기권 상부에서 강화될 수 있는지를 살펴보는 것이었습니다.

오래 지나지 않아 소문은 일파만파 퍼져나갔습니다. 당시 베네수엘라 대통령이던 우고 차베스를 비롯한 음모론자들은 HAARP가 여객기를 격추시키고, 우주 왕복선 컬럼비아 호를 파괴했으며, 세뇌, 질병 확산, 폭풍우, 홍수, 지진, 지구 온난화 등의 사악한 업무에 활용되고 있다고 주장했습니다. 이와 같은 주장이 거짓이라는 것은 자명해 보이지만, 좋은 과학자라면 근거를 기꺼이 고려해야만 합니다.

닐은 다음과 같이 반응하네요. "정부가 외계인을 남몰래 쌓아 두고 우리가 생각할 수 있는 모든 것들을 통제하고 있다고 굳게 믿는 사람들이 있습니다. 이 사람들은 분명히 정부에서 하는 일을 해 본 적이 없는 사람들입니다. 어떤 보고서를 보더라도 대기 상층부에서 이루어지는 실험이며 물리 실험이 우리의 기상 조건에 영향을 미쳤다는 확신을 얻을 수가 없었습니다." ■

기본으로 돌아가기

연은 얼마나 높이 날까?

연이 높이 날면 높이 날수록 연 아래로 매달려 있는 줄은 더 길어집니다. 그 결과 끈의 무게가 연의 무게 및 상승 기류를 탄 부력과 경쟁하는 지점에까지 이르게 되지요. 만일 아주 거대한 연이 있다면 아마도 성층권[28] 정도 높이까지 연을 날릴 수 있을 것 같군요. 하지만 성층권에서는 풍속이 시속 수십 킬로미터에 달한다는 문제가 있습니다. ― 닐 디그래스 타이슨 박사, 천체 '메리 포핀스' 학자

한 토막의 과학 상식

수백 미터 정도의 고도에서 풍차와 흡사한 연을 날리는 방식을 사용해 고속풍으로부터 전기를 생산하는 것이 가능한가에 대한 연구가 진행 중이다.

생각해 보자 ▶ 아르키메데스의 거울 공격은 실제로 가능할까?
전설에 따르면 고대 그리스의 발명가인 아르키메데스는 거대한 청동 방패에 햇빛을 집중시켜서 침략하는 로마 선박에 불을 붙였다고 한다. 2005년 MIT의 데이비드 월리스[29] 박사는 통제된 환경에서 햇빛을 집중시켜 불을 붙이는 공격법이 실제로 가능함을 시뮬레이션을 통해 검증할 수 있었다. 하지만 월리스와 텔레비전 프로그램 「호기심 해결사」의 진행자들이 해변가에서 고등학생 500명과 함께 물에 떠 있는 배를 향하고 있는 거울에 빛을 집중시켜 불이 붙는지를 실험해 보았는데, 거울 공격에 성공하지는 못했다.

스타 토크 라이브!: 미래 건설

미래 도시는 어떤 모습일까?

미래적 우주 도시의 빛나는 나선형 탑, 깎아지른 듯한 선은 오랜 시간 동안 공상 및 첨단 기술 세계에 대한 상상 속에 주된 이미지로 등장해 왔습니다. 미래 도시의 모습은 때때로 이미 우리 곁에 있는 것처럼 보입니다. 뉴욕, 상하이, 런던, 두바이의 스카이라인을 멀리서 한 번 살펴보기만 해도 알 수 있듯이 말이죠. 하지만 황무지와 같은 도시가 붕괴하는 등의 디스토피아적 전망도 나타납니다. 아마도 1982년 영화 「블레이드 러너」[30]에 그려진 황폐한 도시의 모습이 가장 잘 알려져 있지 않을까요? 기술을 사용해 추함을 걷어내고 아름다움을 불러들일 수 있을까요? 그렇다면 언제쯤 이와 같은 기술은 현실이 될 수

"하늘을 나는 자동차가 있다면 우리는 3차원 입체 세계에 대해 이야기하는 셈입니다. 하지만 도로에 나가면 갑자기 2차원 세계에 대해 이야기하게 되겠지요. 자동차용 터널이 더 많다면 교통 혼잡은 완전히 완화될 것으로 생각됩니다." — 일론 머스크, 기업인

있을까요?

미래학자 멜리사 스테리의 예측은 시작됩니다. "인류에게는 스마트 소재와 적응성 구조가 있습니다. 인류에게는 통째로 움직일 수 있는 건물도 있습니다. 센서와 정보 시스템이 이와 같은 프로세스에게 정보를 제공합니다. 건축된 환경은 '이럴 수가, 시대를 뒤쫓아 가야만 해. 새로운 기회를 활용해야만 해.'라고 인정하는 지점에 서 있습니다. 2020년 전에 인류는 아주 스마트한 도시를 갖게 될 것입니다. 제가 이야기하는 바이오닉 시티(생체 공학 도시)의 경우 2040년이나 2050년 정도에 목표가 달성될 것으로 생각합니다." ■

「심슨 가족」 의 에피소드 '미래의 날'에 로봇의
형상으로 등장한 호머 심슨.[32]

과학, SF, 코미디가 어우러진다면?

「패밀리 가이」의 작가 세스
맥팔레인은 「패밀리 가이」 속
캐릭터인 스튜이를 종종 SF적
설정에 등장시킨다.

안타깝게도 많은 이들은 재미라고는 하나도 없는 선생님들, 그 선생님들이 가르치는 수업을 통해서만 과학을 배웠습니다. 하지만 유능한 사람들의 도움을 받는다면 과학과 코미디는 톤톤[33]과 진드기만큼이나 끈끈하게 엮여 있을 수도 있습니다.

「패밀리 가이」[34]의 제작자 세스 맥팔레인은 말합니다. "저는 언제나 SF의 광팬입니다. 그래서 언제든 스튜이[35]를 SF의 세계로 집어넣을 수 있는 기회만 있다면 늘 그 기회를 잡고자 덤벼든답니다. "확실히 애니메이션 팬 중에는 SF 팬들도 많고, 과학에 관심이 많은 사람들도 많기 때문이지요."

몇 해 전 심리학자인 니나 스트로밍어[36] 박사는 세계를 뒤흔든 과학적 연구 결과를 발표했습니다. "방귀는 무엇이든지 신나게 만들 수 있습니다." 슈퍼맨이 속이 안 좋을 때 나오는 파괴적인 무엇인가로부터 국제 우주 정거장에서 튀어다니는 우주 비행사들에 대한 이야기에 이르기까지, 천체 '조용하다, 하지만 치명적이다' 학자 닐 디그래스 타이슨 박사는 그 주장을 뒷받침할 수 있는 수많은 근거를 수집했습니다. "하지만 정확하게 말하자면 말입니다. 바로 그 방식으로 셔틀이 위로 올라가는 것입니다. 셔틀은 한쪽 끝으로 기체를 내뿜고, 반동으로 반대쪽 끝 방향으로 움직입니다." ■

우주에서는 비명을 질러도
절대로 들리지 않는다

왜 우리는 영화 「그래비티」[37]에서 폭발음을 들을 수 있었을까? 재미있는 영화가 꼭 과학적으로 정확해야 하는 것만은 아니다. 현존하는 SF 영화 시리즈 중 가장 위대한 작품 중 하나인 「스타 워즈」는 근본적으로 물리 법칙을 위배하고 있다. 그렇지만 어쨌든 사람들은 「스타 워즈」를 좋아한다. 좀 더 지구에 근접한 영화인 「마션」 같은 영화는 어떨까? 여기에 닐이 남긴 이야기들을 소개해 본다. 아래에 소개된 닐의 이야기 중 대부분은 닐이 영화를 본 직후에 남긴 트위터로부터 옮겨 온 것이다.

◀ 중력과 헤어스타일

@neiltyson: "영화 #그래비티 속 옥에 티: 대체로 설득력 있게 꾸며진 무중력 상태 장면에서 어쩌자고 불럭[38]의 머리카락만 자유로이 둥둥 떠다니지 않았던 것일까." 아주 훌륭한 우주 비행사 전용 무스를 사용한 것임에 분명하다.

▶ 함께라면 더 좋아라

@neiltyson: "영화 #그래비티 속 옥에 티: 클루니가 불럭과 이어져 있던 끈을 놓자, 클루니는 둥둥 떠서 불럭으로부터 멀어져 간다. 무중력 상태였다면 그 끈을 단 한 번 살짝 당기기만 해도 두 사람이 함께할 수 있었을 텐데." 하지만 만일 정말로 그렇게 했다면 영화 속 극적인 사건은 성립할 수 없었을 것이다.

◀ 직함의 의미?

@neiltyson: "영화 #그래비티 속 옥에 티: 불럭은 의사인데 왜 허블 우주 망원경을 담당할까?"
@neiltyson: "영화 #그래비티 속 옥에 티: 우주 비행사인 클루니가 왜 의사인 불럭에게 산소 결핍이 신체에 미치는 영향에 대해 알려 줄까?"

◀ 그럴 리가 없다고 말하자!

"네, 그럼요. 모래 폭풍은 정확하게 그려지지 않았습니다. 저는 별로 신경을 쓰지 않았는데요. 그곳에 사람이 좌초당해야만 하는 좋은 빌미를 원했을 뿐이고, 제가 그 부분을 집필했을 때에는 대부분의 사람들이 화성의 모래 폭풍에 대해서 잘 몰랐었거든요."— 앤디 위어,[39] 『마션』의 저자

▲ 화성에서 정원 가꾸기

『마션』에 등장하는 온실처럼 실제 화성에서도 감자가 자랄 수 있을까? 물만 충분하고 식물을 기를 조명만 있다면 가능할 듯도 하다. 하지만 화성에서 감자가 자라기 위해 꼭 필요한 토양의 영양 성분은 비료를 사용한다고 해도 충분치 않을 가능성이 있다.

▲ 우주 여행자

『마션』에 등장하는 우주선의 회전 부분은 실제 대형 우주선에서 중력과 흡사한 가속도를 발생시킬 수 있다. 하지만 실제로 중력과 비슷한 가속도를 발생시키기 위해서는 여전히 공학적 혁신이 필요하다.

▲ 스타 파워

@neiltyson: "@스타 워즈 #깨어난 포스에서처럼, 어떤 행성이 다른 별의 에너지를 모두 빨아들인다면 그 행성은 증발하고 말 것이다." 별 살인자여, 안녕히.

◀ 스페이스 볼륨

@neiltyson : "@스타 워즈 #깨어난 포스에 등장하는 타이 파이터[40]가 내는 소리는 우주 대기처럼 진공 상태의 우주에서 나는 소리와 완전히 똑같다." 엑스윙 스타파이터[41]와 밀레니엄 팔콘이 내는 소리도 마찬가지이다.

4장

빅풋은 외계에서 온 생명체인가요?

1970년대 고전 텔레비전 방송 「육백만 불의 사나이」에서 사스콰치라는 이름으로도 불리는 빅풋은 외계인인 것으로 판명되었다. 빅풋은 종종 오해와 학대를 당했지만 알고 보면 꽤 괜찮은 사람이었다.

빅풋은 이와 같이 허구를 바탕으로 한 창작물 속에 등장했다. 하지만 빅풋은 실존하지 않는 생명체이다! 만일 숲 속에서 어슬렁거리는 거대한 사람같이 생긴 동물을 만났다는 수많은 사람들에게 빅풋이 가짜라고 한번 이야기해 보면 떨까? 과연 당신의 말을 믿어 줄까? UFO와 눈이 큰 외계인을 본 적 있다는 사람들은 또 어떨까? 경험한 적이 있다고 믿는 것을 관장하는 인간의 두뇌가 저지르는 속임수는 복잡하면서도 놀랍기만 하다. 이 똑같은 속임수로 인해서 인간은 다른 사람에게 이용당하기도 하고 정신줄을 놓기도 한다. 속임수를 쓰는 사람들의 노력으로 인해 사람들은 사기를 당하게 되는 것일까, 아니면 즐거움을 얻게 되는 것일까? 만일 속임수의 정체에 대해 알 수만 있다면, 우리는 현명한 선택을 할 수 있을 것이다.

우리 태양계 너머에 행성이 수천 개 존재한다는 사실은 이미 과학적으로 확인된 바 있다. 더 많은 행성이 발견될 가능성 또한 거의 확실시되고 있다. 그렇다면 우주인을 발견하는 일은 아주 멀기만 한 일일까? 만약 우주인을 만나는 데에 성공하게 된다면 어떤 일이 일어날지 한번 상상해 보자.

빅풋과 외계에서 온 손님. 훈훈한
분위기에서 만남의 시간을 갖고 있다.

한 토막의 과학 상식

스티븐 콜베어는 자신이 진행하는 프로그램에 과학자들이 출연하는 것을 아주 좋아한다. "과학이라는 주제가 지닌 매력에 코미디를 추가해 보세요. 우리를 둘러싸고 있는 세계에 대해 질문을 던지도록 만드는 매력 요소가 될 테니까요."

`펜 앤 텔러`[1]와 함께하는 마술의 과학

인간의 마음은 믿도록 프로그래밍되어 있을까?

"인류는 의미를 찾도록 프로그래밍되어 있습니다. 인간은 항상 원인과 결과를 연결하고자 노력합니다. 실세계에서 정말로 원인과 결과가 연결되어 있을 때는 물론, 심지어 원인과 결과가 연결되어 있지 않을 때도 말이죠. 바로 이런 일이 마술 쇼에서 벌어집니다. 마술 지팡이 때문에 토끼가 사라진 것처럼 보이니까요. 실제로 토끼는 마술 지팡이와는 완전히 딴판인 이유 때문에 사라졌겠지만요. 심령술사를 만나러 가면 심령술사는 여러분에게 아주 그럴싸한 증거 같은 것을 제시하겠지요. 그때 한 발 멈춰서서 다시 한번 생각해 보고 싶어하지 않는 사람들도 많아요. 심령술사를 필요로 하는 사람들이기 때문이기도 하고, 심령술사가 필요한 사람들은 주로 취약한 상황에 처해 있으니까요. 애초부터 명확하게 생각할 수 없는 거죠." — 수사나 마르티네스콘데[2] 박사, 신경 과학자 ■

수정 구슬은 뒤에 있는 이미지를 반전시킨다. 수정 구슬이 미래를 알려줄 수 있을까?

기본으로 돌아가기

그 장면을 다시 한번 보고 싶은가?

"우리는 당신을 속일 것입니다. 당신의 마음을 당신이 원치 않는 방향으로 사용할 것입니다. 함께하는 마음과 즐거운 분위기 속에서 당신은 속을 것입니다. 이는 까다로운 사회적 약속이고, 일부 마술사들은 이같은 사회적 약속을 원치 않습니다. 그렇지만 제가 만약 여러분께 이렇게 말한다고 한번 상상해 보세요. "아시다시피 마술사들은 아무 능력도 없답니다. 하지만 닐, 잘 아시다시피 책이나 대화를 통해서 소통하면서 내가 상대방의 마음을 읽을 수 있다는 인상을 줄 수 있잖아요. 약간 이상하지 않나요? 한 번 시도는 해 봅시다." 이렇게 되면 갑자기 우리는 같은 편이 되는 거죠." — 펜 질레트,[3] 마술사

"우리는 늘 우리 자신은 물론 서로를 속이고 있습니다. 마술사들은 그저 속이는 것을 조금 더 잘 하는 사람들이고요. 적어도 어떤 면에서는 인간은 거의 항상 환상을 경험하고 있습니다." — 수사나 마르티네스콘데 박사, 신경 과학자

별에서 온 크리스털 해골

1800년대 후반, 크리스털 해골이 멕시코의 기념품 가게 및 전 세계의 박물관에 등장하기 시작했습니다. 크리스털 해골은 콜럼버스 도래 이전 시기로부터 유래했다는 소문이 돌았고, 아즈텍이나 마야에서부터 왔다는 소문도 있었습니다. 잠시 후 호사가들은 크리스털 해골이 '별에서 온 아이들'로부터 온 '선물'이라고 말하기 시작했습니다. 하지만 오늘날에 이르기까지 어떠한 고고학적 발굴도 크리스털 해골을 찾아 내지는 못했다고 하는군요. 그렇지만 크리스털 해골 이야기는 가짜 고고학에 기반한 재미있는 영화의 소재가 될 수 있을 것도 같네요.

▶ 빅풋을 본 적이 없다는 것을 증명할 수 있을까?

과학은 주장을 확인하거나 반박하기 위해서 증거를 얻고, 증거를 분석하는 일에 그 기초를 두고 있습니다. 증명에 대한 책임은 주장을 하는 사람이 갖게 됩니다. 어떤 주장이 참이라고 주장하기 위해서는 주장이 참이라고 선언하는 것보다 훨씬 많은 작업을 해야만 합니다. 즉 어떤 사람이 당신이 빅풋을 보지 않았다는 것을 증명할 수 없었다고 할지언정, 증명이 불가능하다는 것이 당신이 빅풋을 보았다는 것을 뜻하지는 않습니다.

▶ 왜 빅풋은 지구에 오게 되었을까요?

"만약에 아주 강한 외계 문명에 사는 이들이 "뭐, 지구라고? 범죄자들을 유배보내기 딱 좋은 곳이군. '빅풋을 지구로 쫓아냅시다.'라고 이야기했다면 꽤 근사하겠군요."라고 닐은 말합니다. 그런데 빅풋은 무슨 범죄를 저지른 것일까요? 코미디언인 레이앤 로드는 제안합니다. "과자를 훔쳐 먹었나 보죠."

▶「호기심 해결사」에서 확인된 호기심 중 가장 황당했던 것은?

「호기심 해결사」의 진행자 하이네만과 새비지에 따르면, 그들이 확인해 본 호기심 중 가장 황당했던 호기심은 사실 그다지 불가사의하지는 않았다고 하는데요, 바로 코끼리가 생쥐를 두려워하는지의 여부였다고 합니다. "코끼리에게 신호를 주고 걸어나오게 했는데요, 일단 쥐가 나타났을 때 코끼리가 멈추어 서서 소리를 꽥 지르지 않는다면 호기심은 사실이 아닌 것으로 판명되는 거죠." ■

"크리스털 해골은 귀신이나 빅풋이 존재하지 않는다는 것에 대한 증명은 아닙니다. 크리스털 해골은 그저 귀신과 빅풋을 당신이 발견할 수 없었다는 것에 대한 증명일 뿐입니다."

— 제이미 하이네만, 호기심 해결사

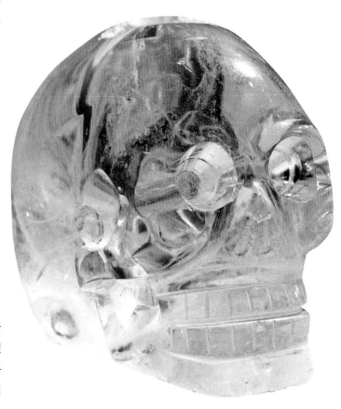

크리스털 해골은 아무래도 사기일 가능성이 높다.

"밝혀진 바에 따르면 시각 장애인에게는 위저 보드[4]가 딱히 잘 작동하지 않는다고 합니다. 또 철자법을 잘 모르는 사람이 사용하면 위저 보드도 단어의 철자를 잘못 쓴다고 하는군요. 그러니까 당신이 소환하는 죽은 사람의 스펠링 실력과 당신의 스펠링 실력이 딱 맞아떨어지지 않는다면 위저 보드는 잘 작동하지 않을 것입니다."

— 닐 디그래스 타이슨 박사, 천체 '의심스럽다' 학자

기적의 목격자

자신이 무엇인가를 직접 보았다는 주장은 통계적으로 대개 신뢰성이 결여된다는 바가 연구를 통해 확실히 밝혀진 바 있습니다. 게다가 종종 누군가가 무엇을 보았다는 주장의 경우, 그 주장밖에 근거가 없는 경우도 허다하지요. 자신이 무엇인가를 직접 목격했다고 생각하는 것 자체가 거짓이 아닐 수도 있지만 말입니다. 자, 그러면 목격자들이 실제로 목격한 것은 대체 무엇일까요?

코미디언 척 나이스는 말합니다. "인류의 법 체계가 그 기초를 두고 있는 '내가 직접 보았다.'라는 선언은 사실 세상에서 가장 믿음직하지 못한 증언에 지나지 않을 가능성이 있습니다. 보통 직접 목격했다고 주장하는 사람들의 경우 제가 보기에는 꼭 범죄를 저지를 것 같이 생긴 사람들이 많더라고요. 더더욱 믿기 어렵죠."

마르티네스콘데 박사도 동의합니다. 그리고 왜 목격자를 믿을 수 없는지에 대한 설명도 제시하네요. "범죄에 관해 증언을 하는 상황에서는 범죄의 정의상, 증언자는 감정이 폭발할 듯한 상황에 대해 이야기를 해야만 합니다. 화가 났을 수도 있고, 겁이 났을 수도 있고, 또는 아주 많은 일들이 있었음에 분명한 상황에 대해서 말이지요. 이미 알다시피 강한 감정을 경험하게 될 때는 주의를 집중하기 어려우니까요." ■

"목격자의 증언은 세상에 존재하는 증언 중 가장 신뢰하기
어려운 증언입니다. 문제는 사람들이 기억하는 바는
자신에게 아주 현실적으로 느껴진다는 점입니다. 심지어
환상을 보게 되었을지언정 진짜처럼 느껴진다는 거죠."
— 척 나이스, 코미디언

"음모론은 나태합니다."
— 음모 아저씨 빌 나이

크레센치오 세페 추기경[5]이 연례 행사에서
성 야누아리오[6]의 피를 보여 주고 있다.

생각해 보자 ▶ 음모론은 진보의 속도를 늦출 수 있을까?

음모론을 신봉한다는 것은 본질적으로 고의로 현실을 무시하며 비판적 사고를 회피하기로 결정한 것이다. 무지는 종종 과학, 의학 및 사회적 진보를 지연시킨 바 있다. 예컨대 예방 접종이 음모라고 생각한 결과 아이들에게 예방 접종을 시행하지 않는다면 더 많은 아이들이 병에 걸리거나 사망에 이를 가능성이 있다. 만일 상당히 많은 사람들이 달 착륙은 위조된 사건이라고 믿는다면, 정치인들이 우주 계획을 위한 금전적 지원을 중단하게 될 것인가? 이는 꽤나 극단적인 가정이지만 불가능한 일인 것만도 아니다.

버뮤다 삼각 지대에 있는
싱크 홀의 상상도.

버뮤다 삼각 지대

SF 전문 펄프 매거진[12] 《어메이징
스토리스》는 1926년에 창간되었다.

버뮤다,[7] 푸에르토 리코,[8] 플로리다 사이에 있는 대양 구간은 크리스토퍼 콜럼버스[9]의 시대 이래부터 아주 많은 이들이 여행한 구간입니다. 따뜻한 환경과 차가운 환경이 교차할 가능성이 있는 위치로, 온도가 다른 환경의 교차로 인해 폭풍우가 일거나 물살이 거칠어질 수 있는 장소입니다. 대서양의 허리케인 또한 항상 그곳을 관통해 지나갑니다.

심지어 오늘날도 인간의 선택과 좋지 않은 해양 환경이 비극을 초래할 수 있습니다. 2015년, 어느 경험이 풍부한 화물선 선장은 플로리다에서 푸에르토 리코로 향하는 엘 파로 호[10]를 조종했습니다. 마침 그때, 강력한 카테고리 4 허리케인인 호아킨[11]이 해당 장소로 이동하고 있었습니다. 엘 파로 호는 물살에 휘말리게 되었고 신호를 잃어버렸습니다. 그 이후 엘 파로 호는 다시는 돌아오지 못하게 되었습니다.

해당 영역의 통행량 및 날씨에 기초한 통계에 따르면, 해당 영역에서 예상치보다 더 많은 선박의 난파 사고나 항공 사고가 발생한 것은 아니라고 합니다. 혹시 닐의 이야기와도 관련이 있을 수도 있겠군요. "열차가 갑자기 사라지는 사고는 이 세상에 없다는 것을 혹시 눈치채셨나요? 기차는 절대로 사라지지 않는답니다." ■

저 머나먼 세상으로부터의 UFO 쇼

51구역의 비밀

천문학자이자 전 조종사인 제임스 맥가하 소령은 미국 공군 재직 중 대부분 일급 기밀 사항에 접근 가능한 직위를 담당했습니다. 그는 51구역[13]에서 근무한 적도 있습니다. 이 구역은 드림랜드라는 별칭으로도 알려져 있으며 좀 더 공식적인 명칭으로는 네바다 소재 호미 공항 및 그룹 호 공군 기지로 불리기도 합니다. 이 구역에서 행해지는 모든 일들은 1급 비밀에 속합니다. 모두가 쉬쉬하는 일들이 일어난다는 뜻이지요. 어느 정도로 비밀스러운 곳이냐 하면 2013년까지 미국 정부가 51구역의 존재 자체를 공식으로 인정하지 않을 정도였으니 말입니다. F-117[14]이나 B-2[15] 같은 스텔스기[16] 실험도 51구역에서 행해졌을 것으로 추정되는데, 51구역에서 무슨 일이 일어나고 있는지 알고 있는 사람들은 모두 다 51구역에서 행해지는 실험에 대해서 함구하고 있습니다. "워낙 비밀이 많다 보니 51구역은 음모론의 중심에 서게 되었습니다."라고 맥가하 소령은 말합니다. "UFO 또한 음모 이론에 둘러싸여 있고요."

51구역에 관한 비밀은 51구역에 외계 우주선, 외계인 기술, 심지어 외계인이 있다는 등의 소문에 이르기까지 온갖 황당한 이야기가 생겨나게 하는 완벽한 구실이 됩니다. 결국 51구역에서 날아오거나, 51구역으로 날아가는 모든 비행 물체는 비밀에 붙여집니다. 비밀에 붙여진 비행 물체라는 정의 자체로 인해 해당 구역을 비행하는 모든 비행 물체는 미확인 비행 물체, 즉 UFO입니다. UFO에 관한 전설에서 51구역만큼 자주 등장하는 유일한 장소는 아무래도 뉴 멕시코 주 소재의 로스웰[17] 지역일 것 같군요. 로스웰에서 1947년에 UFO가 추락했다는 소문이 있었으니까요. ■

여행 가이드

외계인이 이미 여기에 있다면 외계인을 찾을 이유가 없을 텐데?

「화성인 마틴」[19]에서부터 「엑스 파일」[20]에 이르기까지, 텔레비전 프로그램들은 오랫동안 분명히 외계인이 현재 우리 인류와 함께 살아가고 있다는 가정을 하고 있다. 외계 지적 생명체 탐사(SETI) 연구소 소속 수석 천문학자인 세스 쇼스탁[21] 박사는 다음과 같이 말한다. "저는 외계인과 개인적인 문제를 겪고 있다는 이들로부터 하루 최소 다섯 통 이상의 전화나 이메일을 받고 있습니다. 그런 사람들은 제게 사진도 보내 주고, UFO 비디오도 보내 줍니다. 그들은 종종 우리가 외계인이 송출하고 있는 신호를 엿듣고자 하는 잘못된 실험을 하고 있다고 생각하는 것 같습니다. 왜냐하면 그들은 결국, 이 나라에 살고 있는 사람들 중 3분의 1과 마찬가지로, 외계인이 우리와 함께 살고 있다고 믿고 있으니까요."

51구역 근처에 있는 우편함. 외계 고속 도로[18] 상의 랜드마크이다.

"음모론은 참 매력적입니다.
음모론이 복잡한 사회 구조며 복잡한 사회 문제도 설명할 수 있기 때문이지요."
— 제임스 맥가하 소령,
천문학자이자 전직 미국 공군 소속 조종사

렌즈 구름. 비행 접시와 비슷한 모양새를 하고 있다.

UFO일까, 구름일까?

매년 UFO를 보았다는 수천 건, 또는 수백만 건의 주장이 있습니다. 이 중 대부분은 헬리콥터, 비행기, 또는 인간이 쏘아올린 우주선을 잘못 본 것입니다. (그렇습니다. 지구에서는 국제 우주 정거장이 보인답니다. 상당히 펑키하게 생겼죠.) 그 외에 UFO를 보았다는 주장은 대개 밝은 행성(주로 금성), 번개나 여타의 기상 사건들, 유성, 또는 구름이 만들어지는 것 등의 자연 현상을 UFO로 착각한 사례들입니다. 왜 사람들은 이처럼 너무나 쉽게 자신이 본 것을 외계에서 온 무엇인가로 해석해 버리는 것일까요? 천체 '인지' 학자인 닐 디그래스 타이슨 박사는 이 질문에 대한 대답을 알고 있는 것 같군요. "실제로 일어나는 일은 다음과 같습니다. 하늘에서 우리에게 익숙지 않은 사물을 보게 된다면 뇌는 그것이 무엇인지를 이해하고자 하고 결국 그 사물의 존재를 받아들이게 됩니다. 존재를 받아들이는 데 그치지 않고

"나는 그들이 실제로 지구에 대해 연구를 했다고 생각합니다. 그들이 연구를 한 결과 지구에는 지적인 생명체의 흔적이 없다고 결론을 지은 것 같군요. 애당초 외계인들이 우리를 보러 오고 싶어한다고 상상하다니. 너무 교만한 생각 아닌가요?"

— 닐 디그래스 타이슨 박사, 천체 '겸손합시다' 학자

좀 더 나아가서 뇌가 이해가 되지 않는 것들을 보게 되면, 여러 가지 정보의 연관성을 찾게 되고, 없어진 퍼즐의 조각을 만들어 내게 되고, 본 물체가 무엇인지 그 물체가 얼마나 큰지를 판단하고자 하는 등 당신의 뇌는 부족한 정보의 틈새를 메우게 됩니다."

렌즈 모양으로 생긴 구름 중 어떤 종류는 종종 UFO로 오인되기도 합니다. 좀 더 멋들어진 버전으로는 UFO를 숨기기 위해서 특별히 설계된 인공적으로 만들어진 구름이라고 해석되기도 합니다. 특히 렌즈 구름 중 대기권의 낮은 부분에 위치하며, 산이나 산등성이를 따라 이어진 선 등 자연물 너머에 떠 있는 구름은 자연적으로 생겨나기도 하는데요. 실제로 이런 종류의 구름은 아주 아름다운 자연 현상에 불과합니다. 마치 외계인이 띄워 올린 폭신폭신한 비행 접시처럼 보이지만 말이죠. ∎

왜 비행 접시는 빙글빙글 돌까?

비행 접시는 빙글 빙글 돌면서 날아가는 것처럼 그려지곤 합니다. 또는 비행 접시가 빙글 빙글 돌면서 날아가는 것을 보았다고 묘사되기도 하지요. 비행 접시가 돌면서 날아간다는 것은 논리적으로 말이 되는 설정입니다. 회전 운동은 물체의 바깥쪽 가장자리 방향으로 가속도를 형성합니다. 만일 비행 접시에 타고 있는 사람이 가장자리를 딛고 서 있다면 형성된 가속도는 마치 중력과 비슷한 효과를 가지게 되겠지요. 하지만 만일 비행 접시에 타고 있는 사람이 똑바로 서 있거나 앞쪽을 보고 앉아 있다면, 비행 접시 속의 가구며 비행 접시에 타고 있는 어지러운 외계인들은 사방으로 날아다니게 될 것입니다.

유진 머먼: 그러니까 문제는 비행 접시 전체가 빙빙 돌고 있다는 건데요. 멍청한 사람이나 비행 접시를 그렇게 만들지 않겠어요?

닐: 바보 같은 외계인이나 비행 접시를 그 따위로 만들겠죠. 만일 외계인들이 접시 전체가 도는 비행 접시를 만들 수 있다 칩시다. 그러기 위해서는 아주 잘 검증된 물리 법칙을 위배해야만 할 겁니다.

지난 수십 년 동안 접시 모양의 UFO를 보았다는 보고 중 아주 일부만이 회전하는 접시를 보았다고 묘사하고 있습니다. 할리우드 영화에서의 UFO에 대한 묘사도 일관적이지 않은데요. 예를 들어 「지구 최후의 날」[23](1951년)과 「지구 대 비행 접시」[24](1956년)에 등장하는 비행 접시를 한번 비교해 보시죠. 비행 접시가 회전하는 것처럼 보이는 이유는 단순한 착시 현상일 수도 있고요. 또는 비행 접시 내부는 회전하지 않지만 비행 접시의 얇은 외피가 회전하기 때문일 수도 있겠군요. ■

여행 가이드

이미 누군가 다녀갔다면?

어쩌면 외계인이 이미 지구에 왔을 수도 있다. 지구를 식민지로 만들거나 지배하러 온 것이 아니라 정말 그냥 지구를 둘러보러 왔다거나, 볼일을 보러 와서 일을 보고 난 후 고향으로 돌아갔을 수도 있다.

물리학자 엔리코 페르미도 궁금해 했듯이, 만일 정말로 외계인이 지구에 왔다 갔다면 외계인은 과연 어디에 있을까? 페르미의 역설에 따르면 외계에서 다양한 활동이 일어났어야만 하며, 인류의 천문학적 탐구는 이미 지금쯤이면 외계인의 활동을 발견했어야만 한다. 외계인들이 굳이 고생을 해서 흔적을 숨기지 않았다는 가정하에 말이다. 하지만 대체 왜 외계인은 자신의 활동과 존재를 숨기고 있는 것일까?

한 토막의 과학 상식

1950년대 캐나다의 한 회사는 미국 공군을 위해 접시 모양의 항공기를 개발하기 위한 계약을 체결한 바 있다. 프로젝트 1794는 성공하지 못했지만 덕분에 귀중한 항공 기술의 진보가 이루어질 수 있었다.

생각해 보자 ▶ 외계인들은 대체 왜 지구에 오고 싶어하는 것일까?

앨런 알다[25]: 이 외계인들은 지구에 오지 않을 겁니다. 왜냐하면 외계인들이 제일 처음 보게 될 텔레비전 프로그램이 우리가 나오는 프로그램이었기 때문이지요. 그들이 제일 처음 듣게 될 라디오 프로그램은 오손 웰스[26]의 라디오 드라마인 「우주 전쟁」[27]일 테고요. 외계인 입장에서는 이미 지구에 방문자들이 드글드글하다고 생각하지 않을까요.

존 호지만[28]: 우리 별 지구로 오는 데 소요되는 에너지와 자원의 양을 한번 고려해 보세요. 외계인 입장에서 지구에서 더 얻을 게 과연 있을까요?

외계인과 만나면 어떨까?

H. G. 웰스의 『우주 전쟁』에서는 화성인이 지구를 공격한다는 가상의 상황이 그려져 있다.

「인디펜던스 데이」[29] 속의 무참할 만치 파괴적인 만남에서부터 「스타 트렉: 퍼스트 콘택트」[30]에서의 훈훈한 만남에 이르기까지, 외계인과 인간의 만남은 오랜 기간 동안 두려움 또는 희망찬 생각을 바탕으로 상상된 바 있습니다.

물리학자 스티븐 호킹 박사는 외계인과 인간의 만남에 대해 우려의 목소리를 내는 이들 중 한 명입니다. 호킹 박사의 말에 따르면 외계인과 인간이 만나면 인간 입장에서 좋을 것이 하나도 없을 수도 있다고 하는데요. 호킹 박사는 외계인이 도래하면 인간의 입장은 콜럼버스가 아메리카 대륙에 도래했을 때 아메리카 원주민의 입장과 비슷하게 될 것이라고 추측한 바 있습니다. "스티븐 호킹이 말하고 있는 두려움의 요인은 인류가 다른 인류를 어떻게 대하는가에 기반한 두려움인 것 같군요. 실제로 외계인이 인간을 어떻게 대할지에 관한 지식에 기반한 두려움이라기보다는 말이지요."라고 닐은 말하는군요.

만일 호킹의 우려가 말이 되는 두려움이라면, 인류는 우리의 존재가 외계인에 의해 감지되지 않도록 예방 조치를 취할 필요가 있습니다. 혹시 우리가 전송하는 전기 신호와 무선 통신을 암호화해야 하는 것은 아닐까요? 전기 신호와 무선 통신을 암호화해서 신호가 우주 공간에서는 별 의미 없는 무선의 잡음 신호처럼 보이게 말이지요. 미국 보안 안보국(NSA)의 계약직 직원이던 에드워드 스노든[31]이 제안한 바 있듯, 외계인들의 의사 소통을 인류가 아직 감지하지 못한 것이 혹시 외계인들의 암호화 기술 때문은 아닐까요? ■

한 토막의 과학 상식

'브레이크스루 리슨'은 외계 지능과 관련된
새로운 과학 연구 프로젝트로 향후 약 10년간
우리 은하에 존재하는 100만여 개의 별 및 우리 은하
바깥에 존재하는 100여 개의 은하를 대상으로
외계 생명체의 징조를 찾는 것을 목표로 하고 있다.

생각해 보자 ▶ "와우!" 신호는 외계인이 보낸 메시지였을까?

1970년대 SETI 연구소에서 일하던 한 연구원은 일관된 메시지일 가능성이 충만한 간단한 무선 신호에 주목하게 되었다. 연구원은 그 신호에 동그라미를 치고, 신호 옆에 "와우!"라는 메모를 남겨 두었다. 그 후로 동일한 신호가 다시 도달한 적은 없었다. 이 "와우!" 신호는 무의미한 무작위 신호였을까? 외계인들은 이제 신호를 보내는 일을 그만두었거나, 아니면 신호 송출을 은폐하기 시작한 것일까? 만일 "와우!" 신호가 다시 발견되지 않는다면 우리는 이 "와우!" 신호를 둘러싼 미스터리에 대해 더는 알아낼 수 없을지도 모른다.

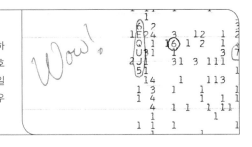

외계인은
구원인가 멸망인가

인간은 다른 생물 종과 다양한 상호 작용을 합니다. 인간은 어떤 생물 종을 근절하고 길들이고 사랑하고 어떤 경우에는 경배하기도 합니다. 우리의 행동은 종종 문화의 영향 아래 있습니다. 미국 사람들은 잡아먹기 위해서 소를 기릅니다. 인도 사람들은 소를 신성시하고 보호합니다. 즉 현재까지 인류가 다른 종과 맺어 온 관계만을 보아서는 인간이 어떻게 외계 생명체와 상호 작용할지에 대해 상상할 수 없습니다.

"외계인이 은하수를 건너 지구에 온다고 칩시다. 외계인이 지구로 올 수 있다는 것은 외계인의 기술 수준이 인간의 기술 수준보다 더 뛰어나다는 증거인데요. 혹시 고도의 기술 수준이 외계인은 악하다고 생각하게 만드는 공포 요인은 아닐까요?" 닐은 설명합니다. "외계인이 지구에 대해 엄청나게 열심히 연구하고, 지구를 지배하고 있다고 자처하는 생물 종에 대해서 살펴본다면 아마 결론을 내릴 겁니다. 자신들이 찾아낼 수 있는 모든 증거에 기초해서요. 지구상에 지적 생명체가 존재한다는 조짐은 없다고요. 그래서 아마 우리 지구인들을 가만히 내버려 둘 겁니다. 그렇다면 우리는 살아남을 수 있겠네요." ■

한 토막의 과학 상식

음모론이 인기가 많은 이유 중 하나는 사람들이 자신만 아는 비밀 또는 특별한 지식이 있다고 생각하기를 즐기며, 이와 같은 비밀이나 지식 때문에 자신이 다른 경쟁자들보다 더 유리한 위치를 점할 가능성이 있다고 생각하기를 좋아하기 때문이다.

지구는 외계인의 공격 대상이 될 수 있을 것인가?

여행 가이드

외계인이랑 섹스하실 분?

외계인과 육체적 사랑을 나누는 것이 가능한가에 대한 무모한 판타지는 SF는 물론 타블로이드 신문을 오랫동안 잠식해 온 주제이다. 웨스트하이머 박사도 외계인 판타지를 갖고 있는 것 같다. "만약 E.T.가 성인이라면, 나는 E.T.와 산책할 의향이 있습니다. 단 E.T.가 성인이라는 전제하에요."

「스타 트렉」의 등장인물인 커크 선장은 외계에서 온 여성들과 갖가지 종류의 만남을 가졌다. 커크 선장 입장에서는 참으로 다행스럽게도 팔도 2개, 다리도 2개, 입술이 있는 입이 1개 있는 생명체들이었다. 그건 그렇고, 배우인 윌 휘턴은 궁금해한다. "어떻게 했기에 커크 선장의 삐 소리가 새나오지 않을 수 있었던 걸까요?"

닐: 벌레 떼 주변을 걸어가면서 "아아, 나는 이 벌레들이 무슨 생각을 하는지 궁금해. 벌레들이랑 사이좋게 지내고 싶어."라고 마지막으로 생각해 본 적이 언제이신가요?

린 코플리츠[32]: 하지만 저는 사람들이 벌레들을 꽉꽉 밟는 걸 본 적이 있죠. 그냥 벌레가 거기 있었다는 이유만으로 말이에요.

우주를 떠도는 클링온 종족

코미디언이자 「스타 트렉」의 열혈 팬인 레이앤 로드는 궁금해합니다. 「스타 트렉」의 세계관에 등장하는 클링온 문명은 전투, 정복 영광으로 점철되어 있는데, 그렇다면 클링온들이 고향 행성을 떠나기 한참 전에 고도화된 기술력으로 스스로를 완전히 멸망시켜 버리지 않은 이유는 대체 무엇일까요? "꼭 그럴 필요까지는 없는 것 같은데요."라고 닐은 말합니다. "전쟁의 문화와 기술의 문화가 일치하지 않는 것은 아닙니다. 사실 전쟁이 과학 발전의 원동력이 되기도 합니다. 전쟁이 과학 발전의 원동력이 된다는 사실을 인정하기는 고통스럽지만, 사실은 사실이니까요. 살아남고자 하는 충동은 인간으로 하여금 어떤 사람을 다른 사람보다 더 잘 살아남게 하는 무언가를 발명하고자 하는 비범하면서도 창조적인 욕구를 생성해 냅니다. 대개 그 결과로 발명되는 것은 무기의 형태를 띠고 있지요."

한번 생각해 봅시다. 인류는 스스로를 파괴할 수 있는 군사 기술을 지니고 있습니다. 하지만 인류는 아직 군사 기술을 사용해 우리 종을 파괴하지 않았습니다. 어쩌면 클링온 족들이 형성될 시기에, 클링온들에게 또한 자신들의 호전적 경향을 제한해 줄 정치적, 사회적 장치가 있었을지도 모릅니다. 아니면 혹시 클링온들이 별로 가는 길을 일단 확보한 후에 전투적인 면모를 발달시킨 것일지도 모르겠네요. ■

한 토막의 과학 상식

22세기와 23세기를 살아가는 수만 명의 클링온 족에게는 독특한 이마뼈가 없다. 유전적으로 조작된 인간의 DNA로 발생했다고 할 수 있는 전염병 때문이다. 한편으로는 오리지널 시리즈 제작 당시 할리우드 분장 기술이 별로였기 때문이기도 하다.

「스타 트렉 III : 스팍을 찾아서」[33]에 등장하는 클링온 족.

"나는 단순히 에너지로 만들어져 있는 외계 종족을 상상할 수 있습니다. 문제는 말이죠, 에너지인데요. 그러니까 에너지로부터 형태를 만들어 내는 것이 어렵다는 점입니다. 에너지가 물질이 될 때, 우리는 분자와 물질을 만들어 낼 수 있습니다. 에너지가 물질이 될 수 없다면 형태가 없을 것이고, 그러므로 형태가 없는 생명체를 만드는 것이 물질이 있는 생명체를 만드는 것보다 더 어려운 일일지도 모르겠네요."

— 닐 디그래스 타이슨 박사, 천체 '형태없음' 학자

"우리는 현재의 포로이며, 과거와 미래 사이의
영원한 전환 속에 갇혀 있습니다."
—닐 디그래스 타이슨, 천체 물리학자

5장

언제쯤 시간 여행을 할까요?

시간 여행은 과학 소설계의 진정한 개척자이다. 그렇다. 우리는 물론 블랙홀, 엄청난 힘, 살인마 행성 같은 것들로 우주를 상당히 변화시킬 수도 있다. 하지만 과거를 바꿀 수만 있다면 눈 깜짝할 사이에 우주의 모든 것을 변화시킬 수 있다. 게다가 어떤 누구도 기억조차 하지 못 할 것이다.

시간을 거슬러 이동할 수 있을까? 실제로 시간을 어느 정도 조작해서 말이다. 인간이 도달해 있는 기술 수준에서 시간을 조작하고 과거로 돌아가는 일은 과연 가능할까? 시간이란 정확히 무엇일까? 만일 아인슈타인이 생각했던 것처럼 시간에 대해 생각해 본다면? 그러니까 시간은 길이, 너비, 높이 같은 한 차원이자, 시간 특유의 고유한 속성을 가진 차원이라고 말이다. 그렇다면 공간과 시간을 왜곡한다는 것 또한 실제로 가능할 수 있다. 공간을 왜곡해 뒤틀거나 접는 것은 우주에서 일어나는 운동의 근본적인 한계, 즉 빛의 속도를 뛰어넘게끔 해 줄 수 있을지도 모른다.

적어도 한 가지는 확실하다. 인간은 시간의 흐름을 따라 여행할 수 있다. 아무 문제 없이 말이다. 우리는 이미 우리를 둘러싼 세계가 노화를 겪고 있는 동안 미래에 젊은 상태로 머무르는 방법에 대한 과학을 알고 있다. 이런 현상을 바로 시간 지연이라고 한다. 다만 우리는 어떻게 시간을 지연시키는지를 알지 못할 뿐이다. 시간이 지나면 알게 될 것이다.

미래의 어떤 시점에 타임머신이 과거, 현재, 미래를
연결해 줄 수 있을지도 모른다.

유튜브: 닐 디그래스 타이슨이 이야기하는 시간:
「닥터 후」, 「스타 트렉」, 또는 레이 브래드버리'

시간이란 무엇인가?

"시간은 물리학에서 가장 착각하기 쉬운 양상 중 하나입니다."라고 우주론 연구자인 재나 레빈 박사는 말합니다. "우리는 거의 시간을 공간적으로 상상하곤 합니다. 시간에 대해 생각할 때 시간을 차원과 비슷하게 생각하는데요. 하지만 시간이라는 차원에서는 우리가 왼쪽을 보는 방식으로 시간 차원의 앞쪽을 볼 수 없습니다. 그리고 오른쪽을 보는 방식으로, 시간 차원에서 반대편으로 돌아서서 뒤쪽을 볼 수도 없고요."

아인슈타인은 자신의 일반 상대성 이론에서 시간은 공간이라는 세 차원과 함께 짜여 우리가 시공간이라고 부르는 4차원의 유연한 매질을 창조해 내는 차원이라고 설명합니다. 만일 인간이 4차원으로 이동한다면 인간의 이동 경로는 세계선이라고 칭해집니다. 천체 '시간' 학자인 닐 디그래스 타이슨 박사의 설명을 한번 들어 보시죠. "또한 시간이란 방정식에 등장하는 항입니다. 이 시간 덕분에 우리는 어떤 대상을 세계선 위에 국한시킬 수 있는 것입니다. 세계선은 당신이 공간에서, 그리고 시간에서 존재하는 곳입니다. 당신이 어떤 시간상에 있지 않다면 어떤 장소에도 존재할 수 없습니다. 당신이 공간에 있지 않다면 시간에도 존재할 수 없습니다. 시간과 공간은 항상 함께 갑니다."

나름대로 간단한 이야기 같지 않나요? 하지만 단 한 가지의 중요한 난관이 있습니다. 길이, 너비, 높이 차원에는 양쪽 방향이 있지만 시간에는 단 한 방향뿐입니다. 자, 우리가 우주에서 4차원 거리를 측정한다고 가정해 봅시다. 우주에서의 4차원 거리는 적정 시간 간격이라고 알려져 있는데요. 시간 항은 길이, 너비, 및 높이 항과 반대 기호를 갖게 됩니다. 바로 이 때문에 시간 여행은 매우 이상하게 보이고, 시간의 반대 방향으로 움직이는 것이 물리적이지 않습니다. ■

과학자 전기
👓
20세기의 인물, 아인슈타인

아인슈타인은 학교를 마치고, 박사 학위를 받고, 일자리를 얻기는 했다. 이 모든 단계에서 뛰어난 성과를 거두지는 못했지만, 그는 진정으로 원하는 것을 할 수 있는 시간과 기회를 얻을 수 있는 정도로 모든 것을 해 냈다. 물리학의 난제들에 대해 한번 생각을 해 보라. '기적의 해'로 불리는 1905년, 단 1년 동안 그는 주요 과학의 난제 세 가지를 설명하는 이론을 정립하고, $E = mc^2$이라는 공식을 도출해 낸다. 일반 상대성 이론의 정립으로 아인슈타인은 세계적인 명성을 얻게 된다. 인생 후반기에 그는 과학, 교육, 우주, 인간의 본성에 대해 고민했고, 이로 말미암아 아인슈타인은 《타임》 선정 '세기의 인물'로 등극하는 영예를 얻게 된다.

"우주 비행사는 여러분과 제가 나이를 먹는 속도보다 아주 조금 천천히 나이를 먹습니다. 우주 비행사가 위성 궤도에 있기 때문인데요. 전 세계를 비행하며 이동하는 제트기에 탑승하면, 당신의 시간은 아주 조금 더 천천히 흘러가게 됩니다."

― 빌 나이, 시간 지연 아저씨

생각해 보자 ▶ 시간이 다르게 흐르는 장소란 존재할까?

시간이 흐르는 속도는 장소에 따라 쉴 새 없이 변화하고 있다. 시간이 흐르는 속도의 변화가 주는 효과는 일상 생활에서는 아주 미세하지만 나노초 정도의 정확도로 측정할 수 있다. 예컨대 보다 빠르게 움직이는 물체는 느리게 움직이는 물체보다 좀 더 느린 시간을 경험한다. 중력 또한 우리를 느리게 만든다. 만일 당신과 당신의 친구 두 명 모두가 블랙홀 주변에서 놀고 있다면 블랙홀에 더 가까이 있는 사람이 좀 더 천천히 늙게 된다.

한 토막의 과학 상식

진공 상태의 우주 공간에서 광선은 1초에
정확히 2억 9979만 2458미터 이동한다.

햇빛은 대략 8분 내에 지구에 도달한다.

"제가 SF 소설을 쓸 때, 제 소설은
'영점 에너지'[3]였습니다. 하지만 중력파처럼
화려하지는 않았지요. 당신 앞에 있는 중력파는
당신 뒤에 있는 중력파보다 조금 낮습니다.
그리고 당신은, 휘리릭!"

―버즈 올드린 박사, 우주인

과거로 돌아가기

아마도 불가능할 것 같군요. 비록 확실히 불가능한지의 여부를 알 수는 없지만 말이죠. 시간 지연의 수학에 따르면 빛의 속도를 초과하면 음의 시간으로 이동하는 것이 아니라 허수의 시간으로 이동하게 됩니다. 우주론자 재나 레빈 박사는 말합니다. "이런 종류의 시계가 있다는 것을 우리는 알고 있습니다. 시계는 결코 멈추지 않고, 우리는 절대 방향을 틀어서 과거로 돌아가지 않습니다. 시간상에서 우리는 실수로라도 잘못된 방향으로 갈 수조차 없습니다. 시간은 항상 우리를 시간의 방향으로 밀어 붙이고 있습니다."

▶ 타키온은 무엇일까?

특수 상대성 이론에 따르면 우리 우주에서 빛의 속도로 이동할 수 있는 것은 빛뿐입니다. 빛 외의 모든 것들은 빛보다 느리게 이동합니다. 빛보다 빠르게 이동하는 입자를 타키온[2]이라고 합니다. 만일 타키온이 존재한다면, 타키온이 시간 여행에 대한 비밀의 열쇠를 쥐고 있을 수도 있겠군요. 닐의 이야기처럼 "만일 당신에게 타키온 신호를 보낸다면, 당신은 신호를 보내기도 전에 신호를 받을 것입니다. 우리는 타키온의 존재 여부에 대해서는 아직 모르지만, 타키온은 개념상으로는 말이 되는 것 같습니다."

▶ 우리는 어떻게 광속보다 빠른 실험을 할 수 있는 것일까?

천체 '폭발' 학자인 닐 디그래스 타이슨 박사는 대답합니다. "빛은 진공 상태에서 가장 빠르게 움직입니다. 공기를 통해서는 빛이 진공 상태보다 조금 더 천천히 이동하지요. 물을 통해 이동하면 공기를 통해 이동할 때보다 더 느립니다. 유리나 다이아몬드를 통해 이동하면 그보다도 더 느리고요. 그 속도보다 좀 더 빠르게 입자를 거기에 보내면 미니 빛 폭발이 발생할 것입니다."

▶ 중력파를 잡을 수 있을까?

호수와 바다에서 일어나는 유체 역학의 중력파와 이 중력파를 혼동하지 마시기 바랍니다. 중력파는 우주 자체의 길이, 너비, 높이에 존재하는 요동입니다. 중력파는 작습니다. 하지만 거대한 사건에 의해서만 만들어집니다. 예를 들면 별이 폭발한다거나 블랙홀이 충돌하는 것처럼 말이지요. 그러니까 중력파를 즐기며 파도타기를 하기란 좀 어려울 수도 있겠네요. ■

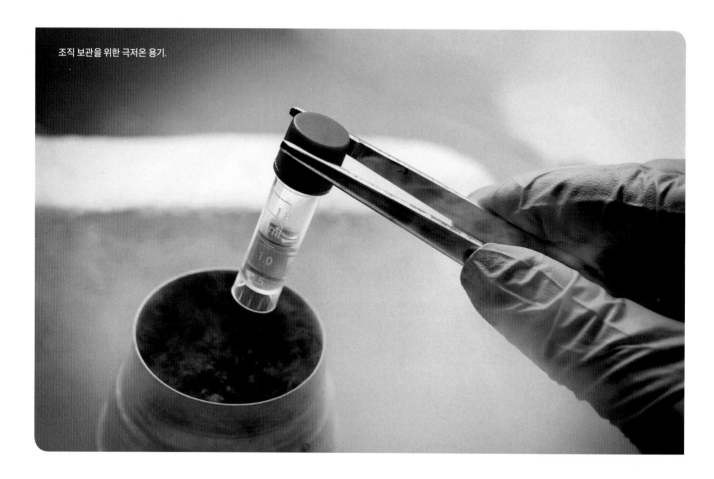

조직 보관을 위한 극저온 용기.

극장에서의 시간 여행

극저온과
월트 디즈니

미키 마우스의 아버지
월트 디즈니.

떠도는 소문에 따르면 월트 디즈니는 사후에 자신의 시체를 냉동하라고
지시했다고 합니다. (아닙니다. 월트 디즈니는 화장을 했거든요.) 그건 그렇고,
극저온 현상을 활용해서 노화 걱정 없이 미래로 여행을 할 수 있을까요?
인간의 생물학적 조직은 너무나 연약해서 오랫동안 얼어붙은 상태에서
살아남을 수는 없을 것 같지만 말입니다.

"인간을 냉동한 후, 목적지에 도착하면 녹여서 깨우는 거죠."라고
필 플레이트 박사는 설명합니다. "어떻게 하는지는 잘 모르겠습니다. 누
군가를 냉동시키면 얼어붙겠지요. 좋지 않아요. (디즈니의) 머리를 센타우
루스자리 알파별로 보낸 후 무슨 일이 일어나는지 살펴볼 수 있지 않을
까요?"

"이봐요. 냉동 화상[4]은 좋지 않다고요." 레이앤 로드가 덧붙이네요.

어쨌든 인간을 동결해서 동면 상태에 들어가게 한다는 생각은 오래
전부터 존재했으며 수많은 작가와 영화 제작자의 소재로 이용되어 왔습
니다. 역설적이게도 월트 디즈니 스튜디오 또한 이런 소재를 다룬 바 있습
니다. 월트 디즈니 스튜디오에서 최근에 내놓은 슈퍼 히어로 영화에 등장
하는 캡틴 아메리카는 1945년에 냉동되었다가 수십 년 후에 해동되어 세
상에 나오게 되었답니다. ∎

시간 여행자의
역설

《유니버스 투데이》[5]의 발행인인 프레이저 케인[6]은 닐에게 다음과 같은 질문을 한 적이 있습니다. "지금 시간 여행자가 한 명도 없다는 사실은 미래에도 시간 여행이 발명되지 않을 것이라는 것의 증거가 되는 것은 아닌가요?"

시간 여행은 「빅뱅 이론」의 소재로도 등장한다.

닐은 다음과 같이 대답하네요. "상당히 괜찮은 주장이군요. 시간 여행 기계가 사람들을 미래로만 데려갈 수 있는 것인지도 모르죠. 만일 미래로 가는 시간 여행만 가능하다면 과거로 돌아가서 할머니를 죽이는 모순을 범할 일은 생기지 않겠네요. 할머니가 안 계시다면 당신이 태어날 수 없을 테니까요."

물론 아주 신중을 기하는 방식도 있습니다. 텔레비전 드라마 「스타 트렉: 보이저」[7]에서 시간 여행자는 다른 모든 것을 희생할지라도 시간의 흐름을 보존하기 위해서 시간에 관한 최우선 지침인 '템퍼럴 프라임 디렉티브'라는 규정을 지켜야만 합니다.

NASA 소속 천체 물리학자이자 수상 경력이 있는 작가인 제프리 랜디스[8] 박사의 단편 소설 『디랙의 바다에서』[9]에 등장하는 시간 여행자는 '할머니의 역설'을 범하지 않았습니다. 그가 현재로 돌아갈 때마다 과거에 초래한 모든 변화가 사라졌기 때문입니다. ∎

기본으로 돌아가기

시간을 거슬러 올라가서 자신의
존재를 지워 버릴 수 있을까?

천체 '평화' 학자 닐 디그래스 타이슨 박사는 제안한다. "당신의 조상 중 2명이 성교를 해서 당신의 조상 중 1명을 만든 시간을 선택하십시오. 그들이 육체적 사랑을 나누는 것을 막기만 하면 되는 겁니다. 누군가를 죽일 필요는 없어요." 우주에 단 하나의 시간선만 존재한다면 가능한 일이다. 반면 이와 같은 시간 여행은 당신이 존재하지 않는 완전히 다른 시간선을 창조하게 된다. 하지만 당신이 존재하지 않는 시간선을 당신이 경험해야만 할 필요는 없을 것이다.

생각해 보자 ▶ 시간 여행은 우주 여행도 의미할까?

6개월 전 지구가 태양의 주위를 공전함에 따라 지구는 현재 위치에서부터 약 3억 2000만 킬로미터 떨어진 위치에 존재했다. 그러므로 일련의 시공간 상대성이 시간 여행을 위해 보존되어야만 한다. 그래야만 하늘을 날던 새가 우주 깊은 곳 어딘가에 떨어져 버리는 일이 생기지 않을 것이다. 시공간 상대성이 보존되지 않는다면 우리가 원하는 곳에 착륙하기 위해서는 어질어질한 회전이 필요해지고 말 것이다. "시간뿐만 아니라 공간도 지정해야만 합니다. 만일 그렇게 하지 않는다면 그냥 망하는 겁니다. 거의 발레 수준이라니까요."라고 닐은 경고한다.

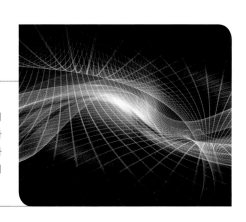

"우리가 공간을 구부리는 것이 우리 자신의 몸을 구부리는 것보다
쉽다는 생각은, 제게는 좀 이상하게 느껴집니다. 하지만 제 안의
물리학자가 그렇게 생각할 뿐이죠. 제가 뭘 알겠어요?"
— 찰스 리우, 천체 물리학자

크리스토퍼 놀런과 함께하는 「인터스텔라」 의 과학
공간을 접을 수 있을까?

시공간은 수학자들이 다양체(매니폴드)라고 부르는 구조입니다. 다양체는 그 이름 자체가 암시하듯이 이론상으로 다양한 방향으로 접히거나 적어도 구부릴 수 있는 구조입니다.

일반 상대성 이론에서 중력은 시공간의 곡률입니다. 그래서 우리는 중력의 원천을 통제해야만 할 뿐입니다. 중력은 시공간을 안쪽으로 구부릴 수 있을 만큼 커야 하고, 다시 시공간을 바깥으로 튕겨내 되돌릴 수 있을 정도여야 합니다. 하지만 중력은 빛의 속도로 이동할 수밖에 없습니다. 그러므로 시공간이 접힌 것이 영구적인 구김이 아니라면, 시공간을 접는 행위 자체가 당신을 빛보다 빠르게 여행할 수 있도록 도와주지는 못할 수도 있습니다.

"두 점 사이의 시공간을 수축시켜서 두 점을 더욱 가까운 위치로 이동시킨 다음 시공간을 점프해 이동하는 방식을 시도해 볼 수는 있겠네요. 400광년을 여행할 필요가 없어지는 거죠. 그다음에 다시 두 점 사이의 시공간을 밀어내서 원래 상태로 만드는 겁니다. 별로 특별할 것도 없죠." 레빈 박사는 말합니다. ■

시공간을 굴절시키면 서로 떨어져 있는 두 점 사이를 이동할 수 있게 된다.

대화

닐이 고백합니다.
"워프 드라이브에 대해
잘못 알고 있었다니까요!"

닐
제 생각엔 말이죠,
워프 드라이브는 공간을
구기는 것 같습니다. 제가
종이를 구기듯이
말이죠.

**찰스 리우
박사**
틀렸어요, 닐.

닐
그럼 워프 드라이브가
어떻게 작동하는지 좀
알려 주세요.

**찰스 리우
박사**
워프 나셀[10]이 우주선
주변에 부분 공간을 만들어
냅니다. 이 부분 공간 덕분에
우주선은 빛보다 빠른 속도로
일반 공간을 통과할 수
있게 됩니다.

닐
그렇군요. 제가
잘못 알고 있었던 거네요.
부디 용서해 주십시오.

"워프 지수는
얼마나 빠르게 부분 공간을
통과할 수 있는지를 나타냅니다."
— 찰스 리우 박사, 천체 물리학자

타디스 시간 여행

블랙홀은 수학적으로 흥미로운 구조이며 실존하는 물리적 대상이기도 합니다. 만일 블랙홀이 상당히 빠르게 회전한다면 블랙홀의 기하 구조는 변화를 겪게 됩니다. 블랙홀 중심에 있는 '점 특이점'은 고리로 변화하고, 내부에 있는 물체의 속도에 제한이 없는 도넛 모양의 영역이 형성되게 됩니다. 이 영역 내의 물체는 심지어 빛의 속도보다도 빨라질 수 있습니다. 게다가 심지어 시간의 흐름과 반대 방향의 시간 여행을 가능하게 할 수도 있지요!

완전히 가상 시나리오에 기반하고 있지만, 아마도 더 재미있는 방식으로 블랙홀을 이용해서 시간 여행을 하는 방법은 블랙홀을 동력의 원천으로 사용하는 것입니다. 텔레비전 드라마 시리즈인 「닥터 후」에서 시간과 공간을 넘나드는 타디스는 조화의 눈[11]에 의해 구동됩니다. 조화의 눈은 붕괴 중인 거대한 별로, 블랙홀을 형성하는 시점에 동결된 것으로 묘사됩니다. 하지만 조화의 눈과 비슷한 별의 붕괴, 즉 유형 II 초신성[12]에 의해 생성되는 에너지 전체의 양은 아마도 타디스가 할 수 있는 모든 기능의 동력을 제공하기에는 결코 충분치 않을 것으로 추측됩니다. ▧

한 토막의 과학 상식

1년이라는 시간에 걸쳐 백조자리 X-1 블랙홀[13]로 이동하고, 그곳에 한 해 동안 머문 후 1년이 걸려서 돌아온다고 가정해 보자. 여행자는 단 3년의 시간만큼의 노화를 겪었겠지만 실제로는 미래로 1201년을 여행한 셈이 된다.

"만일 회전하는 블랙홀이 있다면 말입니다.
블랙홀을 완전히 떠나기조차 전에
블랙홀의 반대 방향으로 블랙홀에서부터
빠져나오는 것이 가능한 궤적이
존재하는 것으로 밝혀져 있습니다."

— 닐 디그래스 타이슨 박사

타디스는 「닥터 후」의 주인공을 시간과 공간의 어떤 점으로든 이동시킬 수 있다.

생각해 보자 ▶ 「콘택트」에 나오는 시간 여행에 대한 묘사는 정확할까?

1997년 영화 「콘택트」[14]에서 주인공은 외계인이 정해 준 대로 디자인된 유선형 이동 수단을 타고 여행을 한다. 18시간에 걸친 그녀의 여정은 지상에서 그녀를 지켜보는 이들에게는 단 1초 또는 2초 정도의 시간에 걸쳐 수행되었다. 만일 그녀의 여행이 상대적인 것이었다면, 즉 그녀의 이동 속도가 어떤 방식으로든 빨라졌다면, 시간 지연의 효과는 반대로 그려졌어야만 한다. 하지만 말이다, 그녀가 외계인이 정해 준 대로 만든 이동 수단을 이용했다는 사실을 잊지 말길 바란다. 외계인이 어떤 기술을 갖고 있었는지 우리 입장에서는 알 도리가 없으니 말이다.

5차원을 이용하라

매들렌 렝글[15]의 명작 소설 『시간의 주름』[16]에서 등장 인물들은 5차원을 통해 빠르게 이동을 합니다. 이 근사한 요령 덕분에 소설 속 주인공들은 우주 곳곳을 빠르게 쏘다니기도 하고, 이상한 행성에서 모험을 하기도 하고, 그 와중에도 저녁 식사 시간에 맞춰서 집으로 돌아갈 수 있었습니다. 과연 이와 같은 일이 실제로도 가능할지에 대해 알 수는 없지만 말입니다. 천체 '테서' 학자[17]인 닐 디그래스 타이슨 박사는 5차원을 통한 시간 여행의 가능성을 어느 정도 확신하는 것 같군요. "만일 더 높은 차원으로 이동한다면 말입니다. 시간 차원에서 한 발짝 벗어나서 우리가 공간을 보듯이 시간을 보게 될 것이라고 생각하는 것도 비현실적인 것만은 아닐 텐데요. 만약에 시간선 전체가 당신 앞에 놓여 있다면 말입니다, 당신은 시간선에 접근할 수 있을뿐더러 언제든 시간선에 뛰어들어 시간선을 되살릴 수 있게 되니까요. 이미 시간선이 거기 있다면 시간선에 뛰어든다는 것, 무언가를 바꾼다는 것은 무엇을 의미하는 것일까요?" ▪

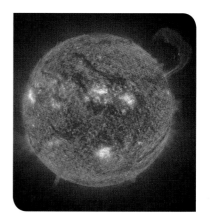

여행 가이드

시간 여행을 하기 위해 태양으로 날아간다면?

「스타 트렉」 텔레비전판 오리지널 시리즈와 영화 「스타 트렉 IV: 귀환의 항로」[18]에서 엔터프라이즈호의 승무원들은 태양을 향해 가는 우주선을 조종하며 우주선을 중력의 새총으로 삼아 시간의 앞뒤로 이동을 한다. 이것은 말이 되는 설정일까? "영화에 나온 것처럼 해서는 안 될 것 같은데요," 라고 닐이 우리에게 말해 준다. "그러니까 아주 그냥 희망의 싹을 잘라 버리세요. 태양보다도 훨씬 더 강력한 중력을 갖고 있지 않는 한 그렇게 태양을 향해 이동하며 시간 여행을 하는 것은 불가능합니다."

「인터스텔라」(2014년)에 등장하는 5차원은 실제로 물리학에 근거하고 있다.

"'내가 언제 태어났더라?' 라는 질문을 할 수도 있습니다. 당신은 항상 태어나 있었어요. '내가 언제 대학에 갔더라?' 당신은 항상 대학에 다니고 있고요. '내가 언제 죽었더라?' 당신은 늘 죽어가고 있는 중입니다."
— 닐 디그래스 타이슨 박사, 더 높은 차원에서 당신의 시간선을 바라보며

유튜브: 닐 디그래스 타이슨과 함께하는 웜홀과 시간 여행

웜홀로 여행하기

「스타 트렉」에서 술루 역을 맡은 타케이는 공간과 시간을 통해 가는 궁극의 교통 체계에 대한 자신의 생각에 대해 닐에게 물어보았습니다. 그가 한 말은 다음과 같습니다. "웜홀이라구요? 웜홀 없이 우리는 어디에도 갈 수 없습니다. 하지만 우리는 시공간, 물질, 에너지에 대한 지식과 통제력이 부족하기에 웜홀을 만들어 낼 수는 없습니다. 네, 그래요. 웜홀을 만들 날이 영영 오지 않을 것이라고는 생각하지 않아요. 우리가 은하의 에너지와 은하단의 모든 별의 질량을 소환할 수 있게 되는 그날, 물질과 에너지를 조작할 수 있을 것이라고 상상해 볼 수 있겠네요. 당신과 당신의 목적지 사이에 있는 공간이라는 천 안에 곡선형으로 접힌 주머니를 넣는 거죠. 그러면 우주는 고속 도로가 뻥뻥 뚫린 '웜홀 스위스 치즈'처럼 되는 겁니다. 그러면 우리는 가고 싶은 곳이라면 어디든 갈 수 있겠죠." ■

한 토막의 과학 상식

"웜홀"이라는 용어는 「스타 트렉」 텔레비전판 오리지널 시리즈에서 한 번도 사용된 적이 없다. 웜홀이라는 단어가 처음 소개된 것은 「스타 트렉: 더 모션 픽처」[19]가 처음이었다.

"우리는 멋대로 그냥 웜홀이나 한번 만들어 볼까 하고 우주의 에너지에 충분한 힘을 행사하지는 않습니다. 만일 우리가 우리 은하에 존재하는 수천억 개의 별들이 생산해 내는 에너지를 모두 끌어모아서 이용한다면, 웜홀을 만들기에 충분할 것 같군요."

— 닐 디그래스 타이슨 박사, 천체 '멋대로' 학자

생각해 보자 ▶ 자, 그럼 언제 이 모든 것이 현실이 될까?
타케이는 닐에게 인간이 시공간에 웜홀 고속도로를 새길 수 있는 날까지 몇 세대나 걸릴지에 대한 질문을 던진다. 닐은 다음과 같이 대답했다. "지금 웜홀 고속도로에 대해 고민하는 것이 1900년에 살아 있던 누군가가 '오, 인간이 달에 갈 날은 영영 오지 않겠지.'라고 말하는 것에 비해서 얼마나 더 먼 미래 이야기인지 잘 모르겠는걸요. 1900년으로부터 69년 후 우리는 달에 발자국을 남기게 되었으니까요." 우리는 언제 웜홀 고속 도로를 보게 될지 알 수 있을까? 우리가 확실히 알고 있는 바는 다음과 같다. 인류가 대답해야만 하는 질문들은 인류가 아직 묻지 않은 질문들이라는 것을.

감사의 글

「스타 토크」 제작진의 전, 현 멤버 모두의 마음과 헌신이 모든 방송 회차는 물론, 이 책의 모든 페이지에 담겨 있을 것이라 확신한다.

「스타 토크」의 제작자들은 내셔널 지오그래픽 출판사의 부편집장인 힐러리 블랙에게 심심한 감사의 마음을 전하고자 한다. 블랙 덕분에 「스타 토크」를 책으로 펴낸다는 아이디어가 탄생하게 되었다. 또한 이 책의 출판을 위해 편집자 앨리슨 딕맨, 수석 편집자 수전 타일러 히치콕, 미술 감독 사나 아카치, 사진 감독 수전 블레어, 사진 편집자 크리스틴 슬레이든, 제작 편집자 주디스 클라인, 사진 보조 패트릭 배글리, 편집 보조 모리아 페티, 이미징 담당 웬디 스미스, 부디자이너 케이티 올슨, 보조 디자이너 니콜 밀러 라는 드림 팀을 구성해 준 데 심심한 감사를 표한다. 이 모든 이들과 그들의 열띤 토론 덕분에 다양한 콘텐츠가 「스타 토크」 방송에서 시각 매체를 통해 놀랄 만큼 근사하게 표현될 수 있었다.

「스타 토크」의 정수는 초대 손님들과 스튜디오 전문가들의 농담, 재치, 내용 덕에 생명력을 얻게 되었다. 대중 문화계, 정치계 및 학계에서 모셔 온 수많은 초대 손님들이 우리 방송을 빛내 주었다. 마크 에이브러햄스, 제임스 아귀아르, 앨런 알다, 버즈 올드린, 닐 암스트롱, 데이비드 애턴버러, 댄 애크로이드, 행크 아자리아, 헤더 벌린, 마이엄 비얼릭, 마이클 이언 블랙, 코리 부커, 앤서니 보뎅, 찰슨 부어랜드, 맥스 브룩스, 레바 버튼, 데이비드 번, 프레이저 케인, 지미 카터, 와이엇 시낵, 앤드루 체이킨, 마이클 체, 빌 클린턴, 스티븐 콜베어, 데이비드 코프, 브라이언 콕스, 데이비드 크로스비, R. 월터 커닝햄, 리처드 도킨스, 피터 디어먼디스, 걀왕 둑파 법왕, 앤 드루얀, 크리스토퍼 엠딘, 카터 에머트, 로런스 피시번, 헬렌 피셔, 앤드루 프리드먼, 짐 개피건, 로리 개럿, 맬컴 글래드웰, 존 글렌, 스티븐 고어밴, 템플 그랜딘, 데이비드 그린스푼, 조시 그로번, GZA, 크리스 해드필드, 매브 히긴스, 존 호지만, G. 스캇 허버드, 애리아나 허핑턴, 제이미 하이네만, 펜 질레트, 제임스 카칼리오스, 미치오 카쿠, 스티븐 케일, 로버트 F. 케네디 주니어, 린 코플리츠, 마크 쿨란스키, 로저 로니우스, 샐리 르 페이지, 주디스 린, 재나 레빈, 이언 립킨, 존 록스딘, 세스 맥팔레인, 샌드라 홀 매그너스, 빌 마, 에이미 마인저, 제임스 마틴 신부, 제임스 맥가하, 세스 마이어스, 모비, 일론 머스크, 매리언 네슬, 니셸 니콜스, 마일스 오브라이언, 존 올리버, 레베카 오펜하이머, 이본 펜들턴, 필 플레이트, 캐롤린 포르코, 애이니사 라미레스, 앨런 릭먼, 데이비드 린드, 조앤 리버스, 메리 로치, 조 로건, 신시아 로젠츠베이그, 폴 러드, 테스 루소, 제프리 라이언, 올리버 색스, 카라 산타 마리아, 수전 서랜던, 애덤 새비지, 댄 새비지, 크리스틴 샬, 앤디 서키스, 세스 쇼스탁, 마크 시델, 제이슨 실바, 리 실버, 제니퍼 시모네티-브라이언, 스티븐 소터, 브렌트 스파이너, 스티븐 스콰이어스, 멜리사 스테리, 존 스튜어트, 비즈 스톤, 니나 스트로밍어, 제이슨 서데이키스, 조지 타케이, 이언 태터솔, 트래비스 테일러, 클라이브 톰슨, 신의 트위터, 섀넌 워커, 제임스 웹스터, 앤디 위어, 루스 웨스트하이머, 윌 휘턴, 피터 화이틀리, 래리 윌모어, 윌 라이트. 이 지면을 빌어 초대 손님들께 감사의 말씀을 전하고자 한다.

닐 디그래스 타이슨, 척 나이스, 제프 자비스와 「스타 토크」 세트장에서. 「스타 토크」는 미국 자연사 박물관의 로스 지구 우주 센터 컬만 홀에서 방청객이 자리한 가운데 녹화되었다. 진행자 닐 디그래스 타이슨은 헤이든 천체 투영관의 관장도 맡고 있다.

스타 토크를 만든 사람들

닐 디그래스 타이슨

「스타 토크」의 진행자인 닐 디그래스 타이슨은 명문 브롱크스 과학 고등학교를 나와 하버드 대학교 물리학과에서 학사 학위를 받았고 컬럼비아 대학교에서 천체 물리학 박사 학위를 취득했다. 10여 편 이상의 연구 논문과 10편의 책을 저술했으며, 저서 중 두 권은 PBS NOVA 특집에 선정되기도 했다. 19개의 명예 박사 학위를 받았으며 우주에 대해 13부에 걸쳐 다룬 내셔널 지오그래픽 채널의 방송 「코스모스: 스페이스타임 오디세이」의 진행자로 활약했다. 그가 진행한 심야 방송인 「스타 토크」는 과학을 주제로 한 최초의 토크쇼로 내셔널 지오그래픽 채널에서 방영되고 있다. 현재 아내와 두 자녀와 함께 뉴욕에 거주하고 있다.

찰스 리우

작가이자 뉴욕 시립 대학교(CUNY) 스태튼 아일랜드 캠퍼스 천체 물리학과 교수이며 뉴욕 소재 미국 자연사 박물관 헤이든 천체 투영관 및 자연사 박물관 천체 물리학부 소속 학자이다. 연구 관심사는 은하계, 퀘이사 및 우주의 역사에서 별의 형성 등이다. 그는 하버드 대학교와 애리조나 대학교에서 학위를 받았으며, 키트 피크 국립 천문대와 콜럼비아 대학교에서 박사 후 과정을 수료했다. 로버트 아이리언, 닐 디그래스 타이슨과 함께 쓴 『하나의 우주』로 2001년 미국 물리학회 선정 도서상을 받은 바 있다. 저서로는 현재 3판까지 출판된 『누구나 천문학』 등이 있다. 가족으로 그보다 더 명석한 아내와 훨씬 더 명석한 세 아이들이 있다.

제프리 리 시몬스

「스타 토크」 라디오의 소셜 미디어 담당자. 우주에서 제일 위대한 팬들과 소통하느라 바쁘지 않은 동안에는 글을 쓰는 작가이기도 하다. 가까운 미래를 소재로 한 가상 현실/사이버 펑크 청년 SF 소설 시리즈 『실시간 영혼』의 저자이다. 리처드 스테켈 박사와 함께 코즈마케팅 핸드북인 『변화를 추구하며 돈 벌기』를 저술했으며, 유명 일러스트레이터 빅터 코엔과 『렉시콘: 단어와 기이한 이미지』, 『토이파벳』 두 편의 저서를 공동 저술했다. 그는 조지타운 대학교에서 문학사 학위를 취득했다. 현재 아내, 딸, 네 마리의 고양이와 함께 뉴저지에 살고 있다.

빌 나이

「스타 토크」의 진행자. 코넬 대학교에서 기계 공학 학사 학위를 취득했으며 에미 상에 빛나는 PBS/디스커버리 채널의 방송, 「빌 아저씨의 과학 이야기」의 제작자 겸 진행자로 활약하기 이전에까지는 보잉 사에서 엔지니어로 일한 경력이 있다.

유진 머먼

「스타 토크」의 공동 진행자. 코미디언 겸 배우. 에미 상을 수상한 폭스 채널의 애니메이션 프로그램 「밥스버거스」에서 등장인물 진의 목소리 연기를 담당했으며, 코미디 센트럴 특집 두 편과 다섯 장의 코미디 음반을 발표했다.

척 나이스

「스타 토크」의 공동 진행자. 18년간 스탠드 업 코미디를 해 온 베테랑으로, 텔레비전과 라디오 프로그램에도 다수 출연했다. 그는 HGTV 채널 「억만장자처럼 쇼핑하라」, 베리아 리빙 채널 「주스」, 센트릭스 채널 「더 핫 10」의 진행자이다.

레이앤 로드

「스타 토크」의 공동 진행자. NYC 블랙 코미디가 '가장 많은 생각을 하게 하는 흑인 여성 희극인'으로 일컫기도 한 스탠드업 코미디언. 레이앤 로드는 허핑턴 포스트의 기고자이자 「레이앤 로드의 딕 조크」 1, 2권 등을 저술한 작가이다.

도판 저작권

via Getty Images; 106(LO RT), Roger Ressmeyer/Corbis/VCG/ Getty Images; 107(UP LE), David Parker/Science Source; 107(UP RT), Richard Wainscoat/Alamy Stock Photo; 107(CTR LE), NASA; 107(CTR RT), NASA/CXC/SAO; 107(LO LE), NASA/Kepler mission/ Wendy Stenzel; 107(LO RT), Northrop Grumman; 109, Jan Cobb Photography Ltd./Getty Images; 110(UP), James P. Blair/National Geographic Creative; 110(LO), Yuri Samsonov/ Shutterstock; 111(UP), Rastan/Getty Images; 111(LO), ESA/Rosetta/NAVCAM(http:// creativecommons.org/licenses/by-sa/3.0/igo/ legalcode); 112(UP), Tim Wetherell-Australian National University(https:// creativecommons.org/licenses/by-sa/3.0/deed.en); 112(CTR), NASA, Philip James(University of Toledo), Steven Lee(University of Colorado); 112(LO), MLiberra/Getty Images; 113, Zia Soleil/Getty Images; 114(UP), Pictorial/ Shutterstock; 114(CTR), Pakhnyushchy/Shutterstock; 114(LO), jerbarber/Getty Images; 115(UP), Kuttelvaserova Stuchelova/Shutterstock; 115(CTR), stjepann/Shutterstock; 115(LO LE), Dmitry Molchanov/Shutterstock; 115(LO RT), Todd Williamson/Getty Images; 116(UP), Charles D. Winters/Science Source; 116(LO), Andrew Toth/Getty Images; 117(UP), Penny Tweedie/Alamy; 117(LO), Pablo Scapinachis/Shutterstock; 118(LE), B Brown/ Shutterstock; 118(RT), Peezaar/Shutterstock; 119(UP), nostal6ie/Shutterstock; 119(CTR LE), Christopher Halloran/Shutterstock; 119(CTR RT), IanRedding/Shutterstock; 119(LO), aastock/Shutterstock; 120(UP), Alexander Fomchenko/Shutterstock; 120(LO), Devonyu/Getty Images; 121, sirastock/Shutterstock; 123, Robin Houde photography/ Getty Images; 124(UP), video grab courtesy Neil deGrasse Tyson; 124(LO), Ryan McGinnis/Alamy Stock Photo; 125(UP), Irwin Thompson/Dallas Morning News/Corbis; 125(CTR), adike/Shutterstock; 125(LO), Harvepino/Shutterstock; 126, trekandshoot/ Shutterstock; 127, iStock.com/ ghtbegin; 128(UP), Pal Szilagyi-Palko/ Demotix/Corbis; 128(LO), NASA/SDO/AIA/HMI/Goddard Space Flight Center; 129, Eric Phillips/Hedgehog House/Minden Pictures/National Geographic Creative; 130(UP), Biophoto Associates/ Science Source, colorization by Mary Martin; 130(LO), Karen Kasmauski/Science Faction/ Getty Images; 130(RT), Kallista Images/Visuals Unlimited/ Corbis; 131(UP), Pyty/ Shutterstock; 131(CTR LE), Andrii Zhezhera/Shutterstock; 131(CTR RT), Dumitrescu Ciprian-Florin/Shutterstock; 131(LO), Enrico Bortoluzzi/ Shutterstock; 132(UP), Igor Sokolov(breeze)/Shutterstock; 132(LO), Cory Richards/ National Geographic Creative; 133, Nick Kaloterakis/National Geographic Creative; 134(UP), Natalia D./Shutterstock; 134(LO), TijanaM/Shutterstock; 135(UP), Paolo Bona/ Shutterstock; 135(LO), Tomasz Romski/Shutterstock; 137, Derek Bacon/Ikon Images/ Corbis; 138, Creativa Images/ Shutterstock; 139(UP), dondesigns/Shutterstock; 139(LO), 3alexd/Getty Images; 140, Kostyantyn Ivanyshen/Stocktrek Images/Getty Images; 141(UP), Steven Kazlowski/ Science Faction/Getty Images; 141(LO), luoman/ Getty Images; 142(UP), iStock.com/ AMR_Photos; 142(LO), Jan Martin Will/ Shutterstock; 143(UP), NASA/JPL-Caltech; 143(LO), Kris Krüg/Getty Images; 144(UP), AP Images/Gregorio Borgia; 144(CTR), hidesy/ Shutterstock; 144(LO), Everett Collection/Alamy Stock Photo; 145, Thanate Rooprasert/ Shutterstock; 146, syolacan/ Getty Images; 147(UP), STILLFX/Shutterstock; 147(LO), Creativ Studio Heinemann/ Getty Images; 149, Johan Swanepoel/Shutterstock; 150(UP), Alex Hubenov/ Shutterstock; 150(CTR), Eugene Ivanov/Shutterstock; 150(LO), AP Images/ APTV; 151(UP LE), Will Crocker/Getty Images; 151(UP RT), NASA; 151(CTR), T photography/ Shutterstock; 151(LO LE), AZSTARMAN/Shutterstock; 151(LO RT), KarSol/ Shutterstock; 152, design56/Getty Images; 153(UP), Michael Schwartz/Getty Images; 153(LO), Milkovasa/Shutterstock; 154(UP), photo5963_shutter/Shutterstock; 154(CTR), HurstPhoto/Shutterstock; 154(LO), Yury Dmitrienko/Shutterstock; 155, Stocktrek Images/ Getty Images; 156(UP), stuartbur/Getty Images; 156(LO), Getty Images; 157(UP), Andrew Brusso/Corbis; 157(LO), The Asahi Shimbun via Getty Images; 158(UP), Elena Schweitzer/ Shutterstock; 158(LO), Julien Tromeut/Shutterstock; 159(UP), AP Images/ Seth Wenig; 159(LO), adike/Shutterstock; 160(UP), rede ne images/Shutterstock; 160(LO), Monica Schipper/Getty Images; 161(UP), Roger Harris/Science Source; 161(LO), NASA/SDO/AIA; 162~163, vuk8691/Getty Images; 165, GYRO PHOTOGRAPHY/ amanaimagesRF/Getty Images; 166(UP), REUTERS/Suzanne Plunkett; 166(LO), mdmworks/Getty Images;

167(UP LE), Peter Lloyd/National Geographic Creative; 167(UP RT-TYSON), Debby Wong/ Shutterstock; 167(UP RT-DAWKINS), Nancy Kaszerman/ ZUMA Press/Corbis; 167(UP RT-MIRMAN), Tim Mosenfelder/FilmMagic/Getty Images; 167(UP RT-NYE), s_bukley/ Shutterstock; 167(LO), weerapatkiatdumrong/Getty Images; 168(UP), stock_colors/Getty Images; 168(CTR LE), Paul Zahl/National Geographic Creative; 168(CTR RT), ArchMan/ Shutterstock; 168(LO LE), Lynn_Bystrom/ Getty Images; 168(LO RT), fotojagodka/Getty Images; 169(UP), Ivaschenka Roman/ Shutterstock; 169(CTR LE), jaroslava V/ Shutterstock; 169(CTR RT), Joe McNally; 169(LO LE), GlobalP/Getty Images; 169(LO RT), Portra/Getty Images; 170(UP), iStock.com/ Ingram_Publishing; 170(LO), ongap/Getty Images; 171(UP), Photos 12/Alamy Stock Photo; 171(CTR LE), Anolis01/Getty Images; 171(CTR), fernandxx/Getty Images; 171(CTR RT), jeryltan/Getty Images; 171(LO), Sergey Uryadnikov/Shutterstock; 172(UP), Christian Ziegler/National Geographic Creative; 172(LO), Nicolas Primola/Shutterstock; 173(DARWIN), The Print Collector/Getty Images; 173(BACTERIA), xrender/Getty Images; 173(MUSTARD GRASS), EnlightenedMedia/Getty Images; 173(ROUNDWORM), Marcel Jancovic/Shutterstock; 173(FRUIT FLY), Roblan/ Shutterstock; 173(BANANA), Maks Narodenko/Shutterstock; 173(ZEBRA FISH), Mirko Rosenau/Shutterstock; 173(GORILLA), Roman Samokhin/Shutterstock; 173(ORANGUTAN), Odua Images/ Shutterstock; 173(CHIMPANZEE), GlobalP/Getty Images; 174(UP), 00Mate00/Getty Images; 174(LO), luchschen/Getty Images; 175(UP), ArtisticCaptures/ Getty Images; 175(CTR), 505909638 Rafy/Syfy/NBCUniversal/Getty Images; 175(LO), Stock photo4u/Getty Images; 176(UP), Rich Legg/Getty Images; 176(LO), benstevens/ Getty Images; 177(UP LE), Maravic/Getty Images; 177(UP RT-ROGAN), Joe Stevens/Retna Ltd./Corbis; 177(UP RT-TYSON), Helga Esteb/Shutterstock.com; 177(LO), leonello/Getty Images; 179, pogonici/Shutterstock; 180(UP-GROBAN), robin jason/Shutterstock.com; 180(UP-NYE), carrie-nelson/Shutterstock.com; 180(UP-WESTHEIMER), Everett Collection/ Shutterstock.com; 180(CTR), Martin Dimitrov/Getty Images; 180(LO), Sashkin/ Shutterstock; 181(UP), sharpshutter/Getty Images; 181(LO), Tymonko Galyna/ Shutterstock; 182(UP), shironosov/Getty Images; 182(LO), 5 second Studio/ Shutterstock; 183(UP LE), Andy-pix/Shutterstock; 183(UP RT), NASA; 183(LO), julie deshaies/Getty Images; 184(UP), Gary Friedman/Los Angeles Times via Getty Images; 184(CTR), Jacob Kearns/Shutterstock; 184(LO), Yuriy Zhuravov/Shutterstock; 185(LE), spastonov/Getty Images; 185(RT), JStone/Shutterstock.com; 186(UP), CREATISTA/Shutterstock; 186(CTR), ClaudioVentrella/Getty Images; 186(LO), 'THE ROCKY HORROR PICTURE SHOW' © 1975 Twentieth Century Fox. All rights reserved. Photo: AF archive/Alamy Stock Photo; 187, Ida Jarosova/Getty Images; 189, vicuschka/ Getty Images; 190(UP), Anna Hoychuk/ Shutterstock; 190(LO), ClarkandCompany/ Getty Images; 191(UP LE), dionisvero/Getty Images; 191(UP RT), FotoMaximum/Getty Images; 191(LO LE), O. Louis Mazzatenta/ National Geographic Creative; 191(LO RT), mariuS-s/Getty Images; 192(UP), Oleg Golovnev/Shutterstock; 192(LO), Manfred Ruckszio/Shutterstock; 193(UP), mphillips007/ Getty Images; 193(CTR), Shaiith/Getty Images; 193(LO), mphillips007/Getty Images; 194(UP), urbanbuzz/Shutterstock.com; 194(LO), BrianAJackson/Getty Images; 195, orcearo/Getty Images; 196(UP), Africa Studio/Shutterstock; 196(LO), Darrickphoto/Getty Images; 197(UP), James Devaney/ WireImage/Getty Images; 197(LO), photosync/ Shutterstock; 199, Angela Waye/ Shutterstock; 200(UP), Sophie Jacopin/Science Source; 200(LO), Lars Niki/Corbis viaGetty Images; 201(LE), tigermad/Getty Images; 201(RT-GLADWELL), Michael Kovac/ Getty Images for AFI; 201(RT-TYSON), Helga Esteb/ Shutterstock.com; 201(RT-MIRMAN), Tim Mosenfelder/FilmMagic/Getty Images; 201(RT— CENAC), Mike Coppola/Getty Images for Spike TV; 202(UP), Elliot Severn; 202(CTR), kirstyokee e/Getty Images; 202(LO), catscandotcom/Getty Images; 203(UP), IvonneW/Getty Images; 203(LO), Alfred Pasieka/Science Photo Library/Corbis; 204, syolacan/Getty Images; 205(UP), PacoRomero/Getty Images; 205(CTR), Neil deGrasse Tyson; 205(LO), Helga Esteb/ Shutterstock.com; 206(UP LE), John Lamparski/WireImage/ Getty Images; 206(UP CTR), JStone/Shutterstock.com; 206(UP RT), Chance Yeh/Getty Images; 206(LO LE), Ovidiu Hrubaru/Shutterstock.com; 206(LO RT), Tim Mosenfelder/

옮긴이의 글 우주에서 비빔밥을 만든다면?

우리 삶을 둘러싸고 있는 과학은 빠른 속도로 발전하고 있다. 과학 기술의 진보는 인류의 삶에 변화를 가져왔으며, 그 속도 또한 걷잡을 수 없이 빨라지고 있다. 과학 기술의 편리함을 누리는 인류가 실제로 감지하는 생활의 변화 뒤에 숨어 있는 과학 기술의 발전에 대해 궁금증을 가질 시간조차 부족할 정도로 말이다. 과학과 인류의 삶이 떼려야 뗄 수 없었던 것이 현대만의 일은 아니다. 먼 과거의 인류도 우주를 관찰했고, 우리가 지금 사는 곳이 어디이며 우리가 어디로부터 왔는지를 고뇌했다. 인류는 과학을 기반으로 자신과, 우리 생물 종의 미래를 점쳤으며 인류의 미래를 변화시킨 과학의 토대를 닦기도 했다. 변함없이 그 자리에 있었던 것 같은 우주에 대한 관측과 우주 속 만상의 변화는 인류에게 영감은 물론 불안감을 주기도 했다. 우주에 대한 상상과 인류의 영감은 미래를 소재로 한 작품들에 등장하여 후세 인류에게 흥미로운 기록을 남겨 주었다. 과학과 인류의 오래되고도 간단치 않은 상호 작용을 딱 한 권의 책으로 조망해 볼 수 있다면 어떨까?

별에 대해, 또는 하늘의 별 아래에 있는 모든 것들에 대한 궁금증에 대해 '이야기하는' 이 책, 『스타 토크』는 앞서 말한 모든 주제, 즉 과학과 인류의 상호 작용이라는 큰 주제를 망라하는 수많은 질문에 대해 답한다. 제목이 시사하는 바와 같이 하늘의 별은 물론 유명인, 유명 사건 등 인류의 문화에 관련해 굵직한 한 획을 남긴 스타들이 한판 수다처럼 즐겁게 과학과 삶 이야기를 풀어낸다. 동명의 팟캐스트와 텔레비전 프로그램이라는 전파 매체를 통해 여러 사람들에게 흥겨움과 일깨움을 준 콘텐츠를 골라 지면 위에 풀어낸 이 책은 독자로 하여금 '다시' 과학에 대한 질문을 품게끔 만든다. 닐 디그래스 타이슨이 동명의 텔레비전 프로그램에서 언급한 바 있듯, 이 책은 어쩌면 과학에 대해 다 아는 독자들을 위한 과학서는 아닐지도 모른다. 이 책은 누구나 과학 시간에 가졌을 법한 질문, 분명 과학 시간에 다루었지만 기억나지 않는 내용에 대해 명료하고도 삶에 맞닿은 대답을 건네는 지침서이다. 한때는 질문으로 가득했을지도 모르지만 지금은 과학에 대해 질문을 던지는 법조차 잠시 잊고 살고 있었을 수많은 대중에게 쉽게 다가갈 수 있다는 점이야말로 『스타 토크』만의 강점이 아닐까 한다.

여기서 다룬 질문들 중 몇몇을 소개하자면 다음과 같다. 화성에서 동물 농장을 꾸린다면 어떤 동물을 기르는 것이 가장 유리할까? 우주에서는 무엇을 먹고 어떻게 볼일을 볼까? 인간이 원숭이로부터 진화했다면 왜 아직도 원숭이가 있을까? 왜 사람은 날개가 없을까? 세상은 불로 망할까, 얼음으로 망할까? 사람들이 신봉했던 지구 종말론에는 어떤 것들이 있을까? 영화 속 과학에는 어떤 옥에 티가 있을까?

너무나 간단해 보이는 질문에 대한 대답은 물론, 질문과 관련된 과학 상식, 인물 소개 등을 한 장의 지면에 글과 시각 매체를 총동원해 담은 이 책의 독자가 되는 것은 참으로 즐거운 경험이었다. 일방적인 강의에 수동적으로 참여한 느낌이 아닌, 밤늦도록 이어지는 과학에 심취한 이들의 즐거운 모임에 오래도록 머물며 수다를 떨고 즐거운 마음과 노곤한 몸으로 집에 돌아온 느낌이었으니 말이다. 마지막 장까지 단숨에 읽은 후 늦은 식사를 하며 "아, 우주에서 비빔밥을 먹으면 밥알이 하늘로 떠다닐까? 밥을 질게 지어야 할까? 아니면 먼저 참기름을 듬뿍 넣은 후 우주선에 실어야 하나?"라는 질문을 던지는 스스로를 발견하고 웃음을 터뜨렸다. 바쁜 일상 중 잠시만이라도 과학에 대해 궁금해하고, 삶 속에서 과학에 관한 질문을 찾아 본 것이 언제가 마지막이었는지에 대해 자문하면서 말이다. 다시 과학에게 질문을 던질 마음과 용기를 선물해 준 『스타 토크』에 감사한다. 독자 여러분도 『스타 토크』를 통해 스타들의 과학 문답을 음미하며 다시 과학에게 질문을 던지게 되는 즐거움을 맛보시게 되기 바란다.

생생하게 과학 속 한 장면을 보여 주는 시각 매체로 가득한 지면은 물론, 많지 않은 양의 간명한 글 속에 명쾌한 과학 이야기와 번뜩이는 재치를 고르게 담은 타이슨 특유의 문체를 언어의 다리를 건너 전하는 작업이 쉽지만은 않았다. 대학 강단에서 학생들에게 인간 말소리의 과학을 가르치는 일을 하고 있는 바, 쉬운 말로 쉽지 않은 내용을 재미있게 전달하는 과학 전도사의 능력에 대한 부러움을 종종 느낀 작업이었다. 동시에 번역 과정 동안 과연 이 좋은 글을 말맛을 살리고 빠짐없이 정보를 담은 우리말 문장으로 옮길 수 있을 것인가에 대한 고민을 한 적 또한 적지 않았음을 고백한다. 훌륭한 저작물임은 물론, 읽기에도 옮기기에도 즐거운 책을 골라 번역을 의뢰해 짧지 않았던 작업 기간 내내 변함없이 격려해 주신 (주)사이언스북스의 편집부에 깊은 감사를 드린다. 미국 대중 문화에 대한 언급이 다수 등장하는 만큼 주석을 통해 말맛은 물론 글 속에 숨은 뜻까지 소개하고자 노력했다. 부족하거나 부정확하지 않기를 바라며 언어의 차이라는 간극을 넘는 과정에서 전해지지 못한 이야기 또는 번역 과정에서 생긴 오류는 옮긴이의 책임임을 밝혀 둔다.

김다히

옮긴이 후주

들어가는 글

1 미국 국립 과학 재단(National Science Foundation, NSF). 의학을 제외한 과학과 공학 분야 기초 연구의 교육 및 연구를 지원하는 국가 기관이다. 연간 예산은 2012년 기준 미화 약 70억 달러로 추산되며 미국의 대학에서 진행되는 연구의 약 24퍼센트의 연구비를 지원하고 있다.

2 광자(photon). 기본 입자의 일종으로 빛 등 전자기파를 구성하는 양자이다.

3 스티븐 콜베어(Stephen Colbert, 1964년~). 미국의 코미디언, 방송 제작자, 배우, 평론가이자 진행자. 대표작으로는 CBS 방송국의 심야 토크쇼 「레이트 쇼 위드 스티븐 콜베어(The Late Show with Stephen Colbert)」가 있다.

4 마이엄 비얼릭(Mayim Bialik, 1975년~). 미국의 배우이자 신경 과학자. CBS 시트콤 「빅뱅 이론」에서 신경 과학자 역을 연기했다.

5 (구)소련 우주선 프로젝트의 일환으로 1960년대 중반부터 개발되기 시작했다. 이름은 러시아 어로 '연합'이라는 의미이다.

1부 우주

1장 화성에 갈 때는 무엇을 가져가나요?

1 지구 주변의 궤도로 해발 160~2000킬로미터의 궤도를 말한다.

2 1998년 건설이 시작된 우주 정거장으로, 16개국이 참여해 우주 연구, 탐사, 교육을 위해 건설되었다. 지구 저궤도에 떠 있으며 지구에서 육안으로도 관측 가능하다. 매일 지구를 약 16바퀴 돌고 있다.

3 STS-135는 2011년 7월 8일에 발사된 애틀랜티스 우주 왕복선의 국제 우주 정거장으로의 비행 임무다. 이 비행은 우주 왕복선 애틀랜티스 호를 포함한 모든 우주 왕복선들의 마지막 비행이 되었다.

4 크리스토퍼 퍼거슨(Christopher J. Ferguson, 1961년~). 퇴역한 미국 해군 대령이자 전 미국 항공 우주국 소속 우주 비행사. 최초로 수행한 임무인 STS-115에서는 애틀랜티스 우주 왕복선의 조종을 담당했으며 이후 STS-126 임무에서는 인데버 우주 왕복선의 사령관으로, STS-135 임무에서는 애틀랜티스 우주 왕복선의 사령관으로 봉직했다. 2011년 9월에 미국 항공 우주국에서 은퇴한 후 현재는 보잉 사에서 근무 중이다.

5 더글러스 헐리(Douglas G. Hurley, 1966년~). 퇴역한 미국 해병대 대령, 현 미국 항공 우주국 소속 우주 비행사. 현재 공학자 겸 우주 비행사로 활동 중이다. 2000년 미국 항공 우주국의 우주선 조종사로 발탁된 후 2009년의 STS-127 임무와 2011년 STS-135 임무 등 우주 왕복선 임무의 조종을 담당했다. 2015년 7월 최초의 상업용 우주선에 탑승할 우주인으로 선발되었다.

6 렉스 월하임(Rex J. Walheim, 1962년~). 미국 공군 대령, 현 미국 항공 우주국 소속 우주 비행사. 현재 공학자 겸 우주 비행사로 활동 중이다. 2002년 STS-110 임무를 시작으로, STS-122, STS-135 임무에 이르기까지 총 560시간 이상을 우주 공간에서 보낸 경력의 소유자이다.

7 샌드라 홀 매그너스(Sandra Hall Magnus, 1964년~). 미국의 공학자이자 전 미국 항공 우주국 소속 우주 비행사. 1996년 우주인 후보로 선출된 후 2002년 STS-112 임무에 참여했으며 2006년 미국 항공 우주국의 해저 탐사 프로젝트 중 하나인 니모 13임무를 지휘했다. 국제 우주 정거장과 관련된 익스피디션 18 임무 및 우주 왕복선 관련 STS-135 임무에 참여해 우주 비행을 했다. 현재는 미국 항공 우주국를 떠나 미국 항공 우주 학회(The American Institute of Aeronautics and Astronautics) 이사로 활동하고 있다.

8 미국 항공 우주국 산하의 우주선 발사 시설 및 발사 통제 센터로 1962년, 플로리다 주의 메리츠 섬에 건립되었다. 1968년 이래로 유인 우주선의 주요 발사 장소로 이용되고 있다.

9 조시 그로번(Josh Groban, 1981년~). 미국의 가수, 작곡가, 배우, 음반 제작자로 1998년에 데뷔했다. 2017년 기준 전 세계에서 2500만 장 이상의 음반 판매고를 올린 바 있다.

10 『우주 다큐 : 우주 비행사가 숨기고 싶은 인간에 대한 모든 실험』. 원제를 직역하면 『화성 여행을 위한 짐 싸기(Packing for Mars)』이다.

11 메리 로치(Mary Roach, 1959년~). 미국의 작가. 7권의 대중 과학서를 펴낸 바 있다.

12 유이 기미야(油井亀美也, 1970년~, 남성). 2009년 우주 비행사 후보로 선발되어 2015년 7월부터 12월까지 국제 우주 정거장에 장기 체류했다.

13 크리스 해드필드(Chris Hadfield, 1959년~). 캐나다 출신의 우주 비행사로 1992년 우주 비행사로 선발된 후 1995년의 STS-74 우주 왕복선 임무, 2001년의 STS-100 임무, 이후의 소유즈 TMA-07M, 익스피디션 34과 35 임무 등 다수의 국제 우주 정거장 관련 임무를 수행했다. 익스피디션 35 임무의 사령관으로 근무할 때 자유 시간에 우주 정거장에서 음악을 녹음해 온라인에 게시해 세계인의 관심을 받았다.

14 척 나이스(Chuck Nice, 1966년~). 미국의 코미디언, 라디오 진행자.

15 자메이카 사람들의 영어 발음에서 'r' 철자에 해당하는 소리가 탈락하는 경향에 착안한 농담.

16 원문은 "Ya Mon, everythings' irie." 자메이카식 영어에서 'man'에 해당하는 말이 미국 영어 원어민에게 'mon'에 가깝게 들리는 것을 소리나는 대로 적은 것이다. 자메이카 영어의 'Ya mon'은 미국 영어의 'okay'에, 'irie'는 미국 영어의 'nice'에 해당하는 표현이다.

17 라스타파리안(Rastafarian)의 준말. 1920~1930년대 자메이카에서 기원한 흑인 선민 사상에 기반한 종교. 열성 신자들은 드레드락스 스타일('레게 머리') 머리 모양을 하고, 돼지고기, 조개 및 갑각류, 우유를 먹지 않으며, 마리화나를 피우는 것으로 알려져 있다.

18 마리화나.

19 중력이 0에 가까우나 완전한 무중력 상태는 아닌 상태를 뜻하며, 마이크로중력이라고도 불림.

20 브루스 맥캔들리스(Bruce McCandless II, 1937년~). 퇴역한 미국 해군 대령,

공학자, 전 미국 항공 우주국 소속 우주인. 1960년대에는 우주인이 우주 유영을 할 때 우주선에 연결된 생명줄을 사용했다. 1984년 생명줄 없이 우주 유영에 성공했고, 두 손이 자유로운 상태로 우주선과 연결된 줄을 사용하지 않은 맥캔들리스의 우주 유영 장면은 인류의 우주 탐사 보고 사진 중 가장 영향력 있는 사진 중 하나로 남았다.

21 1958년부터 1963년까지 미국 항공 우주국에 의해 이루어진 미국 최초의 유인 우주 비행 탐사 계획으로, (구)소련보다 앞서 유인 우주 비행을 달성하고자 하는 목표 하에 진행되었다.

22 미국의 세 번째 유인 우주 비행 탐사 계획으로 1969년부터 1972년까지 진행되었다. 아폴로 미션의 목표 중 대중에게 가장 널리 알려진 목표는 인간을 달에 무사히 착륙시킨 후 지구로 귀환시키는 것이었다.

23 우주인이 우주선 밖에서 활동할 때 생존 및 이동을 위해 착용하는 우주복.

24 2002년 샌프란시스코 인근 해안 지역에서 활동하던 희극인들의 주최로 시작된 행사로 샌프란시스코 스케치페스트로도 불린다. 다양한 경력과 개성의 희극인들이 모여 꽁트, 즉흥 연기, 등 다양한 희극을 선보이는 장이다.

25 기체 상태의 물질에 열을 계속 가해 만들어진 이온핵과 자유 전자로 이루어진 입자의 집합체 상태, 또는 이와 같은 상태의 물질.

26 니셸 니콜스(Nichelle Nichols, 1932년~). 미국의 연기자이자 성우. 드라마 「스타 트렉」의 통신 장교인 우후라 대위 역으로 가장 잘 알려져 있다. 「스타 트렉」이 처음 방영된 1960년대 중반 미국의 사회적 배경을 감안할 때 텔레비전 드라마 속의 흑인 여성 등장인물이 하인이 아닌 고급 장교였다는 점에서 대중 매체에 암묵적으로 존재하던 인종 차별에서 벗어난 선구적 가상 인물이라는 평가를 받는다.

27 미소 유성체(유성진)는 우주 공간에 존재하는 아주 작은 암석 입자로 대개 1그램 이하의 질량을 지닌다. 미소 유성체는 지구의 대기권을 통과해 지구 표면에 도달한다.

28 마이클 마시미노(Michael Massimino, 1962년~). 미국의 공학자. 현재 콜럼비아 대학교 기계 공학과 교수로 재직 중이다. 미국 항공 우주국 소속의 우주 비행사였으며 2009년 우주에서 트위터를 남긴 첫 지구인이다. 허블 우주 망원경 수리를 위한 프로젝트의 일환으로 2002년과 2009년에 우주 비행을 한 경력이 있다.

29 잭 니콜슨 주연의 공포 영화 「샤이닝(The Shining)」에서 영감을 받은 언급으로 추정된다. 「샤이닝」의 주인공인 잭 토렌스(잭 니콜슨 분)는 가장 가까운 민가에서부터 40킬로미터 정도 떨어진 산 속의 호텔 직원으로 일하며 가족과 함께 살고 있었으나, 계속된 고립과 광증으로 인해 가족들이 숨어 있는 방문을 도끼로 부수며 "쟈니 왔다!"(「쟈니 칼슨 쇼(The Tonight Show Starring Johnny Carson)」를 시작하며 진행자가 하는 인사말에서 따온 말)라는 대사를 외치며 광기를 드러낸다.

30 래리 니븐(Larry Niven, 1938년~)이 쓴 1970년작 SF 소설의 제목이자, 작중 인물들이 탐사하는 외계 공간의 이름. 링월드는 인공적으로 조성된 구조물로 태양과 비슷한 별 주변을 둘러싸고 있으며 폭은 160만킬로미터로 그려지

고 있다. 링월드는 회전하면서 중력을 확보하는 등 인류가 생존할 수 있는 환경을 인공적으로 조성한 결과물로 묘사된다.

31 「스타 워즈」시리즈에 등장하는 거대 우주 정거장.

32 톈궁(天宫, Tiangong program). 중국의 우주 정거장 프로그램. 미르에 준하는 모듈식 우주 정거장을 만드는 것이 목표이다. 1992년에 시작되어, 2022년 대형 우주 정거장 완공을 목표로 하고 있다. 2011년 첫 우주 실험실인 톈궁 1호의 발사 이후 2016년, 더욱 진일보한 톈궁 2호가 발사되었다. 우주 정거장에서의 장기 거주 프로젝트 등이 진행 중이다.

33 남극에서 아르헨티나의 최남단 도시인 우수아이아(Ushuaia, 남위 약 55도)까지의 거리는 약 1000킬로미터. 지구에서 국제 우주 정거장까지의 거리는 약 250킬로미터.

34 아서 클라크(Arthur C. Clarke, 1917~2008년). 영국의 작가, 발명가, 미래학자. SF 소설 『스페이스 오디세이』의 작가로 잘 알려져 있다.

35 원제 『신의 망치(The Hammer of God)』. 지구를 향해 떨어지는 소행성에 대한 SF 소설.

36 Olympus Mons. 높이는 약 22킬로미터이며, 약 30만 제곱킬로미터의 화성 표면을 덮고 있다.

37 Valles Marineris. 화성에 있는 협곡으로 길이는 약 4000킬로미터, 깊이는 약 7킬로미터에 육박하는 거대한 협곡. 태양계에서 가장 규모가 큰 협곡으로 추정된다. (그랜드 캐니언의 폭은 6킬로미터, 깊이는 1.6킬로미터이다.)

38 존 올리버(John Oliver, 1977년~). 영국의 코미디언, 방송 진행자, 배우. 미국에서는 「더 데일리 쇼 위드 존 스튜어트(The Daily Show with Jon Stewart)」의 진행자로 잘 알려져 있다.

39 뉴욕 타임 스퀘어에 위치한 공연장

40 버즈 올드린(Buzz Aldrin, 1930년~). 미국의 공학자이자 전 우주 비행사. 아폴로 11 임무에서 두 번째로 달에 인간의 발자국을 남긴 우주인으로 가장 잘 알려져 있다.

41 유진 머먼(Eugene Mirman, 1974년~). 러시아에서 태어나 미국에서 활동 중인 작가, 코미디언, 배우. 폭스 방송에서 방영된 만화 「밥스 버거스」에서 진 벨처 역의 목소리 연기를 했다.

42 미국의 작가 로라 잉걸스 와일더(Laura Ingalls Wilder, 1867~1957년)의 자전적 소설. 와일더 가족이 개척지에 새로 정착하며 겪는 경험담을 소재로 다루고 있다. 이후에 다수의 영상물로 재창작되었다.

43 원제 「코스모스: 스페이스타임 오디세이(Cosmos: A Spacetime Odyssey)」. 2014년에 방송된 미국의 과학 다큐멘터리.

44 영국 월트셔 소재 솔즈베리 평원과 에이브버리에 있는 선사 시대의 기념물. 거대한 돌을 인공적으로 깎아, 기하학적인 구조에 배치한 기념물로 조성 시기는 대략 기원전 3000~2000년경으로 추정된다.

45 원제 『화성으로의 임무(Mission to Mars)』(2013년).

46 청각 기관과 평형 감각 기관들이 들어 있다.

47 섀넌 워커(Shannon Walker, 1965년~). 미국의 물리학자이자 우주인. 익스페디션 22 임무의 예비 사령관이자 익스페디션 25 임무에 참여한 우주인. 미

국 항공 우주국의 해저 탐사 임무에도 참여했다.

48 월터 커닝햄(R. Walter Cunningham, 1932년~). 퇴역한 미국 해병대 예비군 대령이자 우주 비행사. 1968년 아폴로 7호의 달 착륙선 조종을 담당했다. 미국 항공 우주국의 세 번째 민간인 출신 우주인으로, 전투기 조종사, 물리학자, 기업인, 벤처 투자자, 작가, 강사, 방송인으로 활약한 바 있다.

49 태양 대기의 가장 바깥 부분.

50 천체 표면에 있는 움푹 파인 지형.

51 캐롤린 포르코(Carolyn Porco, 1953년~). 미국의 행성 과학자로 태양계의 외부에 위치한 행성 전문가이다. 토성 궤도를 탐사 중인 카시니 호의 화상 팀에서 활동 중이다.

52 존 록즈던(John Logsdon, 1937년~). 조지 워싱턴 대학교의 우주 정책 연구소의 설립자로, 1987년부터 2008년까지 연구소장을 역임했다. 우주 정책 및 역사 분야의 전문가로 미국 항공 우주국의 고문직을 맡은 경력도 있다. 1970년부터 조지 워싱턴 대학교의 정치학 및 국제 관계학 교수로 재직했고 현재는 조지 워싱턴 대학교의 명예 교수이다.

53 존 글렌(John Glenn, 1921~2016년). 미국의 해병대 전투 조종사, 공학자, 우주인, 오하이오 주 상원 의원. 미국인으로서는 최초로 우주 궤도 비행에 성공한 우주인. 70대 중반이었던 1998년 STS-95 임무 수행을 위해 우주 왕복선 디스커버리 호를 타고 우주 비행을 해 세계 최고령 우주 비행 기록을 갖게 되었다.

54 로저 로니우스(Roger Launius, 1954년~). 미국의 역사가, 작가. 미국 항공 우주국 선임 역사가. 2017년 현재 워싱턴 D. C. 소재의 스미스소니언 국립 우주 항공 박물관에 근무하고 있다. 항공 우주 과학의 역사 및 종교사 분야의 전문가이다.

2장 우주에서는 무엇을 먹나요?

1 고공이나 우주 등 극심한 저압 환경에서 나타나는 체내 이상을 방지하기 위해 신체에 압력을 공급할 수 있도록 고안된 특수한 비행복, 또는 우주복.

2 소니 카터(Manley Lanier 'Sonny' Carter Jr., 1947~1991년). 미국의 의사, 프로 미식 축구 선수, 해군 전투 조종사, 우주인. 우주 왕복선 임무인 STS-33에 참여했다. 43세의 젊은 나이에 비행기 사고로 사망했다.

3 양념한 돼지고기 덩어리를 저온에서 오랜 시간에 걸쳐 익힌 후 결대로 찢은 요리. 굽는 조리 방식보다 낮은 온도의 열을 간접적으로 오랜 시간동안 전달해 조리하는 방식을 바비큐라 하며 이 방식으로 조리된 음식에는 특유의 향이 입혀진다.

4 쇠고기를 염장해 보관한 음식.

5 감자를 채치거나 잘게 썰어 빠르게 익힌 음식.

6 앤서니 보뎅(Anthony Michael Bourdain, 1956~2018년). 미국의 유명 셰프이자 방송 진행자. 1978년 미국 요리 학교(Culinary Institute of America)를 졸업한 후, 다수의 레스토랑에서 경력을 쌓았으며 사망 전에는 맨해튼 소재의 레스토랑 브래서리 레 알(Brasserie Les Halles)의 수석 주방장을 역임했다. 《뉴요커》에 연재한 칼럼을 모아 편집한 베스트셀러 『쉐프(Kitchen Confidential: Culinary Underbelly)』를 비롯한 다수의 논픽션 및 픽션을 저술하기도 했다. 보뎅은 특히 세계 각국의 음식을 탐방하는 텔레비전 프로그램의 진행자로도 잘 알려져 있는데, 요리 전문 방송 채널인 푸드 네트워크에서 진행한 「쿡스 투어(A Cook's Tour)」, 「예약도 안 하고(No Reservations)」, CNN 의 여행 및 음식 탐방 기행 프로그램인 「앤서니 보뎅: 파츠 언노운」 등의 진행자로 대중의 많은 사랑을 받았다. 2018년 6월 「앤서니 보뎅: 파츠 언노운」의 촬영 차 프랑스에 머물던 중 스스로 목숨을 끊었다.

7 보잉 사에서 만든 공중 급유기, 수송기. 미국 공군에서 운용한다. 1957년에 최초로 사용된 이후 현재까지도 사용 중이다.

8 1968년부터 미국의 공군, 해군, 해병대에서 사용된 비행기로 단거리 여객기인 맥도넬 더글러스 DC-9기의 군용판이다. 환자 수송용으로 사용된 적이 있다. 노후된 KC-135기 대신으로 2003년부터 미국 항공 우주국의 존슨 우주 센터에서 중력 감소 환경 관련 연구용으로 사용되기 시작했다.

9 귀의 입구와 고막 사이를 통과하는 관.

10 밀가루 반죽에 버터 등 유지류를 겹겹이 넣어 만드는 빵. 구울 때 반죽 사이의 유지가 녹아 생겨난 공간이 수증기압으로 부풀려진 결과 단면에는 풍성한 결이 생기고 식감은 바삭바삭하다.

11 달걀의 흰자를 거품기로 빠르게 저어 부풀린 것. 낮은 온도에서 구워 과자처럼 먹거나 촉촉하고 가벼운 식감을 가진 후식류를 만들기 위해 사용한다.

12 밀가루, 달걀, 버터 등으로 만든 반죽을 그릇에 담은 후 오븐에서 부풀려 굽는 음식.

13 뉴욕 주 브루클린 시 소재의 바이자 음악 및 코미디 공연장.

14 텀블러(중간에 특별히 가는 부분이 없는 잔)의 일종으로 240~350밀리리터 용량의 칵테일 잔.

15 찰스 시모니(Charles Simonyi, 1948년~). 헝가리 출신으로 미국에서 활동 중인 컴퓨터 프로그래머, 사업가. 2007년과 2009년에 국제 우주 정거장에 여행 목적으로 방문했다.

16 마사 스튜어트(Martha Stewart, 1941년~). 미국의 사업가, 작가, 텔레비전 진행자. 요리, 원예 등 살림 전문가로 활동했다.

17 지중해 연안에서 서식하는 식물의 꽃봉오리. 주로 식초에 절여 양념으로 사용한다.

18 통오리를 소금, 마늘, 허브 등으로 오랜 시간동안 절인 후 불에 천천히 구워 낸 요리.

19 닭고기를 감자로 덮어 구운 요리.

20 프랑스식 사과 케이크.

21 쌀을 물이나 우유와 섞은 후 계피, 건포도를 넣어 익힌다. 달게 만들어 후식으로 먹기도 한다.

22 단백질과 글루텐 함량이 높은 듀럼 밀을 거칠게 부수어 만든 밀가루. 파스타나 쿠스쿠스의 재료로 널리 사용된다.

23 사과를 오랜 시간 동안 고아 소스처럼 만든 것.

24 음식물을 곱게 갈거나 체에 내려 진한 액체나 반죽 같은 형태로 만든 것.

25 고기를 조리할 때 나온 육즙에 밀가루나 옥수수 전분을 넣어 걸쭉하게 만든 소스.

26 멸균을 위해 사용되는 음식 처리법.

27 Personal Preference Kit(PPK).

28 알랭 뒤카스(Alain Ducasse, 1956년~). 모로코 국적의 셰프. 미슐랭 가이드에서 별 세 개를 받은 식당 여러 개와 요리 학교인 ADF 를 운영하고 있다.

29 사탕무나 비트로 만든 동유럽식 수프.

30 양상추의 일종으로 대와 잎이 길고 빳빳하다.

31 물에 섞어 음료로 만든 후 마실 수 있는 가루. 오렌지맛, 포도맛 등이 상품화되어 있다.

32 빌 미첼(Bill Mitchell, 1911~2004년). 미국의 식품 화학 전문가. 식품 화학과 관련된 70여 건의 특허를 보유했다.

33 고구마와 비슷한 모양의 카사바라는 식물의 뿌리를 말려 전분 덩어리로 가공한 것.

34 탄산 성분이 함유된 가루 사탕으로 입 안에서 톡톡 튄다.

35 크래프트 푸즈에서 출시된 젤라틴 디저트. 인스턴트 제품은 가루 형태의 믹스로 출시되며, 우유 등 재료를 섞으면 바로 먹을 수 있는 젤리나 푸딩 형태로 변한다.

36 모조 휘핑 크림.

37 테리 벌츠(Terry W. Virts, 1967년~). 미국 공군 대령이자 미국 항공 우주국 소속 우주 비행사. 2000년 미국 항공 우주국에 발탁된 후 2010년 STS-130 임무에서 우주 왕복선 인데버 호를 조종했고, 2015년 익스페디션 43 임무에서는 사령관을 담당했다. 우주에서 213일 이상 체류한 경력이 있다.

38 마음을 편안하게 해 주는 음식, 또는 힘들 때 먹고 싶어지는 음식.

39 다진 고기, 야채, 달걀 등을 섞어 모양을 잡은 후 덩어리째 굽는 음식. 얇게 썰어 낸다.

40 백미 또는 현미와 다양한 콩을 함께 조리해 먹는 음식.

41 물과 야채, 고기 등을 섞어 끓인 음식.

42 브루클린 음악 아카데미(Brooklyn Academy of Music)의 약칭. 뉴욕 시 소재. 1861년에 건립된 예술 협회 및 공연장으로 전위적, 진보적 예술이 공연되는 장소로 잘 알려져 있다.

43 비건 채식인. Vegan. 고기는 물론, 동물에게서부터 원료를 얻는 일체의 식품 및 상품의 소비를 지양함.

44 폴 러드(Paul Rudd, 1969년~). 미국의 배우, 코미디언, 작가 겸 제작자. 다수의 코미디에 출연했으며 2015년작 「앤트맨」과 2016년작 「캡틴 아메리카: 시빌 워」에서의 앤트맨 역으로 잘 알려져 있다.

45 미국의 잡지. 1883년에서 1972년까지는 주간지로, 1978년부터 2000년까지는 월간지로 발행되었다. 초기에는 일반 대중을 대상으로 한 유머지였으나 1936년 헨리 루스가 발행인이 된 이후 보도 사진을 비중있게 싣는 시사지로 탈바꿈한다.

46 해비트레일(Habitrail). 쥐나 햄스터 등 작은 육상동물을 집 안에서 기르기 위해 여러 개의 투명한 튜브를 이어 붙여 만든 사육장.

47 마이클 이언 블랙(Michael Ian Black, 1971년~). 미국의 코미디언, 배우, 작가, 제작자. 다수의 텔레비전 코미디 시리즈에 출연.

48 미국 북동부, 대서양 연안 지역. 매사추세츠, 코네티컷, 로드아일랜드, 버몬트, 메인, 뉴 햄프셔의 6개 주를 포괄하고, 면적은 약 18만 6500제곱킬로미터이다.

49 면적이 넓은 파스타. 면 위에 소스나 치즈 등을 넣고 겹친 후, 오븐에 구워 요리한다.

50 이탈리아식 만두. 파스타 면을 겹쳐 그 사이에 간 고기, 야채, 치즈 등으로 만든 소를 넣고 겹친 면을 여민 후, 국물이나 소스와 함께 요리한다.

51 Uranus. 철자 뒷부분이 항문을 뜻하는 영어 단어(anus)와 같아 식품 이름으로 사용하기에 적절하지 않다.

52 일식, 또는 월식을 뜻한다.

53 리글리 사에서 출시된 향이 강한 박하맛 사탕.

54 은하수를 뜻한다.

55 마스 사(영어로 화성을 뜻한다.)에서 출시된 초콜릿 바. 엿기름으로 만든 너겟 위에 캐러멜을 얹고 초콜릿을 입혔다.

56 달을 뜻한다.

57 2개의 비스킷 사이에 마시멜로를 넣고 초콜릿으로 덧씌운 원형 과자. 한국의 초코파이와 비슷함.

58 1979년 출시된 과일향 탄산 음료.

59 양배추를 잘게 썰어 절인 후 발효시켜 만드는 독일식 김치.

60 짐 러블(Jim Lovell, 1928년~). 미국의 전 우주 비행사이자 퇴역한 미국 해군 대령. 1962년 미국 항공 우주국의 우주인 후보로 선발된 이후 제미니 계획, 아폴로 계획에 참여했다. 유인 달 탐사 임무이던 아폴로 13 임무의 사령관으로 가장 잘 알려져 있다. 아폴로 13호는 달로 가던 중 기체 고장으로 인한 산소 부족, 이산화탄소 과다, 추위, 기아 등의 심각한 위기를 겪었으나, 다행히 승무원 전원은 생존해 지구로 귀환했다.

61 1965년의 유인 우주선으로 우주에 약 13일간 체류했다.

62 작고 네모나게 썬 닭고기를 크림 소스, 셰리주, 버섯, 야채등과 함께 익힌 후 밥, 파스타, 또는 빵과 함께 먹는 요리.

63 꼬리가 달린 익힌 새우와 칵테일 소스를 유리잔에 담아 내는 전채 요리.

64 황설탕과 버터맛이 나는 푸딩.

65 돼지고기를 다져 구운 요리.

3장 웜홀을 통해 우주를 여행할 수 있나요?

1 다중 우주론은 우리가 살고 있는 우주를 포함해 다양한 우주가 존재한다고 가정하는 이론이다.

2 크리스틴 샬(Kristen Schaal, 1978년~). 미국의 코미디언, 배우, 성우, 작가. 영화 「토이 스토리」 시리즈의 트릭시 역할의 목소리 연기를 담당했다.

3 조석(달과 태양이 지구에 미치는 힘으로 인해 지구의 바다 면이 오르내리는 현상)을 일으키는 힘으로, 중력의 2차적 효과 중 하나이다. 기조력이 생기는 원인은 어느 물체에 가해지는 중력의 영향이 물체 사이의 거리와 관계가 있기 때

문이다. 물체 A가 물체 B의 중력에 의해 영향을 받는다고 할 때, 물체 A의 면 중 물체 B에 더 가까운 쪽이 먼 쪽보다 중력의 영향을 더 강하게 받기 때문이다.

4 크리스토퍼 놀런(Christopher Nolan, 1970년~). 영국 출신으로 영국 및 미국에서 활동 중인 영화 감독, 각본가, 제작자. 대표작으로는 「메멘토」, 다크 나이츠 시리즈, 「인셉션」, 「인터스텔라」 등이 있다.

5 재나 레빈(Janna Levin, 1967년~). 미국의 이론 천문학자, 작가. 주된 연구 분야는 우주가 유한하다는 가설에 대한 이론적 검증 및 블랙홀과 혼돈 이론 등이다. 2004년부터 컬럼비아 대학교 버나드 칼리지의 천문학 및 물리학 교수로 재직 중이다.

6 10의 37승, 10조 곱하기 10조 곱하기 10조.

7 영국 BBC에서 1963~1989년에 최초로 방영된 후 2017년 1월 현재 12 시즌까지 방영된 텔레비전 프로그램. 인간 형태의 외계인인 '닥터'가 시공간을 여행하며 지구와 인류를 구하는 에피소드들로 구성된 SF물.

8 「닥터 후(Doctor Who)」의 주인공 닥터 등은 '타임 로드'라는 종족의 우주인으로, 몸은 인간과 비슷하며 우주 여행 및 공간 여행을 할 수 있다. 타임로드들이 사용하는 우주선이자 타임머신을 '타디스(TARDIS)'로 통칭하는데, 타디스는 '시간과 공간의 상대적 차원(Time And Relative Dimension In Space)'에서 머리 글자를 따 와 명명되었다.

9 프리츠 츠비키(Fritz Zwicky, 1898~1974년). 스위스 출신의 천문학자로 캘리포니아 공과 대학에서 다수의 연구를 수행했다. 1933년 비리얼 정리(virial theorem)를 이용, 보이지 않으나 존재하는 암흑 물질의 존재를 추론했다. 그의 이름을 미국식 발음인 '프리츠 즈위키'로 옮기기도 한다.

10 암흑 물질 문제로도 불리는 천체 물리학의 난제. 우주의 상태로 말미암아 볼 때 존재해야 마땅하나, 관측되지 않은 물질의 실존 여부 및 실체를 탐구하는 연구 분야이다. 천체에 중력이 미치기 위해서는 일정 질량을 가진 물질이 우주 공간에 존재해야만 하는데, 중력은 관측된 반면 중력을 미칠 만큼의 질량을 지닌 물질을 찾지 못한 경우 그 물질을 '암흑 물질'이라 칭하며, 현재 많은 연구자들이 암흑 물질의 실체에 대해 탐구하고 있다.

11 지구로부터 약 3억 2000만 광년 떨어져 있는 은하단.

12 천문 우주 지식 정보 웹사이트에서는 우주 거대 구조에 대해 다음과 같이 설명하고 있다. 우리가 현재까지 볼 수 있는 우주는 그 거리가 약 140억 광년에 이르지만, 그것도 우주의 전체는 아닐 것이라고 추측하고 있다. 140억 광년에 이르는 거리 안에서도 우리 우주는 다양한 구조를 갖고 있다. 규모가 작은 순서로 은하군, 은하단, 초은하단, 대규모 구조 등이 있다. 은하군과 은하단들도 무리를 지어 초은하단을 이루고 있으며, 초은하단 이상 큰 규모의 천체를 우주의 거대 구조(large scale structure of the universe)라고 부른다. 이러한 우주의 거대 구조는 은하들의 3차원 공간 분포를 연구하기 시작한 1980년대에 그 존재가 알려졌는데, 은하들의 3차원 공간 분포는 은하들의 적색 편이를 관측해 알아낼 수 있다. 이런 프로젝트는 하버드 대학교 CfA(Center for Astrophysics)의 적색 편이 관측을 그 시작으로 들 수 있다. 북반구 하늘을 관측해 거대 장벽(Great Wall), 보이드(Void), 거대 인력체(Great

Attractor) 등 거대 구조의 존재를 알아내었다. 현재는 약 250만 개의 은하의 적색 편이 관측을 목표로 하고 있는 SDSS(Sloan Digital Sky Survey)가 진행되고 있다. UK 슈미트 망원경이 관측한 185개의 사진건판에서 약 200만 개의 은하, 1000만 개의 별 등을 찾는 일도 진행 중이다. 이 연구는 케임브리지의 APM(Automated Plate Measuring) 레이저 스캐너로 자료를 구축하고 있다.

13 나선 은하의 원반 주변을 구성하고 있는 영역으로 구 형태를 지님.

14 캘리포니아 주 샌디에이고 카운티 소재, 팔로마 산 꼭대기에 있는 천문대이다. 캘리포니아 공과 대학에서 운영한다.

15 미국 과학 아카데미 또는 미국 학술원(NAS). 2016년 현황에 따르면 미국 학술원 회원은 약 2350명이며, 매년 현 회원들이 새 회원들을 선출한다. 약 200명의 학술 회원이 노벨상을 수상했다고 한다.

16 DC 코믹스가 발행하는 만화에 등장하는 초능력을 지닌 영웅으로, 초스피드로 이동할 수 있다.

17 미국의 출판사로, 만화를 주로 출간한다. 타임 워너 소유, 워너 브라더스의 자회사인 DC 엔터테인먼트의 출판 부문으로, 마블 코믹스와 함께 미국 만화 산업의 대표 기업으로 꼽히고 있다. 1934년 설립된 내셔널 얼라이드 퍼블리케이션스(National Allied Publications)를 전신으로 하고 있으며, 인기 시리즈인 《디텍티브 코믹스(Detective Comics)》에서 유래한 이름인 DC 코믹스로 상호를 변경하게 된다. 슈퍼맨, 배트맨, 배트맨의 숙적 조커, 원더 우먼 등의 캐릭터를 보유하고 있다.

18 맥동전파원이라고도 불림. 자전을 하는 중성자별로, 자기화된 전자기파 광선을 방출한다.

19 일반 상대성 이론에서 사건의 지평선(event horizon)은 경계 내부에서 일어난 사건이 경계 외부 관찰자에게 영향을 미칠 수 없는 경계면으로 소위 '돌아올 수 없는 지점'을 일컫는다. 사건의 지평선 안쪽에서부터 방출되는 빛은 사건의 지평선 바깥쪽에 있는 관찰자에게 도달할 수 없다.

20 블랙홀 중 가장 큰 유형으로, 질량이 태양의 수십만 배에서 수십억 배에 이르는 것으로 추정된다. 현재까지 알려져 있는 거대 은하 대부분의 중심부에서 발견된다.

21 약 138억 년 전에 일어난 것으로 추정된다.

22 원자핵의 지름은 1.6fm(펨토미터, 1000조분의 1 미터, 또는 10의 15승 미터. 페르미로도 불림)에서 15fm 정도이다.

23 이론상의 입자로, 거의 같은 수의 위 쿼크, 아래 쿼크, 기묘 쿼크의 속박 상태로 구성된 입자이다. 입자로 간주될 수 있을 만큼 만큼 작은 기묘물질의 파편으로도 정의될 수 있다. 암흑 물질의 후보 중 하나이다.

24 가상의 기본 입자로, 차가운 암흑 물질의 구성소 후보 중 하나이다.

25 가상의 입자로 중력과 약한 핵력을 통해서만 상호 작용을 하는 것으로 추정되며, 암흑 물질의 후보 중 하나이다.

26 원자보다 작은 입자.

27 '접착자'로도 불림. 강한 핵력을 전달하는 기본 입자로 쿼크를 묶어 놓는 역할을 한다.

28 전자기력을 매개하는 입자.

29 W^+ 입자, W^- 입자, Z^0 입자는 약력을 전달함.

30 중력을 매개하는 가상의 입자.

31 빌 나이(Bill Nye, 1955년~). 미국의 과학 교육자, 텔레비전 프로그램 사회자이자 기계 공학자. 미국의 공영 방송 PBS에서 1993~1998년 방송된 「빌 아저씨의 과학 이야기(Bill Nye the Science Guy)」로 잘 알려져 있다.

32 마이크 마시미노의 별명.

33 현존하는 동물 중 가장 거대하고 무거운 동물 줄 하나로 성체의 몸 길이는 30미터에 이르고 기록상 가장 무거운 개체의 무게는 173톤이라고 한다.

34 1000만 곱하기 100만 곱하기 100만 곱하기 100만, 즉 10의 25승.

35 아인슈타인의 1905년 논문에서 발표된 관계식으로, 에너지는 질량 곱하기 광속의 제곱과 같음을 나타낸다.

36 에이미 마인저(Amy Mainzer, 1974년~). 미국의 천문학자. 전문 분야는 계측 및 적외선 천문학이다.

4장 누가 우주에 가나요?

1 메리 셸리(Mary Shelley, 1797~1851년). 영국의 문인. 장편 소설 『프랑켄슈타인』(1818년)의 작가.

2 천문학과 관련된 교육, 연구 활동을 하는 비영리 단체로 1980년, 칼 세이건, 브루스 머레이, 루이스 프리드먼이 설립했다.

3 스티브 스콰이어스(Steve Squyres, 1956년~). 코넬 대학교 물리학과 교수. 화성 탐사 로버(탐사차) 임무의 연구 책임자로 활동하고 있다.

4 데이비드 그린스푼(David Greenspoon, 1959년~). 미국의 우주 생명학자. 애리조나 투산 소재의 행성 과학 연구소에서 근무하고 있다.

5 화성의 위도 30도와 0도 사이, 경도 180도와 225도 사이에 위치한 애올리스 지역의 북서쪽에 위치한 분화구. 게일 분화구의 지름은 약 154킬로미터이며 35억~38억 년 전에 생성된 것으로 추정된다.

6 별과 별 사이의 공간으로, 특정한 항성의 항성계에 속해 있지 않은 공간. 태양계의 일부인 지구에서 출발한 보이저 1호의 경우, 보이저 1호가 도달한 '성간 공간'은 태양의 영향권 안에 있지 않은 별과 별 사이의 공간을 의미한다.

7 바빌로니아, 아시리아 등에서 사용되던 동부 셈어 계열 언어로 현재는 사어임.

8 메소포타미아의 남부 지역으로 오늘날의 이라크 남부 지역.

9 헤일리 조엘 오스먼트(Haley Joel Osment, 1988년~). 미국의 배우. 영화 「식스 센스」, 「포레스트 검프」, 「A.I」 등에 출연했다.

10 주드 로(Jude Law, 1972년~). 잉글랜드의 배우. 영화 「가타카」, 「리플리」, 「애너미 앳 더 게이트」, 「A.I」, 「셜록 홈즈」 등에 출연했다.

11 제이슨 실바(Jason Silva, 1982년~). 베네수엘라 출신의 미래학자. 내셔널 지오그래픽의 텔레비전 프로그램 「브레인 게임」의 진행자. 미래를 주제로 한 다수 강연 및 인터넷 영상 제작 등의 활동을 하고 있다.

12 스티븐 고어밴(Stephen Gorevan). 허니비 로보틱스의 창립자이자 대표. 로봇을 이용한 우주 탐사 전문가로, NASA의 화성 탐사선 로버 프로젝트 등 화성 탐사 프로그램과 금성 연구팀에 공동 연구자로 참여했다.

13 헤파이스토스(Hephaestus). 그리스 신화에 등장하는 기술과 장인의 신. 불과 금속을 다루는 대장장이로 주로 묘사된다.

14 기계나 사물을 조작, 조종하는 일을 지칭하는 영어 단어 'manipulation'은 사람의 심리나 행동을 부적절한 방식으로 교묘하게 조종함을 뜻하기도 한다.

15 제이슨 서데이키스(Jason Sudeikis, 1975년~). 미국의 작가, 연기자, 코미디언. 2003년부터 출연한 「새터데이 나잇 라이브(Saturday Night Live)」에서의 연기로 잘 알려져 있다.

16 스캇 허버드(G. Scott Hubbard, 1948년~). 스탠퍼드 대학교의 자문 교수(consulting professor)로 NASA에서 20년간 다수의 연구를 진행했다. NASA의 화성 탐사 계획이 여러 차례 실패를 겪자, 구조 조정을 감행해 화성의 차르라는 별명을 얻기도 했다.

17 달의 암석.

18 맬컴 글래드웰(Malcolm Timothy Gladwell, 1963년~). 영국 출생, 캐나다에서 활동 중인 기자, 작가, 대중 강연가. 1996년부터 《더 뉴요커(The New Yorker)》 기고가로 활동하고 있다. 사회학, 심리학 등의 분야에서의 연구 결과 및 함의를 바탕으로 활발한 저작 활동을 했다. 『티핑 포인트』(2000년), 『블링크』(2005년), 『아웃라이어』(2008년) 등 다수의 베스트셀러를 저술했다. 국내에서는 『아웃라이어』에서 소개한 1만 시간의 법칙으로 잘 알려져 있다.

19 리액션 휠(reaction wheel)로도 불림.

20 퍼시벌 로웰(Percival Lowell, 1855~1916년). 미국 출신의 사업가, 작가, 수학자, 천문학자. 화성에 수로가 있다는 추측을 했다. 명왕성 발견에 큰 기여를 한 로웰 천문대의 건립자이자, 금성의 지도를 제작하는 등의 업적을 남겼다. 1880년대 일본과 한국을 유람하며 조미 수호 통상 사절단의 통역을 담당했고, 당시 조선의 한양에 머무르며 조선에 대한 많은 기록을 남기기도 했다.

21 애리조나 주 플래그스태프 소재. 1894년에 설립되었으며, 1930년의 명왕성 발견에 기여하는 등의 업적을 남겼다.(https://lowell.edu)

22 성경 구절의 인용.

23 에우로파, 목성 II로도 불리는 목성의 위성. 17세기에 갈릴레오가 발견했다. 2013년 미국 항공 우주국에서는 허블 우주 망원경을 통한 관측을 바탕으로 유로파에 수증기의 흔적이 있으며, 유로파 표면에서 유기물질과 관련이 있을 것으로 추정되는 규산염을 발견했다는 보고를 한 바 있다.

24 「Deadliest Catch」. 디스커버리 채널의 다큐멘터리. 게잡이 어선에서 벌어지는 일상을 촬영한 리얼리티 프로그램으로, 혹한의 베링 해 지역에서 알래스카 킹 크랩, 대게 조업 중 발생하는 위험한 순간들을 집중 조명한다. 2005년에 처음 방영되었으며, 2017년 2월 현재 시즌 12까지 방송되었다. 다수의 에미상을 수상했고, 세계 200여 개국에 수출되었다.

25 일부에서는 엔켈라두스로 표기하기도 함. 토성의 위성 중 6번째로 큰 위성으로, 토성 II라는 별칭으로도 불린다. 1789년 윌리엄 허셜이 발견했다. 1980년대 보이저 탐사선 및 최근 카시니 탐사선의 활약으로 인해 엔셀라두스에 대한 상세한 정보가 입수되기 시작했다. 지름은 500킬로미터 정도(지구

의 위성 달의 7분의 1 정도), 모양은 타원체이며, 주성분은 암석과 얼음으로 알려져 있다.

26 표기에 따라 티탄으로도 표기되는 경우도 있으며, 토성 VI라는 별칭도 가지고 있다. 토성의 위성 중 가장 큰 천체로(지름은 약 5150킬로미터), 대기 구성이 원시 지구와 유사하다는 연구 결과가 있어 과학계의 많은 관심을 받고 있다. 토성 탐사선인 카시니-하위헌스 호의 탐사로 타이탄에 대한 많은 정보가 수집되었다.

27 에타인 또는 에틴으로도 불림. 화학식은 C$_2$H$_2$. 탄화수소 화합물 중 가장 간단한 형태의 화합물로, 고리가 존재하지 않는 사슬형의 불포화 탄화수소. 상온에서 무색 무취의 기체 상태로 존재하며, 연소 시 아주 많은 열을 내고, 공기 중에서 태울 경우 그을음을 발생시킨다. 고농도에서는 마취 효과, 질식, 발작 등을 일으킬 수 있다.

5장 인류는 우주의 어디까지 가 보았나요?

1 우리 은하가 포함된 은하군으로, 안드로메다 은하 등 54개 이상의 은하로 구성되어 있으며, 국부은하군이 포괄하는 영역의 지름은 약 1020킬로미터에 달한다.

2 국제 천문 연맹에서 2006년에 제정한 기준에 따르면, 태양계 내에서의 왜행성은 다음과 같이 정의된다. 첫째, 태양 주변을 도는 궤도를 갖고 있어야 한다. 둘째, 구에 가까운 형태를 유지하기 위한 중력을 지닐 수 있을 만큼의 질량을 가져야 한다. 셋째, 궤도 주변에 있는 다른 천체를 배제하지는 못한다. 넷째, 다른 행성의 위성이 아니어야 한다.

3 미국 제너럴 모터스 사의 쉐보레 라인에서 출시되는 준대형(full-sized) 승용차. 준대형 승용차는 대개 길이 5미터 이상, 휠 베이스(축거. 앞바퀴 중심과 뒷바퀴 중심 사이의 거리로 클수록 주행 안정성이 높고, 실내 공간이 넓어짐) 280센티미터 이상, 6명 정도의 승객이 여행용 짐을 싣고 편안히 탈 수 있는 정도의 적재량을 가진 차로 정의된다.

4 왜성이라고도 불림. 진화 단계상 항성의 일생에서 대부분을 차지하는 상태의 별. 수소핵융합 반응을 통해 헬륨과 에너지를 안정적으로 방출한 결과 별의 크기와 밝기가 거의 일정하게 유지된다. 케플러 37b는 태양계 바깥에 있기에 외계 행성으로 분류된다.

5 1994년 7월 16일 목성과 충돌했다. 외계 물체와 태양계의 천체가 충돌하는 것이 직접 관측된 사례이다.

6 E 고리(E Ring). 토성의 고리 중 바깥쪽에서 두 번째 위치에 있는 고리로, 넓은 폭이 특징이다. 매우 미세한 규산염, 이산화탄소, 암모니아, 얼음 등의 입자로 구성되어 있다.

7 간격을 두고 분출물을 내뿜는 온천. 분출물이 계속 분출되는 온천과 대비된다.

8 카이퍼 벨트 또는 카이퍼 띠라고도 한다.

9 2005년에 팔로마 천문대에서 발견된 왜소 행성.

10 태양계를 껍질처럼 둘러싸고 있다고 생각되는 가상적인 공간으로, 장주기 혜성의 기원으로 알려져 있다.

11 거문고자리에서 가장 밝은 별인 직녀성. 백색 주계열성으로, 북반구의 밤하늘에서 다섯 번째로 밝은 별이다.

12 서로의 질량에 묶여서 질량 중심을 기준으로 공전하는 항성들.

13 「스타 워즈」 시리즈의 주인공. 타투인 출신이다.

14 「스타 워즈」 시리즈에 등장하는 행성. 2개의 태양 주변을 공전한다.

15 공전 궤도상 두 천체가 서로 근접하게 되면 공전 속도가 빨라지게 되고, 결과적으로 항성계를 이루고 있던 두 항성 중 한 항성이 항성계에서 이탈할 가능성이 생긴다.

16 컵자리 TV로도 불리는, 지구에서 컵자리 방향으로 약 150광년 떨어진 곳에 있는 사중성계. HD 98800은 HD 98800 A와 HD 98800 B로 구성되어 있는데, 이 둘은 사실 2개의 별로 이루어져 있는 쌍성계이다. 따라서 HD 98800은 4개의 별(두 쌍의 이중 항성)으로 이루어져 있다.

17 추류모프-게라시멘코 혜성으로도 불림. 카이퍼 벨트 내에 있던 단주기 혜성으로 주기는 약 6.45년이다. 2004년 혜성 탐사선 로제타 호가 이 혜성에 도착해 탐사를 시작했다.

18 유럽 우주국의 혜성 탐사선으로, 2004년에 발사되었다.

19 센타우루스자리 프록시마. 적색 왜성으로, 센타우루스자리 알파의 동반성(서로 끌어당기는 힘의 작용으로 공동의 무게 중심 주위를 일정한 주기로 공전하는 2개의 항성 중 더 어두운 별)이라는 견해가 있다.

20 태양을 공전하는 천체 중, 행성으로 분류할 수 없으나, 혜성으로 분류하기도 애매한 천체를 통칭하는 용어. 왜행성, 소행성 등이 이 분류에 속하며, 2016년을 기준으로 70만여 개의 소행성체가 소행성체 센터에 등록되어 있다. 세레스는 1801년에 최초로 발견된 소행성체이다.

21 다수의 유성이 비처럼 보이는 현상. 혜성이나 소행성의 찌꺼기가 지구 중력에 의해 대기권으로 떨어지게 되는 현상.

22 대부분의 혜성은 핵과 코마를 가지고 있다. 핵은 얼음과 암석 그리고 먼지 입자들로 구성되어 있으며 둥근 형체를 이루고 있다. 핵을 둘러싼 먼지와 기체를 코마라고 부른다.

23 트로이 소행성. 지구, 태양과 함께 정삼각형의 꼭지점을 이루는 위치에 위치해 지구의 공전 궤도와 흡사한 궤도를 지닐 것으로 예상되는 소행성. 1772년 수학자이자 천문학자인 라그랑주에 의해 실제로 트로이 소행성이 존재할 수도 있다는 가능성이 제기되었다. 현재까지 지구의 트로이 소행성은 2010 TK7 단 하나만이 발견되었다.

24 C/2012 S1. 국제 광학 네트워크(International Scientific Optical Network)의 기여 덕분에 발견된 혜성으로, 단체의 이름을 따서 아이손 혜성으로 불리기도 한다. 21세기 들어 가장 빛날 것으로 기대를 모았던 혜성이지만 소멸되어, 밝은 혜성을 기대했던 이들에게 실망을 안겼다.

25 피터 디어먼디스(Peter Diamandis, 1961년~). 그리스계 미국인 공학자, 물리학자. 인류에게 이익이 되는 과학 발전을 독려하는 비영리 단체 엑스 프라이즈의 창립자이자, 창업 중심 대학인 싱귤래리티 대학의 창립자 겸 총장.《뉴욕 타임스》 선정 베스트 셀러인 『어번던스』, 『볼드』 등의 저자이기도 하다.

26 주기율표 제8족에 속하는 원소 중 루테늄(Ru, 원자 번호 44), 로듐(Rh, 원자

번호 45), 팔라듐(Pd, 원자 번호 46), 오스뮴(Os, 원자 번호 76), 이리듐(Ir, 원자 번호 77), 백금(Pt, 원자 번호 78)을 총칭하는 용어. 산출량이 적으나 아름다운 은백색을 띠며, 녹는점이 높아 산화나 부식의 우려가 적어 장식용 귀금속으로의 가치가 높다.

27 Planetary Resources, Inc. 2010년에 설립된 아키드 우주 비행(Arkyd Astronautics)을 전신으로 한 미국의 회사로, 지구의 천연 자원 기반을 확장하고자 하는 목표를 갖고 있다. 소행성의 상업적 채굴을 위한 기술 개발 및 상업성 평가 등의 구체적 사업을 진행하고 있다.

28 주기율표 10족 5주기에 속하는 백금족원소. 원소 기호는 Pd, 원자 번호는 46이다. 은백색 금속으로 백금보다 값이 싸며 가볍고 단단한 성질을 가져서, 전기 접점, 외과 수술용 기구, 열 계측기, 치과 처치용 재료, 장식용 귀금속 등으로 쓰인다. 강한 환원 작용을 가지는 성질을 이용해 유기 합성이나 자동차의 배기 가스용 촉매로도 사용되고 있다.

29 주기율표 10족에 6주기에 속하는 백금족원소. 원소 기호는 Pt, 원자 번호는 78이다. 고온과 화학 작용에 대한 내성이 강해서 전기 접촉장치, 내연 기관의 점화 장치 등에 사용된다. 장신구 및 치과용 합금으로도 사용되며, 백금-이리듐 합금은 외과용 핀으로 널리 사용된다.

30 주기율표 제9족에 속하는 백금족원소의 전이 금속. 원소 기호는 Rh, 원자 번호는 45이다. 순수한 로듐은 반사 거울에 쓰인다. 백금-로듐 합금은 쉽게 부식되지않으며 열에도 강해서 저항체, 내열재, 내식재 등으로 사용된다.

31 비영리 단체인 B612 재단(B612 Foundation)에서 추진 중인 센티넬 임무는 인류에게 위해를 초래할 가능성이 있는 소행성의 궤적을 연구하고, 소행성 지도를 구축하는 것을 그 목표로 하고 있다. 적외선 우주 망원경을 통해 소행성을 발견하고 추적하기 위해 만들어질 센티넬 우주 망원경(Sentinel Space Telescope)은 현재 볼 에어로스페이스(Ball Aerospace)에서 개발 및 설계 중이다.

32 분광계, 분광기 등을 사용해서 어떤 물질이 방출 또는 흡수하는 빛을 파장에 따라 분해한 후, 빛이 파장에 따라 분해된 결과를 바탕으로 물질의 성분, 질량, 상태 등을 분석하는 연구 방법.

33 19세기 초반에 분광기의 분해 성능이 크게 향상되어, 분광기를 사용해 태양 빛을 파장별로 나누어 자세히 조사하는 등의 연구도 수행되었다. 1814년 프라운호퍼(Joseph von Fraunhofer, 1787~1826년)의 프라운호퍼 선 연구, 1850년대의 금속 원소의 스펙트럼과 태양광의 스펙트럼 비교를 통한 태양에 존재하는 원소 추측 연구 등을 통해 구체적으로 분광 기술이 우주 연구에 미친 사례를 살펴볼 수 있다.

34 2003년 일본의 가고시마 우주 센터에서 발사한 소행성 탐사선. 하야부사는 일본어로 '송골매'라는 뜻이다. 지구와 화성 사이에서 태양 주위를 공전하는 소행성 탐사 임무를 수행했다. 2005년, 지구에서 3억 킬로미터 지점에 있는 소행성에 착륙해 표면의 토양 샘플 등을 채취한 후, 2007년에 지구로 돌아와 채취한 샘플을 대기권에 진입시켰다. 탐사선에서 쇠공을 떨어뜨려서 행성 표면에 충돌시킨 후, 부서진 암석 조각이 소행성의 약한 중력으로 인해 공중으로 튀어오르면 수거 장치로 암석 조각을 흡입하는 방식으로 소행성의 암석 샘플을 채취하는 방식을 사용했다.

35 서터스 밀(Sutter's Mill). 미국 캘리포니아 주 새크라멘토 동북쪽인 콜로마 지역에 있던 제재소. 금이 발견되어 골드 러시를 촉발시킨 장소이다.

36 벤저민 시스코(Benjamin Sisko). 「스타 트렉: 딥 스페이스 나인」 시리즈의 주인공. 에이버리 브룩스 분. 우주 정거장인 딥 스페이스 나인의 지휘관이다. 스타 트렉 시리즈 최초의 흑인 주인공이기도 하다.

37 1993년부터 1999년까지 미국에서 방영된 SF 드라마로, 「스타 트렉」 텔레비전 판으로는 세 번째 작품이다.

38 스타 플릿(Starfleet). 스타 트렉 시리즈에 등장하는 가공의 단체. 행성 연방이 설립될 때 지구 연합 조직이었던 스타플릿이 발전해 행성 연방의 스타 플릿으로 출범하게 된다. 행성 연방에서 우주 탐험, 외교, 국방을 담당한다.

39 10의 15승.

2부 우리 별 지구

1장 창백한 푸른 점 혹은 커다란 푸른 구슬

1 아폴로 17호(Apollo 17). NASA에서 계획한 아폴로 프로그램의 11번째 유인 우주선이자, 달에 착륙한 마지막 유인 우주선이다. 1972년 12월 7일 케네디 우주 센터에서 발사되어, 1972년 12월 19일에 지구로 귀환했다. '푸른 구슬'이라는 사진을 남긴 것으로 잘 알려져 있다.

2 엑스퍼디션 7(Expedition 7). 일곱 번째 국제 우주 정거장 원정대. 소유즈 TMA-2 호에 승선해 2003년 4월 28일 지구를 출발, 약 185일간의 임무를 마치고 2003년 10월 지구로 귀환했다. 임무 중 약 7650만 킬로미터를 이동했다.

3 윌리엄 앤더스(William Anders, 1933년~). 퇴역한 미국 공군 장교, 전자 공학자, 원자력 공학자, 우주 비행사, 사업가. 프랭크 보어만(Frank Borman, 1928년~), 짐 러블(Jim Lovell, 1928년~)과 함께 아폴로 8호에 탑승해 달 탐사 임무를 수행했다.

4 레이첼 카슨(Rachel Carson, 1907~1964년). 해양 생물학자, 환경 보호 운동가. 현 미국 어류 및 야생 동물 관리국(Fish and Wildlife Service)의 전신인 미국 어류국 과학자에서 근무했으며, 이후 전업 작가가 되었다. 1962년에 펴낸 『침묵의 봄(*Silent Spring*)』에서 합성 살충제의 위험에 대해 경고한 바 있다. 이 책의 영향으로 1963년 당시 미국 대통령이던 케네디 대통령은 환경 문제를 다루는 자문 위원회를 구성한다. 합성 살충제의 위험에 관한 담론이 의회의 의안이 되고, 합성 살충제 DDT 사용이 법으로 금지되기의 전 과정에 많은 영향을 끼쳤다. 저서 『침묵의 봄』은 2006년 《디스커버》에서 선정한 25대 과학 명저로 꼽히기도 했다.

5 리처드 닉슨(Richard Nixon, 1913~1994년). 미국의 제 37대 대통령으로, 1969년부터 1974년까지 재임했다. 하원 의원, 상원 의원, 부통령을 거쳐 대통령에 당선되었다. 베트남에서 미군을 철수시켰으며 워터게이트 사건으로 탄핵의 위기에 몰리자 대통령직에서 사임했다.

6 칼 세이건(Carl Sagan, 1934~1996년). 미국의 천문학자. 뉴욕 주 브루클린 출생. 시카고 대학교에서 천문학과 천체 물리학을 전공했고 스탠퍼드, 하버드,

코넬 대학교 교수를 역임했다. 다수의 행성 탐사 계획의 연구원으로 활동했으며, 우주 생명체와의 전파 교신을 시도하기도 했다. 1973년에 출간한 『우주와의 접촉: 외계를 보는 시각(The Cosmic Connection:A Extraterrestrial Perspective)』, 1978년에 출간한 퓰리처상 수상작 『에덴의 용(The Dragons of Eden)』 등의 저서로 대중 과학 저술가로서의 명성을 쌓았으며, 1980년 방영된 텔레비전 프로그램 「코스모스(Cosmos)」의 공동 제작자이자 해설자로 활동하는 등 대중을 위해 과학을 소개하는 일에 열정을 쏟았다.

7 기원전 2000년경 메소포타미아에서 팔레스티나로 이주한 헤브라이 어를 말하는 사람들과 그 자손.

8 "방귀를 참지 마시고요(You don't hold your gas.)."로도 해석될 수 있다.

9 천왕성(Uranus)이 당신의 항문(your anus)과 발음이 유사하고 "기체로 된(gassy)"에 "가스가 찬, 방귀가 마려운" 등의 뜻이 있는 것에 착안한 말장난.

10 초신성(supernova)은 별의 일생 중 마지막 단계에 이른 별이 폭발하며 발생하는 엄청난 에너지를 순간적으로 방출하는 현상을 일컫는다. 갑작스러운 폭발과 에너지 방출로 인해 별의 밝기는 평소의 수억 배에 이르렀다가 서서히 낮아진다. 관측상으로는 마치 새로운 별이 생겼다가 사라지는 것처럼 보이기 때문에 초신성이라는 이름이 붙었다. 초신성 폭발로 인해 폭발 전 별의 내부에서 핵융합 반응에 의해 만들어진 무거운 원소들이 우주 공간에 분산되어, 새로운 별의 형성 물질이 되기도 한다.

11 거성(giant 또는 giant star)은 주계열성 시기를 마친 항성이 진화한 결과로 인해 형성되는 별을 일컫는 말로, 거성의 밝기는 태양의 10~1000배에 이르며, 반지름은 태양의 10에서 100배 정도이다.

12 아틀라스(Atlas)는 거인 신인 티탄 신족 출신의 신으로, 제우스와 티탄과의 싸움에서 티탄의 편에 서서 제우스와 대립했다. 티탄 신족이 제우스와의 싸움에서 패하자, 아틀라스는 땅의 서쪽 끝에 서서 하늘을 떠받드는 형벌을 받게 된다.

13 외부로부터 작용되는 힘이 없는 경우, 각운동량은 보존된다는 운동의 기본 법칙이다. 각운동량은 회전하는 물체의 질량, 질량의 중심과 회전 축 사이의 거리, 회전 속도의 합으로 결정된다. 즉 질량에 변화가 없는 회전하는 물체의 경우 질량 중심으로부터 축까지의 거리가 짧아질수록 물체의 회전 속도가 빨라지게 된다.

14 물체가 회전 운동하는 상태를 계속 유지하려는 성질을 나타내는 물리량. 질량, 질량 분포, 입자에서 회전축까지의 거리 등으로 결정된다. 각운동량은 관성 모멘트와 각속도(기준이 되는 축 주변으로 회전체의 회전 속도)의 곱과 같다. 질량과 질량 분포 양상이 동일하나 반지름은 서로 다른 두 물체가 있다고 가정할 때, 반지름이 더 큰 물체의 관성 모멘트가 반지름이 작은 물체의 관성 모멘트보다 더 크다.

15 2004년 12월 26일 인도네시아 수마트라 섬 서부 해안의 40킬로미터 지점에서 발생한 규모 M 9.3의 초대형 지진으로 사망자 23만 명 이상, 실종자 5만 명 이상, 난민 169만 명 이상이 발생했다.

16 1960년의 발디비아 지진(칠레, 규모 9.5), 1964년 알래스카 지진(미국, 순간 규모 9.2)에 이어 세 번째의 강진으로 기록되어 있다.

17 0.000001초. 100만분의 1초(10의 6승분의 1)

18 육지나 큰 섬 주변에서 뻗어나가는 해저 지형. 육지의 연장이며, 평균 깊이 200미터 정도의 얕은 바다 아래의 땅. 어로 및 자연 자원 매장량이 풍부해 경제적 가치가 크다.

19 소리의 속도보다 5배 이상 빠른 속도(시속 약 6120킬로미터 이상)를 통칭할 때 사용되는 용어.

20 운석과 지표의 충돌에 의해 형성된 구덩이.

21 미국 애리조나 주 소재의 지대로, 모골론 환이라고도 칭해진다. 애리조나 주를 가로질러 분포하며, 야바파이 카운티의 북부로부터 동쪽 방향으로 뉴멕시코 주와 애리조나 주 경계에 이르기까지 약 320킬로미터의 지대에 걸쳐 있다.

22 미국 동부 메릴랜드 주와 버지니아 주에 걸쳐 있는 거대한 만으로 면적은 약 16만 5800제곱킬로미터에 이른다.

23 유카탄 반도 북쪽 해안에 위치.

24 중앙아메리카로부터 대서양 방향으로, 동북쪽으로 돌출한 반도. 고대 마야 문명이 번성했던 지역이다. 면적은 약 19만 7600제곱킬로미터로, 반도의 대부분은 현재 멕시코이며 반도의 남부는 과테말라, 동부는 벨리즈의 영토이다.

25 힘의 크기 또는 무게를 나타내는 단위. 예컨대 1킬로그램중은 질량 1킬로그램의 물체에 작용하는 표준 중력의 크기이다.

26 태양의 채층(태양 광구-표면-의 바로 위에 있는 얇은 층의 대기) 또는 코로나(태양의 플라스마 대기) 하층부에서 많은 양의 에너지가 갑자기 방출되는 현상.

27 태양의 코로나에서 평소와 다르게 대량의 플라스마가 방출되는 현상. 태양의 플라스마가 지구에 도달하면 오로라 발생, 라디오 전파 교란, 위성의 전력 공급 중단 등의 현상이 발생하기도 한다.

28 지구의 대기권에서 가장 높은 곳으로, 고도 70~90킬로미터에서 고도 3만 킬로미터까지의 영역을 의미한다. 대기의 성층 구조상 열권 및 외기권이 포함된다. 초고층 대기는 인류의 생활과 관계가 깊은데, 로켓이나 인공 위성이 이 영역에서 비행한다.

29 북극 근처에서 발견되는 오로라. 북극광으로도 불림.

30 갈릴레오 갈릴레이(Galileo Galilei, 1564~1642년). 이탈리아의 피사에서 출생한 천문학자, 물리학자, 수학자. 진자의 등시성 발견, 지동설 지지 등의 업적을 남겼다.

31 망원경이 빛을 모을 수 있는 능력. 집광력 또는 집광능이 좋은 광학 기기일수록 어두운 피사체를 잘 볼 수 있게 해 준다.

32 윌슨 산 천문대(Mount Wilson Observatory). 캘리포니아주 로스엔젤레스 패서디나(로스엔젤레스의 북동쪽 지역) 북동쪽에 있는 윌슨산의 산 꼭대기(고도 약 1800미터)에 위치한 천문대로, 1904년 건립되었다. 윌슨 산 천문대는 중요한 역사적 의의를 지닌 망원경 두 대를 보유하고 있는데, 그 중 하나는 1917~1949년 세계 최대의 망원경이었던 구경 2.5미터의 후커 망원경이다. 나머지 하나는 1908년에 완성된, 당시 세계 최고 규모 60인치 망원경이다.

윌슨 산 천문대는 스노우 태양 망원경(Snow solar telescope), 차라 어레이 망원경(CHARA array Telescope) 등도 보유하고 있다.

33 마우나 케아(Mauna Kea). 하와이 섬에 있는 휴화산으로 하와이 섬에서 가장 높은 산이자 미국 전역에서 2번째로 높은 산이다. 약 4200미터의 높은 해발 고도, 건조한 환경, 안정된 공기 흐름이라는 조건이 천체 관측에 유리한 장소이다.

34 요하네스 케플러(Johannes Kepler, 1571~1630년). 독일의 수학자, 천문학자, 점성술사. 지동설을 지지했으며, 태양계의 행성들이 완벽한 원형 궤도가 아닌 타원형 궤도를 공전하고 있음을 주장했다. 덴마크의 천문학자 튀코 브라헤(Tycho Brahe, 1546~1601년)의 관측 결과를 토대로 행성의 공전 법칙을 집대성한 케플러의 법칙을 발표했고, 뱀주인자리에서 관측된 초신성에 대한 연구를 수행하는 등, 천문학 분야에 다양한 기여를 했다.

35 제임스 웹 우주 망원경은 2021년 발사 예정이다.

36 NASA의 대형 망원경 계획(Great Observatories Program)의 마지막 망원경으로 1990년에 발사된 허블 우주 망원경, 1991년에 발사된 콤프턴 감마선 관측선, 1999년에 발사된 찬드라 엑스선 망원경에 이어 2003년 발사되었다. 스피처 망원경은 적외선 망원경으로 갈색 왜성이나 새로 생겨나는 별, 외계 행성 등을 다수 관측했다.

37 광학적 왜곡의 영향을 줄여 광학 장치의 성능을 향상시키는 기술. 간단한 예를 들자면 지상에 설치된 망원경의 관측 결과가 대기에 의해 왜곡되는 것을 감안해 이미지를 보정할 수 있도록 하는 기술 등을 일컫는다.

2장 지구에는 왜 물이 있는 것일까요?

1 에이브러햄 링컨(Abraham Lincoln, 1809~1865년). 미국의 제16대 대통령으로, 1861년부터 1865년까지 재임했다. 남북 전쟁에서 북군을 지도해 노예 해방을 이루었다. 대통령직에 재선되었으나 이듬해에 암살당했다. 게티즈버그에서 한 연설에서 '국민에 의한 국민을 위한 국민의 정부'라는 명언을 남겼다.

2 칭기즈 칸(Chingiz Khan, 1155~1227년). 몽골의 유목 부족을 통일하고, 중국, 중앙 아시아, 동유럽 일대를 정복해 현재까지의 인류 역사에서 가장 넓은 영토를 소유했던 몽골 제국의 건국자.

3 나르마다 강(Narmada). 인도 중부에서 서쪽으로 흐르는 강으로 길이는 약 1,300킬로미터에 달한다. 인도 반도 내에서 다섯 번째로 긴 강이자, 힌두 교도들에게는 인도에 있는 일곱 개의 성스러운 강 중 하나에 속한다.

4 사암은 모래 입자들이 뭉쳐져 만들어졌으며 화강암은 지상에 분출된 마그마가 급격히 식어서 굳는 과정을 통해 만들어진 암석이다. 석회암은 탄산칼슘이 주성분인 퇴적암으로 수중 동물의 뼈나 껍질이 쌓여서 만들어진다.

5 현재까지도 칙술루브 충돌구의 발생 원인이 운석인지 혜성인지에 대한 논란이 있다.

6 면적 약 17만 제곱킬로미터.

7 이본 펜들턴(Yvonne Pendleton, 1957년~). 미국의 천체 물리학자이자 천문학자. 1987년 캘리포니아 주립 대학 산타 크루즈 캠퍼스에서 박사 학위를 취득

한 후, 1979년부터 NASA에서 근무했다. 2014년 실리콘 밸리 비즈니스 저널에서 선정한 영향력 있는 여성으로 선정되기도 했다.

8 Solar System Exploration Research Virtual Institute.

9 태양에서 연속적으로 분출되는 양성자, 전자 등이 빠른 속도로 이동하는 흐름.

10 특정한 온도, 압력에서 물질의 고체상, 액체상, 기체상이 평형을 이루고 공존하는 상태. 물의 삼중점은 섭씨 온도 0.009도, 압력 4.58mmHg이다.

11 1atm으로도 표기하며, 대략 760mmHg(또는 760토르).

12 사해(Dead Sea). 아라비아 반도 북서부, 이스라엘, 팔레스타인, 요르단에 걸쳐 있는 소금물 호수로 표면 면적은 약 810제곱킬로미터가량이다. 북쪽에서 요르단 강물이 흘러 들어오지만 물이 나가는 경로가 없고, 증발에 의해 물의 양은 감소하나 호수 물에 녹아 있는 광물질의 양에는 변화가 없어 염도가 무척 높다. 사해 표층수의 염도는 바닷물 염도의 약 5배가량, 사해 저층수의 염도는 바닷물 염도의 약 7.5배에 이른다. 높은 염도 때문에 생명체가 생존하기 어려워 사해라는 이름이 붙었다.

13 그레이트 솔트 호(Great Salt Lake). 로키 산맥 서쪽 기슭에 있는 소금물 호수로 면적은 약 4700제곱킬로미터이다. 분지 지형에 위치해 흘러드는 강은 있으나 빠져나가는 길이 없고 수량보다 증발량이 많아 염도는 22퍼센트에 이른다. 염도가 높아 그레이트 솔트 호에 서식하는 생명체는 아주 제한적이다.

14 식물 내에 있는 수분이 수증기 상태로 공기 중으로 나오는 현상.

15 종교 의식에 사용되는 물. 종교적 절차에 따라 물을 성스럽게 만드는 의식을 거쳐 만들어진다.

16 세 가지가 하나의 목적을 위해 통합하는 일. 성부, 성자, 성령이 하느님 안에 존재한다는 기독교의 교의.

17 수소의 동위 원소인 중수소(heavy hydrogen)와 산소의 결합으로 만들어진 물로, 화학식은 D_2O이다. 보통의 물보다 무겁고, 녹는점과 어는점이 높다. 원자로의 중성자 감속재나 냉각재로 사용된다.

18 테스 루소(Tess Russo, 1983년~). 수자원 전문가로 환경 변화에 따른 수자원 확보 및 관리 체계에 대한 다수 연구를 수행한 바 있다. 캘리포니아 주립 대학 산타 크루즈 캠퍼스에서 박사 학위를 취득한 후 펜실베이니아 주립 대학의 지구과학과 조교수로 재직 중이다.

19 걀왕 둑파(Gyalwang Drukpa). 티베트 지역에서 융성한 둑파 교단의 종교 지도자. 걀왕 둑파는 환생되는 것으로 여겨지며, 현재 12대 걀왕 둑파(1963년~, 본명은 지크메 페마 왕첸)가 활동하고 있다. 환경 운동, 교육, 및 성직 분야에서 활발하게 활동 중이다.

20 포유류 솟과에 속하는 동물. 주 서식지는 티베트 고원, 북인도, 히말라야 지역 등이다. 소와 비슷하나 어깨의 높이는 2미터 정도이고 몸 아랫면에 긴 털이 나 있으며 소에 비해 다리가 짧다. 암수 모두 위로 굽은 뿔이 난다. 야생종도 있고, 가축화된 야크도 있다. 가축화된 야크는 주로 짐을 나르는 데 도움을 얻거나 털, 젖, 고기를 얻기 위해 기른다.

21 로버트 F. 케네디 2세(Robert F. Kennedy., Jr, 1954년~). 미국의 변호사이자

환경 운동가. 존 F. 케네디(John F. Kennedy, 1917~1963년) 미국 35대 대통령의 남동생이자 미국 64대 법무부 장관을 역임한 로버트 F. 케네디(Robert F. Kennedy, 1925~1968년)의 3남. 1983~1984년, 마약 소지 및 위증으로 기소되어 1500시간의 사회 봉사 명령을 선고받았다. 사회 봉사 명령 수행을 위해 허드슨 강의 환경 오염 방지 및 뉴욕 시 수질 개선을 목적으로 하는 시민 단체에서 일한 것을 계기로 수자원 및 환경 운동가의 길을 걷게 된다.

22 워터키퍼 얼라이언스(Waterkeeper Alliance). 1999년에 세워진 비영리 환경 단체로 세계의 강, 호수, 및 수자원 전반을 보호하는 활동을 주 목적으로 한다. 화석 연료 사용 제한 촉구, 공장식 축산이 야기하는 수질 오염 문제 해결, 및 수자원 보호 등의 활동을 수행 중이다.

23 Environmental Protection Agency. 1970년에 리처드 닉슨 대통령의 행정 명령으로 설립된 미국의 연방 정부 산하 기관. 의회에서 통과된 법을 기반으로 해 건강한 삶 및 환경 보호에 관련된 규제를 제정, 관리하는 업무를 담당한다.

24 유엔 교육 과학 문화 기구(United Nations Educational, Scientific and Cultural Organization). UN 산하의 전문 기구로 1945년에 창설되었다. 국가 간의 교육, 과학, 문화 교류를 통한 국제 협력을 촉진함으로써 평화와 안전에 기여하는 것을 그 목표로 한다.

25 고온, 고압 상태의 수증기를 축에 연결된 수많은 회전 날개에 부딪쳐서 축을 돌리도록 해 기체가 가진 열 에너지를 운동 에너지로 전환하는 발전 장치.

26 미국에서 셰일 가스 시추를 할 때 흔히 사용되는 기술. 수직으로 뚫은 시추공에 물, 모래, 화학 물질 등을 섞어 만든 물질을 고압으로 지하에 주입해, 가스가 매장되어 있는 암석층에 균열을 일으켜서 가스를 뽑아내는 공법이다. 지하수층으로 화학 물질이 침투시키기에 지하수 오염의 우려가 있고, 막대한 양의 수자원을 사용하며, 암석층을 약화시켜 지진 등 자연재해의 요인이 된다는 우려에도 불구하고 널리 사용되고 있는 공법이다.

27 World Bank. 1946년에 발족한 국제 기구로 개발 도상국에 경제 개발 원조를 제공하는 것을 그 목표로 한다. 회원국들로부터의 출자나 채권 발행 등을 통해 개발 도상 국가에 낮은 이자율로 자금을 지원하는 사업, 세계 경제 및 개별 국가들에 필요한 정책 자문 역할 등을 수행한다.

28 남아메리카 중앙부에 있는 국가로, 브라질의 남서부에 위치하고 있다. 브라질, 파라과이, 칠레, 페루, 아르헨티나로 둘러싸인 내륙국이다.

29 볼리비아에서 세 번째로 큰 도시인 코차밤바에서 1999~2000년에 일어난 일련의 시위 및 시위 폭력 진압으로 인한 유혈 사태. 세계 금융 기구(IMF)가 볼리비아 정부에 원조를 제공할 때, 지원 조건의 일환으로 공기업의 투명화 및 민영화를 요구했다. 그 결과, 내륙에 위치하며 물이 부족한 코차밤바 지역의 상하수도 관리를 담당하던 공기업 또한 민영화 대상에 포함되었다. 해외 기업이 코차밤바의 수자원 관리를 담당하게 되었고, 수도 요금을 대폭 인상하고, 개인적 수자원 이용을 단속했다. 당시 코차밤바에서는 공동 우물 사용이나 개인이 빗물을 받아 사용하는 것 또한 금지되었다고 한다. 분노한 시민들은 봉기했고, 부상자 및 사망자가 발생하는 비극을 겪었다.

30 중앙 아메리카의 유카탄 반도 남동부 연안에 위치한 국가로 멕시코, 과테말라, 카리브해와 접하고 있다. 수자원 관리에 진통을 겪고 있는데, 특히 전통적으로 강 및 우물에 의존하는 시골 지역의 수질 및 수자원 관리에 고심하는 것으로 알려져 있다.

31 애덤 새비지(Adam Savage, 1967년~). 미국의 산업 디자이너, 특수 효과 전문가. 제이미 하이네만과 함께 2003년부터 2016년까지, 12개의 시즌에 걸쳐 디스커버리 채널의 프로그램 「호기심 해결사(Mythbusters)」의 진행을 맡았다.

32 국내 방영 시의 제목은 「호기심 해결사」. 많은 사람들이 믿고 있는 사실 또는 인터넷 루머 등의 진위를 실제 과학 실험을 통해 확인하는 프로그램.

33 알팔파(Alfalfa). 콩과에 속하는 여러해살이풀로 세계 각지에서 여물용으로 재배되었다. 싹이 튼 씨앗은 익히지 않고 샌드위치나 햄버거 속에 넣거나 샐러드에 넣어 먹기도 한다.

34 미국 네바다 주 모하비 사막에 위치한 네바다 최대의 도시. 주로 관광 및 도박으로 유명하다. 라스베이거스에 수자원을 공급하는 미드 호(Lake Mead, 네바다 주와 애리조나 주 경계에 있는 인공 호수)의 수량 감소로 수자원 확보에 고심하고 있다.

35 미국 애리조나 주의 도시로 애리조나 주 최대의 도시인 피닉스(Pheonix)의 동쪽에 위치하고 있다. 사막에 위치한 관광 도시로 수자원 확보 방안을 다각도로 모색하고 있다.

36 인위적으로 높은 압력을 가해서 용매가 농도가 높은 곳으로부터 낮은 쪽으로 이동하도록 하는 과정. 농도가 다른 두 액체를 반투과성막(용매는 통과할 수 있지만 용질은 통과하지 못하는 막)으로 분리했을 때, 용매가 저농도 액체에서 고농도 액체로 이동하는 삼투 현상과는 정반대의 기작이다.

3장 폭풍은 어디에서 오나요?

1 빠르게 회전하며 소용돌이를 일으키는 격렬한 저기압성 폭풍으로, 바다 또는 넓은 평지에서 주로 발생한다. 발생 시 깔때기 모양의 회오리 바람이 일어나기도 하며, 중심부의 풍속은 초속 100~200미터에 이르기도 한다. 심한 경우 지면에 있는 자동차, 기차 등을 감아올리기도 한다. 미국에서는 특히 봄이나 여름에 주로 발생한다.

2 대서양의 북부, 태평양의 북동부 및 북중부에서 발생하는 강한 열대성 저기압으로, 주로 여름이나 가을에 발생하고, 비를 동반하는 경우도 있어 큰 자연 재해로 연결되기도 한다.

3 성경에서 징벌 또는 시험의 의미로 내린 자연 재해의 일종.

4 앤드루 프리드먼(Andrew Freedman). 기자, 기후 및 사회 전문가. 현재 2005년에 창간된 온라인 매체 매셔블(Mashable)의 과학 에디터로 일하고 있다.

5 Dark 'n' Stomy. 다크 럼과 진저 비어를 섞어 얼음 위에 부은 후 라임 조각으로 장식한 하이볼 칵테일.

6 생강, 크림 형태의 주석(cream of tartar), 설탕, 효모를 섞어 발효해 만든 음료. 달콤하며 탄산이 함유되어 있다.

7 대류권의 상부나 성층권의 하부에서 좁고 거의 수평으로 흐르는 공기의

흐름. 대략 지상 9000~1만 미터 높이에서 분다. 항공기가 주로 이용하는 고도 사이에서 흐르므로 제트 기류의 방향을 활용해 비행 시간을 줄이는 데 이용되고 있다.

8 Microburst, 소돌발. 비구름에서 하강해 지면에 부딪쳐 수평으로 퍼지는 강한 바람.

9 텍사스, 루이지애나, 미시시피, 앨라배마, 플로리다 지역.

10 https://earthquake.usgs.gov/earthquakes/

11 제임스 웹스터(James Webster). 미국 자연사 박물관 큐레이터.

12 스티븐 소터(Steven Soter, 1943년~). 천문학 박사. 미국 자연사 박물관의 천체 물리학 분야 연구원.

13 니즈니 노브고로드(Nizhny Novgorod). 러시아 서부에 위치한 니즈니노브고로드 주의 주도. 러시아 제5의 도시. 문호 막심 고리키의 출생지이기도 하다.

14 주디스 린(Judith Lean). 미국 해군 연구청 우주 과학 분과 소속의 연구자. 미국 학술원 회원.

15 스티븐 L. 케일(Stephen L. Keil). 미국의 천문학자. 1999년부터 2013년까지 미국 국립 태양 관측소(National Solar Observatory) 소장으로 봉직.

16 애니 마운더(Annie Russell Maunder, 1869~1947년). 북아일랜드의 천문학자이자 수학자. 그리니치 천문대의 태양 관측 담당 부서에서 계산 담당 직원으로 근무하던 중, 흑점에 대한 다양한 관측을 하게 된다. 후일 월터 마운더와 결혼해 연구를 지속한다.

17 월터 마운더(Walter Maunder, 1851~1928년). 영국의 천문학자. 태양 흑점 개수 및 태양의 자기장에서 찾아볼 수 있는 주기를 기반으로 1645~1715년의 마운더 극소기를 발견했다.

18 에릭 필립스(Eric Phillips). http://ericphilips.com

19 밀루틴 밀란코비치(Milutin Milankovitch, 1879~1958년). 세르비아의 물리학자, 수학자, 천문학자.

20 기후 변화를 야기하는 지구의 운동 주기를 종합해 기후 변화의 주기를 추정한 밀란코비치의 업적.

21 자전하는 물체의 회전축이 원을 그리며 움직이는 현상.

22 민물 및 해양에 서식하는 갈색식물류. 단세포로 구성되어 있다. 식물성 플랑크톤에 속한다.

23 광물이 포함된 지하수가 동굴의 천장을 타고 흘러가는 과정에서 형성되는 광물질 덩어리. 주로 고드름처럼 동굴의 천장에 매달려 있다.

24 Intergovernmental Panel on Climate Change. UN 산하 정부 간 협의체. 인류의 활동으로 인한 기후 변화 및 기후 변화가 정치, 경제에 미치는 영향에 대한 정보를 제공한다. 1988년 11월, 유엔 환경 계획(UNEP)과 세계 기상 기구(WMO)에 의해 공동 설립되었고, 현재 190여 개국 출신의 관료, 과학자 등이 참여하고 있다.

25 신시아 로젠츠베이그(Cynthia Rosenzweig, 1958년~). 미국 출신의 기후학자로 콜럼비아 대학교 소재 NASA 고다드 연구소에서 연구를 하고 있다. 기후 변화 양상을 기반으로 2012년 10월 말 아메리카대륙에서 발생한 대형 폭풍

샌디의 도래를 미리 예측한 업적을 인정받아 2012년 《네이처》 선정 과학계에 기여한 10대 과학자 중 한 명으로 소개된 바 있다.

26 마이클 체(Michael Che, 1983년~). 미국 출신의 코미디언, 방송인. 2014년, 「새터데이 나이트 라이브(Saturday Night Live)」의 40번째 시즌 속 코너인 위크엔드 업데이트(Weekend Update) 진행을 맡고 있다. 마이클 체는 해당 코너를 담당하는 최초의 흑인 진행자이다.

27 Positive feedback. 출력량이 입력량을 늘리는 방향으로 진행되며 출력량이 다시 입력량에 원인을 미치는 자동 제어 원리. 양성 피드백 과정을 거치면 출력량은 급격히 증가하게 된다.

28 육지를 덮고 있는 얼음 판.

29 데이비드 린드(David Rind). NASA 소속 원로 과학자. 기후 변화 전문가.

30 화학식은 CH_4. 메테인(methane)으로도 표기됨. 각종 유기물질이 분해되는 과정에서 발생하는 무색, 무취의 기체. 지구 온난화를 일으키는 온실 가스의 일종이다.

31 화학식은 N_2O. 아산화질소. 가벼운 향기와 단 맛을 지닌 무색의 기체로 흡입시 마취 효과가 있다. 지구 온난화를 일으키는 온실 가스의 일종이다.

32 연무질. 지구 대기 중을 떠도는 미세한 고체 입자 또는 액체 방울. 먼지, 연기, 안개, 아지랑이, 구름 등도 포함된다.

4장 공해 문제를 해결할 방법은 있나요?

1 데이비드 애튼버러 경(Sir David Attenborough, 1926년~). 영국의 박물학자(동식물학자)이자 방송인. BBC의 자연 다큐멘터리 해설자로 잘 알려져 있다.

2 1931~1936년에 건설된 콜로라도 강 중류, 그랜드 캐니언 하류 블랙 협곡에 위치한 댐. 미국의 네바다 주와 애리조나 주 경계에 있다. 길이는 약 380미터, 높이는 약 200미터에 이르는 초대형 구조물이다. 댐 건립으로 인해 인공 호수인 미드 호(Lake Mead)가 조성되었다.

3 지구의 고생대 중 다섯 번째에 해당하는 시기로, 대략 3억 6000만 년 전에서 2억 9900만 년 전 사이에 해당한다. 공기 중 산소 농도가 현재의 1.6배가량, 이산화탄소 농도는 산업 시대 이전의 3배에 달했을 것으로 추정되는 시기이며, 나무가 등장했고 그 결과 현재 대규모의 석탄층이 형성된 시기이다.

4 백악기 전기(약 1억 2600만 년 전)에 살았을 것으로 추정되는 육식 공룡으로 유타 주에서 발견되어 유타랍토르라는 이름이 붙었다. 길이는 6~7미터, 무게는 400~500킬로그램으로 추정된다.

5 영문명 'biostitute'. 생물학을 뜻하는 'biology'와 매춘업자를 뜻하는 'prostitute'의 합성어이다.

6 지구의 표층을 구성하고 있는 판과 판이 서로 충돌해, 한 판이 다른 판의 밑쪽으로 들어가게 되는 현상. 예컨대 해양판과 대륙판이 충돌하게 되면 상대적으로 무거운 해양판이 가벼운 대륙판 아래로 밀려들어가고 근처 해구에 쌓여 있는 물질들은 지구의 상부 맨틀로 끌려 들어간다.

7 인도의 북부 카슈미르 주 동부에 위치한 지역. 인도, 파키스탄, 중국이 영유권을 주장하고 있는 국경분쟁지역이다. 북쪽으로는 쿤룬 산맥, 남쪽으로는 히말라야 산맥을 끼고 있어 해발 고도가 높으며 험한 산과 깊은 골짜기,

빙하 등의 자연 조건을 갖고 있다. 인도 아리안 족과 티베트 족이 거주하고 있다. 인구 밀도가 무척 낮다.

8 지표 아래에 묻혀 있는 석유를 채굴하기 위해 만든 시설.

9 마일스 오브라이언(Miles O'Brien, 1959년~). 과학 전문 기자. CNN, PBS 등의 채널에서 과학, 기술, 우주 항공 분야를 전문적으로 보도했다.

10 프란치스코 교황(Pope Francis, 1936년~). 천주교회의 266대 교황. 2013년 이래로 재위하고 있다. 역사상 최초의 아메리카 대륙 출신의 교황이자 예수회 출신 교황.

11 제임스 마틴(James Martin, 1960년~). 미국의 예수회 사제, 작가이자 예수회 잡지 《아메리카》의 편집자. 2017년 바티칸 통신 사무국의 고문으로 임명되었다.

12 테슬라 모터스(Tesla Motors). 2018년 기준 현 테슬라 주식 회사(Tesla Inc.)의 전신. 미국 캘리포니아 주 팔로 알토 소재의 회사로 전기 자동차, 에너지 저장 및 태양광 발전 등을 전문으로 하는 회사. 2003년 창업, 2010년 나스닥 상장.

13 스페이스엑스(SpaceX), 기업명은 Space Exploration Technologies, Corp. 미국 캘리포니아 주 호손 소재의 기업. 민간 기업으로, 항공 우주 장비 개발, 제조 및 및 우주 공간 내에서의 운송을 전문으로 하고 있다. 우주 공간 내에서의 운송비를 절감하고 화성을 인간이 살 수 있는 곳으로 만들겠다는 목표 하에 2002년 창업되었고, 민간 기업으로는 최초로 2006년에 성공리에 우주 발사체를 발사한 바 있다.

14 일론 머스크(Elon Musk, 1971년~). 남아프리카 공화국 출생, 미국에서 활동 중인 기업인. 정보, 대체 에너지 및 우주 과학 관련 기업의 창업자 및 경영자로 활동하고 있다. 지도 및 지역 정보 사업, 인터넷 송금 전문 기업인 페이팔 경영, 현재 세계 최고의 민간 우주 과학 기술 기업으로 인정받는 스페이스엑스 창업, 태양광 발전 사업체인 솔라시티 창업 등의 경력을 갖고 있으며, 대체 에너지를 사용한 운송 수단 개발 회사인 테슬라 주식회사의 CEO를 역임하고 있다.

15 최초의 지질 시대로, 현생누대 시대 이전의 통칭. 지구 역사의 약 88퍼센트를 차지하는 긴 기간으로, 지구가 형성된 약 46억 년 전부터 고생대 캄브리아기의 시작점으로 여겨지는 약 5억 4200만 년 전까지의 시대.

16 멜리사 스테리(Melissa Sterry). 디자이너, 미래학자. 자연이 도시를 디자인한다면, 이라는 질문을 던진 바이오닉 시티(bionic city) 프로젝트로 미래의 주거 공간, 디자인, 자연, 도시와 관련한 다양한 실험을 시도한 바 있다.

17 햇빛을 전기로 바꾸어 전력을 생산하기 위해 이용되는 시설. 태양빛에 반응하는 여러 개의 태양광 전지가 붙어 있는 판을 이용한다. 재생 가능하고 공해가 적은 에너지에 대한 수요 증가와 관련해 다수 국가에서 태양광 패널의 설치를 장려하고 있다.

18 태양 에너지를 전기 에너지로 변환할 수 있는 장치. 태양 전지 또는 광전지로 칭해지기도 한다.

19 현재 널리 사용되는 리튬-이온 전지보다 에너지 밀도가 높아 전기차의 장거리 주행에 유리할 것으로 기대된다.

5장 지구의 종말은 어떻게 올까요?

1 중앙아메리카의 고대 마야 문명기에 사용되던 역법으로, 365일이 1년인 상용년과 260일 주기로 순환하는 제례 주기를 바탕으로 한다. 상용년은 20일씩 18개월에 5일을 더해, 제례 주기는 20일을 1주기로 하는 13주기로 구성되어 있다. 두 주기는 상용년 기준 52년마다 그 시작과 끝점이 일치하는데, 이 주기에 속하는 1만 8980일에는 상용년의 달과 날, 제례 주기와 날의 이름을 붙여 고유한 이름을 부여했다. 마야 인들은 역사적으로 중요한 사건이나 인물의 업적, 생몰 등을 돌기둥에 세워 역사를 기록했는데, 해당 시기를 정확하게 표기하기 위해 특정 시점을 역법의 시작일로 삼았다. 역법의 시작일은 기원 전 3113년으로 기록되어 있다.

2 히브리 어로 므깃도의 언덕을 뜻함. 신약성경의 요한 계시록에 등장하는 장소로. 세기 말에 최후로 선과 악이 대립하는 싸움이 절어질 장소로 상징된다. 일반적인 용례로는 세계가 멸망하는 시기나 지구 종말의 시기를 뜻하기도 한다. 팔레스타인의 도시 므깃도가 전통적인 전략적 요충지이자 전쟁이 자주 일어난 장소였던 것과 관련이 있을 것으로 추정된다.

3 북유럽 신화에서 예언된 대형 전쟁으로, 신화의 주요 등장 신 및 인물이 치열한 전투를 벌이고 자연 재해가 발생할 것으로 묘사된다. 이 싸움 이후 세계가 물속에 잠길 것이며, 그 후 세계는 재생하게 되며 새로운 문명이 극소수의 생존자들로 인해 재건될 것으로 예언된다.

4 태양계 행성들이 일직선상에 나란히 서게 되는 현상. 일부 유사 종교 단체에서 지구 멸망의 전조로 간주한 바 있다.

5 정식 명칭은 C/1995 01. 20. 1995년 미국의 천문학자 앨런 헤일과 토마스 봅이 발견한 혜성. 20세기에 가장 널리 관측되었던 행성 중 하나로, 그 밝기가 무척 밝았다고 한다.

6 정식 명칭은 C/2010 X1. 러시아의 아마추어 천문학자인 레오니드 엘레닌이 발견한 혜성.

7 매년 11월 17일, 18일을 전후로 발생하는 유성우. 33년에 한 번씩은 시간당 수십에서 수백만 개의 유성이 떨어지기도 한다. 1833년 11월 12일에 있었던 사자자리 유성우는 북아메리카 대륙 전역에서 관찰 가능했으며, 이 유성우는 유성우에 대한 심도 있는 연구를 촉발하는 계기가 되었다.

8 대함몰(big crunch) 이론에 따르면 수조 년이 지나면 은하가 서로 충돌해 다시 우주의 온도가 올라가 심지어 항성도 탈 것이다. 거대한 블랙홀이 모든 것을 삼키고 입자가 한데 뭉치면 제2의 빅뱅이 일어날 것이다.

9 허블 우주 망원경(Hubble Space Telescope). NASA과 유럽 우주국(ESA)의 주체로 개발된 천문 관측용 망원경. 지구 대기권 밖에서 지구 궤도를 돌고 있다. 1990년 4월 25일 디스커버리 우주 왕복선에 실려 지구 상공 610킬로미터 궤도에 진입, 우주 관측 활동을 시작했다. 지구에 설치된 고성능 망원경보다도 훨씬 미세한 부분까지 관측이 가능하다.

10 윌킨슨 마이크로파 비등방성 탐색기(Wilkinson Microwave Anisotropy Probe). 2001년부터 2010년까지 우주의 마이크로파 열복사 배경을 관측한 위성. 우주에 방향이 있는가, 우주가 방향과 무관하게 균일하게 팽창했는지 (등방성) 또는 그렇지 않은가(비등방성) 등의 우주론적 질문을 탐구하기 위한

우주 배경 복사 관측 의무를 수행했다. 전신인 코비(KOBE) 위성이 우주에서 대체로 균일한 배경 복사를 관측해 우주 등방성의 근거를 제시한 것과 달리, 코비 위성보다 정밀한 측정을 한 WMAP은 특정한 방향으로 우주의 배경 복사에 치우침이 있다는 것을 발견했다. WMAP은 2010년 전원이 차단되었다.

11 플랑크 우주 망원경(Planck space telescope). 유럽 우주국(ESA)의 주관하에 2009~2013년에 운영된 우주 망원경. 마이크로파 및 적외선 주파수에서 우주의 마이크로파 배경을 관측했다. 기존 우주 망원경보다 감도가 높고 세밀한 각도를 분해하고 측정해서 초기 우주 이론과 우주 구조의 기원 등 우주론, 천체 물리학적 의문에 대한 원천 정보를 제공했다. 주요 성과로는 우주 공간에 분포하는 물질과 암흑 물질의 평균 밀도 측정, 우주 마이크로파 배경 지도 등이 있다. 최종 보고서는 2018년 3월에 공개될 예정이다.

12 조 로건(Joseph James Rogan, 1967년~). 미국에서 활동 중인 코미디언, 무술 해설자, 팟캐스트 진행자. 90년대에 시트콤과 유선 코미디 채널에서 활동했으며, 2009년에 시작한 팟캐스트 「더 조 로건 익스피리언스」로 인터넷 방송계에서도 큰 인기를 얻었다.

13 로버트 프로스트(Robert Lee Frost, 1874~1963년). 미국의 시인. 20세기 초 뉴잉글랜드 지역의 농촌 생활에 대한 생생한 묘사와 당대의 구어체 미국 영어를 사용한 작법으로 명성을 얻었다. 생애에 걸쳐 많은 영예를 얻었는데, 특히 퓰리처상 시부문 상을 4회 수상하기도 했다.

14 지각, 맨틀, 외핵, 내핵으로 구성되어 있는 지구의 외핵과 내핵을 통틀어 일컫는 말. 바깥쪽(지각으로부터 약 2900~5100킬로미터 깊이에 위치)인 외핵에는 액체 상태의 철, 니켈, 기타 원소가 분포하는 반면, 지구의 최심층부인 내핵(지표 아래 5100킬로미터부터 지구의 최심층점까지)에는 고체로 된 철과 니켈이 분포하는 것으로 알려져 있다. 액체 상태의 철과 니켈이 유동성을 갖는 외핵은 지구의 자기장을 만들어 내는 것으로 추정되기도 한다.

15 유체 상태로 열을 전달하며 이동하는 물질에 의해 발생하는 전류.

16 발전기로 사용되는 자기 장치. 다이너모 이론은 지구 외핵에 존재하는 전기를 전도하는 성질을 띤 철, 니켈 등이 유체 상태로 운동하며 유도 전류를 형성하고, 유도 전류가 지구의 회전축을 따라 자기장을 생성한다고 지구의 자기장 발생 원리를 설명한다.

17 지구와 충돌하는 궤도상에 있어 인류의 종말을 가져올 것으로 우려되는 소행성.

18 딥 임팩트(Deep Impact). NASA의 우주 탐사선으로 2005년에 발사되었다. 혜성의 내부 조성을 연구하기 위해 충돌기를 혜성으로 낙하시킨 후, 혜성의 핵에 충돌구를 만들어 핵의 구성 물질을 우주 공간으로 내보내는 방식으로 연구를 진행했다.

19 아포피스(Apophis, 소행성명 99942 Apophis). 2004년 6월에 발견된 소행성으로 지구에 근접한 지점에서 이동하고 있다. 2004년 12월, 2029년에 아포피스와 지구가 충돌할 가능성이 2.7퍼센트에 달한다는 발표가 있은 이후 학계와 대중의 꾸준한 관심을 받고 있다. 아포피스의 지름은 370미터가량으로 추정되며, 일부 시뮬레이션 연구에서는 아포피스와 지구가 충돌할 경우 대규모 쓰나미가 발생해 대규모 사상자를 낼 것으로 예측하기도 했다. 소행성 충돌로 기인한 재해의 대비책으로 우주선을 발사해 소행성의 궤도를 바꾸거나 폭발물로 소행성을 제거하는 등의 방안이 제시되기도 했다. 2005년의 추산에 의하면 아포피스처럼 천체가 지구에 근접해 지나가는 일은 약 800년을 주기로 발생할 가능성이 있다고 한다. 2018년 현재 아포피스보다 지구와의 충돌 위험이 높은 것으로 추정되는 소행성은 7개이다.

20 로즈 볼(Rose Bowl). 미국 캘리포니아 주 로스엔젤레스 북동부 교외 지역인 패서디나에 위치한 야외 경기장. 1922년에 건립된 이래 현재에 이르기까지 캘리포니아 주 및 미국의 명소로 손꼽히고 있다. 면적은 약 4만 제곱미터이며 9만 명 이상의 관중을 수용할 수 있는 대규모 야외 경기장으로, 미국에서 11번째로 큰 경기장이자 세계에서 17번째로 큰 경기장이다.

21 브루스 윌리스(Walter Bruce Willis, 1955년~). 미국의 배우, 제작자, 가수. 소극장에서 연예 활동을 시작했으며 1980년대에 다수의 TV 프로그램에 출연했다. 1980년대 후반부터 영화 출연을 시작했는데, 1988년부터 2013년에 걸쳐 제작된 액션물인 다이 하드 시리즈 등 60여 편의 영화에 출연했다.

22 마이클 베이 감독의 1998년작 영화. 브루스 윌리스가 주연을 맡았다. 운석 낙하로 위기에 처한 지구를 구하기 위해 석유 시추공들과 NASA 과학자들이 대립 끝에 마침내 협업하는 과정을 그렸다. 1998년 개봉작 중 최고의 흥행작이자 작품 속에 숨겨진 과학적 오류 및 고증 오류 발견 등의 재미거리를 제공하는 SF 영화이다.

23 76년을 주기로 태양의 주변을 돌고 있는 혜성. 지름은 6킬로미터, 코마(핵 주변의 대기)의 반지름은 약 1000만 킬로미터이다. 1707년 영국의 천문학자 에드먼드 핼리(1656~1742년)에 의해 76년 주기가 밝혀졌다.

24 사이아노젠(Cyanogen). 시안화수소산 화합물로 무색이며 자극적인 냄새를 지닌 맹독성 기체이다.

25 첼랴빈스크 주(Челябинская область). 유럽과 아시아의 경계에 위치한 우랄 산맥에 인접한 러시아 연방의 주. 러시아 서부에 위치한다. 인구는 약 350만 명이다. 주요 산업은 광업(갈탄), 중공업 및 농업이다. 2013년 2월에 운석 폭발로 인해 큰 피해를 입었다. 운석이 낙하한 날로부터 1년 뒤인 2014년 2월 15일에 결승전이 열리는 2014년 소치 동계 올림픽 경기의 우승자에게 운석 금메달을 제작 수여하기도 했다. 주요 도시로는 첼랴빈스크가 있다.

26 러시아의 첼랴빈스크 주에 위치한 호수. 첼랴빈스크 시에서 남서쪽으로 약 70킬로미터 떨어진 곳에 위치한다. 면적은 약 170 제곱킬로미터. 운석 낙하로 인해 지름이 6미터에 달하는 얼음 구멍이 생겼고, 호수에서 운석 조각으로 추정되는 물질을 채취해 조사했다. 호수에서 발견된 운석 조각의 무게는 약 570킬로그램이었다.

27 감마선(Gamma ray). 원자핵이나 소립자의 붕괴, 반응 등의 과정에서 방출되는 고에너지 전자파.

28 진동수가 3킬로헤르츠에서 3테라헤르츠 사이인 전자기파.

29 소리의 속도. 소리가 통과하는 매질의 온도 및 밀도(기압)의 영향을 크게 받는다. 온도 기준 섭씨 영상 15도, 10만 파스칼 기압의 환경에서 음속은 초속 340미터(또는 시속 1224킬로미터) 정도이다.

30 앤드루 스탠턴 감독, 픽사 제작의 2008년작 SF 애니메이션 영화 「월-E(Wall-E)」에 등장하는 로봇. 넘쳐나는 쓰레기를 감당하지 못해 인류가 모두 떠나 버린 미래의 지구에서 폐기물을 수거하는 로봇이 사랑에 빠지는 이야기를 주 소재로 한다. Wall-E는 지구 폐기물 수거 및 처리반 로봇(Waste Allocation Load Lifter-Earth class)의 준말이다.

31 스카이넷(Skynet). 영화 「터미네이터」 시리즈에 등장하는 악역이자 인공 지능 슈퍼 컴퓨터. 터미네이터를 통해 인류를 멸망시키려고 한다

32 신경 전달 물질의 일종으로 화학식은 $C_8H_{11}NO_2$. 망상계, 변연계, 시상 하부 등에 도파민에 대한 수용기를 지닌 뉴런이 주로 분포한다. 뇌신경 세포의 흥분을 전달하는 역할을 하며, 파킨슨병과 조현병의 발병과 관련이 있는 것으로 추정된다.

33 뇌의 특정 부위에서 분비되는 신경 전달 물질의 일종, 화학식은 $C_{10}H_{12}N_2O$. 세로토닌의 농도 변화는 우울증 등의 정신 상태와 관련이 있는 것으로 밝혀져 있다.

34 양자 계산(quantum computing). 중첩(superposition), 얽힘(entanglement) 등, 양자 역학적 현상을 이용한 계산. 일반적인 컴퓨터가 주로 0 또는 1의 2진법을 사용해 상태를 표현하는 반면, 양자 비트 계산에서는 상태의 중첩이 가능한 양자 비트 개념을 사용한다. 향후 인공 지능 개발에 큰 영향을 미칠 것으로 예상되는 기술.

35 왓슨(Watson). IBM 사에서 개발한 자연 언어로 주어진 질문에 대답할 수 있는 컴퓨터 시스템으로, IBM의 초대 CEO였던 토머스 J. 왓슨의 이름을 따서 명명되었다. 최초 개발 시 퀴즈 프로그램인 「제퍼디!」에 등장하는 질문에 대답하도록 개발되었다. 2011년 왓슨은 「제퍼디!」 프로그램에서 역대 최고의 우승자로 평가받는 인간 경쟁자 2인을 이기고 1위를 차지했다. 2013년, IBM은 폐암 치료를 위해 왓슨 시스템의 응용 프로그램을 상용화하는 데에까지 그 영역을 넓히기도 했다.

36 미국의 방송사 NBC(National Broadcasting Company)에서 제작한 텔레비전 퀴즈 프로그램으로 역사, 문학, 예술, 대중 문화, 과학, 스포츠, 등의 주제를 대상으로 한다. 1964년 최초로 방송된 후 1975년에 잠시 종료되었다가, 1978~1979년에 방송이 재개되었다. 이후 1984년부터 다시 시작되어 현재에 이르기까지 약 1만 회에 걸쳐 방송된 퀴즈 프로그램이다.

37 허니비 로보틱스(Honeybee Robotics Spacecraft Mechanisms Corporation). 미국의 우주선 기술 및 로봇 공학 회사. 1983년 스티븐 고어밴과 크리스 채프먼에 의해 설립되었다. 2017년 6월, 엔사인빅포드(Ensign-Bickford Industries)에 의해 인수되었다.

38 엄밀히 말하면 조류는 핵이 있는 세포로 구성되어 있으나 시아노박테리아는 핵이 없는 세포로 구성되어 있어 분류상의 차이가 있다.

39 시아노박테리아(cyanobacteria). 남세균 또는 남조세균. 광합성을 통해 에너지를 얻으며, 산소를 만드는 세균으로 핵이 없는 세포로 구성되어 있다. 시아노박테리아가 광합성의 부산물로 생산한 산소로 인해 지구의 바다에 산소가 공급되었고 대기 중 산소 농도를 상승시켜 오존층이 형성되었다. 남세균은 지구상에 살 수 있는 생명 형태의 구성을 극적으로 변화시킨 생물로 평

가받는다.

40 전기 그리드(electric grid). 생산자로부터 소비자에게까지 전기를 공급하기 위해 연결된 네트워크. 대개 전력을 생산하는 발전소, 전력을 전송하는 고전압 송전선 및 개별 고객에게 전력을 전송하는 배전선 등으로 구성된다.

3부 인류

1장 인류가 원숭이로부터 진화했다면 왜 아직 원숭이가 있나요?

1 리처드 도킨스(Clinton Richard Dawkins, 1941년~) 영국의 동물 행동학자, 진화 심리학자, 저술가. 옥스퍼드 뉴 칼리지의 명예 교수이자 1995년부터 약 13년간 옥스퍼드 대학교에서 대중의 과학 이해를 위한 찰스 시모니 석좌 교수직을 역임했다. 1976년에 출간한 저서 『이기적 유전자』에서 유전자 중심적 진화관을 주장한 바 있다.

2 공식명은 콜론 제도(Archipiélago de Colón). 남아메리카 서해안에서 1000킬로미터 정도 떨어져 있는 태평양의 19개 화산섬 및 주변 암초로 구성된 섬의 무리. 적도를 끼고 북반구와 남반구에 걸쳐 위치해 있다. 가장 큰 섬인 이사벨라 섬으로 적도가 지나가며, 최남단의 에스파뇰라 섬과 최북단 다윈 섬 사이의 거리는 약 220킬로미터이다. 전체 면적은 약 7900제곱킬로미터로, 가장 큰 이사벨라 섬은 약 4688제곱킬로미터이다. 에콰도르의 갈라파고스 주에 속한다. 여러 고유종으로 유명하며, 1835년 찰스 다윈은 비글 호를 타고 제도를 방문해 진화론의 근거가 된 기초 조사를 수행했다. 이 지역에 서식하고 있는 700여 종의 고등식물 중 40퍼센트가 이 지역에서만 볼 수 있는 것들이다. 식생은 중남미와 매우 유사하다.

3 찰스 다윈에게 진화론 영감을 준 것으로 알려져 있는 갈라파고스 제도에 서식 중인 약 15종 정도의 새. 1835년, 다윈이 비글 호 탐사를 통해 갈라파고스 제도에 도착해 새들의 서식지, 먹이 종류에 따라 부리 모양이 다른 것에 착안, 진화론 및 자연 선택설의 영감을 얻어 후속 연구를 진행해 진화론의 토대를 다진 것으로 알려져 있다.

4 학명 *Culex pipiens molestus*. 본디 흔한 집모기였으나 런던 지하철 환경에 적응을 거듭한 결과, 여타 집모기와는 교배가 불가능한 새로운 종으로 진화하게 된 것으로 알려져 있다.

5 생물이 갖고 있는 수용체 중 빛을 자극으로 수용하는 감각 뉴런. 가시 광선 등의 빛을 생물학적 신호로 변환하는 역할을 한다. 예컨대, 광수용세포 내의 광수용체 단백질은 광자를 흡수해 세포막 전위의 변화를 유발한다.

6 아파토사우르스(*Apatosaurs*). 약 1억 5000만 년 전 중생대 쥐라기 후기에 북아메리카에서 서식했던 초식 공룡. 미국의 콜로라도 주, 오클라호마 주, 뉴멕시코 주, 유타 주 등에서 화석으로 발견된다. 몸의 길이는 약 21에서 23미터, 평균 몸무게는 16.4에서 22.4 톤 정도(일부 큰 개체의 경우 32톤 대의 개체도 있음)로 추정된다. 목이 길고 두상이 작으며 길고 앞다리가 뒷다리보다 짧고 채찍 같은 꼬리를 지닌 외형을 갖고 있었다. 15개의 목뼈(인간의 목뼈는 7개)를 갖고 있는 긴 목을 높은 나무에서부터 식량을 얻었던 것으로 추측된다.

7 바로사우르스(*Barosaurs*). 1억 5000만 년 전 중생대 쥐라기 후기에 북아메리카에서 서식했던 초식 공룡. 몸길이는 약 23~33미터, 몸무게는 10~12톤

정도로 추정된다. 목의 길이가 약 10미터에 이르는 개체도 발견되었다.

8 영장류는 백악기 후기에 해당하는 대략 6500만 년 전부터 발생, 진화된 것으로 알려져 있다. 화석이 남아 있는 영장류와 유사한 포유동물인 플레시아다피스(*Plesiadapis*)는 신생대 첫 시기인 팔레오세기에 해당하는 약 5800년 전과 5500년 전 사이에 북아메리카 근처에서 발생, 유럽 등지에서 서식했던 것으로 추정된다. 비슷한 시기에 서식했을 것으로 추정되는 중국에서 발견된 아르키케부스(*Archicebus*) 또한 원시 영장류의 초기 형태로 간주되고 있다.

9 유전체(Genome). 한 생물체가 갖고 있는 유전자의 염기 서열의 총체이자, 생물종이 갖고 있는 모든 유전 정보를 가리킨다. 일부 바이러스의 경우 RNA, 그 외 대부분의 생물의 경우 DNA에 유전 정보가 저장되어 있다.

10 짐 개피건(Jim Gaffigan, 1966년~). 미국 인디애나 주 출신의 배우, 작가, 프로듀서. 개그의 주 소재는 아버지로서의 삶, 주변의 일상, 게으름, 음식 등이며 거의 욕설을 하지 않는 것으로도 잘 알려져 있다. 「미스터 유니버스(Mr. Universe)」, 「옵세스드(Obsessed)」 등의 코미디 앨범으로 그래미상 후보에 오르기도 했다.

11 이언 태터솔(Ian Tattersall, 1945년~) 영국 출신의 고생물학자로 뉴욕 시 소재 미국 자연사 박물관(American Museum of Natural History)의 명예 큐레이터로 활동하고 있다. 전문 분야는 인간의 진화와 여우원숭이(lemur)이다.

12 앤디 서키스(Andrew Clement Serkis, 1964년~). 영국 출신의 배우이자 감독. 컴퓨터 생성 캐릭터의 모션 캡쳐 연기 및 음성 작업물로 잘 알려져 있다. 영화 「반지의 제왕」 시리즈 골룸, 「혹성 탈출」 및 「킹콩」(2005년)의 원숭이 연기를 담당했다.

13 원제는 「Planet of the Apes」. 프랑스의 소설가 피에르 불(Pierrer Boulle)의 1963년작 소설을 원작으로 한 영화 시리즈. 인간과 지능이 높은 원숭이 사이의 주도권 싸움을 소재로 하고 있다. 동일 소재로 영화, TV 시리즈물(1974~1976년 방영) 및 게임이 제작되기도 했다.

14 거대한 고릴라와 비슷한 외형을 지닌 괴물이 등장하는 영화, 뮤지컬 및 관련 영상물 시리즈. 1933년 이래로 다양한 속편 및 관련 영상물이 제작되었다. 원작 영화에서는 인도양에 있는 해골 섬(Skull Island)에 살고 있던 거대 고릴라인 콩(Kong)을 미국인이 생포, 뉴욕 시로 데려가 '세계 8대 불가사의'라는 제목으로 전시하게 된다. 콩은 전시장에서 탈출해 엠파이어 스테이트 빌딩 위에 올라갔다가 인간들의 공격을 받고 초고층 건물에서 떨어져 죽음을 맞는다.

15 제브러 다니오(zebra fish), 학명은 Danio rerio. 잉어과의 물고기로 푸른색 몸에 흰색 줄무늬가 있다. 원산지는 인도, 몸의 길이는 4~5센티미터. 인간의 유전물질과 상당 부분 일치하는 유전 물질로 인해 실험동물로 사용되는 경우가 많다. 초보자용 열대어로 주변에서 흔히 볼 수 있다.

16 비글 호(HMS Beagle). 찰스 다윈이 동식물학자로 활동하면서 태평양 등지를 탐사했던 1831~1836년 승선했던 함선. 약 240톤 급의 쌍돛대 범선으로 건조 비용은 현재 통화로 9억 원 정도였다고 한다. 1820년 5월 11일 템즈강의 울위치 조선소에서 진수된 후 1820년 7월 조지 4세의 대관식을 경축하는 진수식에 참가해 당시 새로 지은 런던 브리지 아래를 최초로 통과한 선박이

되었다. 그 후 5년에 걸쳐 탐사용 함선으로 개조된 후 세 번의 탐험을 수행했다. 1826~1830년에 걸친 1차 항해에서는 남아메리카 최남부의 파타고니아, 티에다렐푸에고 섬을 조사했다. 다윈이 승선한 것으로 유명한 두 번째 항해에서는 1831년 대서양을 지나 남미 해안 수로를 정밀하게 탐사한 후, 타히티, 오스트레일리아를 거쳐 1836년에 귀환한다. 이 과정에서 다윈이 출판한 일지가 명성을 얻었으며, 항해 과정에서 다윈이 발견한 바는 진화와 자연 선택 이론에 중요한 근거가 되었다. 1837~1843년의 세 번째 탐험에서는 오스트레일리아, 티모르 섬 근처를 탐사했다. 1845년, 비글 호는 해안 감시선으로 개조되어 밀수 감시를 위한 세관선을 사용되었다. 1851년, 강을 막고 있던 비글 호를 없애 달라는 청원이 있었고 1870년 비글 호는 매각, 해체된다.

17 러셀 월리스(Alfred Russel Wallace, 1823~1913년). 영국의 동식물학자, 탐험가, 지리학자, 인류학자, 생물학자. 자연 선택을 통한 진화론을 독자적으로 생각해 낸 것으로 알려져 있다. 월리스의 연구 결과는 1858년 다윈의 저술 중 일부와 공동 출판되었고, 월리스의 저작을 계기로 다윈 또한 종의 기원에 대한 자신의 이론을 발표했다고 알려져 있다. 아마존 강, 말레이 군도 등에서 다양한 답사 연구를 수행했고, 아시아에서 오스트레일리아에 걸쳐 동식물 군의 단절 현상이 나타나는 월리스 선을 발견했다. 그의 다른 주요 업적으로는 동물의 경고색과 종의 분리를 설명하는 월리스 효과 등이 있다. 생물종의 지리적 분포에 관한 당대 최고의 전문가였던 월리스는 "생물 지리학의 아버지"로도 평가받고 있다. 월리스는 사회 운동가로서의 면모를 보이기도 했다. 자연사에 대한 연구에서 비롯해 인간의 활동이 환경에 미칠 수 있는 악영향에 대해 일찍이 우려를 제기했으며, 당대 영국의 사회 경제적 체계 대한 의심을 표하기도 했다.

18 원제 「The Expanse」. 2015부터 미국의 Syfy에서 방영 중인 SF 드라마. 제임스 코리(James. S. A. Corey)라는 가명으로 작가 대니얼 에이브러햄(Daniel Abraham)과 타이 프랭크(Ty Franck)가 발표한 동명의 소설을 기반으로 하고 있다. 인류가 태양계 전 지역을 주거지화 한 23세기, 지구, 화성, 소행성대의 인류 사이에서 흐르는 불화의 기류 기저에 있는 음모를 밝히고 인류의 멸종 위기 상황을 해결해 나가는 것이 주요 줄거리이다.

19 매브 히긴스(Maeve Higgins, 1981년~). 아일랜드 태생으로 뉴욕에서 활동 중인 코미디언.

20 「Rocket City Rednecks」. 내셔널 지오그래픽에서 2011년부터 방송되었던 방송 프로그램. '로켓 시티'로 흔히 알려져 있는 앨러배마 주 헌츠빌을 배경으로 트래비스 테일러 박사 등 높은 수준의 과학, 공학 교육을 받은 다섯 명의 멤버들이 현실 세계의 문제를 해결하기 위해 과학 기술자로서의 면모를 발휘, 고급 지식을 활용하는 것을 소재로 하고 있다. 일례로, 트럭이 폭파하지 않도록 조치를 취한다거나, 집에서 만든 밀주를 연료로 하는 로켓을 만든다는 등의 소재 등을 다루었다.

21 트래비스 테일러(Travis Shane Taylor, 1968년~). 미국 앨러배마 주 출신의 항공 우주 공학자, 광학 전문가, SF 소설가. 광학 및 항공 우주공학 분야 두 분야의 박사 학위를 소지하고 있다. 미국 국방부와 NASA 의 다양한 프로젝트에 과학자로 참여 중이다.

22 헌츠빌-디케이터(Huntsville-Decatur). 앨라배마 북부 애팔래치아 산맥 지역에 위치한 도시로 헌츠빌 광역권의 인구는 약 44만 명, 디케이터의 인구는 약 5만 5000명이다. 헌츠빌 인근 테네시 강 북쪽에는 NASA의 마셜 우주 비행 센터, 미국 육군 항공 및 미사일 사령부가, 디케이터 지역에는 록히드마틴 사와 보잉 사의 로켓 공장 등이 소재하고 있다.

23 후터스(Hooters). 미국의 레스토랑 체인. 본사는 조지아 주 애틀랜타 소재, 약 400점포 이상의 점포를 세계 각국에서 운영 중이다. 올빼미 모양의 로고, 후터스 걸로 불리는 매력적인 젊은 여성 웨이트리스가 신체 노출이 있는 의상을 입고 일하는 것으로 잘 알려져 있다. 주요 메뉴는 버거, 스테이크, 치킨 윙, 주류 등이다.

24 육묘판. 식물의 씨를 뿌려 다른 장소로 옮겨 심을 때까지 기르는 장소. 대개 주변 지역보다 약간 높도록 흙을 다진 후 사방을 나무 판자 등으로 둘로 만든다.

25 세계 식량 대상(World Food Prize). 식량 자원의 양, 질, 접근성 등을 개선해 인류 발전에 기여한 업적을 기려 수여하는 국제적 상훈. 1987년 설립 이래 세계의 식량 공급과 관련된 제반 분야(식품 및 농업 과학 기술, 제조, 마케팅, 영양, 경제, 빈곤 퇴치, 정치 및 사회 과학 분야)에서의 공헌을 인정하는 상을 매년 수여하고 있다.

26 샐리 르 페이지(Sally Le Page, 1991년 또는 1992년~). 영국의 진화 생물학자, 과학 교육자. 제너럴 일렉트릭, 루스터 티스(Rooster Teeth) 등의 기업과의 공동 작업을 통해 유튜브에서 과학 교육 콘텐츠를 제작했다. 현재 옥스퍼드 대학교의 박사 과정 학생으로 성 선택을 전공하고 있다.

27 랩터(Raptor). 벨로키랍토르 또는 벨로시랩터(Velociraptor)의 준말. 백악기 후기(9900만 년 전부터 6500만 년 전)에 해당하는 약 7500~7100만 년 전에 중앙 아시아와 동아시아 지역에서 번성했던 낫 모양의 발톱을 가진 공룡. 몸의 길이는 약 2미터, 키는 약 1미터, 몸무게는 25~40킬로그램 정도였을 것으로 추정된다. 특이한 형상의 두개골, 강력한 이와 발톱, 큰 앞발, 깃털, 두 발로 걷는 이동 방식 등의 특징을 지닌다. 영화 「쥬라기 공원」 시리즈에 등장해 대중에게 널리 알려져 있는 공룡 중 하나이다.

28 티. 렉스(T. Rex). 티라노사우루스 또는 티란노사우루스(Tyrannosaurus)의 별칭. 정확한 종명인 티라노사우루스 렉스(Tyrannosaurus rex)의 약칭인 티 렉스로 칭해지기도 한다. 백악기 후기에 해당하는 약 6800만 년~6600만 년 전에 살았던 두 발로 걷는 육식 공룡으로, 주로 북아메리카 대륙 서부 지역에 서식했다. 서식지에서 가장 큰 육식공룡이었기에 최상위 포식자였을 것이라는 가설도 존재한다. 거대한 꼬리, 거대한 두개골, 강력한 뒷다리, 짧고 강한 앞다리 등의 신체적 특징이 있다. 표본에 따라 개체의 크기에는 차이가 있으나 몸의 길이가 약 12미터, 엉덩이로부터의 높이 약 3.5미터, 무게는 8.5~14톤 정도로 추정된다.

2장 과학이 진정한 사랑을 찾도록 도와줄 수 있나요?

1 헬렌 피셔(Helen E. Fisher, 1945년~). 미국의 생물 인류학자. 인간 행동 전문가로 여러 권의 자기 개발서를 저술하기도 했다. 현재 인디애나 대학교 산하 킨제이 연구소(Kinsey Institute)의 선임 연구원이자 럿거스 대학 인류학과 산하 인간 진화 센터의 연구원이다. 전문 분야는 사랑과 매력의 생물학, 인류학이다. 2005년, 피셔 박사는 온라인 데이팅 웹사이트 회사인 매치닷컴(match.com)에서 근무하며 자신의 연구와 경험을 바탕으로 호르몬, 성격에 기반해 연애 상대를 소개해 주는 케미스트리닷컴(chemistry.com)을 설립한 바 있다.

2 루스 웨스트하이머(Ruth Westheimer, 1928년~). 루스 박사(Dr. Ruth)라는 별칭으로 널리 알려져 있다. 독일 태생, 미국에서 활동 중인 성 상담사, 방송인, 배우, 성우, 작가. 1980년부터 성을 주제로 한 라디오 프로그램 「섹스에 대해 말해 보자면(Sexually Speaking)」을 비롯, 현재에 이르기까지 다양한 매체에서 성과 섹슈얼리티에 대한 다양한 주제에 대한 방송과 저술을 계속해 왔다.

3 또는 자궁 수축 호르몬. 시상 하부에서 합성되어 신경 돌기를 통해 뇌하수체 후엽에 이르러 저장, 분비된다. 출산 때에 자궁 수축을 촉진하며 수유할 때 젖의 분비를 돕는 등의 역할을 하는 호르몬으로, 출생, 아기와의 유대감 등과 관련이 있는 것으로 알려져 있다. 출산 시뿐만 아니라, 호감이 가는 상대를 보았을 때 뇌하수체에서 혈류로 분비되기도 하며, 유대감을 강화하거나 및 성욕을 촉진하기도 한다.

4 뇌하수체 후엽 호르몬 중 하나로, 포유류에서 광범위하게 분비되는 호르몬. 신장에서 수분의 재흡수를 촉진하는 항이뇨호르몬이자 모세혈관을 수축시켜 혈압을 높이는 역할을 하는 호르몬이다. 동물 실험 결과 바소프레신은 성욕을 유발하는 시각 및 후각 기능을 증진시키고, 뇌간 및 척추 신경계를 자극해 성행위를 유발할 뿐만 아니라, 성교와 관련이 있는 사회적 행위 또한 유발하는 것으로 밝혀진 바 있다. 바소프레신은 파트너와의 유대감을 증대시키고, 성행위 대상과의 1대 1 관계를 강화하며, 남성의 경우 남성에 대한 적대감을 키우는 것으로 알려져 있다. 카페인이나 알코올 등의 화학 물질에 의해서는 바소프레신의 분비가 억제되기도 한다.

5 댄 새비지(Daniel Keenan "Dan" Savage, 1964년~). 미국이 작가, 논객, 언론인, 성소수자 관련 사회 활동가. 1991년부터 시애틀의 주간 신문인 《더 스트레인저(The Stranger)》에 사랑과 성에 관한 칼럼 「새비지 러브」를 연재하고 있다. 2006년부터는 전화로 청취자의 성과 연애 고민 상담을 하는 팟캐스트 「새비지 러브」를 매주 화요일에 방송하고 있다.

6 스와질란드(Swaziland). 남아프리카에 위치한 군주제 국가로 북동쪽으로는 모잠비크, 남, 북, 서쪽으로는 남아프리카 공화국과 인접해 있는 내륙국이다. 19세기 말부터 영국의 보호령으로 있다가 1968년 스와질란드 왕국으로 독립했다. 2018년 국왕인 음스와티 3세(Mswati III, 1968년~)가 공식 국호를 에스와티니 왕국(Kingdom of Eswatini)으로 변경했다. 영토는 남북으로 200킬로미터, 동서로 130킬로미터가량으로 아프리카에서 가장 작은 나라에 속하나 다양한 기후와 식생이 분포하고 있다. 후천성 면역 결핍증, 결핵 등의 보건 문제에 직면하고 있는데, 통계에 따르면 성인 인구의 약 26퍼센트가 후천성 면역 결핍증에 감염된 것으로 알려져 있다. 2018년 현재 스와질란드인의 기대 수명은 58세이며, 스와질란드는 세계에서 12번째로 기대 수명이 짧은 나라이다.

7 수정관 또는 정관. 포유류 일부 종에게서 발견되는 성과 관련된 기관. 수컷이 사정할 때 부고환에서 나오는 정자가 수정관을 통해 이동한다.

8 천체의 음악(The Music of the Spheres 또는 Harmony of the Spheres). 고대의 철학적 개념으로, 태양, 달, 행성 등 천체의 움직임을 음악의 한 형태로 간주하던 사상. 들리지는 않지만 화성, 조화, 비율 등을 나타내는 상징적 개념이었을 것으로 추정됨.

9 모비(Moby), 본명은 리처드 멜빌 홀(Richard Melville Hall, 1965년~). 미국 출신의 싱어송라이터, 사진 작가로 1990년대부터 활발히 음악 활동을 했다.

10 앤 드루얀(Ann Druyan, 1949년~). 미국의 과학 저술가이자 과학 다큐멘터리 제작자. 천문학자이자 과학 저술가인 칼 세이건의 마지막 부인으로도 알려져 있다. 과학 다큐멘터리 「코스모스」 시리즈의 대본을 저술했으며, 영화 「콘택트」, 「우주적 아프리카」, 「우주적 여행」 등을 제작하기도 했다. 앤 드루얀은 외계 문명을 향해 송출하는 메세지를 담은 골든 디스크의 제작 담당자 중 한 명이었으며, 골든 디스크는 보이저 1호와 2호에 실려 있다. 현재 세이건 재단의 이사직과 코스모스 스튜디오의 공동 설립자 겸 대표직을 역임하고 있으며, 행성 탐사 연구 지원, 과학 저술, 과학 대중화 사업에 몰두하고 있다.

11 변형도 측정기. 물체가 변형되는 상태 및 변형률을 측정하기 위해 물체 표면에 부착하는 측정기.

12 G-스팟(G-spot). 여성기인 질의 일부로, 자극을 받을 경우 성적 흥분과 강렬한 극치감 및 여성의 사정까지도 일으킬 수 있는 성감대로, 독일의 산부인과 의사인 에른스트 그래펜베르크의 이름을 따서 명명되었다.

13 조앤 리버스(Joan Rivers, 본명 Joan Alexandra Molinsky, 1933~2014년). 미국의 유명 코미디언, 진행자, 배우, 작가, 프로듀서. 자학 개그 및 유명 인사나 정치인에 대한 신랄한 비판으로 잘 알려진 방송인이다. 1965년, 「투나잇 쇼」의 게스트로 유명세를 얻었으며, 80년대에는 본인의 이름을 딴 심야 프로그램 토크쇼를 진행한 최초의 여성 방송인으로 등극했다. 1990년대 이후로도 유명 방송인으로 활발한 활동을 이어갔으며, 사후인 2017년에는 미국 텔레비전 아카데미 명예의 전당에 입성했다.

14 스테로이드 계열 지방 성분의 호르몬으로, 화학식은 $C_{19}H_{28}O_2$. 남성성을 발현시키는 성 호르몬 중 하나이며 수염, 굵은 목소리, 남성의 성기관 발달과 연관되어 있다. 남성 성기능 부전 치료, 유방암 치료, 여성의 성불감증 치료 등을 위해 임상적으로 사용된다.

15 수전 서랜던(Susan Abigail Sarandon, 1946년~). 미국의 배우이자 사회 운동가. 아카데미 상 및 영국 아카데미 상 수상자. 1970년대부터 현재에 이르기까지 다양한 배역을 소화해 왔다. 「록키 호러 픽처 쇼」, 「델마와 루이스」, 아카데미 여우 주연상을 수상한 「데드 맨 워킹」 등의 영화에 출연했으며, TV에서의 연기로 6회에 걸쳐 에미 상 후보에 오르기도 했다. 반전 운동, 시민 권리 운동에 활발히 참여하고 있으며 유니세프 친선 대사를 역임했으며, 기아 추방에 기여한 공로를 인정받아 인도주의 상을 수상하기도 했다.

16 Nunchunks. 단어의 첫머리 철자가 수녀 또는 여성 수도자를 뜻하는 'nun'과 동일함을 활용한 말장난.

17 「Rocky Horror Picture Show」. 리처드 오브라이언(Richard O'Brien)이 대본을 쓴 록 뮤지컬을 원작으로 한 영화. 19세기에 활동한 영국 작가인 메리 울스턴크래프트 셸리의 소설 『프랑켄슈타인』을 패러디한 영화로, 1975년에 개봉했다. 여행 중 차가 고장나서 도움을 청하기 위해 전화를 하고자 하는 젊은 커플이 외딴 마을에 있는 성에 가서, 그곳에 거주하는 인조 인간를 만드는 괴상한 과학자인 프랭크 퍼터 박사를 만나 겪는 일련의 사건을 중심으로 하고 있다. 외계인 등의 SF적 요소도 포함되어 있다. SF, 뮤지컬, 호러 등의 다양한 장르를 혼합한 당대로서는 새로운 형식의 영화로 당시 첫 극장 상영에서는 큰 흥행을 하지 못했으나 심야 상영에서 열정적인 골수 팬들을 만들어 내며 인기 있는 컬트 영화로 등극했다. 미국에서 개봉한 이후 세계 200여 곳에서 상영되어 큰 반향을 일으켰다.

18 레베카 오펜하이머(Rebecca Oppenheimer, 1972년~). 벤 오펜하이머라는 생물학적 남성으로 태어났으나 성전환을 통해 여성으로 살아가고 있다. 천체물리학자로, 맨해튼의 어퍼 웨스트 사이드 소재 미국 자연사 박물관의 큐레이터로 봉직 중이다. 전문 분야는 외계 행성이며 태양계 바깥에 생명체가 있는가에 대한 다수의 연구를 수행하고 있다.

3장 인생의 참맛은 어디에 있나요?

1 고급 식자재로 사용되는 희귀 버섯. 고가와 강한 휘발성의 향으로 알려져 있다. 영어로는 트러플(truffle), 프랑스 어로는 트뤼프(truffe)로 불린다. 주로 흰색과 검은색을 띠며, 땅속에서 자라 후각이 민감한 동물의 도움을 받아 버섯을 파내어 채취하기도 한다.

2 마크 쿨란스키(Mark Kurlansky, 1948년~). 미국의 기자이자 논픽션 작가. 주로 음식과 역사, 문화, 사회사에 대한 많은 저서를 남겼다. 그의 대표작 중 하나인 『대구, 세계를 바꾼 어느 물고기의 역사』(1997년)는 15개 이상의 언어로 번역되었고, 세계적인 베스트셀러에 등극했으며, 뉴욕 시립 도서관이 선정한 1997년 최고의 책으로 선정되기도 했다. 2006년작 『비폭력』은 2007년에 데이턴 문학 평화상(Dayton Litrary Peace Prize) 논픽션 부문을 수상했다.

3 미국 속담에서 소금 값을 한다(be worth one's salt)는 표현은 밥값을 한다, 또는 일을 잘 한다는 뜻을 의미한다.

4 푸에블로 족(Pueblo). 미국 남서부에 살고 있는 아메리카 원주민. 주 거주지는 현재의 뉴 멕시코 주, 애리조나 주, 텍사스 주에 속한다. 16세기 초에 아메리카 대륙에 도달한 스페인인들은 어도비(모래, 찰흙, 물, 특정 섬유, 또는 유기 물질로 만든 건물용 재료), 돌 등으로 만든 집단 거주 부락을 발견하게 되었는데, 이들의 거주지 또는 해당 지역에 거주하는 이들을 푸에블로(스페인 어로 마을을 뜻한다.)라 부르게 되었다. 푸에블로 중 널리 알려진 부족으로는 타오스, 산 일데폰소, 주니, 호피 등이 있다. 현재에도 여전히 21개소가량의 푸에블로 거주지가 리오 그란데 강, 콜로라도 강의 지류에 존재하며, 사람이 사는 거주지 또한 다수 남아 있다. 21세기의 추정치에 따르면 약 3만 5000명의 푸에블로 사람들이 뉴 멕시코 주와 애리조나 주에 거주하고 있다고 한다.

5 호피 족(Hopi). 애리조나 주 북동부 소재의 호피 족 보호 구역에 주로 살고 있는 아메리카 원주민. 2010년 통계에 따르면 추정 인구는 약 2만 명이다. 부

족명인 호피는 호피 인디언들이 스스로를 지칭하는 'Hopituh Shi-nu-mu'의 앞글자에서 따온 것으로, '평화로운 사람들'이라는 의미를 갖고 있다. 모계 씨족 사회에 기반한 사회 구조를 갖고 있으며, 경제적으로는 석탄 채굴 로열티 등 천연 자원 또는 관광업 수입에 의존하고 있다.

6 피터 화이틀리(Peter Whiteley). 미국의 인류학자. 케임브리지 대학교에서 고고학과 인류학을 공부했고, 미국의 뉴멕시코 대학교에서 1982년에 인류학 박사를 취득했다. 2001년 이래로 미국 자연사 박물관에서 문화 기술지 전문가로 근무하며 컬럼비아 대학교, 뉴욕 시립 대학교 등에서 인류학을 강의하고 있다. 주 관심사는 애리조나 북부의 호피 인디언으로, 1980년에 시작한 호피 인디언 현장 연구를 바탕으로 네 권의 저서와 다수의 논문을 펴낸 바 있다.

7 제니퍼 시모네티브라이언(Jennifer Simonetti-Bryan). 미국의 포도주 컨설턴트. 다양한 방면에서 활발한 활동을 하고 있다.

8 코카서스 산맥 북부 지역에서 유래한 발효유의 일종. 유산균과 효모로 구성된 덩어리진 발효체를 우유 또는 염소젖에 넣어 발효하여 만든다.

9 마크 시덜(Mark Sidall). 미국 자연사 박물관의 환형동물, 연체동물 큐레이터이자 새클러 비교 유전학체학 연구소 교수. 1994년 토론토 대학교에서 생물학 박사 학위를 받았다. 주 연구 분야는 기생동물로, 기생충, 거머리 등의 유전적 다양성과 진화이다.

10 쿠킹 랩(Cooking Lab). 『모더니스트 퀴진(Modernist Cuisine)』의 저자인 네이선 미어볼드가 2007년에 설립한 요리 연구 실험실.

11 네이선 미어볼드(Nathan Paul Myhrvold, 1959년~). 마이크로소프트 사의 전 최고 기술 책임자이자 인텔렉추얼 벤처스의 공동 설립자. 현재는 요리 연구가로도 활동 중이다.

12 에그노그(Eggnog). 북미 지역의 음료로 부드럽고 달콤한 맛을 지니고 있다. 위스키나 럼 등 알코올 음료에 첨가하거나, 커피와 함께 마시기도 한다. 미국에서 추수감사절부터 연말, 크리스마스 등에 즐겨 마시는 음료이다.

13 사브르(Sabre) 또는 세이버 검. 근대 유럽에서 주로 사용된 기병용 검. 한 손으로 다루기 좋도록 가볍고 긴 특성이 있다. 완만하게 구부러진 날은 한쪽 방향에 있으며 길이는 1미터 남짓, 무게는 2킬로그램 남짓이다.

14 가룸(garum). 고대 그리스, 로마, 비잔틴 등지에서 조미료로 사용되었던 발효된 생선으로 만든 소스. 기름진 생선에 향이 강한 허브와 소금을 넣어 발표시켜 만든다.

15 헤더 벌린(Heather Berlin). 미국의 신경 과학자, 마운트시나이 아이칸 의대 조교수. 충동, 강박 관련 정신 질환 전문가로, 상기 질환과 관련된 뇌, 신경, 행동에 대해 연구하고 있다.

16 매리언 네슬(Marion Nestle, 1936년~). 미국의 학자, 뉴욕 대학교 영양학, 식품학, 공공보건학 교수, 뉴욕 대학교 사회학과 교수, 코넬 대학교 영양학과 객원 교수. 저서로는 『식품정치: 식품산업이 영양과 건강에 끼치는 영향』, 『식품주식회사』 등이 있다.

18 비건 채식인(Vegan). 엄격한 채식주의자. 동물로부터 유래한 식품을 섭취하지 않거나, 나아가 동물 유래 상품을 사용하지 않는 이들을 통칭한다. 식생활에 있어 비건 채식인들은 완전 채식주의자로도 칭해지며 고기, 유제품, 난류 등 동물 유래 식품을 섭취하지 않는다.

18 벨비타(Velveeta). 발효된 유제품인 치즈와 달리 인공적 가공을 거쳐 만든 가공 치즈 상품명. 치즈보다 질감은 부드럽고 매끈하며 맛은 아메리칸 치즈와 비슷하다. 1918년 몬로 치즈 사의 에밀 프레이가 발명했으며 1927년부터는 크라프트 사에서 출시되고 있다.

19 테트로도톡신(Tetrodotoxin). 화학식은 $C_{11}H_{17}N_3O_8$. 복어류 및 푸른점 문어 등이 지닌 맹독. 신경의 나트륨 작용을 방해하며, 말초신경과 중추신경에 모두 작용한다. 진통제로 사용되기도 한다. 주로 산란기 복어의 난소와 간에 특히 많이 분포하며, 치사량 이상을 섭취하면 혈압 저하 및 호흡중추 억제로 인한 사망이 발생할 수 있는 반면 심장마비는 발생하지 않는다.

4장 창의성은 어디에서 오나요?

1 데이비드 번(David Byrne, 1952년~). 스코틀랜드계 미국인 가수, 작곡가, 배우, 작가 겸 음반 및 영화 제작자. 미국의 뉴웨이브 밴드 토킹 헤즈(1975~1991년 활동)의 리드 보컬리스트 겸 기타리스트로 활동했다. 오스카 상, 그래미 상, 골든 글로브 상을 수상했고 록 앤드 롤 명예의 전당에 헌액되었다. 환경 보호가, 디지털 음악 이론 연구가, 인도주의자로서도 활동했으며 2004년의 이라크 전쟁 반대 활동, 환경 보호를 위한 자전거 생활, 2009년 뉴욕 시와 협업하여 제작한 예술적 자전거 거치대 디자인 등의 활동으로도 잘 알려져 있다.

2 뉴런과 뉴런 사이 또는 뉴런과 다른 세포 사이의 접합 부분. 세포들 사이에 전기 또는 화학 신호를 전달한다.

3 또는 투쟁 도피 반응 상태. 생물이 공격 등 생존 위협을 받았을 때 보이는 반응으로 발생하는 생리적 반응 및 각성 상태. 미국의 생리학자 월터 브래드포드 캐넌(Walter Bradford Cannon, 1871~1945년)이 최초로 명명했다. 이 상태에서는 생존 위협에 대항하여 자율 신경계의 교감부가 활성화되고 특정 부신 피질 자극 호르몬 분비가 유발되기도 한다.

4 전전두피질(prefrontal cortex). 전두엽(또는 이마엽, frontal lobe)의 앞쪽을 덮는 대뇌 피질. 내부의 목퍼에 따라 생각과 행동을 조율하는 기능을 담당하는 것으로 추정된다. 뇌의 집행 기능 및 행동에 대한 계획, 주시, 감독, 집중, 효율성 제고 등과도 연관이 있는 부위.

5 전두엽(frontal lobe) 또는 이마엽. 대뇌의 앞, 이마 쪽에 있는 부분. 포유류 뇌의 4개 주요 엽 중 가장 큰 부분. 기억력, 사고력 등을 주관하고 다른 영역으로부터 들어오는 정보를 조정하고 행동을 조절하는 것으로 알려져 있다.

6 올리버 색스(Oliver Wolf Sacks, 1933~2015년). 영국 출신, 영국과 미국에서 활동한 신경 과학자, 박물학자, 작가. 옥스퍼드 대학교 퀸스 칼리지에서 의학학위를 받은 후 샌프란시스코, UCLA에서 인턴과 레지던트로 근무했고 만년에는 컬럼비아 대학교에서 신경 정신과 임상 교수직을 역임했다. 뇌 관련 연구자 및 신경과 전문의로 활동하며 경험한 환자들의 이야기를 책으로 펴낸 『아내를 모자로 착각한 남자』, 『깨어남』 등의 베스트셀러를 저술했다. 이외에도 자서전 『온 더 무브』, 칼럼집 『고맙습니다』 등 다수의 명저를 남겼다.

7 대뇌 피질(cerebral cortex). 대뇌피질 또는 대뇌겉질. 대뇌의 표면에 있는 신경세포의 집합으로 얇은 회백질 층(신경 세포와 모세혈관으로 이루어진 층으로 대뇌 안쪽보다 색이 어두움)을 이룬다. 주름이 잡혀 있어서 적은 부피 내에 큰 표면적을 포함하고 있다. 기억, 집중, 인식, 사고, 언어, 의식 등에서 중요한 역할을 한다.

8 와이엇 시낵(Wyatt John Foster Cenac Jr., 1976년~). 미국의 코미디언, 배우, 프로듀서 겸 방송 작가. 2008~2012년 「더 데일리 쇼(The Daily Show)」의 리포터이자 작가로 일했다. TBS 방송국의 「지구의 사람들(The People of Earth)」, 베리 젱킨스의 「멜랑콜리의 묘약」의 주연을 맡았다. 현재 HBO의 방송 「와이엇 시낵의 문제 영역」의 제작자 겸 진행자로 활동 중이다.

9 앨런 릭먼(Alan Sidney Patrick Rickman, 1946~2016년). 영국의 영화 배우이자 감독. 런던의 왕립 연극 학교에서 교육받았고 왕립 셰익스피어 극단의 단원으로 활동했다. 영화 「다이 하드」(1988년)의 한스 그루버 역, 「해리 포터」의 스네이프 교수 역으로 잘 알려져 있다.

10 사고, 기억, 환경, 행동 및 정체성 사이의 단절 및 연속성의 부재를 경험하는 정신 장애. 정상적인 경우 통합되는 성격 요소들이 붕괴되는 양상을 보인다.

11 브루스 스프링스틴(Bruce Frederick Joseph Springsteen, 1949년~). 미국의 싱어송라이터, 밴드 E 스트리트의 리더. '더 보스'라는 별칭으로도 불리며, 시적인 가사, 독특한 음색, 특유의 무대 매너로 유명하다. 록, 포크, 블루스, 컨트리 등을 접목한 미국적 록을 재발견한 음악인으로 평가받는다. 전 세계적으로 1억 3000만 이상의 음반 판매고를 올렸고, 그래미 상, 골든 글로브 상, 아카데미 상, 토니 상을 수상했으며 작곡가 명예의 전당 및 록 앤드 롤 명예의 전당에 헌액되었다.

12 트리플 섹(Triple sec). 강하고(40도가량) 단 맛과 오렌지향이 특징인 무색의 리큐어. 비터 오렌지와 스위트 오렌지의 껍질을 말려서 만든다.

13 만성 퇴행성 신경 질환. 느리게 시작되어 시간이 지나며 악화되며 치명적으로 되는 기억력, 사고력 및 행동상의 문제를 야기하는 뇌 질병. 치매의 가장 흔한 형태이며 약 70퍼센트의 치매 환자가 알츠하이머병인 것으로 알려져 있다. 발병 원인은 유전, 두부 손상, 우울증, 고혈압 등이 있다. 일부 증상이 개선되기도 하지만 현대 의학으로 완치할 수 없는 것으로 알려져 있다. 미국의 경우 500만 명 이상의 알츠하이머병 환자가 있는 것으로 집계된다.

14 미국 CBS에서 방영 중인 시트콤. 척 로리와 빌 프레디가 제작했다. 캘리포니아 주 패서디나에 사는 다섯 명의 등장 인물을 중심으로 전개된다. 칼텍에 근무하는 괴짜 물리학자이자 룸메이트인 셸던과 레너드, 그들의 동료인 하워드, 라지가 셸던과 레너드가 사는 아파트에 이사 온 웨이트리스이자 여배우 지망생인 페니를 만나며 일어나는 이야기로 다수의 에미상을 수상했다.

15 던전 앤드 드래곤(Dungeons & Dragons, D&D). 미국의 TSR(Tactical Studies Rules, Inc.)사에서 1974년에 출시한 롤 플레잉 게임. 판타지의 세계관에서 전투에 참여하고, 보물과 경험치를 얻는다는 RPG에서 상당히 보편적인 규칙을 최초로 도입한 작품으로 평가받는다. 2004년 기준 플레이어는 약 2000만

명으로 추산되며 역대 매출은 10억 달러를 넘어섰다.

16 템플 그랜딘(Mary Temple Grandin, 1947년~). 동물학자, 콜로라도 주립 대학교 동물학 교수. 동물 복지를 고려한 가축 시설을 설계했다. 어린 시절, 의사로부터 뇌 손상 가능성에 대해 고지받았으며 40대에 공식적으로 자폐 스펙트럼 및 서번트 증후군에 속하는 것으로 진단을 받았다. 자신의 자폐 경험 및 통찰력에 대해 공개한 자폐 권리 운동가이기도 하다. 에미상과 골든 글로브상을 수상한 텔레비전 방송 「템플 그랜딘(Temple Grandin, HBO 제작 및 방영)」의 소재가 되었다.

17 래리 월모어(Elister L. "Lary" Wilmore, 1961년~). 미국의 코미디언, 작가, 제작자 겸 배우. 2006년부터 2014년까지 「데일리 쇼」에서 수석 흑인 리포터를 맡았으며 2015, 2016년에는 「래리 월모어와 함께하는 더 나이틀리 쇼」를 진행했다.

18 스케치코미디(Sketch Comedy). '스케치'라고 불리는 1~10분가량의 짧은 장면으로 구성된 코미디. 무대, 라디오, 텔레비전 등에서 코미디언 한 명 또는 여러 명이 연기한다. 즉흥적으로 연기되는 경우도 많으나, 반드시 즉흥적으로 연기되어야만 스케치 코미디인 것은 아니다.

19 세컨드시티(The Second City). 시카고 소재의 최초의 즉흥 코미디 극단. 토론토와 로스앤젤레스에서도 공연한다. 세컨드 시티 극장은 1959년 개장 이래로 세계에서 가장 영향력 있으며 가장 많은 작품을 낸 코미디 극장 중 하나로 기록되어 있다.

20 앨 진(Alfred Ernest Jean III, 1961년~). 미국의 시나리오 작가, 제작자. 텔레비전 만화 「심슨 가족」의 작가.

21 행크 아자리아(Henry Albert Azaria, 1964년~). 미국의 배우, 성우, 코미디언 겸 프로듀서. 텔레비전 만화 「심슨 가족」에서 모와 아푸의 목소리 연기를 했다. 영화 「개구쟁이 스머프」 시리즈의 가가멜 목소리 연기를 맡기도 했다.

22 댄 애크로이드(Daniel Edward Aykroyd, 1952년~). 캐나다계 미국인 배우, 코미디언, 음악가 및 영화 제작자. 「새터데이 나이트 라이브(1975~1979년)」 방송 중 '프라임 타임 플레이어를 위한 준비는 아직 되어 있지 않다' 코너의 원멤버. 「새터데이 나이트 라이브」에서 연기한 음악을 소재로 한 콩트 '블루스 브라더스'에 참여했는데 실제 동명의 밴드로 활동하기도 했고, 1980년에 「블루스 브라더스」로 영화화되었다. 1984년작 영화 「고스트 버스터스(Ghostbusters)」를 구상하고 주연을 맡아서 고스트 버스터스 시리즈를 유행시켰으며, 1989년작 영화 「드라이빙 미스 데이지(Driving Miss Daisy)」에서의 호연으로 1990년 아카데미 최우수 조연상을 받기도 했다.

23 스탠드 업 코미디(Stand-up Comedy). 코미디언이 실제 관객 앞에서 실제로 대화하면서 공연을 하는 스타일의 코미디.

24 세스 마이어스(Seth Adam Meyers, 1973년~). 미국의 미국인 코미디언, 작가, 배우, 진행자. 2001~2014년에는 NBC의 「새터데이 나이트 라이브」의 수석 작가를 담당했고 해당 방송의 코너인 위크엔드 업데이트를 진행했다. 현재는 NBC의 심야 토크쇼 「세스 마이어스와 함께하는 늦은 밤」의 진행자로 활동하고 있다. 에미 상, 골든 글로브 상 시상식의 사회를 담당하기도 했다.

25 존 스튜어트(Jon Stewart, 1962년~). 미국의 코미디언, 작가, 프로듀서, 감독,

정치 평론가, 배우 및 TV 진행자. 1999~2015년 코미디 센트럴에서 시사 풍자 프로그램인 「데일리 쇼」를 진행했다. 데일리 쇼에서의 활약으로 에미상을 수상했다.

26 부신수질에서 분비되는 호르몬. 에피네프린(epinephrine)이라고도 불림. 화학식은 $C_9H_{13}O_3N$. 교감신경 전달 물질 중 하나로, 중추에서 전기적 자극을 받으면 교감신경 말단에서 아드레날린이 분비되어 근육에 자극을 전달한다. 교감신경이 흥분하면 아드레날린은 뇌, 근육의 혈관을 확장시키는 동시에 다른 혈관을 수축시켜 심박수와 혈압을 상승시키고 근육이 스트레스에 잘 대처하도록 한다. 부신수질에 함유된 아드레날린은 혈당량을 조절한다.

27 아르크투루스(Arcturus). 또는 대각성. 목동자리에서 가장 큰 별.

28 제임스 테일러(James Vernon Taylor, 1948년~). 미국의 싱어송라이터, 기타리스트. 그래미상을 5회 수상했고, 2000년 록 앤드 롤 명예의 전당에 헌액되었다. 역대 음반 판매량은 1억 장을 상회한다. 섬세한 감성으로 그가 활동하던 시대의 세대를 대변한 음악인으로 평가받고 있다.

29 데이비드 코프(David Cope, 1941년~). 미국의 작가, 작곡가, 과학자. 캘리포니아 대학교 산타 크루즈의 음악학 교수. 인공 지능과 음악 전문가로, 기존 음악을 분석한 바를 바탕으로 새로운 음악을 작곡하는 알고리듬을 개발했다. 대표적인 알고리듬으로는 인공 지능 작곡가로 불리는 에밀리 하월 등이 있다.

30 클라이브 톰슨(Clive Thompson, 1968~). 캐나다 출신의 저널리스트. 기술 과학 분야, 특히 디지털 기술과 사회적 파급력에 대한 글을 다수 기고했다. 《뉴욕 타임스 매거진》, 《와이어드》, 《워싱턴 포스트》 등에 칼럼을 게재했다.

31 스티브 잡스(Steve Paul Jobs, 1955~2011년). 미국의 기업인, 애플의 공동 창립자이자 전 CEO. 1976년 스티브 워즈니악, 로널드 웨인과 애플을 공동 창업하고, 1970~1980년대에 개인용 컴퓨터를 대중화했다. 다양한 운영 체제를 통해 개인용 컴퓨터의 가능성을 타진했고, 1997년에 애플의 CEO로 애플 사의 혁신과 성공을 이끌었다. 2000년대에는 아이팟, 아이폰, 아이패드를 출시하여 개인용 전자 기기 시장의 판도를 바꾸어 놓았으며, 애니메이션 회사 픽사의 소유주이자 CEO(겸 월트 디즈니 사의 최대 개인 주주)로 활동했다.

32 비즈 스톤(Christopher Isaac "Biz" Stone, 1974년~). 미국의 프로그래머, 사업가. 트위터의 공동 창립자. 1999년부터 벤처 기업인으로 활동했으며 2014년 검색 엔진 젤리를 출시하기도 했다.

33 우-탱 클랜(Wu-Tang Clan). 미국 뉴욕 스테이튼 아일랜드 출신으로 뉴욕을 중심으로 활동한 이스트 코스트 스타일 힙합 래퍼 그룹. 1991년부터 활동하고 있다. 원년 멤버는 래퍼인 RZA, GZA, 올 더티 배스터드, 메소드 맨, 랙원, 고스트 페이스 킬라, 인스펙터 덱, 유 갓, 마스타 킬라. 올 더티 배스터드가 2004년 고인이 되고, 오랜 기간 함께 음악을 하던 캐퍼도너가 2007년 멤버로 합류했다. 역사상 가장 영향력 있는 힙합 그룹 중 하나로, 주 활동기이던 1990년대에 출시한 음반 중 4개의 골드 및 플래티넘 음반을 보유하고 있다. 1993년의 데뷔 앨범 「엔터 더 우-탱(36 챔버스)」은 힙합 역사상 가장 훌륭한 음반으로 평가받기도 했다. 그래미 상을 수상했고, 의류 사업으로도

영역을 넓혔다.

34 GZA(본명 Gary Grice, 1966년~). 미국의 래퍼이자 작곡가. 우-탱 클랜의 창립 멤버이자 그룹의 최연장자로 '영적 지도자' 역할을 담당하고 있다. 그룹에서 최초로 음반 계약을 한 멤버로, 1995년의 솔로 앨범 「리퀴드 서드」로 성공적 솔로 활동을 이어가고 있다. 서정적인 스타일 및 과학과 철학에의 조예가 담긴 랩 가사로 높은 평가를 받고 있다. 힙합 음악을 통해 뉴욕 시의 과학 교육을 장려하는 교육 프로젝트에도 참여했다.

35 데이비드 크로스비(David Van Cortlandt Crosby, 1941년~). 미국의 싱어송라이터이자 기타리스트. 밴드 버즈(The Byrds), 밴드 크로스비, 스틸스, 내시 앤드 영의 멤버로 활동했다. 1964년 밴드 버즈의 멤버로 합류했고, 버즈의 초기 앨범 다섯 장에 참여했다. 밴드 버즈의 멤버로 한 번, 밴드 크로스비, 스틸스, 내시의 멤버로 또 한 번 록 앤드 롤 명예의 전당 입성을 달성했다. 1960년대의 반문화 또는 대항 문화(카운터 컬처)를 대표하는 음악인으로 평가받고 있다.

36 피터 맥스(Peter Max Finkelstein, 1937년~). 미국의 화가. 1960년대의 시각 예술 및 문화의 영향을 받은 사이키델릭 팝 아트 작가로 밝은 색상을 자주 사용하는 것이 특징이다.

37 임마누엘 칸트(Immanuel Kant, 1724~1804년). 프로이센(독일)의 철학자. 합리론과 경험론을 종합한 공로로 잘 알려져 있다. 서양 철학 전 분야에 큰 기여를 했으며 21세기의 철학에까지 지대한 영행을 미쳤다. 대표적 저서로는 『순수 이성 비판』, 『실천 이성 비판』, 『판단력 비판』 등이 있다.

5장 한번 놀아 볼까요?

1 맥시스(Maxis)와 더 심즈 스튜디오가 개발한 인생 시뮬레이션 게임. 전 세계에서 2억 개 이상의 판매고를 올렸으며 세계에서 가장 많이 팔린 게임 중 하나이다. 심즈 게임에서 플레이어는 가상 인물을 만들고, 그 인물로 하여금 일상 생활의 다양한 활동(요리, 가사, 공부, 연애, 직장 생활 등)을 하며 인생을 살도록 한다.

2 윌 라이트(William Ralph "Will" Wright, 1960년~). 미국의 비디오 게임 디자이너이자 게임 개발 회사 맥시스의 공동 창업자. 1984년 첫 작품 '헬기 대작전(Rung on Bungeling Bay)'을 출시했으며, 1989년에 디자인한 도시 개발 시뮬레이션 게임 '심시티(Sim City)'로 유명세를 얻은 후, '심어스(SimEarth)', '심앤트(SimAnt)' 등의 관련 시뮬레이션 게임을 디자인했다. 인생 시뮬레이션 게임 '더 심즈'로 엄청난 성공을 거두었다.

3 Commodore VIC-20. 코모도어 비즈니스 머신스에서 1980년에 출시한 8비트 가정용 컴퓨터. 100만 대 이상 판매된 최초의 컴퓨터이다.

4 엑스 박스 카운터 스트라이크 (Xbox Counter-Strike). 마이크로소프트 사가 개발, 2001년에 미국에서 출시된 비디오 게임 콘솔 엑스 박스의 게임 중 하나. 테러리스트들이 폭탄 테러 또는 인질극을 벌이는 것을 저지하기 위해 테러 집단에 맞서 전투를 하는 슈팅 게임. 1999년에 윈도우즈판 게임이 최초로 출시되었다.

5 앨런 튜링(Alan Mathison Turing, 1912~1954년). 영국의 수학자, 전산학자, 암

호학자, 논리학자, 철학자. 컴퓨터 과학계의 입지전적, 선구적 인물로 알고리즘과 계산을 튜링 기계라는 추상적 모형을 통해 형식화해 컴퓨터 과학의 발전에 공헌했다. 튜링이 고안한 튜링 테스트는 인공 지능 평가에 사용된다.

6 몬티 파이톤(Monty Python). 1960년대부터 활동한 영국의 6인조 코미디언 그룹. 1969~1974년에 총 45회에 걸쳐 BBC에서 방영된 스케치 코미디 프로그램 「몬티 파이톤의 날아다니는 서커스(Monty Python's Flying Circus)」가 대표작이다. 부조리 코미디는 물론 슬랩스틱, 언어 유희 등의 다양한 종류의 코미디를 섭렵했다.

7 서 믹스어랏(Sir Mix-A-Lot, 본명 Anthony Ray, 1963년~). 미국의 래퍼이자 음반 제작자. 1980년대 초에 랩을 시작했고 시애틀을 기반으로 활동했다.

8 오마주(homage). 프랑스 어로 존경, 경의를 뜻하는 단어로, 어떤 작품의 핵심 요소나 표현을 차용 또는 모방해 창작자에 대한 존경을 표하는 행위를 뜻함.

9 크리스토퍼 엠딘(Christopher "Chris" Emdin, 1978년~). 컬럼비아 대학교 티처스 칼리지 수학, 과학 및 기술학과 교수이다 사회 평론가. 힙합 세대 학생들을 대상으로 한 과학 교육에 대한 저술을 했으며 인종, 문화, 불평등, 교육 관련 논평을 《뉴욕 타임스》, 《월 스트리트 저널》 등에 기고했다. 우-탱 클랜의 래퍼 GZA와 '랩 지니어스' 웹사이트를 개발하여 랩을 통한 과학 교육을 시도하고 있다.

10 카라 산타 마리아(Cara Louise Santa Maria, 1983년~). 저널리스트, 제작자, TV 진행자 및 인터넷 방송인. 2010년 허핑턴 포스트에 기고했고 2011~2013년에는 웹 방송 시리즈 「너드처럼 말해 줘(Talk Nerdy to me)」를 진행했다. 현재에도 활발히 팟캐스트 및 알 자지라 미국 방송의 과학 관련 프로그램에서 활동하고 있다.

11 이상한 나라의 앨리스에 등장하는 모자 장수.

12 코리 부커(Cory Anthony Booker, 1969년~). 미국의 정치가. 2013년부터 뉴저지를 지역구로 하는 연방 상원 의원으로 활동하고 있다. 뉴저지 최초의 흑인 상원 의원이며 2006~2013년 뉴어크 시 시장으로 봉직했다.

13 에이니사 라미레스(Ainissa Ramirez, 1969년~). 미국의 재료 공학자이자 과학 커뮤니케이터. 브라운 대학교에서 학사와 석사 학위를, 스탠퍼드 대학교에서 박사 학위를 취득했다. 유리, 세라믹, 다이아몬드 및 반도체 산화물 기판에 금속을 결합시킬 수 있는 '범용 연납'을 공동 개발했다 예일 대학교의 기계 공학 및 재료 공학과 조교수를 거쳐 현재는 '과학 전도사'로 과학 대중화 및 대중 과학 교육에 종사하고 있다.

14 나스카(NASCAR, The National Association for Stock Car Auto Racing). 미국에서 스톡 자동차(개조한 자동차) 경주를 주최하는 가장 큰 공인 단체이자 해당 단체가 주최하는 스톡 자동차 경주 대회명. 나스카 단체는 1948년에 설립되었으며 플로리다 주 데이토나비치에 본부가 있다. 경주 대회는 약 150개국에서 방송된다.

15 데이토나 국제 자동차 경주장. 미국 플로리다 주 데이토나 해변에 위치한 자동차 경주장으로, 1959년에 개장했다. 나스카의 설립자 윌리엄 프랜시스가 설계했는데, 기울기가 있는 둑 위로 차가 달리게 해 경주용 자동차의 속도를 높이고 관객이 경주를 보기 좋도록 했다. 대규모 야외 스포츠 시설로, 1978년, 2004년, 2010년에 개조 및 재포장되었다. 나스카 경주 대회 중 가장 유명한 경주 중 하나인 데이토나 500 경주의 개최지이다.

16 뒤스부르크(Duisburg). 독일 서부 노르트라인베스트팔렌 주에 있는 도시로 2008년 당시의 인구는 약 50만 명이다. 라인 강과 루르 강 합류점에 위치하는 주요 항구 도시로 중세 시대에 자유 도시였다. 이후에는 대학 도시로 발전했고, 19세기 공업 발달 이후로 현재까지 유럽의 철강 산업에 있어 중요한 도시이다.

17 애리애나 허핑턴(Arianna Huffington, 1950년~). 미국의 작가, 칼럼니스트, 사업가. 허핑턴 포스트의 설립자로, 미디어계에서 큰 영향력을 갖고 있다. 공화당 하원 의원인 마이클 허핑턴의 전 부인으로 1990년대 중반 보수 논객이었으나 1990년대 후반 진보적 색채를 띠게 된다. 2003년 캘리포니아 주지사 보궐 선거에 출마했으나 낙선했다. 2005년 설립한 허핑턴 포스트를 2011년 AOL 사에 3억 1500만 달러에 매각했다.

18 스킨헤드(Skinhead). 1960년대 후반 영국에서 있었던 노동자 계급의 하위 문화에서 시작한 정치 사회적 집단. 머리를 짧게 깎거나 삭발을 해서 스킨헤드라 불리게 되었다. 초기의 스킨헤드는 노동자급 하위 문화로 출발했으나 1970년대 극좌 또는 극우의 정치성향을 띤 이들이 생겨났으며 특히 백인 우월주의에 기반한 테러가 일어나기도 했다.

19 히카루 술루(Hikaru Kato Sulu). 「스타 트렉」 시리즈의 등장 인물로 초기에는 조지 타케이가, 2009년판 영화 및 그 속편에서는 존 조가 연기했다. 히카루라는 이름은 1981년판 소설에 최초로 등장했다. 「스타 트렉」 원작의 공동 제작자인 로버트 저스트먼은 원작에서 술루 역을 맡은 조지 타케이의 연기가 아시아 인은 무표정하고 감정이 없다는 편견을 타파했고, 미디어에서의 아시아 인 등장 인물을 긍정적으로 묘사하는 데에 기여했다고 주장했다.

20 진 로든베리(Eugene Wesley Roddenberry, 1921~1991년). 미국의 텔레비전 시나리오 작가이자 방송 제작자. 「스타 트렉」 시리즈의 작가 및 초기 「스타 트렉」 시리즈 제작을 담당했다. 항공 우주 공학에 대해 관심이 많아 비행기 조종사 자격증을 취득하고, 1941년에는 미국 육군 항공대에 입대하기도 했고, 이후에는 경찰에서 일하기도 했다. 경찰직에서 사직한 후 프리랜서 작가로 활동하며 「스타 트렉」이라는 명작을 남겼다. 당시의 미국에서 검열을 피하기 위해 사회 문제 등을 우주라는 가상 공간에서 일어나는 일로 은유해 표현한 대작인 「스타 트렉」의 집필을 계기로 텔레비전 방송 작가로는 최초로 1985년 할리우드 명예의 전당에 헌액되었고 이후에 SF 명예의 전당, 텔레비전 예술 및 과학 명예의 전당에도 헌액되었다. 사후 로든베리의 유골은 화장되어 지구 궤도로 옮겨졌다.

21 조지 타케이(George Hosato Takei, 1937년~). 미국의 배우, 감독, 작가 겸 사회 활동가. 「스타 트렉」 시리즈에서 조타수인 술루 역을 담당했다. 성소수자 권리 운동, 인권, 이민자 정책 및 미일 관계 관련 사회 운동(제2차 세계 대전 중 미국 내 일본인 억류 문제 등) 등에도 활발히 참여하고 있다.

6장 신은 정말 존재하나요?

1 원인 없는 원인. 이 세상에 존재하는 모든 것에는 원인이 있는데, 원인의 원인을 계속 따라가다 보면 원인이 없는 최초의 원인이 존재해야 하며, 이 원인 없는 최초의 원인이 바로 신이라는 주장.

2 시동자 또는 움직이지 않는 채 움직이게 하는 자. 아리스토텔레스가 창안한 개념으로 전 우주 운동의 제1 원인이 된다. 다른 모든 것들을 움직이게 하지만 앞선 어떤 움직임도 시동자를 움직이게 하지는 않는다.

3 브라이언 콕스(Brian Edward Cox,1968년~). 영국의 물리학자. 맨체스터 대학교 물리 천문 대학의 입자 물리학 교수로 재직 중이다. 과학 프로그램에 종종 출연하며 대중 과학 서적 등 950편이 넘는 과학 출판물을 저술했다. 데이비드 애튼버러와 패트릭 무어의 뒤를 이어 BBC 과학 프로그램 진행을 맡고 있다.

4 또는 투석기. 옆으로 메는 천 가방. 자루와 비슷한 모양이다.

5 가이우스 율리우스 카이사르(Gaius Julius Caesar, 기원전 100~기원전 44년). 고대 로마 공화정 말기의 장군, 정치가, 작가. 평민파의 일원이었다. 기원전 60년 크라수스, 폼페이우스와 동맹을 맺고 기원전 59년 공화정 최고의 관직인 집정관에 올랐고, 갈리아 전쟁을 통해 갈리아 지역(현재의 북이탈리아, 프랑스, 벨기에)을 지배하고 라인 강을 건너편의 게르만 족 영역, 브리튼 섬 등을 침공하는 등 정복 전쟁을 지휘했다. 크라수스 사후 폼페이우스와 대립, 폼페이우스를 축출해 넓은 영토를 통일하고 로마로 개선했다. 1인 지배자가 된 후 식민지 개척, 간척, 도로 건설, 구제 사업, 율력 개정(율리우스력) 등의 개혁 사업을 추진했으나 권력의 집중을 우려한 브루투스 등에게 암살당했다.

6 율리우스력(Julian Calendar). 기원전 45년 율리우스 카이사르가 이집트력을 바탕으로 로마력을 개정하여 제정한 역법. 1년은 365일이고 4년마다 1일의 윤일을 2월 23일 뒤에 넣고(실제로는 오류에 의해 윤일이 변경되기도 했다.), 춘분을 3월 25일로 고정하고 있다. 전 유럽에서 16세기 말까지 사용되었으나 이후 그레고리력으로 대체되었다.

7 교황 그레고리우스 13세(또는 그레고리오 13세, 1502~1585년). 제 226대 교황(재위 기간 1572~1585년). 본명은 우고 본콤파니(Ugo Boncompagni). 재위 기간 내의 업적으로는 가톨릭 교회 내부 개혁, 예수회 지원, 현재 세계 거의 대부분의 지역에서 통용되는 달력의 기반이 된 그레고리력 제정 등이 있다.

8 유월절(Passover). 유대교에서 기념하는 3대 축일의 하나로, 이스라엘 민족이 이집트에서 탈출한 것을 기념하는 명절.

9 빌 마(William Maher, 1952년~). 미국의 코미디언, 정치평론가, 텔레비전 진행자. HBO 채널에서 방송된 정치 풍자 토크쇼 「빌 마의 리얼 타임(Real Time with Bill Maher)」 등의 심야 프로그램에서 활약했다. 정치, 종교, 문화에 대한 풍자를 바탕으로 2008년에 다큐멘터리 영화 「신은 없다(Religulous)」를 제작, 발표했다. 2010년 할리우드 명예의 거리에 헌액되었다.

10 세스 맥팔레인(Seth Woodbury MacFarlane, 1973년~). 미국의 배우 겸 성우, 코미디언. 대표작으로는 「패밀리 가이(Family Guy)」, 「클리블랜드 쇼(The Cleveland Show)」, 「19곰 테드(Ted)」 등이 있다. 로드아일랜드 디자인 학교에서 애니메이션을 전공했으며 프라임타임 에미상 및 애니상 등을 다수 수상했다. 가수로도 활동했으며, 과학 다큐 「코스모스: 시공간 오디세이(Cosmos: A Spacetime Odyssey)」에 책임 프로듀서로 참여했다.

11 체사레 바로니오(Cesare Baronio 또는 Caesar Baronius, 1538~1607년). 로마 가톨릭 교회의 추기경이자 교회 역사가. 12세기까지의 교회사를 집대성한 12권의 『연대기(Annales Ecclesiastici)』를 남겼다. 교황 베네딕토 16세에 의해 가경자(존엄한 자, 또는 로마 가톨릭 교회의 시복 후보자)로 추대되었다.

12 1980년작 미국의 코미디 영화. 존 랜디스 감독, 존 벨루시와 댄 애크로이드가 「새터데이 나이트 라이브」에서 선보인 스케치 코미디 그룹인 블루스 브라더스에서 비롯한 캐릭터가 등장하는 영화. 블루스 음악, 뮤지컬, 코미디가 결합되어 있다. 제이크(존 벨루시 분)가 가석방되는 날 엘우드(댄 애크로이드 분)가 마중을 나간다. 어린 시절 성장한 고아원에 방문한 두 형제가 고아원이 경영난으로 인해 5000달러의 재산세를 체납하여 곤란을 겪는 것을 알게 되고 세금을 지불하기 위한 돈을 벌기 위해 음악 공연을 하는 동안 일어나는 황당한 에피소드를 중심으로 한 영화. 중절모에 검은 정장, 검은 색안경을 쓴 등장 인물들은 동명의 비디오 게임 등에서 여러 번 패러디되었다.

13 엘우드 블루스(Elwood Blues). 블루스 브라더스의 동생. 댄 애크로이드가 연기했다.

14 빅 탠디(Vic Tandy, 1955~2005년). 코번트리 대학교의 정보 기술학 강사이자 공학자. 코번트리 여행 정보 센터를 연구해 강한 초저주파음을 발견한 바 있다. 초저주파가 귀신이 나오는 듯한 느낌에 미치는 영향에 대한 연구로 가장 잘 알려져 있다.

15 아이번 라이트먼 감독의 코미디 호러 영화. 1984년에 개봉했고 크게 흥행했다. 유령을 연구하다가 과학자들이 대학에서 퇴출된 후 유령 퇴치 업체를 만들어 유령과 싸우며 활약하는 이야기가 줄거리이다.

16 교황 비오 12세(Pope Pius XII, 본명 Eugenio Maria Giuseppe Giovanni Pacelli, 1876~1958년). 로마 가톨릭 교회의 제 260대 교황(재위 기간 1939~1958년). 제2차 세계 대전 및 그 이후의 시기에 세계 평화 회복과 화해에 노력했다. 나치의 박해를 받던 유대인을 돕고 종전 후의 유럽 재건에 기여하는 등의 업적을 남겼다. 공산주의와 첨예하게 대립하기도 했다.

17 앤드루 체이킨(Andrew L. Chaikin, 1956년~). 미국의 과학 전문 기자, 작가. 아폴로 임무에 대해 자세히 다룬 『달에 간 인류(A Man on the Moon)』의 저자로, 이 책은 HBO의 12부작 다큐멘터리 「지구에서 달까지」의 근간이 되었다. 1999~2001년에는 Space.com의 우주 과학 편집장을 역임했고 2008~2011년에는 몬태나 주립 대학 보즈먼 캠퍼스의 교수로 재직했다. 2013년에는 아폴로 8호 임무를 재현한 NASA의 비디오의 내레이션을 만들었다.

4부 상상 속의 미래

1 SF 영화 「스타 트렉」에 등장한 공간 이동 기술. 공간을 왜곡(워프, warp)해서 이동 시간을 크게 단축하는 이동 기술을 의미한다.

1장 좀비들은 언제 오나요?

1 맥스 브룩스(Maximillian Michael Brooks, 1972년~). 미국의 작가. 배우이자 영

화 감독이었던 아버지 멜 브룩스의 영향으로 어린 시절부터 대중 문화에 심취했으며 미국 NBC 방송국의 「새터데이 나이트 라이브」에 작가로 참여하여 2002년 에미상 코미디 극본상을 받았다. 좀비를 소재로 한 저서 여러 권을 남겨 좀비 르네상스를 창시한 이로 평가받는다. 『좀비 서바이벌 가이드』, 소설 『세계 대전 Z』로 큰 인기를 누렸다. 뉴욕의 미국 육군 사관 학교 소재 현대 전쟁 연구소의 강사이기도 하다.

2 『세계 대전 Z(*World War Z: An Oral History of the Zombie War*)』. 맥스 브룩스의 2006년 소설. 전 지구가 좀비의 습격에 맞서 싸우는 이야기. 좀비 전쟁 종전 후 UN의 전후 보고 위원회 소속 요원인 작중 화자가 세계 각국에서 여러 사람들과 만나 인터뷰한 내용을 기록한 형식의 소설로, 상업성과 작품성 양면에서 고평가를 받았다. 2013년 동명의 영화가 발표되기도 했다.

3 마체테 칼(Machete), 소위 정글도라고도 불리는 칼날이 넓은 칼. 도끼처럼 찍는 데에, 또는 짧은 검처럼 싸움에 사용된다. 날의 길이는 대개 32.5~45센티미터, 두께는 대개 3밀리미터 미만이다.

4 로리 개럿(Laurie Garrett, 1951년~). 미국의 과학 전문 기자이자 작가. 자이르의 에볼라 바이러스에 대해 공시적으로 서술한 신문 《뉴스데이》의 기사로 해설 보도 부문의 퓰리처 상을 수상했다.

5 마크 에이브럼스(Marc Abrahams, 1956년~). 《희한한 연구(*Annals of Improbable Research*)》의 편집자 겸 공동 창립자. 매해 시상식이 열리는 이그노벨 상 행사의 창시자이기도 하다.

6 톡소포자충, 또는 톡소플라스마 곤디(Toxoplasma gondii). 고양이를 종숙주로 하는 기생충. 감염된 쥐, 토끼, 돼지 등의 동물이 중간 숙주가 될 수 있다. 감염된 고양이의 변에 섞여 나온 세포가 중간 숙주에 감염된 후, 이 중간 숙주를 잡아먹은 고양이에게로 옮겨가기 때문에 고양이가 없으면 번식을 할 수 없다. 인간에게도 감염이 발생할 수 있다. 톡소포자충에 감염된 쥐는 고양이를 덜 두려워하는 등, 고양이에게 잡아먹힐 가능성이 더 높아지는 양상의 행동을 한다. 이처럼 톡소포자충이 숙주를 조종하는 양상이 학계에서 주목을 받고 있다. 인간의 톡소포자충 감염과 행동 양상에 대한 연구도 발표되고 있다.

7 곤충을 숙주로 삼는 균류의 통칭

8 이언 립킨(W. Ian Lipkin, 1952년~). 컬럼비아 대학교 공중 보건학과 존 스노우 역학 교수이자 동 대학 내과학 및 외과학 교실의 신경학, 병리학 교수. 서나일 바이러스(West Nile Virus) 및 사스 연구로 잘 알려져 있다.

9 데이비드 브린(Glen David Brin,1950년~). 미국의 과학자, SF 소설 작가. 휴고 상, 로커스 상 등의 출판상을 다수 수상했다. 영화화된 소설 『포스트맨』, 미국 도서관 협회 선정 언론의 자유상 수상작인 『투명한 사회(*Transparent Society*)』 등을 저술했다.

10 데이비드 브린의 단편 소설. 1995년 로커스 상 수상작인 단편 모음집 『다름(*Otherness*)』에 수록되어 있다. 1989년 휴고 상 단편 소설 부문 2위를 수상하기도 했다.

11 질병 통제 센터, 또는 미국 질병 통제 예방 센터(Centers for Disease Control and Prevention, CDC). 조지아 주 애틀랜타 소재의 국립 공중 보건 연구소로

보건 복지부 소속의 연방 정부 기관이다. 공중 보건 및 안전 개선을 위해 질병, 부상 및 장애를 예방하고 통제하는 것을 그 목표로 한다.

12 알리 칸(Ali S. Khan). 미국의 내과 의사이자 해군 소장. 질병 통제 및 예방 센터 산하 공중 보건 예방 대처 사무소(PHPR)의 소장직을 역임했다.

13 Preparedness 101: Zombie Pandemic. 좀비에 대처하는 법을 소재로 비상 상황 대처 교육을 도모한 질병 통제 예방 센터의 교육 자료.

14 크리스털 헤드 보드카(Crystal Head Vodka). 캐나다의 뉴펀들랜드, 래브라도 소재 글로브필 사에서 출시하는 보드카의 상표. 해골 모양의 병으로 유명하다. 2007년 코미디언 댄 애크로이드와 화가 존 알렉산더가 구상하고, 존 알렉산더가 병을 디자인했다. 4배 증류 후 7번 여과하여 만든다.

15 실버 테킬라(Silver Tequila). 테킬라 블랑코, 화이트 테킬라로도 불리는 투명한 테킬라. 멕시코 특산 다육식물인 용설란의 수액을 채취한 후 발효해 만들어지는 탁주를 증류한 술인 테킬라의 일종. 테킬라는 증류 후 숙성을 하기도 하는데, 실버 테킬라는 발효와 증류 직후에 병에 담아 출하하거나, 단시간의 숙성을 거치는 등 숙성을 최소화한 것이 특징이다. 실버 테킬라는 다른 테킬라에 비해 순수한 용설란의 향이 가장 많이 느껴진다고 한다.

16 비터스(Bitters). 약용으로 쓰이던 쓴 맛의 술. 식물성 재료(약초의 뿌리, 쓴 귤껍질)의 추출물에서 만들며 소화제 등의 용도로 쓰였다. 현재에는 칵테일에 향미나 효과를 더하기 위한 재료로 널리 사용된다.

17 외떡잎식물의 줄기마디에 형성되는 뿌리.

18 수중에 사는 갑각류를 감염시켜 물을 섭취한 사람 또는 개의 몸속에 들어간 후 소화관 벽부터 발까지 이동해 발을 뚫고 나오는 벌레.

19 조너스 소크(Jonas Edward Salk, 1914~1995년). 미국의 의학 연구자, 바이러스 학자. 1953년 소아마비 바이러스를 포르말린으로 죽인 백신(일명 '소크 백신')으로 소아마비의 예방이 가능하다는 것을 발견하고 소아마비 바이러스 예방 주사 근절에 기여했다. 더불어 독감 예방 주사 개발, 후천성 면역 결핍증 치료법 개발 등에도 노력했다. 소크 백신에 대한 특허권을 행사하지 않은 것으로도 유명하다.

20 앨버트 세이빈(Albert Bruce Sabin,1906~1993년). 미국의 세균학자. 1959년 살아있는 소아마비 바이러스의 독을 약화시킨 경구용 소아마비 생백신(세이빈 백신)을 발명, 러시아에서 실용화했다. 세이빈 백신은 사용하기 간단하고 효과가 강해 러시아 및 동유럽의 소아마비 발병 감소에 기여했다. 뇌염과 뎅기열 바이러스 및 폐암 환자의 암세포에서 추출한 바이러스에 대한 연구도 수행했다.

21 와지리스탄(Waziristan). 아프가니스탄의 국경과 접하는 파키스탄 서북부 지역으로 파키스탄 연방 자치 부족 구역 중 하나이다. 주로 와지르 족(또는 파슈토 족)이 거주한다. 아프가니스탄에서 축출된 탈레반이 와지리스탄 지역에 정착하여 유혈 사태 등의 위협 상황이 발발하고 있다.

22 시리아(Syria). 서아시아에 위치한 국가로 터키, 이라크, 요르단, 이스라엘, 레바논과 접경하고 있다. 면적은 약 18500제곱킬로미터, 인구는 약 2200만 명 내외였으나 2011년의 내전 이후 인구 유출로 인구가 감소세이다. 쿠데타로 집권한 후 45년 이상 독재와 부자 세습을 한 정권에 대항한 시민들을 정

부가 유혈 진압해 내전이 번지게 되었다. 32만 명 이상의 사망자, 500만 명 이상의 난민이 발생했고 현재에도 정국은 불안한 양상을 보인다.

23 남소말리아. 소말리아는 아프리카 대륙 북동쪽 끝 반도 지역에 위치한 국가로 지부티, 에티오피아, 케냐와 국경을 접하는 나라이다. 내전으로 인해 대규모 난민이 발생했고 UN이 평화 유지군을 파견하기도 했으나 현재까지 무장 군벌의 세력 다툼으로 인한 유혈 사태가 끊임없이 발생하고 있다. 소말리아의 남부 지역은 이슬람 극단주의 성향의 무장 단체인 알 샤바브 및 세계적 테러 조직인 알 카에다의 영향권에 있으며, 국가 전체 또한 내전의 영향으로 인한 빈곤 및 아덴 만 소말리아 해적 등의 사회 문제에 노출되어 있다.

24 북나이지리아. 나이지리아는 아프리카 서부, 기니 만에 위치한 연방 공화국으로 니제르, 차드, 카메룬, 베냉과 접경하고 있다. 2002년 나이지리아의 북부에서 조직된 이슬람 근본주의자 무장 단체인 보코 하람이 2009년경부터 이슬람 신정 국가 건설을 목표로 테러를 범하고 2015년 이후로는 급진 수니파 무장 단체인 이슬람 국가와 동맹하는 등의 활동을 벌여 북나이지리아는 사회적으로 취약한 지역이 되었다.

25 오사마 빈 라덴(Osama bin Laden, 1957~2011). 사우디아라비아 출신의 테러리스트. 급진적인 이슬람 근본주의자로 막대한 부를 바탕으로 테러 조직 알 카에다를 조직, 지원한 것으로 알려져 있다. 1999년 이후 아프가니스탄에서 칩거하며 꾸준히 대미 테러 활동을 벌였는데 미국 대사관 폭탄 테러와 9·11 미국 대폭발 테러 등의 배후자로 지목되었다. 미국의 아프가니스탄에 대한 전면적 공격 및 테러 조직에 대한 응징이 이어져 오사마 빈 라덴은 2011년 파키스탄의 한 가옥에서 미국 특수 부대의 공격으로 사망했다.

26 탈레반(Taleban). 1994년 파키스탄 북부 및 아프가니스탄 남부 파슈툰 족 거주 지역 인근의 신학생들이 중심이 되어 결성한 수니파 무장 이슬람 정치 조직. 무력으로 내전을 종결하고 이슬람 신정 국가를 건설하는 목적을 갖고 있었다. 1994년에는 아프가니스탄 국토의 80퍼센트 정도를 장악하기도 했다. 결성 초기에는 오랜 내전과 기존 정부의 무능에 대항하는 결속력 있는 세력이었으나 내전이 계속되며 정치적으로 혼란한 지역의 인권 침해를 도외시하고 이슬람 율법에 대해 과도하게 엄격하게 해석한 결과 사회의 차별을 심화하고 종교를 탄압하며 국제 테러를 자행하는 등의 문제를 발생시켰다. 2001년 9월 11일의 미국 대폭발 테러 사건의 배후로 지목된 오사마 빈 라덴과 알 카에다 조직원들이 탈레반 점령지 내에 은신했을 때, 그들의 신병을 미국에 인도하지 않은 것으로 인해 아프가니스탄 전쟁이 촉발되었다.

27 알 카에다(Al Qaeda, 아랍 어로 기초, 근간을 뜻함). 사우디아라비아 출신인 오사마 빈 라덴이 창시한 이슬람 극단주의에 기반한 무장 세력망. 1990년대 이후 주로 미국을 대상으로 다수의 테러를 자행했다. 특히 2001년의 대미 테러 사건들로 인해 보코 하람, 탈레반, 이라크 레반트 이슬람 국가(ISIL) 등과 함께 가장 위협적인 테러 단체로 평가받고 있다.

28 웨일스(Wales). 브리튼 섬 남서부에 위치한 영국의 구성국 중 하나. 수도는 카디프(Cardiff). 공용어는 영어와 웨일스 어(Welsh). 영국에서 가장 부가가치가 낮은 구성국이며 영국으로부터의 독립에 대해서는 그다지 우호적이지 않은 편이다.

29 스완지(Swansea). 영국 웨일스의 남부 해안에 위치한 항구 도시이자 카운티. 웨일스에서 두 번째로 큰 도시이고 영국에서 전체에서는 25번째로 큰 도시이다. 19세기에는 구리 제련 산업의 중심지였다.

30 앤드루 웨이크필드(Andrew Jeremy Wakefield, 1957년~). 영국의 전직 의사, 백신 반대 운동가. MMR(홍역, 유행성 이하선염 및 풍진) 백신과 자폐증, 위장 질환 사이에 연관성이 있다는 논문을 저술했다. 웨이크필드의 논문으로 인해 미국, 영국, 아일랜드의 백신 접종률이 감소했고 홍역 및 유행병으로 인한 사망자가 증가했다. 연구의 윤리성 문제로 인해 영국의 의사 면허 관리 기구에서 제명되었다.

2장 슈퍼맨은 블랙홀에서 살아남을 수 있나요?

1 판타스틱 포(The Fantastic Four). 미국의 출판사 마블 코믹스 만화에 등장하는 슈퍼 히어로 팀. 1961년에 최초로 등장했다. 우주 공간에서 과학 연구 임무를 수행하던 중 우주 광선에 노출되어 초능력을 얻은 네 슈퍼 히어로의 이야기. 팀의 리더격이자 몸 길이가 늘어나는 미스터 판타스틱, 미스터 판타스틱의 아내이자 투명화가 가능한 인비저블 걸(후에 인비저블 우먼이 됨), 인비저블 걸의 남동생이자 불꽃을 일으키는 휴먼 토치, 미스터 판타스틱의 대학 시절 룸메이트이자 초인적인 힘을 지닌 괴물 씽으로 구성되어 있다. 애니메이션, 실사 영화 등에 판타스틱 포 캐릭터가 등장한다.

2 헐크(Hulk). 마블 코믹스 만화에 등장하는 슈퍼 히어로로. 1962년에 최초로 등장했다. 만화책에서는 사람과 비슷하지만 피부가 초록색이며 근육질의 거구로 그려진다. 사실 헐크는 물리학자인 로버트 브루스 배너(Robert Bruce Banner) 박사의 또 다른 모습인데, 실험용 폭탄이 폭발해서 감마선에 노출된 후 배너 박사가 스트레스를 받으면 헐크로 변신, 분노한 만큼의 파괴적인 힘을 행사할 수 있게끔 변한다.

3 파이어스톰(Firestorm). 미국의 출판사 DC 코믹스에서 출간된 만화책에 등장하는 허구의 슈퍼 히어로. 1978년부터 그 설정을 조금씩 달리하며 다수 매체에 등장한다. 저스티스 리그의 일원이다. 1기 파이어스톰은 폭탄 테러로 원자력 발전소가 폭발할 때 핵 반대 시위 중이던 고교생과 발전소의 물리학자가 결합해 파이어스톰이 된 것으로 그려진다. 원자력을 기반으로 물질을 만들거나 변형하는 초능력을 갖고 있다.

4 노바(Nova). 마블 코믹스의 슈퍼 히어로. 잰다르(Xandar) 행성의 우주 경찰 노바 군단이 우주 해적에게 공습을 당하여 로먼 데이라는 마지막 생존자를 제외한 모두가 몰살당한다. 로먼 데이가 자신을 대체할 사람으로 평범한 지구인 고등학생 리처드 라이더를 선택해 초능력 노바 유니폼을 전달하지만 어떻게 초능력을 사용하는지에 대해서는 알려 주지 못한다. 노바가 된 리처드 라이더는 뉴욕과 잰다르 행성을 수호하는 우주 임무를 수행하지만 전투와 향수병에 지쳐 초능력을 포기하고 지구로 돌아가 평범하게 살아간다.

5 퀘이사(Quasar). 마블 코믹스의 슈퍼 히어로. 인간일 때의 이름은 웬델 본(Wendell Vaughn). 군인 출신으로 슈퍼 히어로 관리 조직 S.H.I.E.L.D 아카데미에 입학한다. 적과의 전투 중 S.H.I.E.L.D가 소유한 예전의 슈퍼 히어로인 마블보이가 천왕성에서 받아 온 초능력 팔찌 퀀텀 밴드를 착용하여 활약한

이력으로 슈퍼 히어로 퀘이사 겸 우주의 수호자로 활동하게 된다.

6 제임스 카칼리오스(James Kakalios, 1958년~). 시카고 대학교 물리학과에서 박사 학위를 받은 후 미네소타 대학교 물리학과 교수로 재직 중이다. 대학원생 시절 취미로 만화책을 수집한 카칼리오스는 만화책 및 슈퍼 히어로들로부터 얻은 영감을 바탕으로 '만화책 속의 물리학에 대한 모든 것(Everything I Needed to Know about Physics I Learned from Reading Comic Books)'이라는 신입생 세미나를 개설하여 높은 인기를 얻었다.

7 미스터 판타스틱(Mr. Fantastic). 마블 코믹스의 만화에 등장하는 슈퍼 히어로이자 판타스틱 포의 리더. 본명은 리드 리처즈(Reed Richards). 어린 시절부터 자연 과학과 공학에 정통한 천재로 대학 시절부터 우주선 제작을 계획하고 있었다. 자신이 만든 우주선 시험 비행에 함께 간 대학 시절 룸메이트 벤저민 그림, 여자친구 수전 스톰, 여자친구의 남동생인 조니 스톰과 함께 강렬한 우주 광선에 노출되는 바람에 우주 방사능 때문에 신체 변화를 겪는다. 미스터 판타스틱은 몸을 원하는 모양으로 늘릴 수 있는 능력을 얻었다.

8 브루스 배너(Bruce Banner). 헐크의 또 다른 자아로 분노하면 헐크로 변신한다. 몸이 약하고, 점잖은 편이지만 약간 부족한 사회성을 지닌 천재 물리학자로 과학에 정통하다.

9 매그니토(Magneto). 마블 코믹스의 만화 엑스맨에 등장하는 캐릭터. 엑스맨의 적수. 돌연변이로 만들어진 강력한 인간의 아종(뮤턴트)으로 자기장을 생성하고 제어하는 초능력을 보유하고 있다. 인간은 뮤턴트를 받아들이지 않을 것이며 인간과 뮤턴트 간의 평화는 불가능하다고 믿으며, 뮤턴트 보호를 최우선 순위에 두고 활동한다. 인간일 때 홀로코스트에서 살아남은 경험이 매그니토에게 인간에 대한 불신을 가져온 것으로 추정된다.

10 플래시(Flash). DC 코믹스에 등장하는 슈퍼 히어로. 1939년에 최초로 등장했다. 스칼렛 스피드스터(Scarlet Speedster)라는 별명을 가진 플래시 캐릭터는 스피드 포스의 힘을 얻어 초고속으로 이동하고, 초고속으로 사고하고, 초고속 반사 신경을 갖는 등 물리 법칙을 뛰어넘는 초능력을 보유하고 있다. 현재까지 4명의 인물(제이 개릭, 배리 앨런, 월리 웨스트, 바트 앨런)이 플래시로 활동했다.

11 캡틴 아메리카(Captain America, 인간일 때의 이름은 스티브 로저스). 마블 코믹스의 주인공인 슈퍼 히어로로 1941년에 최초로 등장했다. 제2차 세계 대전 당시 몸이 허약해서 입대를 거부당할 정도로 병약한 청년이었으나 조국을 위해 특수 혈청을 맞고 엄청난 능력을 지닌 초인이 되었다. 성조기를 모티브로 한 의상을 입고 파괴 불가능한 방패를 사용한다. 제2차 세계 대전이 거의 끝났을 때 얼음에 갇혀 수십 년간 냉동 인간으로 살아가다 부활한다.

12 슈퍼 솔저 세럼(Super Soldier Serum). 캡틴 아메리카를 초인으로 만들어주는 약. 모든 신진 대사 기능을 향상시키고 근육에 피로 물질이 축적되는 것을 방지하여 초인적인 내구성을 갖도록 한다. 덕분에 캡틴 아메리카는 누워서 540킬로그램 무게의 역기를 들 수 있고 1.6킬로미터를 73초에 주파할 수 있었으며, 얼어붙은 채로도 죽지 않을 수 있었다. 집중력에 방해가 되는 최면이나 가스에 대한 대항력도 생긴다. 이 약물을 만든 에이브러햄 어스킨 박사의 사망 이후 약물 제조법은 알아낼 수 없게 되었다. 약물을 재창조하려던

시도가 실패해 1950년대의 가짜 캡틴 아메리카, 누크(Nuke) 등의 강한 악당을 만들어 낸 적도 있다.

13 리 실버(Lee M. Silver, 1952년~). 미국의 생물학자. 프린스턴 대학교 분자 생물학과 교수이자 프린스턴 대학교 우드로 윌슨 공공 및 국제 문제 연구소 및 프린스턴 대 소속 다수 연구소의 겸임 교수. 유전 공학 및 유전자 복제가 미래 사회에 미칠 영향, 생식 기술과 유전학의 장래에 관한 책을 집필했다. 유전자 장애 선별을 목표로 하는 유전 연구 회사인 진피크스(GenePeeks)의 공동 설립자이다.

14 스파이더맨(Spider-man, 인간일 때의 이름은 피터 파커). 마블 코믹스에 등장하는 슈퍼 히어로 캐릭터. 1962년에 최초로 등장했다. 가난한 10대 고아 청소년 슈퍼 히어로의 성장 이야기와 슈퍼 히어로로서의 활약을 접목하여 큰 대중적 인기를 끌었다.

15 피터 파커(Peter Benjamin Parker). 뉴욕 퀸스의 미드타운 고교에 다니는 과학에 심취한 고아 학생. 과학 발표회에서 방사능 거미에게 물려서 거미 같은 민첩성과 힘을 얻는다. 방사능 거미에 물린 후 피터 파커는 벽과 천장을 타는 등 놀라운 운동 능력을 갖게 되고, 과학에의 소질을 살려 거미줄을 발사할 수 있는 도구를 개발한다. 피터 파커는 거미같은 초능력으로 인해 TV에 출연하는 등 유명인이 된다. 그 후, 도망치는 범죄자를 그냥 보내 버리는데 도망친 범죄자가 자신의 삼촌을 살해하는 것을 보고 뒤늦게 반성하며 "큰 힘에는 큰 책임이 따른다."라는 교훈을 얻는다.

16 웹 플루이드. 스파이더맨이 만드는 거미줄의 재료가 되는 용액. 정확한 제조법은 알려져 있지 않으나 나일론과 비슷하며 전단력을 활용하여 인해 유체와 고체 상태를 넘나든다. 공기중에 노출되면 접착력이 떨어진다. 웹 플루이드는 굳는점 이전에 승화되기에 웹 슈터에서 웹 플루이드가 발사되는 부분이 막히지 않는다.

17 웹 슈터. 스파이더맨이 손목에 차고 있는 장치로 웹 플루이드를 발사해서 거미줄을 만든다.

18 X 교수(Professor X). 마블 코믹스 엑스맨 시리즈에 등장하는 캐릭터, 본명은 찰스 프랜시스 제이비어(Charles Francis Xavier). 1963년에 최초로 등장했다. 돌연변이로 만들어진 강력한 인간의 아종(뮤턴트)으로 독심술, 정신 지배, 텔레파시, 환각 등의 초능력을 갖고 있다. 정의로운 뮤턴트 단체인 엑스맨의 창시자이자 지도자. 천재적인 과학자이자 부호 가문 출신의 상속자로 인간과 뮤턴트 사이를 평화롭게 하는 일에 헌신한다. 하반신 마비 상태로 등장하는 경우가 있다.

19 루시(Lucy). 뤼크 베송이 감독한 동명의 2014년작 영화의 주인공. 우연한 사건을 계기로 CPH4라는 화학 물질을 강제로 투여당하는데, 투여량이 많을수록 두뇌 활용력이 점점 높아지고 새로운 능력이 생겨난다는 설정이 있다. 결국 CPH4를 엄청나게 투여하게 된 루시는 뇌를 99퍼센트 사용할 수 있게 된 반면 감정을 잃고 스스로를 통제할 수조차 없는 존재가 되어 버린다.

20 슈퍼맨(Superman). DC 코믹스 슈퍼 히어로로 1938년에 최초로 등장했다. 고향인 크립톤 행성이 파괴될 때 가족들이 우주선에 실어 지구로 보냈다는 설정이다. 지구인인 입양 부모의 조언에 따라 초능력과 결출한 힘을 인류

를 위해 사용하게 된다. 슈퍼 히어로의 대표격이자 슈퍼 히어로 장르를 대중화하는 데 크게 기여한 캐릭터로 평가받는다.

21 미치오 카쿠(Michio Kaku, 1947년~). 미국의 이론 물리학자, 과학 커뮤니케이터. 뉴욕 시립 대학교 및 대학원에서 교수로 봉직하고 있다. 대중을 위한 과학서 『불가능한 물리학』, 『미래의 물리학』, 『마음의 미래』 등을 저술한 베스트셀러 작가이자 BBC, 디스커버리 채널, 사이언스 채널 등의 사회를 맡기도 했다.

22 배트맨(Batman). DC 코믹스 슈퍼 히어로로 1939년에 최초로 등장했다. 본명은 브루스 웨인으로 정체는 부유한 기업인이자 플레이보이이다. 어린 시절 부모가 살해당하는 것을 목격한 충격으로 스스로를 단련해 범죄와 맞서 싸우기 위해 박쥐 콘셉트의 탐정 및 자경단원으로 활동한다. 뛰어난 지성과 전투력은 물론, 재력을 바탕으로 뛰어난 무기를 보유하고 있으나 다른 슈퍼 히어로들과 달리 초인적 능력은 없다는 특징이 있다.

23 엑스맨(X-Men). 마블 코믹스 슈퍼 히어로로 구성된 팀. 1963년 최초로 동명의 만화가 출시된 이후 애니메이션, 영화화되었다. 뮤턴트(초능력을 가진 인간의 아종, 돌연변이)에 대한 사회적 반감이 증가하자 X 교수가 자신의 저택에 어린 뮤턴트들을 모아 인류를 이롭게 할 수 있도록 훈련시키며 뮤턴트 출신 영웅 단체 엑스맨을 육성한다는 설정이다.

24 왓치맨(Watchmen). DC 코믹스의 작품으로 1986, 1987년에 최초로 출간되었다. 현대의 불안과 슈퍼 히어로의 개념을 재해석한 수작으로 휴고상을 수상했다. 미국이 슈퍼 히어로인 맨해튼 박사의 도움으로 베트남 전쟁에서 승리한 것으로 설정되어 있다. 가상의 1985년에 미국과 소련은 첨예하게 대립하고 있고 슈퍼 히어로 옷을 입은 자경단의 활동은 불법으로 지정되어 있다. 많은 슈퍼 히어로들은 은퇴했거나 정부를 위해 일하고 있다. 정부와 긴밀히 관계를 맺고 있던 슈퍼 히어로 '코미디언'의 죽음을 계기로 '코미디언'의 죽음의 진실을 파헤치려는 슈퍼 히어로들의 이야기가 주 소재이다. 2009년에 영화화되었다.

25 닥터 맨해튼(Dr. Manhattan). DC 코믹스 만화 시리즈 「왓치맨」에 등장하는 슈퍼 히어로. 1986년에 최초로 등장했다. 인간일 때는 조너선 오스터먼(Jonathan Osterman)이라는 핵물리학자였으나 1959년 사고로 실험 공간에 감금된 채 대량의 방사능에 노출되어 몸이 원자 단위로 분해되어 사망한 후 몸을 재조립하여 살아난 것을 계기로 초능력을 갖게 된다. 미국 정부에서는 맨해튼 프로젝트의 이름을 따서 그를 맨해튼 박사로 명명했고, 맨해튼 박사는 미국 정부 요원으로 근무하게 된다.

26 빌리 크루덥(William Gaither "Billy" Crudup, 1968년~). 미국의 배우. 「올모스트 페이머스」, 「미션 임파서블 3」, 「퍼블릭 에너미」 「왓치맨」 등의 영화, 「필로우맨」, 「더 코스트 오브 유토피아」 등의 브로드웨이 연극에 출연, 토니 상을 수상했다.

27 로런스 피시번(Laurence John Fishburne III, 1961년~). 미국의 배우, 극작가, 제작자, 시나리오 작가 겸 영화 감독. 프랜시스 포드 코폴라 감독의 「지옥의 묵시록」에서의 '미스터 클린' 역, 「매트릭스」에서의 모피어스 역으로 잘 알려져 있으며, 「배트맨 대 슈퍼맨: 저스티스의 시작」에서 페리 화이트 역을 담당했다.

28 마이티 마우스(Mighty Mouse). 테리툰스 스튜디오(Terrytoons Studio)에서 제작된 슈퍼 히어로 쥐 캐릭터. 1942~1961년 동안 약 80편의 애니메이션 영화에 등장했다. 1955~196년에는 미국의 CBS 방송국 텔레비전 프로그램에서 방영되었고, 이후에는 만화 및 아케이드 게임 등에 등장했다.

29 클로킹(cloaking). 투명화 기술의 총칭. 공상 과학은 물론, 잠입이 필요한 잠수함, 스텔스 전투기 등에 사용되는 기술을 포함한다.

30 인비저블 우먼(Invisible Woman). 마블 코믹스 등장 인물. 본명은 수전 스톰 리처즈(Susan "Sue" Storm-Richards)로 인비저블 걸의 성장 후 모습이다. 판타스틱 포의 일원이자 마블 코믹스에서 1956년 이래로 창안된 슈퍼 히어로 중 최초의 여성이다. 우주 폭풍에 노출된 후 자신 또는 타인을 보이지 않게 만드는 초능력과 포스 필드라는 에너지장 생성을 통한 공격 및 방어 능력을 갖게 되었다.

31 포스 필드(force field). 광의로는 힘이 작용하는 공간을 의미함. 인비저블 우먼이 사용하는 포스 필드는 보이지 않는 힘의 장으로, 상대편의 공격을 빗나가게 하거나, 힘을 무기로 변형시켜 상대방을 공격하는 강력한 무기이다.

32 냉간 압연 강재(cold rolled steel). 상온 또는 상온에 근접한 온도에서 회전하는 원통 모양의 롤 사이로 철을 통과시키는 압연 과정을 거쳐 만든 물질. 상온에 근접한 온도에서 압연하기 때문에 산화철(녹)이 발생하지 않고, 경도와 인장 강도가 높으며, 표면에 보기 좋은 광택이 나며, 얇거나 정밀한 제품을 만들기 좋다.

33 커뮤니케이터(Communicator). 「스타 트렉」 세계관에서 사용되는 음성 통신 기기로 비상 연락망, 경고안내기 목적으로도 사용된다. 신호 중계를 위한 인공 위성을 통하지 않고 궤도상에 있는 우주선과 직통으로 연결할 수 있으며, 원거리 통신 상황에서도 실시간에 가까운 속도를 자랑한다.

34 트라이코더(Tricorder). 「스타 트렉」 세계관에서 사용되는 범용 장치로 주변 환경을 센서로 감지하고, 데이터를 분석하고, 데이터를 기록하는 손에 들 수 있는 소형 장치이다. 익숙치 않은 장소를 정찰하거나, 생물에 대해 조사하거나, 의료용으로도 사용된다. 감지, 연산 및 분석, 저장 및 기록이라는 세 가지 기능을 수행한다는 설정에서 유래해 TRI(3중)코더라는 이름이 붙었다.

35 거시적 양자 물질(macroscopic quantum object). 양자의 성질을 띠지만 대상의 크기가 무척 커서 거시적 물질과 비슷한 맨해튼 박사의 특징을 요약한 말.

36 입자-파동 이중성. 고전 역학에서는 입자와 파동이 매우 다른 성질을 지니는 반면, 양자 역학에서는 모든 물질에 입자의 성질과 피동의 성질이 존재하는 것으로 상정된다.

37 어벤져스(Avengers). 마블 코믹스의 슈퍼 히어로 팀. DC 코믹스의 저스티스 리그와 비견되기도 한다. 1963년에 최초로 등장했으며, "지구 최강의 히어로 군단(Earth's Mightiest Heroes)"이라는 별칭을 갖고 있다. 최초의 어벤져스는 앤트맨, 헐크, 아이언맨, 토르, 와스프로 구성되어 있었다. 시리즈에 따라 어벤져스의 구성인단은 변화하고 있다.

38 스칼렛 위치(Scarlet Witch). 마블 코믹스 슈퍼 히어로. 1964년에 최초로

등장했다. 본명은 완다 마시모프(Wanda Maximoff)로, 쌍둥이 형제인 퀵실버(Quicksilver)와 함께 뮤턴트 형제단을 창립했다. 1970년대에는 슈퍼 히어로 위저의 딸로, 1980년대에는 매그니토의 딸로 묘사된다. 2010년판에서는 뮤턴트도, 매그니토의 딸도 아닌 것으로 그려진다. 현실 왜곡, 마법, 확률 왜곡, 순간 이동, 물질과 시간 조작 등의 초능력을 갖고 있다.

39 저스티스 리그(Justice League). DC 코믹스의 슈퍼 히어로 팀. 슈퍼맨, 배트맨, 원더우먼 세 명의 고정 멤버와 추가 멤버들로 구성되어 있다. 1960년에 미국 저스티스 리그(Justice League of America, JLA)로 최초로 등장했다. 최초로 등장한 일곱 명의 멤버는 아쿠아맨, 배트맨, 플래시, 그린 랜턴, 마션 맨헌터, 슈퍼맨, 원더우먼이었다. 2017년에 동명의 영화가 제작되었다.

40 자타나(Zatanna). DC 코믹스 슈퍼 히어로. 1964년 『호크맨(Hawkan) #4』에 최초로 등장했다. 아버지인 존 자타라(John Zatara)와 같은 마술사이자 마술을 활용한 초능력을 갖고 있다. 원하는 바를 반대로 말하는 주문을 활용해 마술을 부린다.

41 퀴디치(Quidditch). 조앤 롤링(J. K. Rowling, 1965년~)의 판타지 소설 『해리 포터』 시리즈에 등장하는 가상의 운동 경기. 하늘을 나는 빗자루를 타고 날면서 4개의 공을 사용해 경기하는 구기 종목이다. 7명이 한 팀을 이루어 두 팀이 승부를 겨루며, 득점용 공인 퀘이플, 견제용 공인 블러저(2개), 특정 팀의 수색꾼이 잡으면 경기가 종료되며 해당 팀이 승리하는 공인 골든 스니치를 사용하여 경기한다. 7명의 선수는 각기 퀘이플을 패스하여 득점을 하는 추격꾼(chaser) 3명, 골키퍼 역할의 파수꾼(keeper) 1명, 방망이를 들고 블러저를 쳐서 상대 팀을 견제하고 자신의 팀원을 보호하는 몰이꾼(beater) 2명, 골든 스니치 공을 잡아서 경기를 끝내는 수색꾼(seeker) 1명으로 구성되어 있다.

42 블러저(bludger). 퀴디치 경기에서 사용되는 견제구. 팀당 두 명의 몰이꾼(Beater)이 방망이로 블러저를 쳐서 상대방을 공격하거나, 자신의 팀원 쪽으로 오는 블러저를 쳐서 방어하는 용도로 사용되는 견제용 공.

43 울버린(Wolverine). 마블 코믹스에 등장하는 슈퍼 히어로 캐릭터. 엑스맨, 어벤저스의 멤버로 등장할 때도 있다. 동물적 감각을 지닌 슈퍼 히어로로, 손등에서 '클로'라는 이름의 손톱 같은 무기가 나오고, 무한한 재생능력을 지니며, 가상의 금속이자 엄청난 강도를 지닌 아다만티움으로 만들어진 뼈대를 갖고 있다.

44 틴 타이탄(Teen Titans). DC 코믹스에 등장하는 십대 슈퍼 히어로 팀. 1964년에 최초로 등장했다. 로빈, 키드 플래시, 레드 애로우 등의 멤버가 있다.

45 사이보그(Cyborg). DC 코믹스에 등장하는 슈퍼 히어로. 1980년에 최초로 등장했고, 한때는 틴 타이탄의 멤버로 활동하기도 했다. 큰 사고를 당한 후 손상당한 신체 부위를 기계로 대체하여 살아남게 되었다는 설정이다.

46 600만 불의 사나이(The Six Million Dollar Man). 1973년 파일럿 방송 이후 미국의 ABC 방송국에서 1974~1978년 방영된 미국의 SF 드라마. 전직 우주 비행사 스티브 오스틴(Steve Austin) 대령이 사고로 눈과 팔다리에 부상을 당한 것을 계기로 과학 정보국이 오스틴 대령을 생체공학 인간 내지 사이보그

요원화한다는 설정을 갖고 있다.

47 소머즈, 원제는 「The Bionic Woman」. 1976~1978년에 방송된 미국의 SF 드라마. 프로 테니스 선수인 제이미 소머즈(Jamie Sommers)가 스카이다이빙을 하던 중 치명상을 입은 것을 계기로 생체 공학 인간이자 사이보그 요원이 되어 경험하는 모험이 주요 줄거리이다.

48 솔라 박사(Doctor Solar, Man of the Atom). 1962년 골드 키 코믹스사의 만화에 최초로 등장한 캐릭터. 핵물리학을 전공한 과학자인 솔라 박사는 방사선에 노출된 것을 계기로 초능력을 얻게 되어 방사선에 노출되면 에너지를 얻고, 피부가 녹색으로 변한다. 비상 사태에 대비하여 방사능 동위 원소 알약을 갖고 다니며 에너지를 비축하기도 한다. 솔라 박사는 축적된 에너지를 자신의 의지대로, 자신이 원하는 형태로 방출하는 초능력을 지녔으며 사람들을 돕기 위해 초능력을 사용한다.

49 크립톤(Krypton). DC 코믹스에 등장하는 가상의 행성으로 고도로 발달된 문명을 가진 행성이었으나 폭발로 인해 사라진 것으로 설정되어 있다. 슈퍼맨의 고향별이며, 원소 크립톤의 이름을 따서 명명된 것으로 추정된다.

50 로이스 레인(Lois Lane). DC 코믹스의 가상 인물로, 1938년에 최초로 등장한다. 클라크 켄트의 동료 기자로 슈퍼맨의 정체를 밝히려 하며, 위기에 처할 때 슈퍼맨의 도움을 받은 적도 있다. 슈퍼맨의 연인이며 이후에는 슈퍼맨의 아내로 슈퍼맨과의 사이에 아들을 두게 된다.

3장 왜 아직 하늘을 날아다니는 자동차가 없나요?

1 허버트 조지 웰스(Herbert George Wells, 1866~1946년). 영국의 작가. 단편 및 장편 소설, 사회 비평, 전기 등 다양한 분야에서 다작을 남긴 작가로 특히 공상 과학 소설로 유명하다. 당대 사회에 대한 비판 정신이 들어 있는 과학 소설 다수를 저술해 쥘 베른, 휴고 건스백과 더불어 공상 과학 소설의 아버지로 평가받는다. 대표작으로는 『타임머신(*The Time Machine*)』, 『모로 박사의 섬(*The Island of Doctor Moreau*)』, 『투명 인간(*The Invisible Man*)』, 『세계 대전(*The War of the Worlds*)』 등이 있으며, 노벨 문학상 후보에 네 차례 올랐다.

2 『타임머신(*The Time Machine*)』. H G. 웰스의 1896년작 공상 과학 소설. 시간을 선택하면 과거 또는 미래의 시점으로 이동할 수 있는 시간 여행의 개념을 대중화하는데 기여한 작품으로, 텔레비전, 만화책, 장편 영화 등으로 여러 차례 각색되었다.

3 「천년을 흐르는 사랑(The Fountain)」. 대런 애러노프스키 감독의 2006년작 공상 과학 영화. 16세기 스페인의 기사와 여왕의 사랑, 21세기의 과학자와 암 투병 중인 아내의 사랑, 26세기의 우주 여행자와 생명의 나무가 사랑을 찾는 여정을 소재로 1000년이라는 시간과 다양한 공간에서 삶과 죽음, 불멸의 사랑에 대해 고찰하는 내용이다.

4 케셀 런(Kessel Run). 「스타 워즈」 속 등장 인물 한 솔로(Han Solo)가 밀수할 때 사용하는 위험한 지름길.

5 한 솔로(Han Solo). 「스타 워즈」 원작 영화 3부작에 등장하는 주요 인물로, 코렐리아 행성 출신의 우주선 조종사. 츄바카와 함께 밀레니엄 팰컨을 조종한다. 은하 제국군 사관 생도일 때 조종 기술을 익혔으며, 뛰어난 조종술을

활용, 밀수꾼으로 활동한다.

6 밀레니엄 팰컨(Millennium Falcon). 「스타 워즈」의 주인공 중 한 명인 한 솔로의 우주선. 「스타 워즈」에 등장하는 우주선 중에서도 압도적인 속도로 잘 알려져 있다. 일명 "은하계에서 제일 빠른 고철 덩어리." 몸체가 납작하여 좁은 틈을 통과해 주파할 수 있다.

7 넵튠 시어터(Neptune Theater). 1921년에 문을 연 미국 워싱턴 주 시애틀의 유니버시티 디스트릭트 인근 소재의 공연장. 과거에는 U-넵튠 시어터라는 이름이었다. 14년간 매주 록키 호러 픽처 쇼를 상영한 것으로도 잘 알려져 있다. 2011년에 개보수되었으며 2014년에는 시애틀의 주요 사적지(Landmark)로 등재되었다.

8 웨슬리 크러셔(Wesley Crusher). 「스타 트렉」에 등장하는 가공의 인물. 어머니의 특출한 지능을 물려받은 천재 소년으로 그려진다. 사회성이 부족해 주변 인물들의 타박을 받기도 하지만 능력을 발휘하여 우주선을 구하기도 한다. 「스타 트렉」 원작자인 진 로든베리의 미들네임과 이름과 이름이 같은 등장인물로, 작가 본인을 반영한 인물이라는 추측도 있다.

9 윌 휘턴(Richard William Wheaton III, 1972년~). 미국의 배우, 블로거, 작가. 「스타 트렉」에서의 웨슬리 크러셔 역할로 유명하다. 그 이후 몇몇 슈퍼 히어로물에 출연하기도 했다. CBS 시트콤 「빅뱅 이론」에서 본인 역을 맡았으며, 유튜브의 보드 게임 프로그램인 「윌 휘턴의 테이블탑」을 제작, 진행했다.

10 MRI(Magnetic Resonance Imaging). 의료 영상 기법 중 하나로 자기장을 발생시키는 자기 공명 촬영 장치에 인체를 넣고 고주파를 발생시켜 인체 내에 존재하는 원자핵의 공명 양상을 추적해 체내 장기의 물, 지방 등의 분포를 영상화하는 기술이다. 방사선에 노출되지 않는다는 장점이 있으나 비용이 높고, 시간이 오래 걸리고 좁은 관에 들어가 검사를 받아야 하는 불편이 있으며 치과 치료 등으로 금속을 체내에 부착한 이들에게는 적합하지 않다는 단점도 있다.

11 맥코이 박사(Leonard H. Bones McCoy 또는 Dr. McCoy). 「스타 트렉」에 등장하는 가공의 인물. 엔터프라이즈 호의 의무관으로 스팍 함장, 그의 절친한 친구인 커크 함장의 휘하에서 복무했다. 기술을 맹신하기보다는 비침습적이고 자연 치유에 바탕을 둔 치료법을 즐겨 사용하는 의사로 그려진다. 영화와 드라마 속에서 사망을 선고하는 장면이 유행어가 되기도 했다. 의료용 트라이코더라는 휴대 장치를 사용하여 환자의 상태를 진단하고 질병을 알아낸다.

12 「환상 특급(The Twilight Zone)」. 미국 CBS 방송국에서 방영된 미스터리 스릴러 프로그램. 1959년에서 1964년까지 방영되었으며, 이후로도 수 차례 리메이크되기도 했다. 각각의 에피소드는 완결된 이야기인 경우가 많으며, 등장 인물들이 신비하거나 괴이한 체험을 하는 소재를 다룬다. 원판에서는 로드 설링(Rod Serling, 1924~1975년)이 제작, 진행했다.

13 조르디 라포지(Geordi La Forge). 「스타 트렉」 시리즈의 등장인물. 엔터프라이즈 호의 기관장이자 수석 엔지니어직을 담당했다. 시각 장애를 갖고 태어났으나 바이저라는 특수 안경과 비슷한 장치를 사용하여 세상을 볼 수 있다는 설정이다.

14 레바 버턴(LeVar Burton, 1957년~). 미국의 배우, 작가, 감독. 「스타 트렉」의 라포지 소령, ABC 방송사의 1977년작 대작 미니 시리즈 「뿌리」의 주연 배우로 잘 알려져 있다. 미국의 공영 방송 PBS의 어린이 프로그램인 「리딩 레인보우(Reading Rainbow)」의 진행을 맡기도 했다.

15 바바 부이(Baba Booey). 미국의 유명 라디오 프로듀서인 개리 델라바테(Gary Dell'Abate, 1961년~)의 예명 내지 별명. 20년가량 미국 전역에 방송된 라디오 프로그램 하워드 스턴 쇼(Howard Stern Show)의 수석 제작자.

16 락 코믹 콘(Rock Comic Con). 2012년에 샌디에이고에서 개최된 대중 문화 박람회. 만화, 공상 과학, 게임, 판타지 소설 등을 소개하는 장.

17 적색 물질(Red matter). 「스타 트렉」 시리즈에 등장하는 가상의 물질로 블랙홀을 제대로 통제되지 않은 경우 블랙홀을 생성시킬 수 있다. 은하계를 위협하는 초신성을 제거하거나 적군의 우주선을 파괴하기 위해 영화 속 등장인물들은 적색 물질을 사용했다.

18 별들의 전쟁(Buck Rogers in the 25th Century)」. 원제를 직역하면 25세기의 벅 로저스. 미국의 공상 과학 TV 드라마이자 영화로 유니버설 스튜디오에서 제작했다. 미국의 공상 과학 작가 필립 프랜시스 놀런(Philip Francis Nowlan, 1888~1940년)이 창조한 캐릭터인 벅 로저스가 주인공으로, 약 500년간 가수면 상태에 있던 NASA 및 미국 공군 소속의 조종사가 우주에서 펼치는 모험을 다룬다.

19 아이작 아시모프(Issac Asimov, 1920~1992년). 구 소련 태생으로 미국에서 활동한 공상 과학 소설가, 과학 저술가. 컬럼비아 대학교에서 생화학을 공부하여 교수로 임용되었으나, 전업 작가의 길을 택해 사직했다. 약 500여 권의 책을 집필한 다작 작가이며 저술한 작품 분야 역시 무척 다양하여, 듀이의 십진 도서 분류법 기준 9 항목에 속하는 책을 집필한 것으로 유명하다. 공상 과학 소설 부문의 대가로 평가받고 있으며 대표작으로는 파운데이션 연작, 은하 제국 연작, 로봇 연작 등이 있다. 다수의 휴고상 수상작을 저술하기도 했다.

20 「스타 트렉: 더 넥스트 제너레이션(StarTrek: The Next Generation)」. 스타 트렉 오리지널 시리즈에 뒤이은 두 번째 실사판 드라마로 1987년부터 1994년까지 방영되었다. 7개 시즌, 178회차로 구성되어 있다. 지구가 행성 연합의 일부가 된 24세기를 배경으로, 은하계 탐사를 떠나는 스타플릿 우주선, USS 엔터프라이즈-D 호의 모험이 주된 소재이다.

21 데이터(Data). 「스타 트렉」 시리즈에 등장하는 가상의 캐릭터. 브렌트 스파이너(Brent Spiner)가 연기했다. 오미크론 세타 유일의 생존자로 2338년에 스타플릿에 의해 발견된 데이터는 숭 박사라는 인물이 자신의 모습을 본따 만든 인공 지능을 가진 생명체로 그려진다. 자각을 가진 안드로이드인 데이터는 초기에는 인간 특유의 감정과 행동을 이해하기 어려워하나, 후에 인간성, 인간과의 정서적 교감 등을 위해 노력하며 시청자들에게 인간이란 무엇인가에 대한 끊임없는 질문을 던진다.

22 브렌트 스파이너(Brent Jay Spiner, 1949년~). 텔레비전 드라마 「스타 트렉」에서 안드로이드 장교 데이터 역을 담당한 배우. 데이터 연기로 새턴 연기상 남우주연상 부문에서 수상했으며, 음악인으로도 활동하고 있다.

23 제임스 아귀아르(James Aguiar). 미국의 디자이너. 버그도프 굿맨, 니나 리치, 모던 럭셔리 등의 패션 회사에서 활동했다.

24 고고 부츠(go-go boots). 1960년대 중반에 처음 소개된 이후 높은 인기를 끈 낮은 굽의 여성용 부츠. 고고 부츠의 유행을 선도한 프랑스 출신 디자이너인 앙드레 꾸레쥬(André Courrèges, 1923~2016년)가 1964년에 정의한 바에 따르면 흰색, 낮은 굽, 종아리 가운데 높이까지 오는 부츠를 뜻한다. 이후 색상도 다양해지고, 각진 코의 무릎 높이까지 오는 부츠, 얇고 중간 높이의 굽인 부츠를 포함하게 되었다.

25 스톰트루퍼(Stormtrooper). 「스타 워즈」 시리즈에 등장하는 은하 제국의 지상군 중 보병 부대. 1977년에 최초로 등장했다. 흰색 방호복, 흰 헬멧, 흰 마스크를 쓴 것이 특징이다.

26 힙스터(hipster). 재활성화를 거친 도시의 구 낙후 지역을 기반으로 거주 또는 활동하는 주로 백인 젊은이를 대상으로 한 하부 문화로, 인디 및 얼터너티브 음악, 포크, 포스트 브리티시팝 등의 음악에 심취하고, 비주류적인 문화 지향, 평화주의 및 환경 친화적인 생활 양식을 보이는 경향이 있다.

27 전리층(ionosphere). 지구 대기 상공 고도 약 60~1000킬로미터 영역. 태양 복사에 의해 대기 분자들이 이온화(전리)되어 있기에 전리층이라는 이름이 붙었다. 중간권과 외기권 약간 및 열권의 대부분을 포함한다. 전리층에 반사된 전파가 멀리까지 나아가는 성질로 인해 널리 활용되고 있다.

28 성층권(stratosphere). 지표에서 약 10~50킬로미터에 위치하는 대기권의 특정 부분으로, 고도가 상승할수록 온도가 높아지며 오존층의 밀도가 높다.

29 데이비드 월리스(David Wallace). 매사추세츠 공과 대학(MIT) 기계 공학과 소속 교수이자 맥비커 석좌 교수. 1994년 MIT에서 박사 학위를 받은 후 1995년부터 교수로 재직 중이다. 연구 분야는 환경 친화적 디자인, 컴퓨터 보조 산업 디자인, 뉴 미디어 디자인 교육 등으로 학부생을 대상으로 한 캡스톤 디자인 수업에서 실행한 다양한 실험이 다수의 방송에 소개되었다.

30 「블레이드 러너(Blade Runner)」. 리들리 스콧(Ridley Scott, 1937년~) 감독의 1982년작 소위 테크 느와르 또는 공상 과학 영화. 2019년 미국의 로스엔젤레스를 배경으로 극심한 공해와 인간성이 상실한 도시에서는 인간들이 만들어 낸 수명이 짧은 복제 인간들이 인간이 꺼리는 노동을 하고, 인간은 황폐해진 지구를 떠나 다른 행성으로 이주하고 있다. 이에 불만을 품은 복제 인간들은 폭동을 일으키고, 주인공인 릭 데커드(해리슨 포드 분)가 복제 인간을 찾아내어 제거하는 임무를 수행하는 중 벌어지는 사건이 영화의 주된 소재이다.

31 「심슨 가족(The Simpsons)」. 맷 그로닝(Matt Groening, 1954년~) 제작, 폭스 방송사에서 1989년부터 방영된 미국의 만화. 서민의 가족 생활, 미국의 문화와 사회를 풍자한 작품이다. 주요 인물은 가족의 아버지인 호머, 어머니 마지, 아들 바트, 딸 리사, 매기를 중심으로 그들의 친척과 이웃도 다수 등장한다. 2019년 2월 16일부터 32시즌째를 맞은 심슨 가족이 방영되었으며 병영 회차는 700호가 넘는다. 게임 등으로도 재창조되었고, 주인공이자 「심슨 가족」의 아버지인 호머 심슨의 명대사 "D'oh!"는 옥스퍼드 영어 사전에 등재

되기도 했다. 에미 상, 애니 상, 피버디 상을 다수 수상하기도 했다.

32 호머 심슨(Homer Jay Simpson). 「심슨 가족」의 주인공이자 가족 중 아버지, 1956년생. 스프링필드 원자력 발전소 직원이며 미국의 서민 계층에 대한 편견을 반영하는 많은 특징을 갖고 있다. 조금 거친 성격과 말투, 게으름, 다혈질, 건강에 좋지 않은 음식에 대한 기호, 과체중으로 인해 문제 상황을 만들기도 하지만 가족에 대한 강한 헌신과 사랑을 보이는 인물이다.

33 톤톤(Tauntaun). 「스타 워즈」 시리즈에 등장하는 가공의 동물. 호스(Hoth) 행성의 설원 평야 지역에 서식하는 흰색 파충류. 털이 북슬북슬하지만 호스 행성에서 밤의 극심한 추위를 이겨내느라 고생하는 것으로 그려진다. 강한 악취를 풍기는 기름을 분비하며, 일부 등장 인물들은 톤톤을 길들여 타고 활동하기도 한다.

34 「패밀리 가이(Family Guy)」. 세스 맥팔레인이 제작했고 폭스 사에서 방영한 미국의 텔레비전 만화 시리즈. 아버지 피터, 어머니 로이스, 자녀 메그, 크리스, 스튜이와 거의 인간처럼 말하고 생각하는 가족의 반려견 브라이언으로 구성된 그리핀 가족의 이야기를 다룬다. 1999~2019년 18시즌에 걸쳐 방영된 프로그램으로 미국 문화에 대한 패러디 및 가족의 삶에 대한 비틀린 유머가 특징이다.

35 스튜이(Stewie Griffin). 텔레비전 만화 영화 시리즈 「패밀리 가이」의 등장인물로 그리핀 가족의 세 자녀 중 막내 아들이다. 목소리는 세스 맥팔레인 (Seth MacFarlane)이 연기했다. 유아이지만 어른처럼 사고하고, 어려운 말을 쓰며, 어머니인 로이스 그리핀을 살해하고 싶어하는 등 폭력성을 보인다. 뛰어난 지능과 기술의 소유자이지만 이유식을 먹는 등 자신의 신체적 나이에 적절한 면을 보이기도 한다.

36 니나 스트로밍어(Nina Strohminger). 펜실베이니아 대학교 워튼 스쿨 경영 대학에서 경영 윤리 분야 조교수로 재직 중이다. 주된 연구 분야는 역겨움, 죽음과 자아 인식 등이다.

37 「그래비티(Gravity)」. 알폰소 쿠아론(Alfonso Cuarón Orozco, 1961년~) 감독의 2013년작 공상 과학 영화. 허블 우주 망원경을 수리하기 위해 우주 공간에서 임무를 수행 중이던 라이언 스톤(샌드라 불럭 분)과 맷 코왈스키(조지 클루니 분)이 위성 폭파로 생긴 우주 쓰레기가 일으킨 연쇄 효과에 휘말린다. 베니스 국제 영화제에서 개막작으로 상영된 이후 평단의 높은 평가를 받았으며, 촬영, 효과, 고증 등의 다양한 면모에서 수작으로 평가되는 영화이다.

38 샌드라 불럭(Sandra Annette Bullock, 1964년~). 미국의 배우, 제작자. 1987년에 데뷔한 후 아카데미 상, 골든 글로브 상 등을 수상했다. 대표작으로는 「스피드(Speed)」, 「당신이 잠든 사이(While You Were Sleeping)」, 「타임 투 킬(A Time to Kill)」, 아카데미 상 여우 주연상 수상작인 「더 블라인드 사이드(The Blind Side)」, 「그래비티(Gravity)」 등이 있다.

39 앤디 위어(Andrew Taylor Weir, 1972년~). 아일랜드계 미국인 소설가. 종이 책 출판 데뷔작인 공상 과학 소설 『마션(*The Martian*)』으로 유명한데, 해당 소설은 2015년에 영화화되기도 했다. 소설가이면서 동시에 컴퓨터 프로그래머로 직장 생활을 하고 있으며, 15세일 때부터 컴퓨터 프로그래머로 일을 했던 독특한 이력의 소유자이다.

40 타이 파이터(TIE Fighter). 「스타 워즈」 시리즈에 등장하는 우주 전투기. 주로 은하 제국 해군 항공대에서 사용한다. 이름의 유래는 트윈 이온 엔진(Twin Ion Engine)을 탑재한 것에 기원했다. 엔진과 공격기만으로 구성되어 가격이 저렴하고 빠르고 민첩하지만 방어력이 약하다는 단점이 있다. 특징적인 비행음으로도 잘 알려져 있다.

41 엑스윙 스타파이터(The X-Wing Starfighter). 「스타 워즈」 시리즈에 주인공 격으로 등장하는 우주 전투기. 반란 연합, 신공화국, 저항군에서 사용한다. 공격할 때 날개가 엑스 자로 펼쳐질 수 있으며, 레이저포 4대, 양자어뢰 발사관 2대 등을 갖추고 있을뿐더러 탈출 장치의 성능 또한 탁월한 범용 전투기이다.

4장 빅풋은 외계에서 온 생명체인가요?

1 펜 앤 텔러(Penn & Teller). 1970년대 후반부터 활동하고 있는 미국의 마술사 겸 연예인 듀오. 펜 질레트(Penn Fraser Jilette, 1955년~)과 레이먼드 텔러(Raymond Joseph Teller, 1948년~)으로 구성되어 있다. 코미디와 마술을 결합한 공연이 특징적이며 무대는 물론 「펜과 텔러: 우리를 속여봐!(Penn & Teller: Fool us)」 등의 텔레비전 쇼, 라스베이거스의 카지노 등에서 오랜 기간 동안 활약 중이다. 마술에 뒤이어 마술에서 일어났던 눈속임에 대해 소개하며 정치 풍자를 곁들이거나, 총알 잡기, 대못 여러 개 위에 매달려서 묶여 있기, 거대 물통에 가라앉기 등 위험한 장면을 연출하는 기술로 잘 알려져 있다.

2 수사나 마르티네스콘데(Susana Martinez-Conde, 1969년~). 스페인에서 출생하고 미국에서 활동하는 신경 과학자 겸 과학 작가. 뉴욕 주립 대학 다운스테이트 메디컬 센터의 안, 신경, 생리 및 약리학과 교수로 재직 중이며, 통합 신경과학 연구소장직을 역임하고 있다. 주 연구 분야는 환각, 눈속임, 안구의 움직임과 시지각, 신경 장애 및 마술에서 나타나는 주의 집중의 오류 등이다.

3 펜 질레트(Penn Fraser Jilette, 1955년~). 미국의 마술사. 펜엔 텔러 마술 듀오에서 주로 해설 역을 맡는다. 한때 미국 최고의 서커스단이었던 링글링 브라더스 앤 바넘 앤 베일리 서커스(Ringling Bros. and Barnum & Bailey Circus)에서 운영한 곡예사 배출 기관인 링글링 브라더스, 바넘 앤 베일리 클라운 대학(Ringling Bros. and Barnum & Bailey Clown College)을 졸업한 후 레이먼드 텔러와 듀오를 결성하여 브로드웨이 및 텔레비전, 라스베이거스 등에서 성공적으로 활동 중이다.

4 위저 보드(Ouija Board). 심령 대화용 점술판으로 운세 게임, 영혼과의 대화를 목적으로 사용된다.

5 크레센치오 세페 추기경(Crescenzio Sepe, 1943년~). 이탈리아의 추기경, 나폴리의 대주교. 2001~2006년 교황청에서 인류 복음화성 장관직을 역임했다.

6 성 야누아리오(Saint Januarius, 또는 야누아리우스 Ianuarius). 3세기에 태어나 약 305년까지 생존했던 것으로 추정된 베네벤토의 주교, 순교자. 로마 황제의 기독교 대박해 때 순교한 것으로 추정되는 로마 가톨릭과 동방 정교회의

성인이다. "피의 기적"으로 유명한데, 사망 후에 보관된 혈액이 응고되었으나 때때로 액화되는 기적이 일어난다고 한다. 나폴리의 수호성인이며, 1년에 세 번 나폴리 대성당에서는 성 야누아리오의 피가 담긴 앰풀을 대중에 공개한다.

7 버뮤다(Bermuda). 미국의 동남부 해안 지역에서 1000킬로미터가량 떨어진 북대서양 서부에 있는 약 130개의 섬으로 이루어진 지역. 영국의 해외 영토로 영국 왕령 자치 속령 지역에 속한다. 수도는 해밀턴. 주민 중에는 흑인이 절반 이상을 차지하며, 관광업이 발달했다. 버뮤다 삼각 지대(The Burmuda Triangle)는 일명 마의 삼각지대로 북대서양 서부 내지 카리브 해의 버뮤다 제도, 플로리다, 푸에르토리코 지역 근처에 존재하는 일련의 지역을 일컫는 말. 항공기, 치명적이고 원인 모를 선박 실종 사고가 자주 일어난다고 알려져 있다. 초자연적인 원인은 물론 메테인 기체, 자기장 등 과학적 사고 원인을 찾고자 한 다양한 시도가 있어 왔다.

8 푸에르토 리코(Puerto Rico). 공식명칭은 푸에르토리코연방(Commonwealth of Puerto Rico). 카리브 해 북동부에 위치한 미국 자치령 지역으로, 미국 본토의 플로리다 주 마이애미에서는 남동쪽으로 약 1600킬로미터 떨어진 곳에 있다. 푸에르토리코 군도 지역의 총 인구는 약 340만 명으로, 스페인 어와 영어를 공용어로 사용한다. 1493년 콜럼버스 도래 이후 스페인의 식민지이다가 19세기 말 스페인-미국 전쟁 후, 미국의 영토가 되었다. 미합중국의 '주'의 지위가 아닌 지역이므로 푸에르토 리코에 사는 사람들은 미국 시민이나 미국 대통령 선거권이 없다. 2017년 경제 위기 및 허리케인으로 인한 자연재해로 인해 미국 본토로의 대규모 주민 이동이 일어나기도 했다.

9 크리스토퍼 콜럼버스(Christopher Columbus, 1450~1506년). 이탈리아 출신의 탐험가, 항해가 및 식민지 개척자. 스페인의 가톨릭 군주들의 후원을 받아 대서양을 가로질러 아메리카 대륙 항로를 개척, 4회에 걸친 원정을 수행했다. 1492년 아메리카 대륙에 도래했고, 1493년에 스페인으로 복귀했다. 콜럼버스의 원정은 탐험과 정복, 식민지화의 시기를 열었다는 평가를 받는다.

10 엘 파로 호(SS El Faro). 미국 선적 컨테이너선. 2015년 9월 29일 플로리다 주 잭슨빌을 출발했던 당시, 동쪽에 있던 열대성 폭풍이었던 저기압 지역을 지나는 항로를 택하여 폭풍 속에서 항해하던 중 해당 열대성 폭풍이 3급 허리케인 호아킨으로 격상된 결과 10월 1일 선박이 침몰, 10월 2일에는 실종된 것으로 공식 선언되었다. 10월 31일, 미국 해군선 아파치에 의해 침몰한 선체로 추정되는 잔해가 발견되었고 2016년의 2차 수색에서 배의 블랙박스가 인양, 공개되었다.

11 허리케인 호아킨(Hurricane Joaquin). 2015년 9월 28일에 형성, 2015년 10월 15일에 소멸된 허리케인으로 최고 풍속 250킬로미터, 사망자 34인(엘 파로 호 사망자 33인 포함), 미화 약 2억 달러의 피해를 입혔다. 바하마 제도와 카리브 해 인근 지역에 막대한 피해를 초래했으며, 최고의 해상 사망자 수를 기록했고, 허리케인으로부터의 습기로 인해 미국 사우스 캐롤라이나 주에서는 대규모 홍수 피해 또한 잇따랐다.

12 펄프 매거진(Pulp magazine). 1896년부터 1950년대에 걸쳐 발행된 저렴한 잡지, 길이는 대개 128페이지 내외였으며 값싼 종이에 인쇄된 내지, 깔끔하

게 제본되지 않은 너덜너덜한 가장자리가 특징이었다. 선정적 표지와 대중 취향의 소설이 실렸고, 1920~30년대에 전성기를 맞았으나 제2차 세계 대전 시기에 물자 부족으로 인해 쇠퇴하게 된다. 펄프 매거진에 실린 공상 과학 또는 영웅물의 전통은 현대의 슈퍼 히어로 만화 등으로 계승되었다.

13 51구역(Area 51). 미국 공군 소속의 기밀 시설로, 네바다 주 남부, 라스베이거스로부터 약 135킬로미터 떨어진 지점에 있는 시험 훈련장 내에 위치한 에드워즈 공군 기지의 분소이다. 미국 중앙 정보국(CIA)에 따르면 정식 명칭은 호미 공항 또는 그룹 호수라고 한다. 별칭으로는 드림랜드, 파라다이스 목장 등도 있다. 해당 기지의 존재 목적이 공개적으로 알려지지는 않았으나, 현재까지 추정된 바에 따르면 실험용 항공기 및 극비 무기 개발 및 실험 장소인 것으로 알려져 있다. CIA는 2013년에 51구역의 존재를 공식적으로 인정했다. 51구역은 인근은 관광 명소이기도 하다.

14 F-117. 록히드(Lockheed)사에서 개발한 1인승 2엔진 전투기로, 정식 명칭은 록히드 F-117 나이트호크(Nighthawk). 주로 미국 공군에서 사용되었다. 1981년 첫 시험 비행 이후 1983년에 도입되었고, 2008년부터는 사용되지 않는다. 스텔스 기술을 적용, 설계된 최초의 전투기로 1991년 걸프전에서의 활약으로 세간에 알려지게 되었다.

15 B-2. 정식 명칭은 노스럽 그러먼 B-2 스피릿(Northrop Grumman B-2 Sprit). 미국의 스텔스 폭격기로 1989년의 최초 비행 이후 1997년부터 도입되어 현재에도 사용 중이다. 핵무기를 포함한 대규모 공격 무기를 스텔스 방식으로 탑재할 수 있는 전투기이다. 천문학적 액수의 개발, 실험, 유지비로도 유명한데, 1997년 대당 약 미화 21억 달러가 투입되었다고 한다.

16 스텔스기(Stealth aircraft). 상대의 탐지 수단에 감지되지 않는 전투기. 레이더, 적외선, 가시광선, 열 등에 감지되지 않도록 각종 신호의 반사 및 방출을 제한하는 기술을 적용하여 만든 전투기로, 미국의 F-117, B-2, F-22, F-35 등이 있다.

17 로스웰(Roswell). 미국 뉴 멕시코 주 차브스 카운티(Chaves County) 소재의 도시. 뉴멕시코에서 5번째로 큰 도시로, 관개농업, 목축, 제조, 유통, 석유업 등의 산업에 기반한 도시이다. 1947년에 미국 육군 항공대의 관측 기구, 소위 비행 접시가 로스웰에서 약 120킬로미터 떨어진 지점에 추락하여 수많은 음모론자들의 관심을 끌었다. 1990년 발표된 미군 보고서에 따르면 로스웰에 추락한 물체는 핵실험 감시용 기구였다고 한다.

18 외계 고속도로(Extraterrestrial Highway). 정식 명칭은 네바다 주 도로 375 (Nevada State Route 375). 네바다 주 중부를 지나는 주요 고속도로로 약 100마일에 걸쳐 있다. 인구가 별로 없는 사막 지역을 관통하며 인근에는 51구역 등 기밀 군사 구역이 있다. 주변을 지나는 많은 이들이 미확인 비행물체 내지는 외계인을 목격했다는 풍문에 기반, 고속도로의 별칭이 붙었다. 외계인과 UFO에 관심을 갖는 사람들이 관광 목적으로 지나가기도 한다.

19 「화성인 마틴(My Favorite Martian)」. 1963~1966년에 CBS채널에서 방영된 미국의 텔레비전 시트콤. 화성에서 우주선을 타고 온 초능력을 지닌 화성인 인류학자 마틴이 로스앤젤레스 근처에서 우주선의 추락으로 인해 지구에 고립된 것을 계기로 지구인인 팀과 한 집에 살며 겪게 되는 사건 사고들을 다

룬다.

20 「엑스 파일(The X-Files)」. 1993년~2002년에 걸쳐 폭스 채널 등에서 방영된 미국의 과학 수사 드라마. 미국 연방 수사국(FBI)의 특수요원 멀더(Fox Mulder)와 스컬리(Dana Scully)가 소위 엑스 파일이라고 불리는 초자연적 현상 또는 외계인과 관련된 미제 사건 등에 대해 파헤치며 겪는 일화 등을 다룬다.

21 세스 쇼스탁(Seth Shostak, 1943년~). 미국의 천문학자. 캘리포니아 소재 SETI 협회 소속으로 활동하고 있다. 2002년부터 SETI에서 매주 진행하는 라디오 프로그램인 「빅 픽처 사이언스(Big Picture Science)」의 진행자이다. 과학 대중화에 기여한 공로를 인정받아 칼 세이건 상을 수상했으며, 영화 「지구가 멈추는 날」, 「스타 트렉」 외전 등에 출연하기도 했다.

22 렌즈 구름(렌즈운, lenticular clouds). 주로 대류권에서 형성되어 멈추어 있는 구름으로, 대개 바람 방향에 수직으로 쌓인 형태를 보여 렌즈, 접시 모양으로 묘사되기도 한다. 미확인 비행물체로 오인되기도 한다.

23 「지구 최후의 날(The Day the Earth Stood Still)」. 로버츠 와이즈(Robert Earl Wise, 1914~2005) 감독의 1951년작 공상 과학 영화로, 외계인의 지구 도래가 주된 소재이다. 제2차 세계 대전이 갓 끝난 냉전 시대의 워싱턴 D.C에 우주선을 타고 인간처럼 생긴 외계인 클라투가 도래하여 자신을 포위한 군인들에게 냉전을 멈추어야만 지구가 멸망을 피할 수 있다고 경고하나, 지구인들은 클라투를 공격하고 장신 로봇 고트가 완력으로 군인들을 좇아낸다. 대통령에게 메시지를 전달하지 못한 클라투는 신원을 숨기고 지구인인 척 살아가다 다시 우주로 돌아간다.

24 「지구 대 비행 접시(Earth vs. the Flying Saucers」. 프레드 시어스(Fred. F. Sears, 1913~1957) 감독의 1956년작 공상 과학 영화. 지구에 도래한 외계인들과 지구인들 사이의 무력 충돌과 지구인의 승리를 그린다. 영화 속 특수 효과는 당대 기준 탁월했던 것으로 평가된다.

25 앨런 알다(Alan Alda, 출생 시 이름은 Alphonso Joseph D'Abruzzo, 1936년~). 미국의 배우, 감독, 작가. 에미상, 골든 글로브상을 다수 수상했다. 텔레비전 드라마 「M*A*S*H」, 「웨스트 윙(The West Wing)」, 「30 ROCK」, 영화 「범죄와 비행(Crimes and Misdemeanors)」 등에서의 호연은 물론, 1981년에 감독한 영화 「사계(Four Seasons)」의 성공으로 대중과 평단의 인정을 받았다.

26 오손 웰스(George Orson Wells, 1915~1985년). 미국의 배우, 감독, 작가. 20대였던 미국의 대공황기에 연방 극장 프로젝트(Federal Theater Project) 상연작 다수를 감독한 것을 시작으로, 브로드웨이에 독립 극장인 머큐리 시어터(Mercury Theater)를 창립, 독창적 극을 무대에 올렸다. 1938년 소위 방송에서 만나는 머큐리 시어터 시리즈를 라디오 방송으로 내보냈는데, H. G. 웰스의 작품인 『우주 전쟁』을 각색한 라디오 드라마를 감독, 제작해 명성을 얻었다. 이후 영화 「시민 케인(Citizen Kane)」, 「제3의 사나이(The Third Man)」, 「위대한 앰버슨 가(The Magnificent Ambersons)」 「악의 손길(Touch of Evil)」등의 수작에서 연기자 또는 감독으로 활약했다.

27 『우주 전쟁(The War of the Worlds)』. 영국의 작가 H. G. 웰스의 공상 과학 소설. 1897년부터 연재되기 시작했다. 인류와 외계인 사이의 접촉을 다룬 거의

최초의 소설 중 하나이다. 화성인들이 영국을 침공하여 지구인과 화성인들이 무력 충돌을 겪고, 지구가 화성인에 의해 지배를 받다가 지구에만 존재하는 특유의 균에 감염되어 화성인이 몰살당하는 일련의 사건을 다룬다. 영화, 드라마, 만화 등으로 여러 차례 각색되었고, 특히 라디오 드라마의 경우 청취자들의 폭발적 반응을 불러일으켰다.

28 존 호지만(John Kellogg Hodgman, 1971년~). 미국의 작가, 배우. 풍자 유머를 책으로 펴낸 『나의 전문 분야(*The Areas of My Expertise*)』(2005년) 등의 저작, 코미디 센트럴의 「더 데일리 쇼」 및 《뉴욕 타임스 매거진》 등에 기고하는 등 활발히 활동 중이다.

29 「인디펜던스 데이(Independence Day)」. 롤랜드 에머리히(Roland Emmerich, 1955년~) 감독의 1996년작 공상 과학 액션 재난 영화. 지구를 침공한 외계인들을 미국에서 무찌르는 것이 주요 내용이다. 당해 아카데미상 시각 효과상 수상작. 2016년 속편이 개봉했다.

30 「스타 트렉: 퍼스트 콘택트(Star Trek: First Contact)」. 조너선 프레이크스(Jonathan Frakes, 1952년~) 감독의 1996년작 공상 과학 영화. 스타 트렉 시리즈의 8번째 영화로, 해당 시리즈 영화 중 가장 수작으로 평가되는 작품 중 하나이다. 외계 인종인 보그와 인류의 대립 및 시간 여행을 통해 과거를 조작하거나 유지하려는 양측의 이해 관계가 맞물려 벌어지는 에피소드를 다룬다.

31 에드워드 스노든(Edward Joseph Snowden, 1983년~). 미국의 내부 고발자로, CIA에서 근무하던 2013년, 미국 국가 안보국(NSA)의 기밀 자료를 폭로해 국가 안보 및 사생활 침해에 대한 논의를 촉발했다. 미국 여권이 취소되었으며, 러시아에 임시 망명 중인 것으로 알려져 있다.

32 린 코플리츠(Lynne Koplitz, 1969년~). 미국의 스탠드업 코미디언이자 배우. 텔레비전 데이트 예능인 「체인지 오브 하트(Change of Heart)」, 푸드 네트워크의 「물 끓이는 법(How to Boil Water)」 등을 진행했다.

33 「스타 트렉 III: 스팍을 찾아서(Star Trek III: The Search for Spock)」. 레너드 니모이(Leonard Simon Nimoy, 1931~2015년) 감독의 1984년작 영화로 스타 트렉 영화판 중 세 번째 작품이다. 스팍의 죽음 이후 스팍의 영혼이 맥코이 박사 안에 있다는 것을 알게 된 엔터프라이즈 호 승무원들이 스팍의 시신을 찾기 위해 떠나는 여정, 여정 중에서의 클링온족과의 대립 등을 그린다.

5장 언제쯤 시간 여행을 할까요?

1 레이 브래드버리(Ray Douglas Bradbury, 1920~2012년). 미국의 작가. 특히 판타지와 공상 과학, 추리 소설을 다수 저술했다. 풀리처상을 포함한 많은 상을 수상했고, 작품 중 일부는 만화, 영화 등으로 각색되었다. 대표작으로는 『화성 연대기(*The Martian Chronicles*)』(1950년), 『화씨 451(*Fahrenheit 451*)』(1953년) 등이 있다.

2 타키온(Tachyon). 빛보다 빠르게 운동하는 성질을 가진 가상의 입자. 물리 법칙에 어긋나는 현상을 나타낼 것으로 예상되기에 실제로는 존재하지 않는 것으로 간주되는 편이나 타키온의 존재에 대한 실험적 근거 또한 존재하지 않는다. 하지만 타키온의 존재를 가정하면 특수 상대성 이론을 깊이 이해

하는 데 기여할 수 있기에 이론적으로는 고려된다. 반대로 빛보다 느린 입자는 타디온(Tardyon)이라고 칭한다.

3 영점에너지. 양자 역학을 따라 계산된 바닥상태의 양자가 갖는 에너지 값과 고전 역학에 따라 계산된 양자가 갖는 최소 에너지 값의 차이.

4 냉동 화상(freezer burn). 공기가 냉동 식품에 닿아서 탈수, 산화가 발생해 냉동 식품이 손상되는 현상을 뜻한다. 냉동 식품이 단단히 밀봉되지 않았을 때 주로 발생한다. 고기에 생긴 냉동 화상은 회색이나 갈색 가죽처럼 보이는데 그 이유는 고기의 색을 내는 화학 물질이 변질되었기 때문이다. 냉동 화상을 입은 고기를 먹을 수는 있지만 신선한 고기에 비해 풍미는 떨어진다.

5 유니버스 투데이(Universe Today, https://www.universetoday.com). 비영리 우주 및 천문학 뉴스 웹 사이트로 프레이저 케인이 설립했다. 1999년부터 자료가 올라오기 시작했고 2003년부터 현재처럼 천문학 뉴스 및 우주 관련 이슈가 등장하는 형식으로 재편되었다.

6 프레이저 케인(Fraser Cain). 과학 커뮤니케이터, 유니버스 투데이의 발행인. 14만 명 이상의 구독자를 보유한 유튜브 채널을 운영하고 있고, 파멜라 게이와 함께 천문학에 관한 팟캐스트를 진행하고 있다.

7 「스타 트렉: 보이저(Star Trek: Voyager)」. 미국의 텔레비전 드라마로 1995년~2001년 7시즌, 172회차가 방영되었다. 지구가 행성 연합의 일부인 24세기를 배경으로, 은하계의 델타 분면에 갇힌 채 지구로의 귀환을 원하는 스타플릿 선박 USS 보이저의 모험 이야기를 다룬다.

8 제프리 랜디스(Geoffrey Alan Landis, 1955년~). NASA 소속의 과학자. 전문 분야는 행성 탐사, 성간 추진력, 태양 에너지 등이다. 태양 전지 관련 특허를 다수 보유하고 있으며, 성간 이동에 대한 여러 연구 논문을 발표했다. 또한 공상 과학의 저술가로 네뷸러상, 휴고상 등을 수상했다.

9 「디랙의 바다에서(Ripples in the Dirac Sea)」. 제프리 랜디스의 SF 단편으로 1988년 SF 잡지 《아시모프의 공상 과학(*Asimov's Science Fiction*)》에 최초로 출판되었다. 시간 여행 발명자가 호텔 화재 사고를 맞닥뜨리는 일화가 소재이다.

10 나셀(nacelle). 동체와 분리된 항공기의 일부분으로 공기역학적으로 디자인된 겉면을 갖고 있다. 주로 엔진, 연료 또는 장비를 항공기에 고정하는 역할을 한다. 「스타 트렉」에 등장하는 우주선들은 워프 나셀(warp nacelle)을 갖고 있다.

11 조화의 눈(Eye of Harmony). 「닥터 후(Doctor Who)」의 세계관에 등장하는 인공 블랙홀의 핵 내지는 타디스의 에너지를 얻기 위해 사용하던 블랙홀을 포함한 특이점이다. 우주의 법칙을 조작, 재조정하는 능력을 지닌 존재로 그려진다.

12 유형 II 초신성(또는 II형 초신성, Type II Supernova). 거대한 별이 빠르게 붕괴하고 격렬하게 폭발하며 형성된 결과. 태양 질량의 최소 8배 이상, 최대 40~50배 이하인 항성에서 이같은 폭발이 일어날 수 있다. 다른 종류의 초신성과 달리 스펙트럼에 수소가 존재한다. 나선은하의 나선 팔 등에서 관측되나 타원 은하에서는 발견되지 않는다.

13 백조자리 X-1 블랙홀(Cygnus X-1). 백조자리에 있는 엑스선 천체로 1964년에 발견되었다. 블랙홀로 추정되며, 관측에 따르면 질량은 대략 8.7태양 질

량 정도로 추정된다.

14 「콘택트(Contact)」. 로버트 저메키스(Robert Lee Zemeckis, 1952년~) 감독의 1997년작 공상 과학 영화. 휴고상 수상작. 칼 세이건이 저술한 동명의 1985년작 소설을 각색한 영화이다. 어린 시절부터 미지의 대상과의 교신을 하던 주인공이 과학자로 성장하여 외계 지적 생명체 탐사 프로젝트에 참여하며 외계 여행 중 결국 외계인과 접촉하나, 귀환한 이후 자신의 경험을 부정당하는 소재를 다룬다.

15 매들렌 렝글(Madeleine L'Engle Camp, 1918~2007년). 미국의 작가로 주로 아동 및 청소년 독자를 위한 소설을 저술했다. 기독교 신앙 및 과학에 관한 관심을 반영한 작품으로 잘 알려져 있는데, 대표작으로는 『시간의 주름』 및 그 속편으로 구성된 소위 시간 5부작(Time Quintet) 등이 있다.

16 『시간의 주름(*A Wrinkle in Time*)』. 매들렌 렝글의 청소년 독자를 위한 소설. 1962년에 처음으로 출간되었으며 그녀의 대표작인 시간 5부작 중 첫 번째 권에 해당한다. NASA의 비밀 업무 수행 중 외계 행성에 갇힌 아버지를 구하기 위해 세 아이들이 시간의 주름을 이용해서 우주를 여행하며 겪는 모험 이야기이다.

17 테서렉트(tesseract) 또는 정팔포체. 8개의 정육면체로 이루어진 4차원의 정다포체.

18 「스타 트렉 귀환의 항로(Star Trek IV: The Voyage Home)」. 레너드 니모이 (Leonard Simon Nimoy, 1931~2015년) 감독의 1986년작 공상 과학 영화. 「스타 트렉」 극장판 영화 중 4번째 영화로, 기존의 엔터프라이즈 호 승무원들이 지구 수호를 위해 1986년의 지구로 시간 이동을 하며 겪게 되는 사건들을 다룬다.

19 「스타 트렉: 더 모션 픽처(Star Trek: The Motion Picture)」. 로버트 와이즈 (Robert Earl Wise, 1914~2005년) 감독의 1979년작 공상 과학 영화. 「스타 트렉」 극장판 영화 중 첫 번째 영화이다. 23세기를 배경으로 엔터프라이즈 호 승무원들이 우주에서부터 지구를 향해 이동하는 외계 비행 물체를 감지한 후 정체를 밝혀내고 지구를 수호하기 위해 고군분투하는 사건을 다룬다.

찾아보기

옮긴이 **김다히**

연세 대학교에서 영어 영문학과 불어 불문학을 전공하고 동 대학원에서
영어학 석사 학위를, 미국 오하이오 주립 대학교에서 언어학 박사 학위를 받았다.
한국 과학 기술원, 연세 대학교, 한양 대학교, 충북 대학교, 경북 대학교 등에서
인간 말소리의 과학과 영어 교육에 대해 강의하고 있다. 「KBS 스페셜」,
「SBS 스페셜」, 「YTN 사이언스」, 「EBS 다큐프라임」 해외 촬영 방송의
번역과 감수를 맡았다.

스타 토크

STARTALK:

Everything You Ever Need to Know About Space Travel,

Sci-Fi, the Human Race, the Universe, and Beyond

by Neil deGrasse Tyson, Jeffrey Simons, Charles Liu

Copyright © National Geographic Partners, LLC. 2016
All rights reserved.

Copyright © Korean Edition 2019 National Geographic
Partners, LLC.
All rights reserved.

Korean edition is published by arrangement with
National Geographic Partners, LLC. through Shinwon Agency.

이 책의 한국어판은 신원 에이전시를 통해
National Geographic Partners, LLC.와 계약한
㈜사이언스북스에서 출간되었습니다.

저작권법에 의해 한국 내에서 보호를 받는 저작물이므로
무단 전재와 무단 복제를 금합니다.

1판 1쇄 찍음 2019년 10월 15일
1판 1쇄 펴냄 2019년 10월 30일

지은이 닐 디그래스 타이슨, 찰스 리우, 제프리 리 시몬스
옮긴이 김다히
펴낸이 박상준
펴낸곳 ㈜사이언스북스

출판등록 1997. 3. 24 (제16-1444호)
(06027) 서울시 강남구 도산대로1길 62
대표전화 515-2000
팩시밀리 515-2007
편집부 517-4263
팩시밀리 514-2329
www.sciencebooks.co.kr

한국어판 © National Geographic Partners, LLC., 2019.
Printed in Korea.

ISBN 979-11-89198-66-4 03400